MATERIALIEN-HANDBUCH GEOGRAPHIE

Ulrich Brameier
Norbert von der Ruhren (Hrsg.)

Materialien-Handbuch Geographie

Band 5

Stadt, Raumplanung

Betreuender Herausgeber:
Norbert von der Ruhren

Aulis Verlag
Deubner & Co KG

Die Deutsche Bibliothek – CIP-Einheitsaufnahme

Materialien-Handbuch Geographie / Ulrich Brameier ; Norbert von der Ruhren (Hrsg.). –
Köln : Aulis-Verl. Deubner

Bd. 5. Stadt, Raumplanung / betreuender Hrsg.: Norbert von der Ruhren. – 2000
ISBN 3-7614-2250-4

Best.-Nr. 8235

Einbandgestaltung: Atelier Warminski, Büdingen
Satz: Textverarbeitung A. Garbe, Köln
Druck und Bindung: DELO Tiskarna, Ljubljana/Slowenien
ISBN 3-7614-2250-4

Inhaltsverzeichnis

Vorwort

Im vorliegenden Band 5 des Materialien-Handbuchs Geographie sind 38 Beiträge aus den Bereichen „Stadt“ und „Raumplanung“ zusammengeführt. Diese Beiträge wurden von elf Autorinnen und Autoren aus fünf verschiedenen Bundesländern verfasst.

Insgesamt reicht das Angebot von kurzen materialgebundenen Aufgaben für den punktuellen Einsatz innerhalb einer Unterrichtsstunde, in einer Klausur oder in der mündlichen Abiturprüfung bis zu mehrstündigen Unterrichtssequenzen. Bei der Planung von größeren Unterrichtseinheiten bzw. -reihen können mehrere Beispiele zusammengefügt werden (z.B. A 2 und A 8 oder D 1 – D 3 oder A 5 – A 7), aber auch ergänzend Beispiele aus den bereits erschienenen Bänden herangezogen werden, vor allem aus den Bänden „Deutschland“ (Band 6), „Entwicklungsländer“ (Band 8) sowie „Großmächte/Großräume“ (Band 9).

Bei der Zusammenstellung der Aufgabenbeispiele wurde wiederum besonders auf die Vielfalt der fachspezifischen Materialien geachtet, um den Anforderungen der Lehrpläne im methodenbezogenen Bereich gerecht zu werden. Berücksichtigt sind Karten, Statistiken, Diagramme Texte, Karikaturen und Bilder, letztere z. T. als Farbfolien im Anhang.

Jedes Beispiel gliedert sich in die zum Kopieren freigegebenen Schülerseiten mit den Materialien und Aufgaben, die ohne Änderung übernommen werden können, sowie in den Lösungsteil (L-Teil) für die Lehrerinnen und Lehrer. Dieser enthält neben Angaben zu Lernvoraussetzungen und ggf. kurzen methodischen Hinweisen einige Literaturhinweise (u. U. Quellenangabe für ergänzende Materialien) sowie einen Lösungsvorschlag. Zur schnellen Orientierung über die Einsatzmöglichkeiten der Materialien ist in der Kopfleiste zusätzlich zur Themenstellung auch der jeweilige Themenbereich angegeben.

Ulrich Brameier

Norbert von der Ruhren

Autorenverzeichnis

Christiane Germann Studienrätin 48159 Münster	A 5, A 6, A 7, E 8 E 9, E 10
Bernd Hinrichs Oberstudienrat 49661 Cloppenburg	A 8, B 1, B 2, C 2, E 4, E 5, E 6, E 11
Dr. *Reinhard Hoffmann* Universitätsprofessor 14480 Potsdam	C 1, E 1, F 1
Dr. *Fritz-Gerd Mittelstädt* Studiendirektor 49324 Melle	A 4
Arno Kreus Oberstudienrat 52078 Aachen	A 2, A 3
Dr. *Ursula Rom* Oberstudienrätin 52074 Aachen	D 4, D 5
Norbert von der Ruhren Studiendirektor 52066 Aachen	D 1, D 2, D 3, D 7
Ulrich Salzborn-von Schwartzenberg Oberstudienrat 33178 Borchem	A 1
Henning Schöpke Oberstudienrat 31582 Nienburg	B 3, B 4, B 5, D 6, E 7, F 4, F 5
Hans Georg Weidner Studienrat 483546 Nordwalde	A 5, A 6, A 7, E 8, E 9, E 10
Michael Zaretzki Studienrat 71679 Asperg	E 2, E 3, F 2, F 3

Gliederung des Gesamtwerks

MATERIALIEN-HANDBUCH GEOGRAPHIE

Band 1 und Band 2
PHYSISCHE GEOGRAPHIE/GEOÖKOLOGIE

Band 3
ENERGIEWIRTSCHAFT, BERGBAU/INDUSTRIE, VERKEHR

Band 4
LANDWIRTSCHAFT, FORSTWIRTSCHAFT, FISCHEREI

Band 5
STADT, RAUMPLANUNG

Band 6
DEUTSCHLAND

Band 7
EUROPA

Band 8
ENTWICKLUNGSLÄNDER

Band 9
GROSSMÄCHTE/GROSSRÄUME

A 1	Transformationsprozesse unter dem Einfluss politischer Entscheidungen – die ehemalige Hauptstadt Bonn	Stadtentwicklung, Strukturwandel

Arbeitsmaterial:

M 1: Stadtplan von Bonn mit den alten Siedlungskernen

(Quelle: *Riemer, Ilse* (1978): Altes Bonn. Verlag Wolfgang Weidlich, Frankfurt am Main. Rückseite des Umschlags. © Stürtz Verlag, Würzburg)

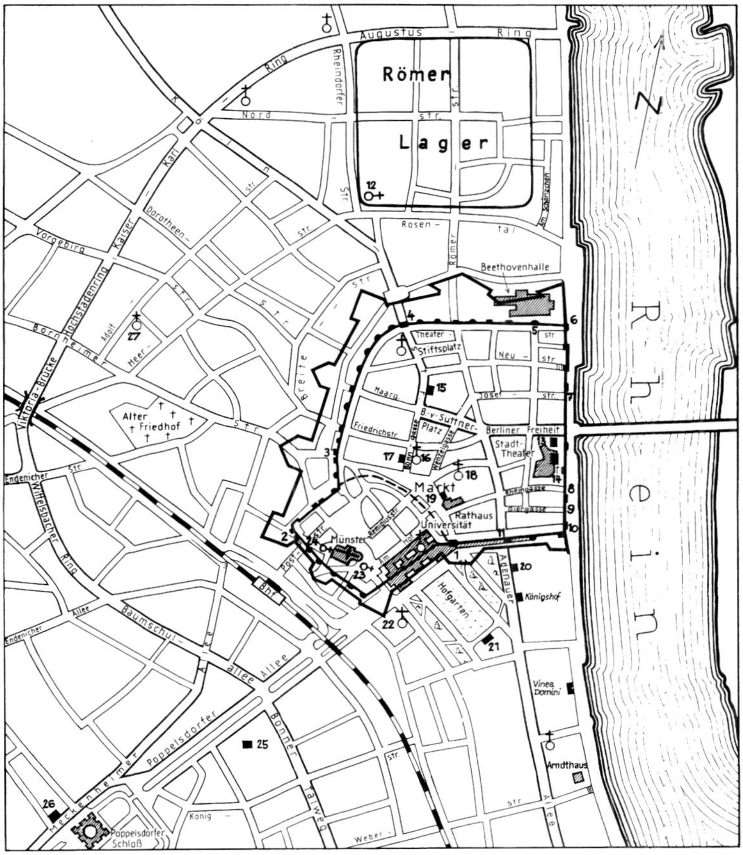

1. Stockentor
2. Mülheimer Pforte
3. Sterntor
4. Kölntor
5. Windmühle
6. Der Neue Turm
7. Josephstor
8. Rheintor
9. Giertor
10. Alter Zoll
11. Koblenzer Tor
12. Dietkirchen
13. Metternicher Tor
14. Clemenshof (= Boeselagerhof)
15. Kölnischer Hof
16. Jesuitenkirche
17. Jesuitengymnasium
18. Minoritenkirche
19. Hotel "Zum Goldenen Stern"
20. Hotel Kley
21. Alte Anatomie
22. Ev. Kirche am Kaiserplatz
23. Martinskirche
24. Gangolphkirche
25. Sternwarte
26. Landwirtschaftliche Akademie
27. Marienkirche

»Altes Bonn« im heutigen Stadtplan

- - - - - Umwallung der Stiftsstadt
Stadtmauer seit 1244
Bastionen des 17. Jhdts.

A 1	Transformationsprozesse unter dem Einfluss politischer Entscheidungen – die ehemalige Hauptstadt Bonn	Stadtentwicklung, Strukturwandel

Arbeitsmaterial (Fortsetzung):

M 2: Das Residenzschloss um 1755

(Quelle: *Riemer, Ilse* (1978): a.a.O. S. 32)

M 3: Bonn wird eine der wohlhabendsten Städte Preußens

(Quelle: *Thieme, Günther* (1997): Bonn, die ehemalige Hauptstadt sucht ihre Zukunft. In: Praxis Geographie, Heft 10/1997, S. 42)

Nachdem das Rheinland 1815 preußisch geworden war, gewann die Stadt einige überregionale Bedeutung durch ihre renommierte Universität, die unter ihren Professoren und Studenten solch bedeutende Persönlichkeiten wie *August Wilhelm Schlegel* und *Ernst Moritz Arndt, Karl Marx* und *Heinrich Heine* hatte.

Begünstigt durch ihre bevorzugte Lage am Rhein hatte sich die Stadt Bonn im Laufe des 19. Jahrhunderts eine beträchtliche Attraktivität als Wohnstandort begüterter Rentiers und Pensionäre erworben, die nicht selten aus den Industrieregionen der Ruhr und des Bergischen Landes in die Stadt kamen. Auf diese Weise war Bonn eine der wohlhabendsten Städte Preußens geworden und hatte ein zwar unspektakuläres, aber beständiges Wachstum weit über seine mittelalterlichen Stadtgrenzen vollzogen.

A 1	Transformationsprozesse unter dem Einfluss politischer Entscheidungen – die ehemalige Hauptstadt Bonn	Stadtentwicklung, Strukturwandel

Arbeitsmaterial (Fortsetzung):

M 4: Wohnberechtigte Einwohner nach Altersgruppen

(Nach Angaben der Statistikstelle der Bundesstadt Bonn, Internet: www.bonn.de)

Räumlicher Bezug: **Bonn gesamt**			Stichtag:		**31.12.1994**	
Raumbezug	**Gesamt**	**0 - 5 Jahre**	**6 - 17 Jahre**	**18 - 29 Jahre**	**30 - 64 Jahre**	**65 Jahre und älter**
Stadt Bonn (gesamt)	313.297	18.079	31.963	62.515	151.453	49.287

Räumlicher Bezug: **Bonn gesamt**			Stichtag:		**31.12.1995**	
Raumbezug	**Gesamt**	**0 - 5 Jahre**	**6 - 17 Jahre**	**18 - 29 Jahre**	**30 - 64 Jahre**	**65 Jahre und älter**
Stadt Bonn (gesamt)	310.550	17.855	32.702	59.046	151.622	49.355

Räumlicher Bezug: **Bonn gesamt**			Stichtag:		**31.12.1996**	
Raumbezug	**Gesamt**	**0 - 5 Jahre**	**6 - 17 Jahre**	**18 - 29 Jahre**	**30 - 64 Jahre**	**65 Jahre und älter**
Stadt Bonn (gesamt)	309.885	17.521	33.462	57.593	151.472	49.338

Räumlicher Bezug: **Bonn gesamt**			Stichtag:		**31.12.1997**	
Raumbezug	**Gesamt**	**0 - 5 Jahre**	**6 - 17 Jahre**	**18 - 29 Jahre**	**30 - 64 Jahre**	**65 Jahre und älter**
Stadt Bonn (gesamt)	310.718	17.515	34.071	55.830	154.161	49.141

Räumlicher Bezug: **Bonn gesamt**			Stichtag:		**31.12.1998**	
Raumbezug	**Gesamt**	**0 - 5 Jahre**	**6 - 17 Jahre**	**18 - 29 Jahre**	**30 - 64 Jahre**	**65 Jahre und älter**
Stadt Bonn (gesamt)	310.302	17.354	34.201	54.566	155.213	48.968

Räumlicher Bezug: **Bonn gesamt**			Stichtag:		**31.12.1999**	
Raumbezug	**Gesamt**	**0 - 5 Jahre**	**6 - 17 Jahre**	**18 - 29 Jahre**	**30 - 64 Jahre**	**65 Jahre und älter**
Stadt Bonn (gesamt)	306.826	17.065	33.927	53.278	153.386	49.170

A 1	Transformationsprozesse unter dem Einfluss politischer Entscheidungen – die ehemalige Hauptstadt Bonn	Stadtentwicklung, Strukturwandel

Arbeitsmaterial (Fortsetzung):

M 5: Daten zur Erwerbstätigkeit 1997

(Nach Angaben der Statistikstelle der Bundesstadt Bonn, Internet: www.bonn.de)

Erwerbsbeteiligung

	Erwerbsbeteiligung [1]		
	Männer	**Frauen**	**insgesamt**
1997 in Prozent	78,8	64,5	71,7
Erwerbstätige	77.000	63.000	140.000
nach Beschäftigungsverhältnis:			
Vollzeit	69.000	40.000	109.000
Teilzeit	8.000	23.000	31.000
befristet	x	x	17.000
unbefristet	56.000	48.000	104.000
nach Stellung im Beruf:			
Selbständige	11.000	4.000	15.000
Beamte	13.000	6.000	19.000
Angestellte	35.000	43.000	79.000
Arbeiter	17.000	8.000	25.000
nach ausgewählten Wirtschaftsbereichen:			
Produzierendes Gewerbe	18.000	4.000	22.000
Handel/Verkehr	15.000	13.000	28.000
Übrige Wirtschaftsbereiche	44.000	46.000	90.000

[1] Anteil der Erwerbspersonen im Alter zwischen 15 und 65 Jahren in der Bevölkerung in dieser Gruppe

Eckdaten zur Erwerbstätigkeit

	Männer	**Frauen**	**Insgesamt**
Einwohner insgesamt	144.000	160.000	304.000
darunter Erwerbstätige	77.000	63.000	140.00
davon mit			
Nettoeinkommen bis 1.400 DM	8.000	17.000	25.000
mehr als 5.000 DM monatlich	16.000	4.000	20.000

Arbeitsmaterial (Fortsetzung):

M 6: Von der ›Bundeshauptstadt‹ zur ›Bundesstadt‹

(Quelle: Handbuch zum Diercke Weltatlas. © Westermann Schulbuchverlag, Braunschweig 1996, S. 107)

Die Bezeichnung „Bundesstadt" erhielt Bonn am 26. April 1994 mit dem „Gesetz zur Umsetzung des Beschlusses des deutschen Bundestages vom 20. Juni 1991". Zweck dieses Gesetzes ist es, „eine dauerhafte und faire Arbeitsteilung zwischen der Hauptstadt Berlin und der Bundesstadt Bonn" sicherzustellen, um so den Bundestagsbeschluss aus dem Jahr 1991 umzusetzen, der Berlin (mit 338:320 Stimmen) als „Sitz des Deutschen Bundestages" und des „Kernbereiches der Regierungsfunktionen" festgelegte. Für Bonn (299.000 Einw.) stellt dies nach 1949 (Hauptstadtwerdung) und 1968 (Beginn eines verstärkten Hauptstadtausbaus) eine weitere einschneidende Zäsur dar.

Städtebaulich hat sich dabei besonders der Einschnitt von 1968 ausgewirkt. Als Auftakt erfolgte die Zusammenlegung von Bonn, Bad Godesberg sowie 6 Umlandgemeinden (darunter Beuel) zur „neuen Stadt" Bonn.

M 7: Beschäftigungseffekte der Hauptstadtfunktionen

(Quelle: *Thieme, Günther* (1997): a.a.O, S. 43)

Um die Bedeutung der Hauptstadtfunktionen für die Wirtschaft und den Arbeitsmarkt der Stadt zu Ende der 90er Jahre zu beleuchten, wurde die Zahl der Personen ermittelt, die in der Region Bonn unmittelbar in hauptstadtbezogenen Funktionen beschäftigt waren (Prognos 1990).

So sind etwa 42.500 Personen bei Regierung oder Parlament beschäftigt. Etwa 5.000 sind in den Botschaften und dem diplomatischen Korps tätig, weitere 9.300 Arbeitsplätze kommen durch Personen hinzu, die in den Parteizentralen, in Verbänden und bei der großen Zahl von Lobbyisten arbeiten. Ungefähr 1.200 Arbeitsplätze entfallen schließlich auf den Bereich der Medien.

Die Beschäftigungswirkung der Hauptstadtfunktionen wird durch diese Zahlen jedoch keineswegs vollständig erfasst. Es muss berücksichtigt werden, dass diese Beschäftigten und ihre Familien einen beträchtlichen Sekundäreffekt für das lokale Geschäftsleben und die Versorgung mit vielfältigen Dienstleistungen ausüben. Nimmt man an, dass eine Erwerbsperson jeweils 1,2 zusätzliche Personen im Haushalt miternährt und jeweils 8 Einwohner einen zusätzlichen Arbeitsplatz im Dienstleistungsbereich schaffen, so ergibt sich, dass etwa 176.000 Menschen ökonomisch direkt oder indirekt von der Hauptstadtfunktion abhängig sind. Je nachdem wie man die Region Bonn abgrenzt, bedeutet dies einen Anteil zwischen 24 und 32 % der Gesamtbevölkerung.

A 1	Transformationsprozesse unter dem Einfluss politischer Entscheidungen – die ehemalige Hauptstadt Bonn	Stadtentwicklung, Strukturwandel

Arbeitsmaterial (Fortsetzung):

M 8: Auswirkungen des ›Berlin/Bonn-Gesetzes‹ vom 26.4.1994

(Quelle: Handbuch zum Diercke Weltatlas. © Westermann Schulbuchverlag, Braunschweig 1996, S. 107/108)

Im Zuge des „Berlin/Bonn-Gesetzes" vom 26. April 1994 wird es nun aber zu einer Reihe von Modifikationen kommen. Bundestag, Bundeskanzleramt, Bundespräsidialamt und ein Großteil der Bundesministerien werden in den nächsten Jahren nach Berlin verlagert. In Bonn verbleiben werden der Bundesrat und die Ministerien für

- Bildung, Wissenschaft, Forschung und Technologie,
- Post und Telekommunikation,
- Umwelt, Naturschutz und Reaktorsicherheit,
- Gesundheit,
- Ernährung, Landwirtschaft und Forsten,
- Wirtschaftliche Zusammenarbeit und Entwicklung,
- Verteidigung.

Außerdem wird ein Teil der drei Ressorts Arbeit und Sozialordnung, Frauen und Jugend, Verkehr in Bonn seinen Sitz behalten. Die übrigen Ministerien unterhalten nach dem Berlin-Umzug in Bonn weiterhin Außenstellen.

Insgesamt werden Bonn damit jedoch rund 22.500 Arbeitsplätze verloren gehen. 7.400 sollen aber durch die Verlagerung von Bundesbehörden nach Bonn aufgefangen werden. Dies gilt für das Bundeskartellamt, Bundesversicherungsamt, Bundesaufsichtsamt für das Kreditwesen, Bundesaufsichtsamt für das Versicherungswesen, Bundesinstitut für Berufsbildung, Bundesgesundheitsamt, Statistische Bundesamt, Bundesamt für Strahlenschutz, Bundesamt für Ernährung und Forstwirtschaft, Bundesamt für landwirtschaftliche Marktordnung, die Bundesbaudirektion, Bundesanstalt für Genossenschaften und Rohstoffe, Zentralstelle für Arbeitsvermittlung, Postbank und den Bundesrechnungshof. Dazu kommen als neugegründete bzw. neu zu gründende Bundesbehörden das Bundesamt für Naturschutz, Eisenbahn-Bundesamt und die Hauptverwaltung des Bundeseisenbahnvermögens.

M 9: Diercke Weltatlas, Ausgabe 1992, S. 66, Karte 2

Aufgaben:

1. Erläutern Sie anhand von physiognomischen Strukturmerkmalen die wesentlichen Etappen der historisch-genetischen und funktionalen Entwicklung der Stadt Bonn von der siedlungsgeographischen Keimzelle bis zum Beginn des 19. Jahrhunderts.
2. Analysieren Sie den siedlungsgeographischen und wirtschaftlichen Strukturwandel Bonns, der durch die Übernahme der Hauptstadtfunktion (1949) ausgelöst worden ist.
3. Beurteilen Sie die Perspektiven der Stadt Bonn nach vollzogenem Umzug von Parlament und Regierung im Hinblick auf den Arbeitsmarkt und die wirtschaftliche Entwicklung der Region. Erörtern Sie dabei mögliche Problemfelder für Bonn, die aus der Wiedereinsetzung Berlins als Hauptstadt resultieren können.

L	A 1	Transformationsprozesse unter dem Einfluss politischer Entscheidungen – die ehemalige Hauptstadt Bonn	Stadtentwicklung, Strukturwandel

Vorbemerkungen:

Die Materialien sind für den Einsatz in einer Grundkursklausur zusammengestellt worden. Diese kann den Schluss einer Unterrichtsreihe zur Genese und funktionalen Entwicklung deutscher Städte bilden und zur Problematik Stadtplanung und Raumordnung überleiten. Das Beispiel Bonn bietet sich dabei an, da einerseits in der Physiognomie typische Merkmale unterschiedlicher Epochen als Ausdruck von Funktionswandel und Bedeutungsgewinn deutlich sichtbar werden, andererseits die Problematik der Kompensation eines Bedeutungsverlustes an der Schwelle zum neuen Jahrtausend interessante Gedankengänge zu motivieren vermag.

Vorab sollten im Unterrichtsverlauf an unterschiedlichen Raumbeispielen Kenntnisse über wesentliche physiognomische und funktionale Merkmale deutscher Städte in den folgenden Epochen erworben worden sein:

- Römerzeit (colonia, municipia, castra)
- Mittelalter (geistliche und wirtschaftliche Keimzellen)
- Barock und Zeitalter des Absolutismus (Residenz- und Garnisonsstädte)
- Zeitalter der Industrialisierung
- 20. Jahrhundert (New Towns, Trabantenstädte, Funktionalismus-Prinzip usw.)
- 21. Jahrhundert (Ausblick: die „menschenfreundliche Stadt“)

Literatur:

Riemer, I. (1978): Altes Bonn. Frankfurt

Stiehl, E. (Hrsg., 1997): Die Stadt Bonn und ihr Umland. In: Arbeiten zur rheinischen Landeskunde, Heft 66. Bonn

Thieme, G. (1997): Bonn – die ehemalige Hauptstadt sucht ihre Zukunft. In: Praxis Geographie, Heft 10/1997, S. 42-44

Waldhausen-Apfelbaum, J. (1998): Innerstädtische Zentrenstrukturen und ihre Entwicklung. Das Beispiel der Stadt Bonn. In: Arbeiten zur rheinischen Landeskunde, Heft 68. Bonn

Lösungsvorschlag:

Aufgabe 1

Anhand des eingehenden Studiums von M 1 sollen die Etappen der Stadtentwicklung im Zusammenhang mit dem jeweiligen Funktions- und Bedeutungswandel deutlich gemacht werden.

Als Ursprung der Siedlung ist das im Norden des Kartenausschnitts gelegene Legionslager („Castra Bonnensia“) zu identifizieren, das die typischen Strukturmerkmale (z.B. decumanus und cardo maximus) des römischen Siedlungstyps „castra“ aufweist und im Schatten der nördlich gelegenen Kolonialstadt „Colonia Claudia Ara Agrippinensis“ aus strategischen Gründen errichtet wurde.

Das von den Römern im 4. Jahrhundert verlassene Lager wird jedoch nicht zur Keimzelle der mittelalterlichen Siedlung, sondern der Stiftsbereich um das Münster (ehem. Begräbniskirche der Märtyrer Cassius und Florentius) herum sowie der an Fernhandelsstraßen gelegene Markt (Rheintalstraße Koblenz-Köln, Verkehrsknoten nach Aachen). Bonn weist also eine geistliche und weltliche Keimzelle auf.

Die Befestigung von 1244 dokumentiert den Bedeutungsgewinn hinsichtlich der religiösen, kaufmännischen und handwerklichen Funktion, denn Stiftsstadt und Handelsstadt werden ummauert.

Der Bau der Bastionen im 17. Jahrhundert (typische Vauban'sche Sternschanzen) manifestiert, dass vom 13. bis zum 17. Jahrhundert kein einschneidender Bedeutungszuwachs oder Funktionswandel eingetreten ist, da er lediglich die mittelalterliche Befestigungsanlage ersetzt. Man trug somit der geänderten Wehrtechnik, der neuen Artillerie Rechnung. Nach Schleifung der Befestigungsanlagen im 18. Jahrhundert wird Bonn kurfürstliche Residenzstadt, was anhand des Baus des Residenzschlosses auf der ehemaligen Stadtmauer sowie durch die Errichtung des Sommerschlosses in Poppelsdorf erkennbar ist.

Im 19. Jahrhundert wird Bonn Universitätsstadt, d.h. geistiges Zentrum mit überregionaler Bedeutung.

Aufgabe 2

Durch die Übernahme der Hauptstadtfunktion hat Bonn in jeglicher Hinsicht eine dynamische Entwicklung vollzogen, was einerseits durch das außerordentlich hohe Bevölkerungswachstum, das hauptsächlich aus Wanderungsgewinnen resultiert, transparent wird, sich andererseits in der Entwicklung des Arbeitsmarktes und der Erwerbsstruktur manifestiert.

Zwar war Bonn seit jeher vom tertiären Sektor dominiert (Universitäts- und Pensionärsstadt), doch nahm die Konzentration auf diesen Wirtschaftssektor im Vergleich mit allen anderen Städten Deutschlands mit mehr als 200.000 Einwohnern am extremsten zu.

Hierbei ist zudem die Qualität der tertiären Arbeitsplätze in besonderer Weise zu berücksichtigen (z.B. Ministerialbeamte), die vielfach hoch qualifiziert und somit gut bezahlt sind (das mittlere Einkommensniveau der Region liegt deutlich über dem Bundesdurchschnitt). Auch in der vergleichsweise niedrigen Arbeitslosenquote zeigt sich der besondere arbeitsmarktmäßige Status von Bonn.

Siedlungsgeographische Konsequenzen werden in der Atlaskarte sichtbar, die ein recht klares Standortmuster und eine Konzentration der wichtigsten hauptstadtbezogenen Funktionen zeigt:

a) das eigentliche Regierungsviertel mit Bundestag, Bundesrat, Kanzleramt, Sitz des Bundespräsidenten, Ländervertretungen
b) weitere Regierungsviertel: Hardtberg/Duisdorf, Nordstadt
c) Botschaftsviertel („Diplomatenviertel"): Bad Godesberg.

Zudem ist Bonn durch die Zusammenlegung mit Godesberg und Beuel zu einem mehrkernigen Stadtraum mit drei Hauptgeschäftszentren geworden.

Aufgabe 3

Hier soll ein differenzierter Zukunftsausblick gegeben werden, der auf den bisherigen Erkenntnissen aufbaut.

Der Bedeutungsverlust durch den Funktionswandel muss durch Stärkung anderer Wirtschaftsbereiche mittelfristig aufgefangen werden, was einer durchgreifenden Wirtschaftsstrukturänderung bedarf. Die im Berlin/Bonn-Gesetz festgelegten Maßnahmen sind dazu nicht ausreichend.

Aufgrund von Bevölkerungsverlusten durch Abwanderung gutverdienender Schichten ergeben sich mögliche Problemfelder:
- Niedergang von Einzelhandel, Handwerk und haushaltsbezogenen Dienstleistungen als Folge des Verlustes von Kaufkraft
- drastischer Verfall der Immobilienpreise
- möglicher kultureller Niedergang.

Des Weiteren erscheinen negativ die großen Defizite im produzierenden Gewerbe sowie die schwierige Konversion von Flächen und Einrichtungen des Bundes.

Positive Standortfaktoren Bonns:
- Lage im europäischen Zentralraum
- gute Verkehrsanbindung
- gute Forschungsinfrastruktur
- vergleichsweise hoher Bildungsgrad der Bevölkerung
- ausgezeichnete Bildungs-, Gesundheits- und Kulturinfrastruktur
- weiche Standortfaktoren wie landschaftliche Attraktivität.

Daraus resultiert die Hoffnung auf die Ansiedlung forschungsintensiver, innovativer Unternehmen.

Nötig dazu wären die Ausweisung neuer Gewerbe- und Industrieflächen sowie die Stärkung der Bildungs- und Forschungseinrichtungen.

A 2	Rostock – Veränderungen und Entwicklungen durch wirtschaftliche und politische Einflüsse	Stadtentwicklung, Strukturwandel

Arbeitsmaterial:

M 1: Rostock um 1935

(Quelle: *Nuhn, Helmut* (1997): Hansestadt Rostock – Vom maritimen Tor zur Welt zum Regionalhafen für die Ostsee. In: Europa Regional, Heft 2/97, Kartenbeilage. Institut für Länderkunde, Leipzig).

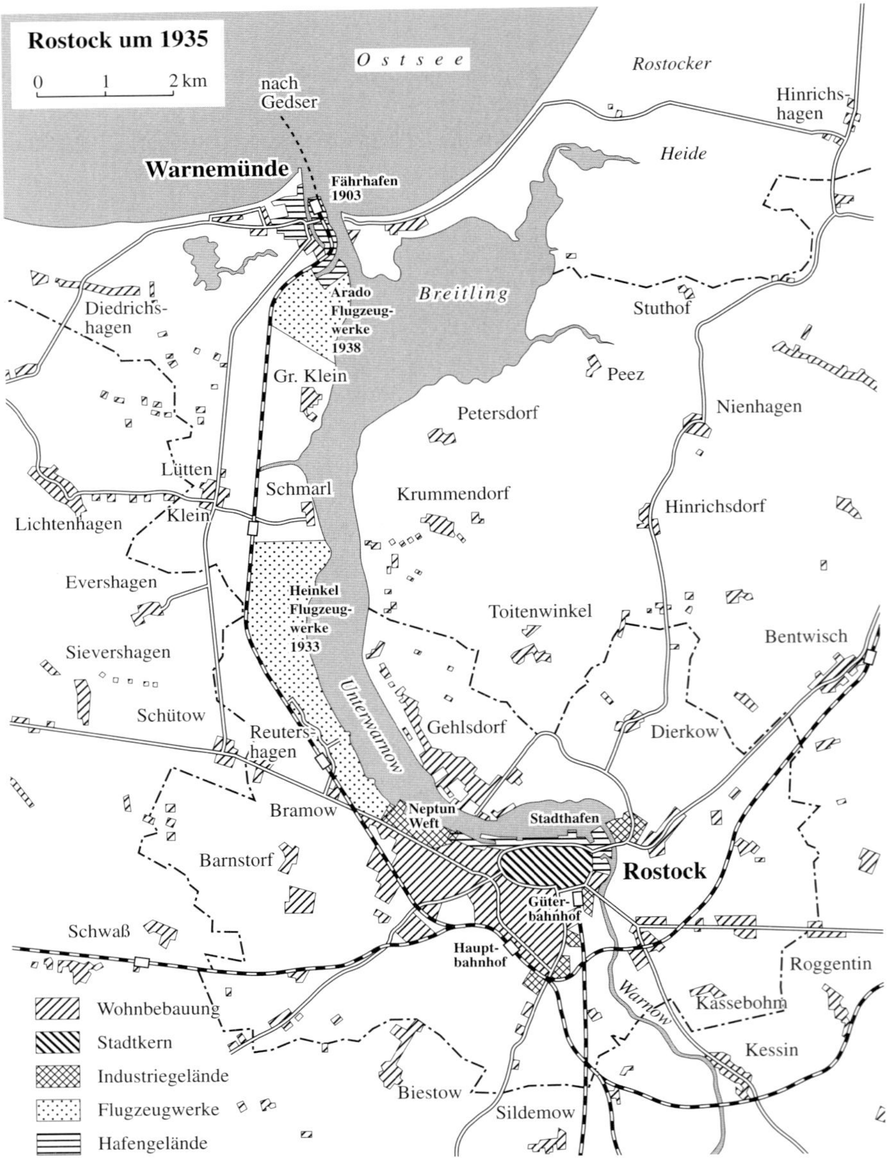

A 2	Rostock – Veränderungen und Entwicklungen durch wirtschaftliche und politische Einflüsse	Stadtentwicklung, Strukturwandel

Arbeitsmaterial (Fortsetzung):

M 2: Rostock um 1985

(Quelle: *Nuhn, Helmut* (1997): a.a.O., Kartenbeilage)

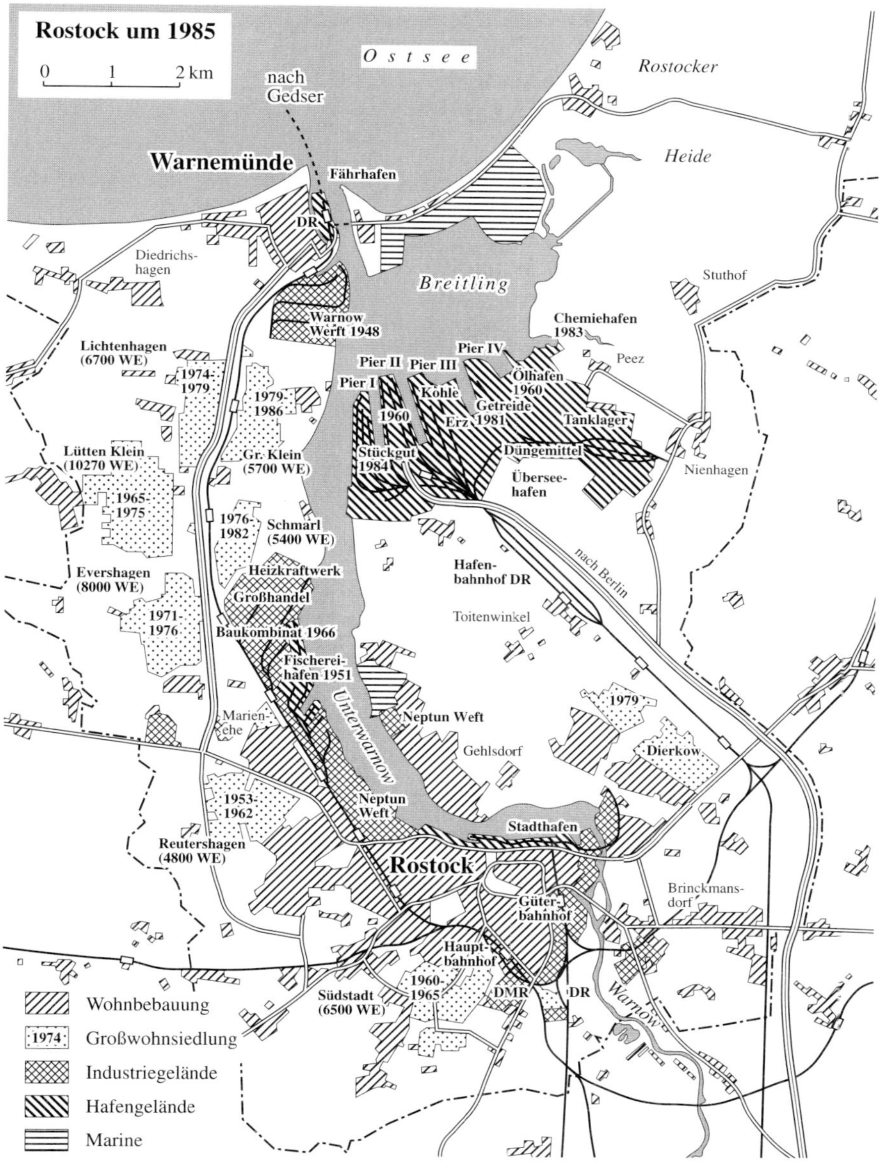

A 2	Rostock – Veränderungen und Entwicklungen durch wirtschaftliche und politische Einflüsse	Stadtentwicklung, Strukturwandel

Arbeitsmaterial (Fortsetzung):

M 3: Ausbau Rostocks zum Überseehafen

(Quelle: *Nuhn, Helmut* (1997): a.a.O., S. 9)

Wegen seiner günstigen Lage im Hinblick auf die Bevölkerungs- und Wirtschaftsagglomerationen in Mitteldeutschland, der ausbaufähigen Seeverbindungen in die UdSSR und der Transitmöglichkeiten in die CSSR, nach Ungarn und Südpolen sowie wegen der günstigen nautischen Bedingungen fand der Küstenstandort Rostock bei den strategischen Vorüberlegungen besondere Beachtung. Im Oktober 1957 beschloss das Zentralkomitee der SED auf seiner 33. Tagung den Bau eines neuen Überseehafens bei Petersdorf an der nordöstlichen Warnow.

Bereits am 30. April 1960 wurde der Umschlagsbetrieb aufgenommen und in wenigen Jahren Wismar als Haupthafen des DDR-Außenhandels abgelöst. Nach und nach siedelte man auch die zentralen Verwaltungen der Kombinate für Seeverkehr und Hafenwirtschaft, Schiffbau und Fischwirtschaft in der Hauptstadt des Küstenbezirks an.

Voraussetzung für die Eröffnung des Überseehafens war der Bau eines 10,5 m tiefen Zufahrtskanals. Mitte der 60er Jahre wurde die Fahrrinne auf 11,5 m vertieft und zwischen 1977 und 1979 nochmals auf 13,0 m ausgebaggert und verbreitert (vgl. *Meyer/Rickert* 1995, S. 89). Damit konnten Schiffe bis zu 60.000 tdw den stufenweise erweiterten Hafenkomplex erreichen. Von West nach Ost folgen die Piers I-IV mit den Hafenbecken A-C sowie ein Ölhafen mit Tanklager und Pipelineanschluss aufeinander. Im Bereich von Peez schließt sich noch der Chemiehafen zur Versorgung der 1983 gebauten Düngemittelfabrik an.[1]

[1] Pier I und II mit acht großen Kaihallen und ausgedehnten Freiflächen waren für den Stückgutumschlag bzw. den Export von Anlagen vorgesehen (konventionelles Stückgut, Schwerstückgut, Holz, Früchte und Container). Die noch nicht vollständig mit Kaimauern versehene Pier III dient dem Schüttgut, insbesondere Kohle, Erz und Zement. Pier IV wurde für den Umschlag und die Lagerung von Getreide und Futtermitteln ausgestattet.

A 2	Rostock – Veränderungen und Entwicklungen durch wirtschaftliche und politische Einflüsse	Stadtentwicklung, Strukturwandel

Arbeitsmaterial (Fortsetzung):

M 4: Güterumschlag im Rostocker Hafen 1950-1995

(Quelle: *Nuhn, Helmut* (1997): a.a.O., S. 9)

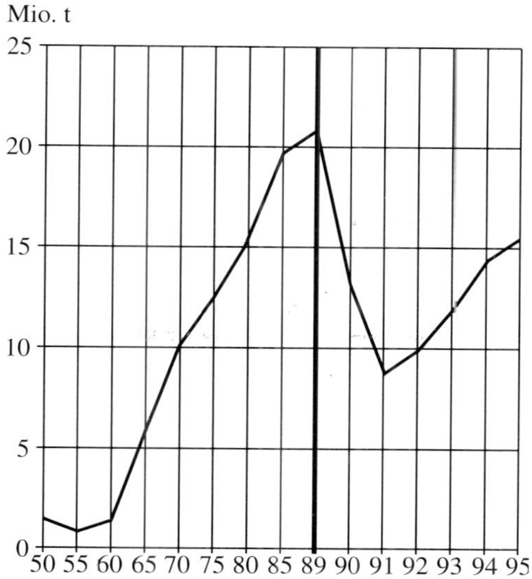

M 5: Struktur des Güterumschlags im Überseehafen Rostock 1989 und 1994

(Quelle: *Nuhn, Helmut* (1997): a.a.O., S. 15)

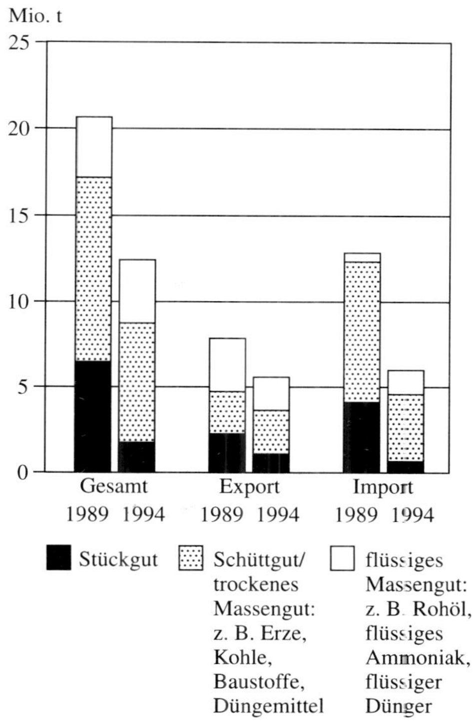

Arbeitsmaterial (Fortsetzung):

M 6: Struktur der Erwerbstätigen der Stadt Rostock nach Wirtschaftsgruppen 1990-1997

(Quelle: *Obenaus, H./Zuber-Seifert, F.* (1996). Rostock – Wandel einer Stadtregion seit 1990. In: Geographische Rundschau, Heft 9/1996, S. 503 (aktualisiert))

Wirtschaftsbereich	Anzahl[1]				Veränderung 1994 zu 1990	Anzahl[2]	
	1990		1994			1997	
	absolut	in %	absolut	in %		absolut	in %
Land- und Forstwirtschaft, Fischerei	4.277	3,0	1.122	1,1	– 3.155	925	1,0
Energiewirtschaft, Wasserversorgung	2.673	1,9	1.730	1,7	– 943	1.705	1,9
Verarbeitendes Gewerbe	31.863	22,1	14.290	13,6	– 17.573	11.523	12,8
Baugewerbe	7.533	5,2	10.347	9,9	+ 2.814	8.452	9,4
Verkehr, Nachrichtenübermittlung	31.922	22,1	14.015	13,4	– 17.907	10.485	11,7
Handel	16.444	11,4	12.006	11,5	– 4.438	9.259	10,3
Andere Bereiche	49.449	34,3	51.173	48,8		47.558	52,9
darunter							
Kreditinstitute, Versicherungsgewerbe	2.531	1,8	2.102	2,0	– 429	2.392	2,7
Dienstleistungsgewerbe (soweit anderweitig nicht genannt)	11.996	8,3	34.817	33,2	+ 22.821	31.734	35,3
Organisationen ohne Erwerbszweck, private Haushalte	1.616	1,1	5.725	5,5	+ 4.109	4.566	5,1
Gebietskörperschaften, Sozialversicherungen	33.306	23,1	8.529	8,1	– 24.777	8.866	9,9
Insgesamt	144.161	100,0	104.784	100,0	– 39.367	89.907	100,0

[1] Sozialversicherungspflichtig beschäftigte Arbeitnehmer (Arbeitsort)

[2] Quelle: Statistisches Jahrbuch der Hansestadt Rostock 1998, S. 89

A 2	Rostock – Veränderungen und Entwicklungen durch wirtschaftliche und politische Einflüsse	Stadtentwicklung, Strukturwandel

Arbeitsmaterial (Fortsetzung):

M 7: Rostock um 1995

(Quelle: *Nuhn, Helmut* (1997): a.a.O., Kartenbeilage)

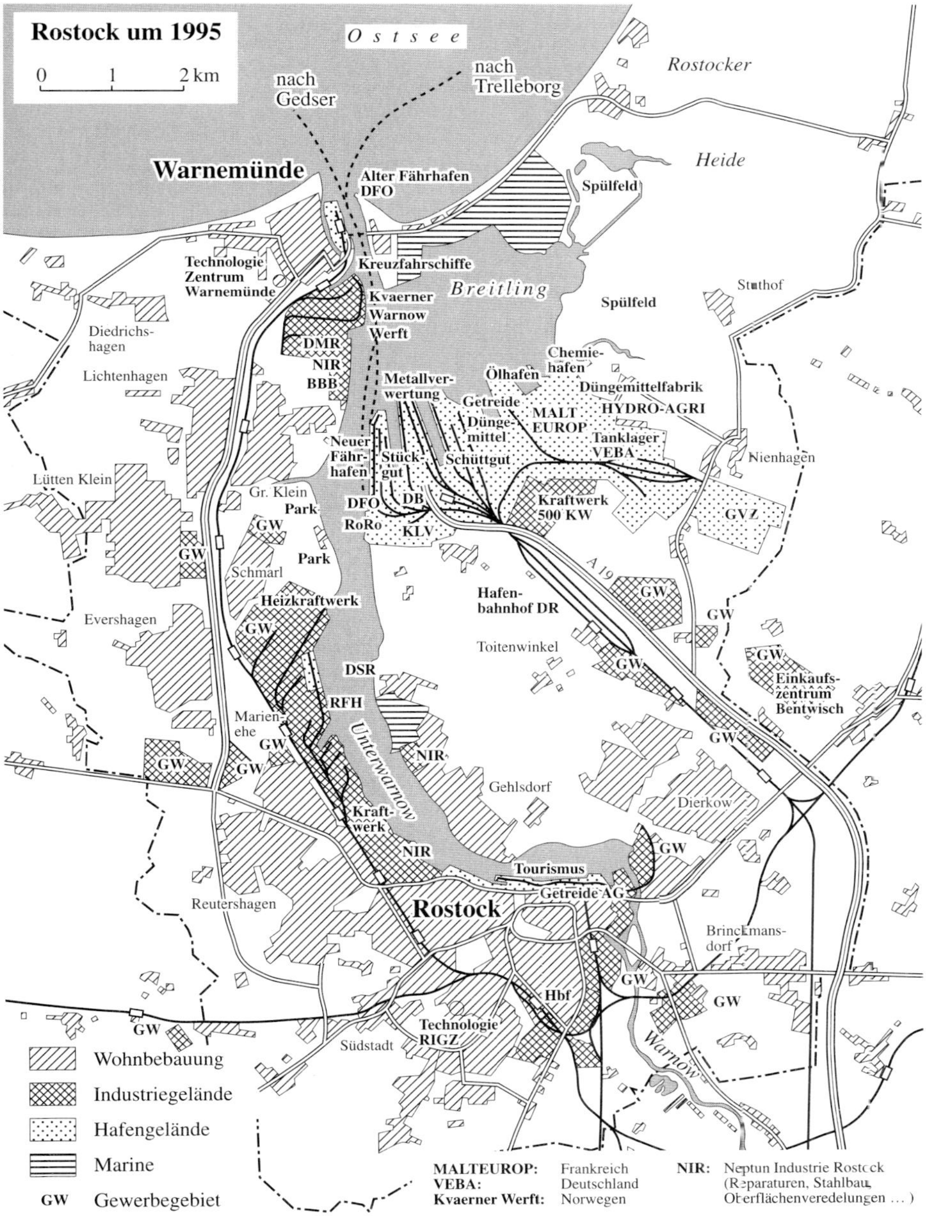

A 2	Rostock – Veränderungen und Entwicklungen durch wirtschaftliche und politische Einflüsse	Stadtentwicklung, Strukturwandel

Arbeitsmaterial (Fortsetzung):

M 9: Mecklenburg-Vorpommern – Technologiezentren und Hochschulen

(Quelle: © Dr. *Marion Eich-Born*, Geographisches Institut der Ernst-Moritz-Arndt-Universität, Greifswald. In: Geographische Rundschau, Heft 9/1996, S. 523)

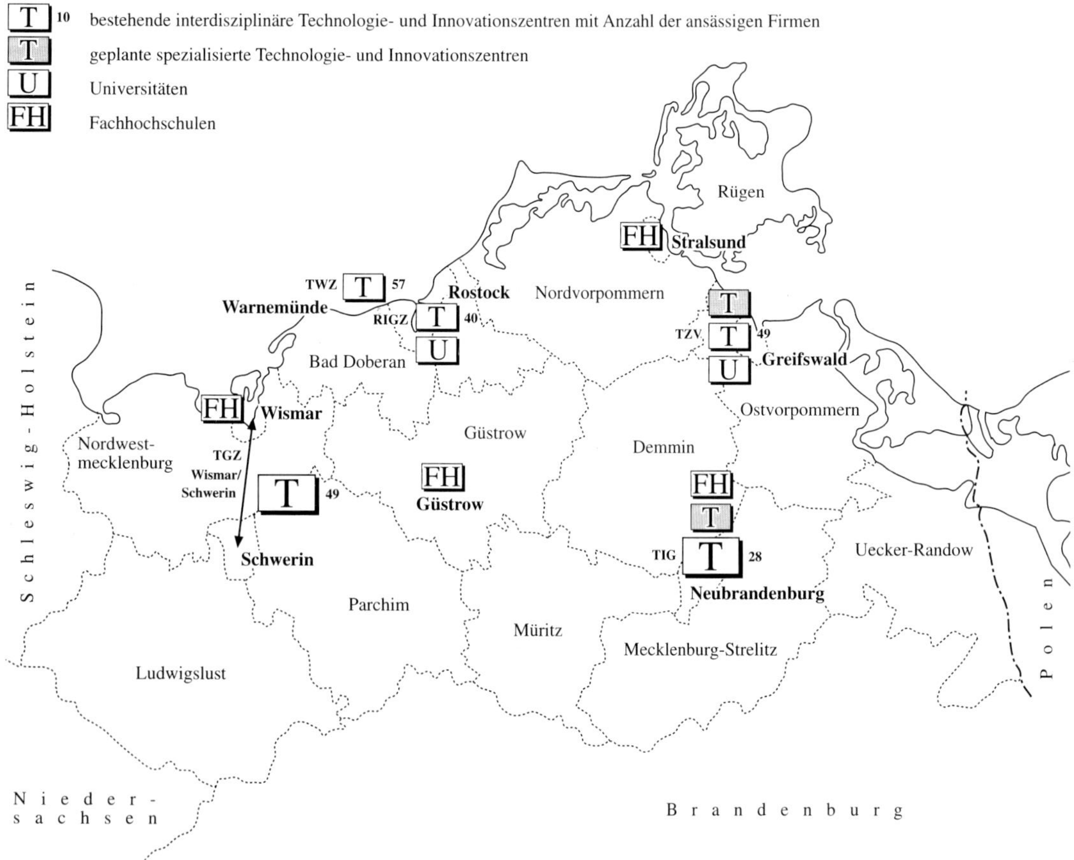

A 2	Rostock – Veränderungen und Entwicklungen durch wirtschaftliche und politische Einflüsse	Stadtentwicklung, Strukturwandel

Arbeitsmaterial (Fortsetzung):

M 8: Zuzüge nach und Fortzüge aus Rostock 1960-1994

(Quelle: *Nuhn, Helmut* (1997): a.a.O., S. 20)

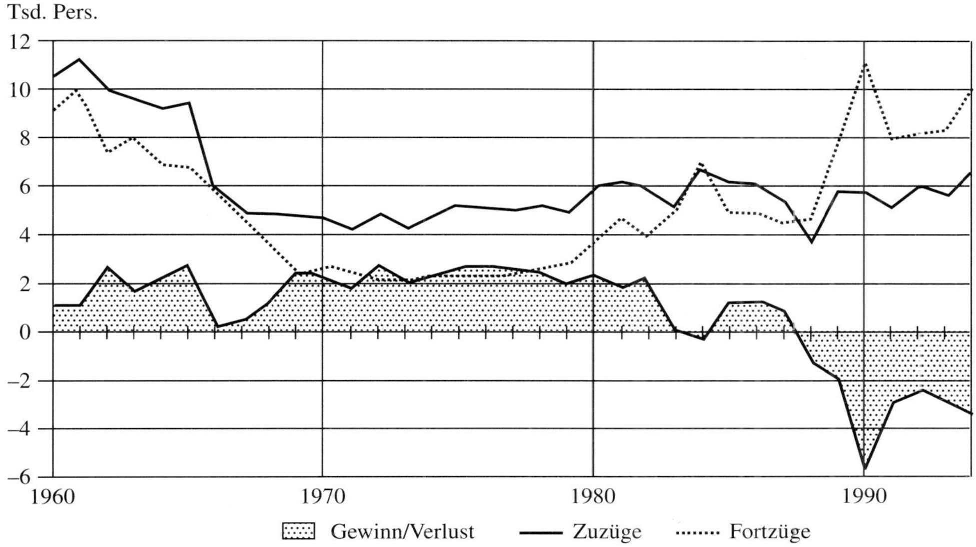

Aufgaben:

1. Beschreiben und erläutern Sie die räumliche und wirtschaftliche Entwicklung Rostocks zwischen 1935 und 1985.
2. Erörtern Sie, welche Folgen die Wiedervereinigung und der mit ihr verbundene Wechsel der politischen und wirtschaftlichen Strukturen für die wirtschaftliche Situation Rostocks und seines Hafens hatte.
3. Bereits 1995/96 lassen sich Ansätze und Maßnahmen zur Revitalisierung des Raums Rostock-Warnemünde erkennen. Stellen Sie diese Maßnahmen dar, indem Sie die konzeptionellen Überlegungen, die hinter ihnen stehen, erläutern. Wägen Sie die Vorzüge, aber auch die Probleme der wirtschaftlichen Entwicklung der jüngsten Zeit ab.

L	A 2	Rostock – Veränderungen und Entwicklungen durch wirtschaftliche und politische Einflüsse	Stadtentwicklung, Strukturwandel

Vorbemerkungen:

Die Wirksamkeit von Industrialisierungsvorgängen gerade auch im städtischen Raum bildet einen wesentlichen Akzent dieses Themas: Fragen der Standortfaktoren und ihres Wandels, so genannte Inwertsetzungsprozesse und ihre räumlichen Folgen, strukturelle Krisen und ihre wirtschaftlichen und räumlichen Auswirkungen, Maßnahmen zur Revitalisierung.

Den anderen Schwerpunkt bildet der politisch begründete, wirtschaftlich und räumlich wirksame Wandel im Zuge der deutschen Einigung und der Neuordnung ehemaliger Planwirtschaftsräume nach 1990. Hier geht es sowohl um den industriellen Wandel als auch um Tertiärisierungsvorgänge und um Veränderungen in der Stadtregion – und besonders um Konzeptionen zur Bewältigung der Um- und Neuorientierungen.

Insofern ist das Thema in unterschiedlichen Halbjahren einsetzbar, die entweder einen stadtgeographischen oder einen industriegeographischen oder einen raumordnerischen Schwerpunkt setzen. Möglich ist auch der Einsatz in einer entsprechenden halbjahresübergreifenden Klausur.

Literatur:

Nuhn, H. (1997): Hansestadt Rostock – Vom maritimen Tor zur Welt zum Regionalhafen für die Ostsee. In: Europa Regional, Heft 2, Leipzig 1997, S. 8 ff

Salzborn-von Schwartzenberg, U. (1997): Hafenstadt Rostock – Transformationsprozesse nach der Vereinigung. In: *Brameier, U., von der Ruhren, N.* (Hrsg., 1997): Materialien-Handbuch Geographie, Bd. 3: Energiewirtschaft, Bergbau/Industrie, Verkehr. Aulis Verlag, Köln, S. 304 ff

Lösungsvorschlag:

Aufgabe 1

Die Veränderung des Raums Rostock zwischen 1935 und 1985 zeigt prägnant die Raumwirksamkeit industrieller Entwicklung, die von den Schülern beschreibend erfasst werden soll.

In den 30er Jahren war die nähere Umgebung der Stadt stark ländlich geprägt. Rostock und das unmittelbar an der Küste gelegene Warnemünde stellten kleinere Siedlungen dar, wobei Rostock allerdings ein deutliches extensives Wachstum aufweist. Beide Städte besaßen Häfen: Warnemünde einen Fährhafen, Rostock vermutlich einen Handelshafen. Industriell war der Raum einseitig strukturiert. Zwischen beiden Orten erstreckten sich zwei große Gelände eines Flugzeugwerks (Heinkel); in Rostock gab es zusätzlich (besonders in Hafennähe) kleinere Industriegebiete.

In den folgenden 50 Jahren hat sich, besonders unter dem Einfluss der DDR-Planwirtschaft, der Raum nachhaltig verändert, wie M 2 – ergänzt durch M 3 – zeigt:

L	A 2	Rostock – Veränderungen und Entwicklungen durch wirtschaftliche und politische Einflüsse	Stadtentwicklung, Strukturwandel

Der enge Stadthafen wurde durch einen großen Überseehafen am Breitling ersetzt. Die Produkthinweise machen die Import- (Massengüter wie Öl, Kohle, Erz) bzw. Exportstruktur (Stückgüter) deutlich. Hinzu kamen Häfen für die Fischerei und für die Volksmarine der DDR. Am Stadtrand von Rostock sowie auf dem Gelände der früheren Flugzeugwerke entstanden ausgedehnte Industrieareale mit zwei bedeutenden Werften und einem Heizkraftwerk für den zunehmenden Strombedarf. Stark ausgebaut wurde in Verbindung mit den industriellen Veränderungen auch die verkehrsmäßige Anbindung ans Binnenland, vor allem an die damalige Hauptstadt (Ost-)Berlin. Der Aufschwung von Hafen und Industrie führte offensichtlich zu einer starken Attraktivitätssteigerung des Raums, so dass erhebliche Zuwanderungsströme das Siedlungsbild veränderten. An den Hauptverkehrsachsen zwischen Rostock und Warnemünde entstanden zwischen 1953 und 1986 sieben Großwohnsiedlungen und eine weitere im NO Rostocks. Bis Mitte der 80er Jahre war Rostock zum wichtigsten DDR-Hafen und zum größten industriellen und bevölkerungsmäßigen Verdichtungsraum an der Küste geworden.

Aufgabe 2

Die Schüler sollen erörtern, wie sich in der Folge der deutschen Wiedervereinigung und der Ablösung der zentralistischen Planwirtschaft durch die Marktwirtschaft der Raum Rostock einem tiefgreifenden wirtschaftlichen Wandel unterzog, der zu erheblichen Problemen führte. Die Charakteristika dieses Wandels sind:

- Nach jahrzehntelangen Steigerungsraten des Güterumschlags halbierte sich dieser im Rostocker Hafen in nur zwei Jahren zwischen 1989 und 1991 (M 4). Allerdings wurden ca. 50 % dieses Rückgangs bereits bis 1995 wieder wett gemacht.
- Während der Export seine Einbußen zwischen 1989 und 1994 in Grenzen halten konnte, verlor der Hafen besonders beim Import. Hier ist er – wohl auch durch seine Lage an der Ostsee und aufgrund des Bedeutungsrückgangs der östlichen Lieferanten (Polen, UdSSR) – der Konkurrenz der Nordseehäfen unterlegen (M 5).
- Innerhalb von nur vier Jahren sank die Zahl der Erwerbstätigen um fast 40.000. Zwar legten vor allem die privaten Dienstleistungen – z.B. aufgrund des Nachholbedarfs im Bereich der Serviceleistungen – sehr deutlich zu, doch konnte dies nicht die Einbrüche bei den staatlichen Dienstleistungen, in der Industrie und im Handel und Verkehr wettmachen – vor allem die letzten drei bis dahin tragende Säulen der Wirtschaft Rostocks. Hier sollten einige Gründe für den Verlust an Arbeitsplätzen genannt werden: Wegfall staatlicher Systeme und Institutionen, mangelnde Konkurrenzfähigkeit der Betriebe besonders in den ersten Jahren nach der Wiedervereinigung, zu geringe Arbeitsproduktivität und zu hoher Besatz an Arbeitskräften, Massenentlassungen in traditionellen Wirtschaftsbereichen wie der Werftindustrie durch die Auswirkungen internationalen Wettbewerbsdrucks u.a. (M 6).
- Bis weit in die 80er Jahre war Rostock der Zuwanderungsraum im Norden der DDR. Arbeitsplatzverluste und Arbeitslosigkeit und (wahrscheinlich) die Anziehungskraft westlicher Räume führen jedoch schon 1990 zu einem ersten Höhepunkt an Fortzügen und zu einem stark negativen Wanderungssaldo.

Aufgabe 3

Anhand der Materialien 7 und vor allem 9 können die Schüler verschiedene Maßnahmen erkennen, die zur wirtschaftlichen Wiederbelebung und Stärkung des Raums beitragen sollen – Modernisierung der Wirtschaft und dadurch Sicherung bzw. Schaffung von Arbeitsplätzen im sekundären und tertiären Sektor, z.B.:

- Neubau eines Fährhafens und Ausweitung der Verbindungen (Trelleborg); Kreuzfahrten
- Öffnung des Stadthafens für den Tourismus
- Strukturelle Veränderungen und teilweiser Ausbau im Haupthafen: Metallverwertung, Düngemittelfabrik, MALTEUROP als stärkere Ansätze einer Hafenindustrie; Kraftwerksneubau unmittelbar am Hafengelände zur besseren Energieversorgung
- Anlage von Gewerbegebieten, die in der Regel kleineren und mittleren Betrieben Anreize bieten und damit eine Alternative zur Großindustrie darstellen
- Bau des großflächigen suburbanen Einkaufszentrums Bentwisch
- Einrichtung der Technologie- und Innovationszentren TWZ/Warnemünde und RIGZ/Rostock mit insgesamt 97 Betrieben mit zukunftsorientierten Arbeits-, Forschungs- oder Produktionsbereichen; vor Ort wird dieses Feld ergänzt durch die Universität Rostock.

Auf den ersten Blick überwiegen die positiven Aspekte bei den Maßnahmen zur Raumentwicklung. Es wird versucht, der Stadt und ihrem Umland Impulse zu geben, die eine Anpassung an das westdeutsche Entwicklungsniveau möglich machen. Einige Stichwörter hierzu sind: industrielle Modernisierung, technologische Weiterentwicklung, Stärkung der unternehmerischen Initiative durch die Anlage von Technologieparks und von Gewerbegebieten, Sicherung des Hafenstandorts, Ausbau des Tourismus.

Dennoch hat die Entwicklung der jüngsten Zeit auch zu erheblichen Problemen geführt. Zwei seien hier beispielhaft genannt: Das eine und gravierendste ist der Wegfall von Arbeitsplätzen in hoher Zahl, was den Raum wirtschaftlich (z.B. Kaufkraft) und demographisch nachhaltig schwächte. Hier können auch betriebliche Neuansiedlungen nur bedingt Ersatz schaffen, da es sich oft um kleinere oder mittelgroße Firmen handelt, deren Produktion oft wenig arbeitsintensiv oder stark automatisiert ist. Ein weiteres Problem liegt in der Übernahme wichtiger Bereiche durch westdeutsche oder auch europäische Unternehmen (MALTEUROP, VEBA, Kvaerner Werft), die zwar einerseits vor Ort investieren, andererseits aber ihre primären wirtschaftlichen Interessen nicht in Rostock haben.

A 3	Glasgow – Überwindung altindustrieller Strukturen durch post-industrielle Stadtkonzepte	Stadtentwicklung, Strukturwandel

Arbeitsmaterial:

M 1: Diercke Weltatlas, Ausgabe 1988, S. 96

M 2: Glasgow, Modellfall für Niedergang und Revitalisierung einer industriell geprägten Stadt

(Quelle: *Burdack, Joachim* (1997): Glasgow – Von der altindustriellen Stadt zur postindustriellen Metropole? In: Europa Regional, Heft 1/97, Leipzig 1997, S. 34. Institut für Länderkunde, Leipzig)

Der Ballungsraum um Glasgow, die Clydeside Conurbation, ist mit nahezu 2 Mio. Einwohnern die größte und wirtschaftlich bedeutendste Metropole in Schottland und eine der größten Regionalmetropolen des Vereinigten Königreichs. Mit über 600.000 Einwohnern zählt die Kernstadt Glasgow, das wirtschaftliche Zentrum der Conurbation, trotz starker Bevölkerungsverluste in der Nachkriegszeit immer noch zu den größten *districts* (Bezirken) in Großbritannien. Die Entwicklung Glasgows in den letzten Jahrzehnten stellt in vieler Hinsicht einen Modellfall für Niedergang und Revitalisierung einer industriell geprägten Stadt im westlichen Europa dar: Die Conurbation am Unterlauf des Clyde war zu Beginn des 20. Jh.s eine der führenden Industrieregionen der Welt, und Glasgow bezeichnete sich voller Stolz als ›*the second city of the empire*‹. Früher als in anderen Städten erreichte die industrielle Entwicklung (...) einen Wendepunkt, und die Stadt geriet in eine Dauerkrise. Noch vor zwei Jahrzehnten galt Glasgow als „*the most striking example of metropolitan decline in the United Kingdom*“. Heute hat die Stadt in ihrem Selbstverständnis und ihrer Außendarstellung radikal mit der industriellen Vergangenheit gebrochen. Glasgow versucht sich stattdessen als eine der ersten postindustriellen Städte Europas zu präsentieren.

M 3: Beschäftigtenentwicklung in den Kernstädten britischer Regionalmetropolen 1981-1991

(Quelle: *Burdack, Joachim* (1997): a.a.O., S. 37)

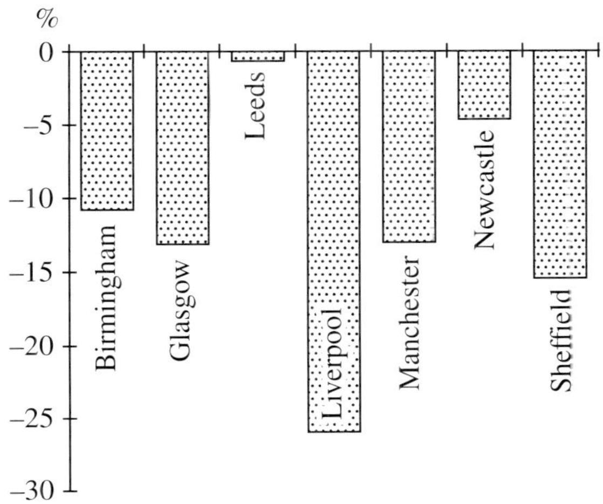

Arbeitsmaterial (Fortsetzung):

M 4: Industriebeschäftigte in Glasgow 1961-1989

(Quelle: *Burdack, Joachim* (1997): a.a.O., S. 37

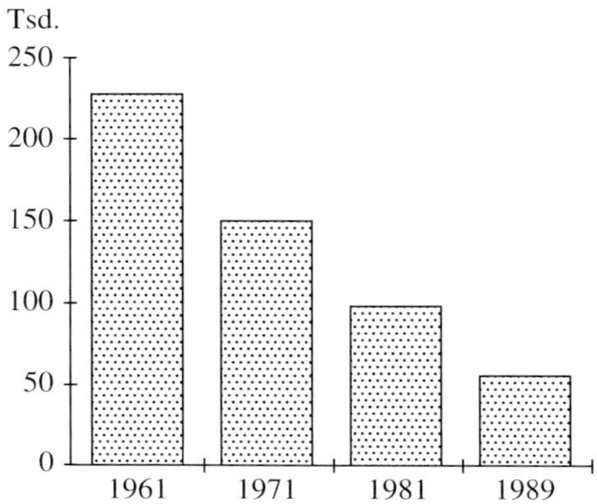

Zum Vergleich: Beschäftigte im tertiären Sektor 1991: ca. 260.000

Schiffbau: 1903: 60.000 Beschäftigte in 39 Werften
40.000 Beschäftigte in Zuliefererbetrieben
1996: 5.900 Beschäftigte in 3 Werften

Maschinenbau: 1996: 6.600 Beschäftigte

Stahlwerk: höchster Beschäftigungsstand: ca. 10.000
1993 stillgelegt

M 5: Bevölkerungsentwicklung in der Region Glasgow 1961-1991

(Quelle: *Burdack, Joachim* (1997): a.a.O., S. 38)

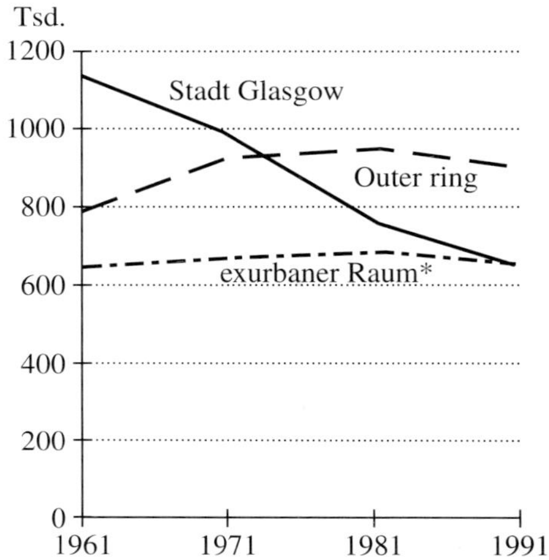

* exurbaner Raum = Districts der Strathclyde Region (Region Glasgow) außerhalb der Clydeside Conurbation

A 3	Glasgow – Überwindung altindustrieller Strukturen durch post-industrielle Stadtkonzepte	Stadtentwicklung, Strukturwandel

Arbeitsmaterial (Fortsetzung):

M 6: Glasgow – Flächennutzung 1996
(Quelle: *Burdack, Joachim* (1997): a.a.O., S. 35)

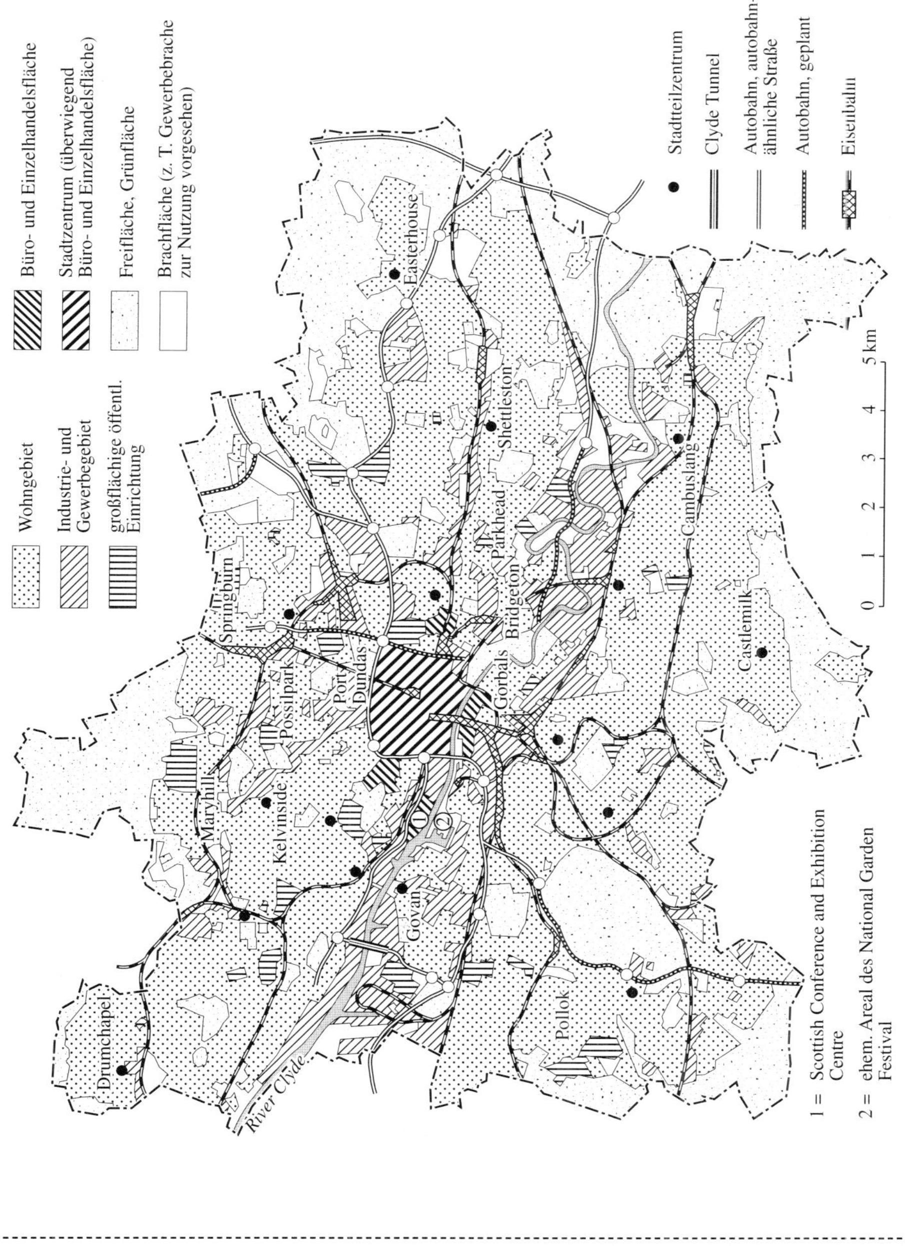

A 3	Glasgow – Überwindung altindustrieller Strukturen durch post-industrielle Stadtkonzepte	Stadtentwicklung, Strukturwandel

Arbeitsmaterial (Fortsetzung):

M 7: Glasgow – City Centre. Nutzungsdifferenzierung im Stadtzentrum 1966
(Quelle: *Burdack, Joachim* (1997): a.a.O., S. 42)

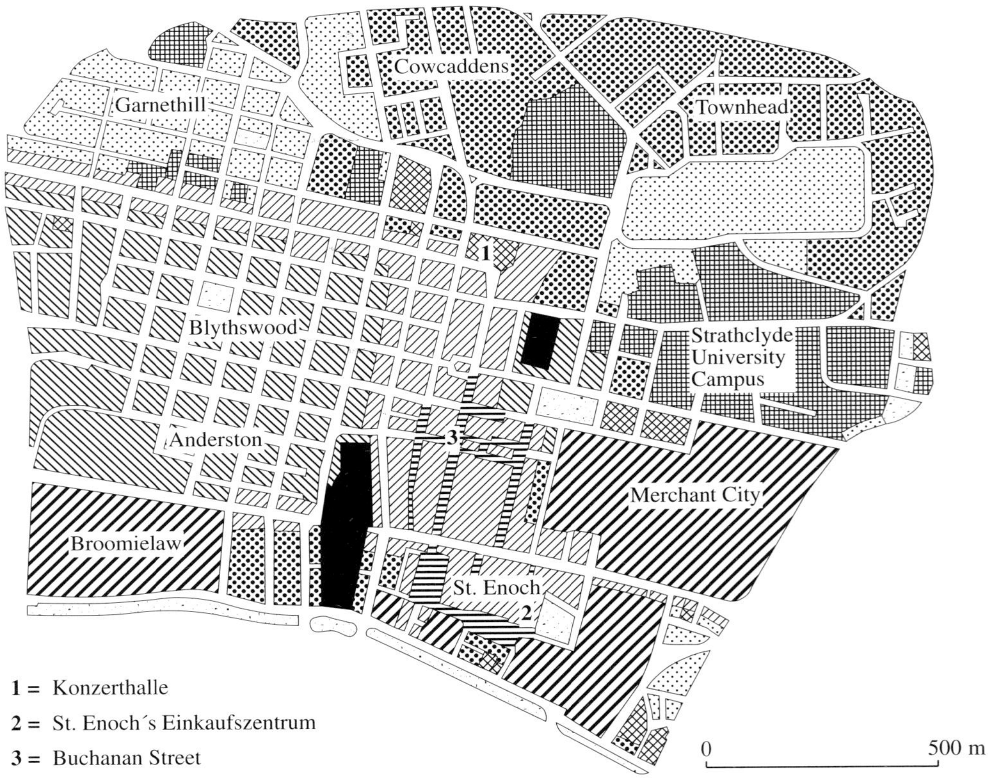

Einzelhandel einschl. Gastronomie (z. T. mit Büros in den Obergeschossen)
öffentliche Einrichtungen und Verwaltung
Fußgängerzone
Gewerbe (z. T. mit erheblichem Leerstand)
Büros
Bahnhof
Wohnungen
Gebiet mit Umstrukturierung (gemischte Nutzung)
Bildungseinrichtungen
Grünfläche

Büroraum 1987: 1,06 Mio m²
1993: 1,24 Mio m², davon 16 % leerstehend

A 3	Glasgow – Überwindung altindustrieller Strukturen durch post-industrielle Stadtkonzepte	Stadtentwicklung, Strukturwandel

Arbeitsmaterial (Fortsetzung):

M 8: Glasgow – Merchant City. Gebäudezustand und Gebäudenutzung 1996

(Quelle: *Burdack, Joachim* (1997): a.a.O., S. 44)

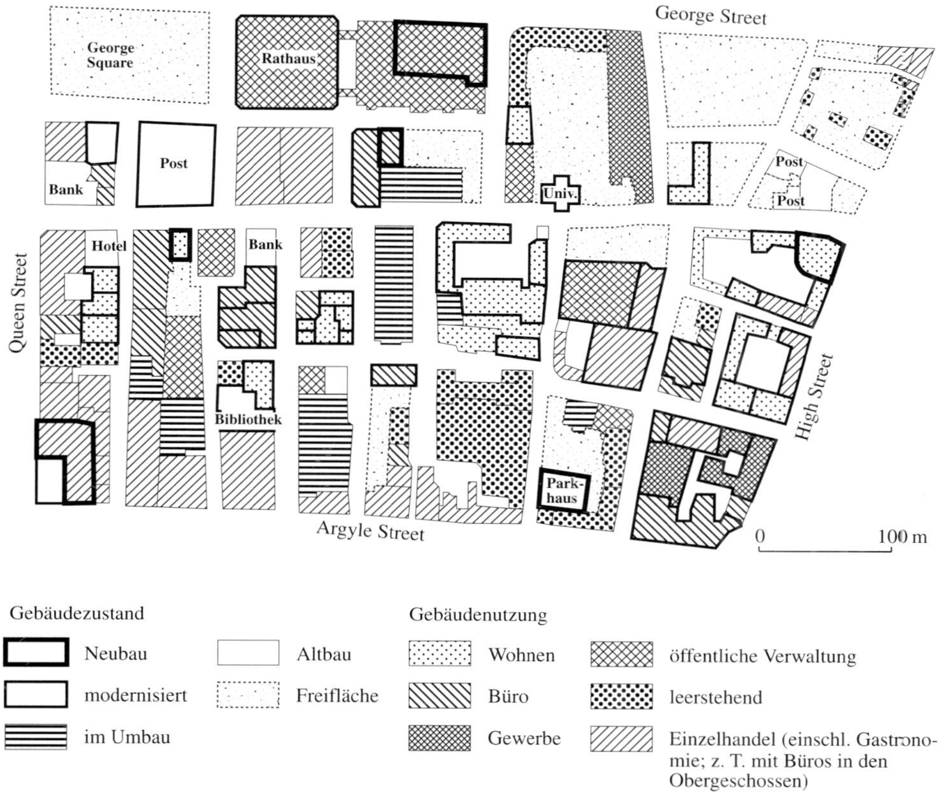

Merchant City: - ehemalige Speicherstadt mit Lagerhallen und Großhandelseinrichtungen
- Wohnfunktion: bis 1996 1.100 neue Wohnungen mit ca. 2.000 neuen Bewohnern

M 9: Großprojekte und die Vermarktung der Stadt als Teil der Erneuerungsstrategie

(Quelle: *Burdack, Joachim* (1997): a.a.O., S. 43 f)

Ein Hemmnis für eine Ansiedlung neuer Industrien und moderner Dienstleistungen war das traditionelle Image von Glasgow. Eine Langzeitstudie ergab, dass Glasgow in den britischen Medien stereotypisch als dreckig, verslumt, gewalttätig und politisch radikal dargestellt wurde (*Damer* 1990). Dieses Ergebnis bestätigen auch Untersuchungen über das Bild von Glasgow in Südostengland in den achtziger Jahren (*Pacione* 1996). Eine erste Image-fördernde Kampagne wurde vom City Council 1983 initiiert („Glasgow's miles better"). Sie sollte die Stadt national und international aufwerten und auch ein neues Selbstbewusstsein der Bevölkerung fördern.

A 3	Glasgow – Überwindung altindustrieller Strukturen durch post-industrielle Stadtkonzepte	Stadtentwicklung, Strukturwandel

Arbeitsmaterial (Fortsetzung):

Die Vermarktung der Stadt als Konferenzort erhielt durch den Bau des Ausstellungs- und Konferenzzentrums (Scottish Exhibition and Conference Centre) eine neue Basis. Die Einrichtung sollte als Schaufenster der schottischen Wirtschaft fungieren. Als Standort wurde das aufgelassene Queen's Dock am Clyde, westlich der Stadtzentrums, gewählt. Das Projekt wurde mit privater Beteiligung als *public private partnership* durchgeführt, obwohl dem öffentlichen Sektor (SDA, Glasgow District Council) die entscheidende Rolle zukam.

Ein weiteres Großprojekt stellte das – mit der Bundesgartenschau vergleichbare – National Garden Festival dar, das 1988 rund 4,3 Mio. Besucher anzog. Der entscheidende Wandel in der Außenwahrnehmung der Stadt ist jedoch vor allem mit der Ernennung Glasgows zur Europäischen Kulturhauptstadt 1990 verbunden. Mehr als 9 Mio. Besucher kamen zu den Veranstaltungen, und Glasgow konnte sich endgültig als Ziel des Städtetourismus etablieren. Die Touristenzahlen sind in den letzten 10 Jahren um 150 % gestiegen. 1995 kamen 800.000 britische und 460.000 ausländische Touristen nach Glasgow. Insgesamt geben Touristen – einschließlich der Tagestouristen – etwa 376 Mio. £ (über 900 Mio. DM) jährlich in Glasgow aus. Inzwischen sind etwa 22.000 Arbeitsplätze vom Tourismus abhängig (Glasgow City Planning 1996). Die Stadt ist inzwischen nach London und Edinburgh zum drittwichtigsten Ziel des Städtetourismus ausländischer Besucher geworden.

Heute versucht man den ›Festivaleffekt‹ durch weitere Großveranstaltungen zu wiederholen. 1999 wird sich Glasgow als ›British City of Architecture‹ präsentieren.

Aufgaben:

1. Wie andere altindustrielle Räume, so unterlag auch Glasgow dem Prozess der Deindustrialisierung.

   Beschreiben und erklären Sie diesen Prozess und seine Folgen für Glasgow. Arbeiten Sie hierbei aus der Flächennutzung der Stadt von 1996 einige charakteristische Beispiele heraus,
   - die noch die Krise des Raums verdeutlichen
   - die bereits Ansätze zur Revitalisierung verkörpern.

2. *„As Glasgow moves into the 21st Century it will flourish as an international city where people will live, learn, work and play."*

   Erläutern und bewerten Sie anhand des Glasgower Stadtzentrums die strukturellen Vorgänge, mit denen in diesem räumlichen Teilbereich das selbst gesteckte Ziel (siehe Zitat) erreicht werden soll.

3. Werten Sie den Text M 9 im Hinblick auf Maßnahmen Glasgows aus, sich das Image einer postindustriellen Stadt zu geben.

L	A 3	Glasgow – Überwindung altindustrieller Strukturen durch post-industrielle Stadtkonzepte	Stadtentwicklung, Strukturwandel

Vorbemerkungen:

Wie schon der Titel zeigt, hat das Thema einen ambivalenten Charakter. Es bearbeitet einerseits wirtschaftliche Aspekte, andererseits werden stadtgeographische Akzente gesetzt. So geht es – vergleichbar dem Ruhrgebiet – um strukturelle Probleme altindustrieller Verdichtungsräume, deren Ursachen ebenso behandelt werden wie Strategien zur Überwindung der Krise (Prozesse zur Revitalisierung).

Zum anderen steht die Stadt als Planungsraum im Mittelpunkt der Frage nach den Auswirkungen der Strukturkrise und den raumplanerischen Überlegungen und Vorgängen zu ihrer Bewältigung.

Von daher ergibt sich die Einsetzbarkeit des Themas sowohl unter stadtgeographischen als auch unter wirtschaftlichen bzw. raumordnerischen Gesichtspunkten. Es ist auch als Klausur denkbar, die alle drei Bereiche abdeckt.

Literatur:

Burdack, J. (1997): Glasgow – Von der altindustriellen Stadt zur postindustriellen Metropole? In: Europa Regional, Heft 1, Leipzig 1997, S. 34 ff

Lösungsvorschlag:

Aufgabe 1

Die Atlaskarte und die folgenden Materialien 2-5 skizzieren die typische Entwicklung eines altindustriellen Raums und die Folgen für die Region. Neben ersten modernen Ansätzen (Elektrotechnik) zeigt sich im Industriebesatz das vertraute Bild für einen im 18./19. Jahrhundert entstandenen Industrieraum: Eisen- und Stahlerzeugung, Buntmetallverhüttung, Metallindustrie und – aufgrund der Lage an der Westküste Großbritanniens – Schiffbau. Wie positiv diese Branchenstruktur lange Zeit war, zeigt der Text (M 2) mit seinen Hinweisen auf die frühere große Bedeutung Glasgows. Der Text leitet aber auch auf die Problematik in jüngerer Zeit über – zu Beginn der 60er Jahre begann bereits der wirtschaftliche Niedergang (Deindustrialisierung). Hierfür sollen die Schüler unter den Stichwörtern „Stahlkrise" und „Werftenkrise" Gründe ausführen.

Gravierend waren die Verluste an industriellen Arbeitsplätzen. Zwischen 1961 und 1989 sank die Zahl der im sekundären Sektor Beschäftigten von ca. 230.000 auf rund 55.000; und noch in den 80er Jahren ging die Zahl der Beschäftigten in allen Wirtschaftsabteilungen um ca. 12 % zurück, ein Wert, der dem verschiedener Regionalmetropolen in Mittelengland entspricht, einer Region mit sehr ähnlichen Strukturen und Problemen. Gerade der Beschäftigungsrückgang bei den traditionellen Großindustrien (M 4) und hier besonders die Stilllegung des Stahlwerks im Jahr 1993 verdeutlichen die Dramatik der Entwicklung. Es wird deutlich, dass die Industrie heute gegenüber dem tertiären Sektor nur noch eine untergeordnete Rolle spielt (M 4). Neben den zu vermutenden negativen Folgen für den Beschäftigungsmarkt (Arbeitslosigkeit) zeigt M 5 die enormen Bevölkerungsverluste der Kernstadt, deren Einwohnerzahl sich in drei Jahrzehnten fast halbierte. Hier hat es starke Abwanderungstendenzen in andere Räume, vor allem auch außerhalb der Region, gegeben (Südengland?).

Die Zahl der im Dienstleistungssektor Beschäftigten weist allerdings ebenso wie die Schlussaussage des Textes auf das Konzept hin, mit dem Glasgow die Krise zu meistern sucht, nämlich die Entwicklung hin zur „postindustriellen Stadt".
Im Flächennutzungsplan Glasgows sind vor allem die zahlreichen Industriebrachen, die überwiegend in der Nordhälfte der vom Clyde durchflossenen Stadt liegen, als bestehende Indizien für die Krise zu nennen, während z.B. das ausgedehnte Stadtzentrum als großflächiger Kernraum für Verwaltung, Einkauf, Kultur oder private Dienstleistungen einen ebenso deutlichen Akzent für die Revitalisierungsmaßnahmen setzt wie das Kongresszentrum („1") oder das Gelände der Gartenschau („2").

Aufgabe 2

Die Schüler sollen erkennen und herausarbeiten, inwieweit die City Glasgows einerseits noch den strukturellen Umbruch zeigt, andererseits aber schon in Teilen dem selbst gestellten Anspruch (siehe Zitat) gerecht wird. Spezifiziert werden können diese Ausführungen an dem City-Teilbereich „Merchant City" im Südosten des Stadtzentrums.

An die Krise Glasgows erinnern vor allem die ausgedehnten Gewerbeareale im Norden mit „erheblichem Leerstand". Sie zeigen die für altindustrielle Stadträume klassische Lage industriell genutzter Flächen in unmittelbarer Innenstadtnähe und bedürfen in einer modernen City der Überführung in andere Nutzungen und Funktionen. Der zweite signifikante Teilraum der City, der den Wandel verkörpert, sind die „Gebiete in Umstrukturierung" im SW und SO. Die Darstellung ihrer Veränderung zeigt M8 (s.u.).

Diesen beiden Citybereichen, die noch Rückschlüsse auf die Krise der Stadt durch den Niedergang der Industrie zulassen, stehen innerhalb der Nutzungsdifferenzierung Cityräume gegenüber, die den Ansprüchen an die Zukunft bereits Rechnung tragen: die sich an den Bahnhof anschließenden Gebiete des Einzelhandels mit Fußgängerzonen, das Wohnviertel Garnethill, das eine weitere Ausdehnung nach Osten in den Bereich der störenden und z.T. leerstehenden Gewerbeareale erfahren kann und die Wiedergewinnung der Wohnfunktion in der City ermöglicht, die ausgedehnten Büroflächen im Westteil der City, die moderne dienstleistungsorientierte Arbeitsplätze bieten, und schließlich der Universitätskomplex. Sie erfüllen den Gedanken: „... where people will live, learn, work and play." Dass die Umstrukturierung nicht immer so vonstatten geht wie gewünscht, zeigt allerdings der Hinweis, dass von 1,24 Mio. m^2 Bürofläche 1993 immerhin 16 %, also knapp 200.000 m^2, leer standen.

Umbruch und Wandel sollen die Schüler abschließend anhand des Teilraums „Merchant City" verdeutlichen: Sanierungsbedarf überalterter Bausubstanz, neue Nutzungszuweisungen auf großen Freiflächen, starke funktionale Durchmischung, Auslagerung des störenden Gewerbes.

Aufgabe 3

Der Text M 9 veranschaulicht das Konzept, mit dem Glasgow nicht nur die Krise bewältigen will, sondern eine Art Vorreiterrolle für die Entwicklung zur postindustriellen

Stadt übernehmen will. Auffälligstes Merkmal ist zweifellos das Bemühen um einen Imagewandel weg von der Industriestadt mit ihren negativen Assoziationen (schmutzig, laut, unattraktiv) und hin zu einer modernen, dienstleistungsorientierten Stadt mit besonderen Attraktionen. Letztere sind einmal die Stadt selbst (sanierte Altbereiche, Baudenkmäler) und zum anderen Objekte wie das Kongresszentrum, das National Garden Festival oder die Präsentation Glasgows als „British City of Architecture".

Die genannten Zahlen der Besucher der einzelnen Aktivitäten, aber auch die der Tagestouristen belegen die Erfolge der Maßnahmen eindrucksvoll, ebenso wie die hier erzielten Einnahmen und die Zahl der vom Tourismus abhängigen Arbeitsplätze.

A 4	Moskau – Stadtentwicklung im Übergang	Stadtentwicklung, Strukturwandel

Arbeitsmaterial:

M 1: Diercke Weltatlas, Ausgabe 1996, 4. Aufl., S. 152, Karte 2 und Karte 3

Erläuterung zu den Atlasarten:

Der Ring vom Gogolewski Boulevard bis zum Pokrowski Boulevard wird als Boulevardring bezeichnet; der nächste, weiter auswärts liegende Ring ist der sog. Gartenring.

M 2: Moskau als sozialistische Stadt

(Zusammengestellt nach: *A. Karger/F. Werner* (1982): Die sozialistische Stadt. In: Geographische Rundschau, 34, H. 11, S. 519-528, hier S. 521-522)

Entsprechend den ideologischen Funktionen der Stadt war die Magistrale als Aufmarsch- und Paradestraße für Demonstrationen geplant. Solche gehörten gleichsam zur Choreographie des Lebens dieser Zeit – und wenn sie tatsächlich auch nur selten vorkamen, so waren sie doch wenigstens Teil der theoretisch geforderten Bedürfnisse der „Massen". Die Stadtplaner mussten das berücksichtigen. So heißt es in einem offiziellen Kommentar zu den genannten „16 Punkten": „Ihre höchste Bedeutung erhält die Straße (gemeint ist die Magistrale) in der Stadt dann, wenn sie zum Schauplatz von Demonstrationen – diesem politischen Willensausdruck der Bevölkerung – wird." Dieser Funktion entspricht die Magistrale durch zentrale Lage, überdimensionierte Breite und Gradlinigkeit, auch als Leitlinie wesentlicher öffentlicher Gebäude in aufwändig-repräsentativem Stil, der hier auch von Wohngebäuden aufgenommen wird, so dass die gesamte Randbebauung der Magistrale eine geeignete Kulisse für Demonstrationen abgibt.

„Das Zentrum der Stadt ist der politische Mittelpunkt für das Leben der Bevölkerung. Im Zentrum liegen die wichtigsten politischen, administrativen und kulturellen Stätten. Auf den Plätzen im Stadtzentrum finden die politischen Demonstrationen, die Aufmärsche und die Volksfeiern an Festtagen statt." Diese Formulierung aus den „16 Punkten" trifft besonders auf den „Zentralen Platz" zu. Hier konzentrieren sich nun gesellschaftliche und kulturelle Funktionen und bilden sozusagen auch den zentralen Blickpunkt der Kulisse, vor der sich die öffentliche Darstellung der Demonstration abspielt.

Beeindruckend die stilistisch einheitlichen „Ensemble" der Gebäude von Partei und Massenorganisationen, von Kulturgebäuden aller Art. Einheitlich der Stil des „sozialistischen Realismus", aufwendig die eklektizistische Mischung aus vielen Neo-Repräsentationsstilen, Renaissance, Barock, meist Klassizismus. Wirkung geht oft schon von der monumentalen Größe in Grundriss und Höhe aus. Podeste, Säulen, Portiken, Eingangshallen, aufgesetzte Türme. Machtsymbole allenthalben. Beeindruckend auch die Massivität und Ausschließlichkeit, mit der sich eine Gesellschaftsordnung, ein politisches System hier repräsentiert.

In einer zentralverwaltungswirtschaftlich geplanten Stadt hing das Maß, in dem man den Daseinsgrundfunktionen auch tatsächlich Rechnung trug, nicht nur vom Einsatz der Mittel ab, der gerade möglich war. Es spielte auch die Vorstellung eine Rolle, die man sich vom zukünftigen Leben der städtischen Gesellschaft machte.

Arbeitsmaterial (Fortsetzung):

Zum Verständnis ist hier ein Blick zurück in die eher utopischen Vorstellungen der zwanziger und frühen dreißiger Jahre notwendig: Der „sozialistische Mensch" würde ein kollektives Leben in großen Kommunen führen. Großküchen würden für die Verpflegung sorgen und die Frauen von der Fron des häuslichen Herdes entlasten. Riesige Dienstleistungskombinate sollten die Frauen von weiterer Hausarbeit freistellen. Die Arbeitskraft der gesamten Gesellschaft sollte auf diese Weise noch konzentrierter der Jahrhundertaufgabe der Industrialisierung und des „Einholens und Überholens" nutzbar gemacht werden. Die Obsorge für die Kinder, so die Vorstellung, übernimmt der Staat von der Krippe über Kindergarten, Ganztagsschule und Kommunistischen Jugendverband bis zum Eintritt in das Arbeitsleben.

Dieser Vorstellung hätten dann Städte mit „Wohnkombinaten", Junggesellenheimen und Kinderhäusern entsprochen. Kleine Wohnkammern (man dachte damals an etwa acht Quadratmeter) pro Erwachsenem – mit Schiebetüren für Eheleute. Küchen und andere Nebenräume waren nicht mehr notwendig, das zukünftige sozialistische Leben würde ihrer nicht mehr bedürfen. Es würde sich ja weitgehend außerhalb der hier wörtlich zu verstehenden „vier Wände" abspielen: in der Fabrik bei der Arbeit zumeist, im Partei- oder Gewerkschaftshaus bei „gesellschaftlicher Arbeit", im Theater oder im Klub bei kultureller Selbstverwirklichung, im „Park für Kultur und Erholung" oder auf den zahlreichen Sportstätten zur Regeneration der Arbeitskraft.

M 4: Die heutige Moskauer City

(Zusammengestellt nach: *S. Lentz* (1997): Cityentwicklung in Moskau – zwischen Transformation und Globalisierung. In: Zeitschrift für Wirtschaftsgeographie 41, S. 110-122)

Moskau, das heute offiziell knapp 9 Mio. Einwohner in seinen Grenzen hat. ist organisch mit einem Umland verflochten, das bei den Tagespendlern einen Umkreis von bis zu 100 km vom Stadtzentrum umfasst.

Von Ansätzen zur Citybildung kann man ab dem Ende des 19. Jahrhunderts sprechen, als sich in der Nähe des Kreml, zwischen Kitaj Gorod, Kusnezki Most und Twerskaja uliza Börse und Banken, Handelshäuser und Geschäfte – so auch das Kaufhaus GUM – mit sehr hochrangigem Angebot ansiedelten.

Diese Standorte blieben in der sowjetischen Zeit als Geschäftszentrum teilweise erhalten, oft blieb sogar die Funktion eines Gebäudes gleich, nur dass jetzt der Staat Eigentümer der Bank, der Handelsgesellschaft oder des Warenhauses war. Gleichzeitig entstand um den Kreml eine City der Macht, das heißt zahlreiche Sowjetministerien und die Militärverwaltung mit dem Generalstab bezogen Gebäude in der Nähe des Kreml oder errichteten neue große Gebäudekomplexe.

Mit der wirtschaftlichen und politischen Öffnung der Sowjetunion durch die Perestroika-Politik wurden die alten Geschäftsstandorte wiederbelebt. Ausländische Prestigegeschäfte mit Luxusartikeln wie Kosmetik und Mode ließen sich zunächst auf dem unteren Teil der damaligen Gorkistraße, heute wieder Twerskaja uliza, bis etwa zum Dolgoruki-Denkmal nieder. Später kamen weitere Standorte im engen Bereich um den Kreml und auf der Gorkistraße bis etwa zum Puschkinplatz hinzu.

Arbeitsmaterial (Fortsetzung):

Zwischenzeitlicher Höhepunkt dieser Phase war die Ansiedlung der ersten McDonald's-Filiale am Puschkinplatz, die einen solchen Ansturm erlebte, dass ein Abschnitt der Bolschaja Bronnaja uliza gesperrt werden musste, um die Kunden, die sich in den ersten Monaten in einer langen Schlange um den Puschkinplatz aufreihten, nicht zu gefährden. Büros zahlreicher ausländischer Firmen waren in den Seitenstraßen zu finden. Waren bis 1991 viele ausländische Firmen in Moskau vertreten, um den „Fuß in der Tür zu haben", so gab es nach dem Ende der Sowjetunion eine riesige Nachfragesteigerung nach Ladenlokalen und Büroräumen, denn nun war der russische Markt praktisch offen für Güter aus dem Ausland, und der Weg führte nach wie vor über die Hauptstadt Moskau.

Der stärkste Bevölkerungsrückgang der Innenstadtbezirke von ehemals fast einer Million Einwohner auf heute noch etwa 220.000 hat bereits Ende der siebziger und in den achtziger Jahren stattgefunden (Auskunft Stadtplanungsamt Moskau 1995).

Man darf diesen Vorgang aber nur bedingt mit der Citybildung gleichsetzen. Eine wichtige Ursache war die in den sechziger und siebziger Jahren übergroße Wohnungsnot in Moskau, die dazu führte, dass viele Einwohner sich die Wohnungen in sogenannten *komunalki* zu teilen hatten. Der Wohnungsbau an der Moskauer Peripherie hat dieses Problem entschärft, was zum Exodus eines Teils der Bewohner aus der Innenstadt geführt hat, auch wenn die Wohnraumstandards mit 19,7 m^2 Bruttowohnfläche je Einwohner bei weitem noch nicht westeuropäischen Werten entsprechen.

Die aktuelle Ausdehnung der Geschäftscity in Moskau geht also inzwischen auf Kosten eines sehr viel kleiner gewordenen Bevölkerungsteils. Seit 1993 machen zudem zahlreiche neue Bauprojekte für Prestigewohnungen in der Innenstadt einen Teil des Bevölkerungsverlustes wieder wett.

Mit der mangelnden räumlichen Verknüpfung von Geschäftslagen, wie sie die Unterbrechung beispielsweise der Twerskaja uliza durch den Gartenring darstellt, ist ein Grundproblem der Citybildung und Cityausdehnung Moskaus angesprochen. Die Integration der verschiedenen Ansatzpunkte der Geschäftssphäre, vor allem des Einzelhandels und der personenorientierten Dienstleistungen, aber auch derjenigen unternehmensorientierten Dienstleistungen, die prestigeträchtige und belebte Standorte suchen, wird in Moskau immer wieder unterbrochen durch große Verwaltungskomplexe, die um so abweisender wirken, je höherrangig oder geheimer und sicherheitsbedürftiger die Vorgänge im Innern sind. Dies sind im Moskauer Stadtzentrum unter anderem das Verteidigungsministerium, der Generalstab, die Militärakademie und verschiedene andere Staatseinrichtungen. Sie wirken wie Blockaden gegen das Aufeinanderzuwachsen der kommerziellen Cityfunktionen, leisten undurchdringbaren baulichen Widerstand gegen die Ausdehnung des Citybereichs in bestimmte Richtungen.

Das fehlende Angebot und der geringe architektonische Gestaltungsspielraum innerhalb des Gartenrings, die hohen Preise sowie der doppelte Wert von neuen, hochwertigen Gebäuden bewirken die Entstehung von neuen Geschäftszentren außerhalb des Gartenringbereichs.

Arbeitsmaterial (Fortsetzung):

Anhand der Cityentwicklung und der Entwicklung neuer Geschäftszentren lässt sich auf unterschiedlichen Ebenen nachvollziehen, wie die räumliche Organisation der Gesamtstadt durch den Transformationsprozess beeinflusst wird. Einerseits kommt es zu einer massiven Citybildung im Stadtzentrum mit der Wiederbelebung alter Raumstrukturen. Gleichzeitig wechseln die Akteure in der Innenstadtentwicklung von den staatlichen Planern zu privaten Investoren. Ein Bauboom und vor allem für die sozialistische Stadt bis dahin fast unbekannte Baugeschwindigkeiten sind Indikatoren für den Kapitaldruck auf Immobilien. Gleichzeitig treiben die großen russischen Konzerne, von denen abzusehen ist, dass sie in nächster Zukunft als transnationale Unternehmen agieren werden, eine Globalisierung der Stadt voran.

Worterklärungen

Kitaj Gorod	die ehemalige Handelsvorstadt in der Nähe des Kreml, Teil des ersten Entwicklungsringes
Kusnezki Most Uliza	Name einer Straße nördlich des Bolschoj-Theaters (Uliza = russ. für dt.: Straße)
Twerskaja Uliza	Twerer Straße (Vgl. angegebene Atlaskarte 3 auf S. 152)
Bolschaja Bronnaja Uliza	Querstraße zur Twerskaja Uliza, führt in Richtung Herzen Straße (Gerzena Uliza, vgl. erneut Karte 3 im Atlas auf S. 152)

A 4	Moskau – Stadtentwicklung im Übergang	Stadtentwicklung, Strukturwandel

Arbeitsmaterial (Fortsetzung):

M 3: Entwicklung von City und Geschäftszentren in Moskau seit dem Ende der UdSSR (Modell)

(Quelle: *S. Lentz* (1997): Cityentwicklung in Moskau – zwischen Transformation und Globalisierung. In: Zeitschrift für Wirtschaftsgeographie 41, Abb. 4 auf S. 117)

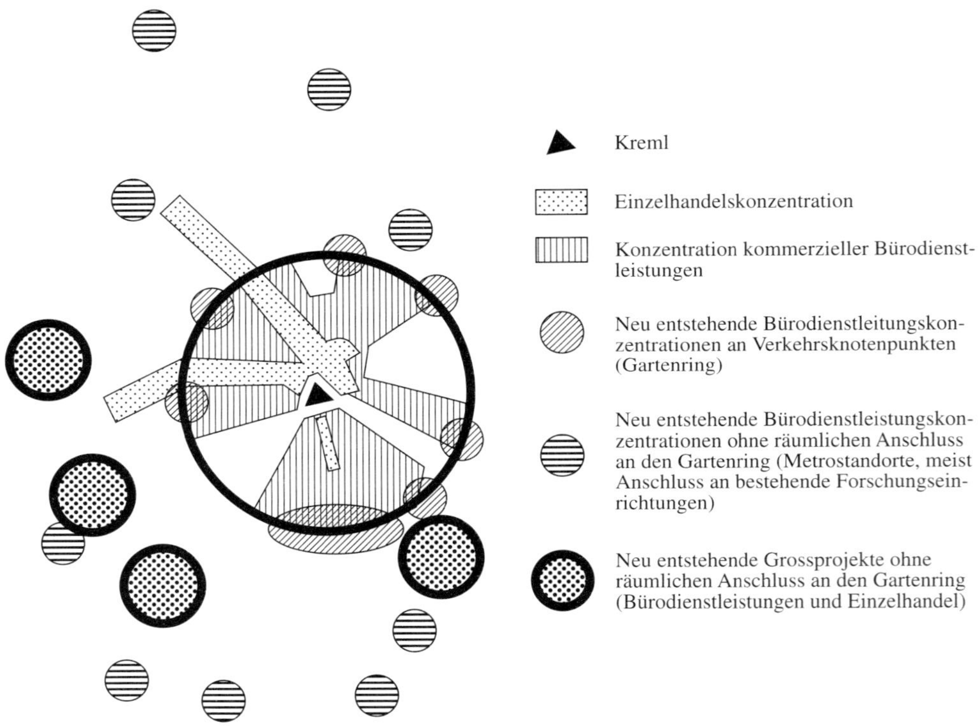

Aufgaben:

1. Beschreiben Sie die räumliche Entwicklung von Moskau und bestimmen Sie anschließend Merkmale der Innenstadt im funktionalen Kontext. M 1
2. Analysieren Sie am Beispiel von Moskau Auswirkungen des politischen Systems und der Gesellschaftsform auf Stadtplanung und Stadtgestalt. M 2
3. Erarbeiten Sie Grundzüge der jüngsten Wandlungen in der Innenstadt und am Stadtrand von Moskau. M 3, M 4

L	A 4	Moskau – Stadtentwicklung im Übergang	Stadtentwicklung, Strukturwandel

Vorbemerkungen:

Wie früher die Sowjetunion zu den im Erdkundeunterricht obligatorisch zu behandelnden Räumen der Erde gehörte, so ist inzwischen Russland Teil des Fundamentums für das schulgeographische Curriculum geworden, sowohl in regional strukturierten als auch in thematisch konzipierten Unterrichtssequenzen. Einer Fallstudie am Beispiel der Stadtentwicklung von Moskau kommt dabei ein hoher Transfergehalt zu. Es lässt sich nämlich eine gleichermaßen kontrastierende und vergleichende Analyse durchführen, die die Kenntnis grundlegender räumlicher und funktionaler Wandlungen (und Beharrungen) voraussetzt, denen Städte bzw. Innenstädte in marktwirtschaftlich orientierten Gesellschaften bzw. in Staaten mit einer Zentralverwaltungswirtschaft unterworfen sind. Eine erfolgreiche Beschäftigung mit Transformationsprozessen in Moskau erfordert auch Grundwissen bzgl. der Unterschiede in Wirtschaftssystemen sowie hinsichtlich der historischen Entwicklung Russlands seit der Oktoberrevolution bzw. seit Gründung der Gemeinschaft unabhängiger Staaten im Dezember 1991. In dieser Hinsicht ist eine fächerübergreifende Abstimmung zwischen Erdkunde und Geschichte mehr als sinnvoll. Fächerübergreifende Bezüge zwischen Geographie und Geschichte lassen sich auch zum Fach Kunst(geschichte) erstellen (Stichwort: Zuckerbäckerstil).

Angesichts der Voraussetzungen ist eine unterrichtliche Beschäftigung in der letzten Phase der gymnasialen Oberstufe zu empfehlen. Die Materialien und die Aufgabenstellung können im Kursverband behandelt werden oder – evtl. in leicht modifizierter Form – als Grundlage einer Klausur Verwendung finden. Es ist auch denkbar, sie als Anregung für ein Schülerreferat oder für eine Facharbeit zu nutzen. Schließlich können mit den Materialien und Aufgaben auch Übungen zur Vorbereitung auf die mündliche Prüfung gemacht werden. Sollten gezielt stadtgeographische Aspekte behandelt werden, dann gehören zum Grundwissen auch Kenntnisse bzgl. der funktionalen Gliederung, physiognomischer Merkmale sowie des Verstädterungsprozesses. Die Oberstufenschüler sollten sich auch vorab mit charakteristischen Merkmalen der Stadttypen in den einzelnen Kulturerdteilen bzw. deren Modifizierung im Laufe von Urbanisierungsprozessen befasst haben.

Literatur:

Brucker, A. (Hrsg., 1991): Urbanisierung in der UdSSR. – In: USA/Kanada – Sowjetunion, S. 134-143. Orbis. Erdkunde für die Oberstufe. München.

Hall, P. (1966): Moskau. – In: Weltstädte, S. 158-181. World University Library. Kindlers Universitäts Bibliothek. München.

Hofmeister, B. (1980): Die Stadtstruktur. Ihre Ausprägung in den verschiedenen Kulturräumen der Erde. Erträge der Forschung, Bd. 132. Darmstadt.

Lösungsvorschlag:

Aufgabe 1

Bis in die Gegenwart prägen das radiale und das konzentrische Straßennetz die räumliche Struktur der Moskauer Innenstadt. Bis um die Wende vom 16. zum 17. Jh. hat sich die heutige Moskauer Kernstadt entwickelt. Die radial angeordneten Straßen führen vom Kreml bzw. vom Roten Platz, dem historischen Zentrum, in Städte der näheren und weiteren Umgebung (z.B. nach Twer: Twerer Straße). In diesem Verkehrsnetz nimmt Moskau eine zentrale Mittellage ein (vgl. dazu etwa die physische Karte auf S. 148 im Diercke Weltatlas, auf die die Schüler eigenständig Bezug nehmen können). An den beiden konzentrischen Ringstraßen lässt sich bis heute das zweiphasige mittelalterliche Stadtwachstum ablesen.

Diese beiden formalen Gestaltmerkmale im Stadtgrundriss haben auch die nachmittelalterliche Entwicklung von Moskau geprägt. Bis 1800 legt sich ein weiterer Entwicklungsring um die alte, sich zur Innenstadt wandelnde Altstadt. Auch die 10 bis 15 km vom Stadtkern entfernte Autobahn richtet sich nach der vorgegebenen Ringstruktur wie die Eisenbahn, die die während der Industrialisierung entstandenen Viertel durchzieht. Ähnlich wie in Paris oder London verlaufen von Sackbahnhöfen in der Innenstadt überregionale Eisenbahnlinien ins Umland – teilweise parallel zu den Fernverkehrsstraßen. Über zwei von diesen Straßen sind die beiden Moskauer Flughäfen erreichbar.

Im inneren Bereich von Moskau überwiegt die Wohnfunktion. Als City lässt sich das Geschäftszentrum in der Nähe des Roten Platzes und am Arbat typisieren, in dem Einrichtungen aus den Bereichen der (städtischen und staatlichen) Administration, der Partei(en), der Kultur und der Hotellerie verdichtet sind. Auch Freizeit- und Erholungsflächen sind über die Stadtmitte und deren unmittelbaren Randbereich verstreut. Die Innenstadt ist durchzogen von Metrolinien, die sie z. T. mit den Fernbahnhöfen verbinden, die allesamt außerhalb der Innenstadt liegen und ihre Namen nach den Zielgebieten der von ihnen aus verlaufenden Züge tragen. Wie auch in westeuropäischen Städten haben sich größere Industrieareale an den überregionalen Eisenbahnlinien angelagert.

Aufgabe 2

Im Mittelalter hat sich Moskau von zwei Polen aus entwickelt: der Kreml und die am Roten Platz unmittelbar benachbarte Kathedrale waren die Zentren weltlicher und geistlicher Macht in enger räumlicher Nachbarschaft (auch innerhalb der Kremlmauern). Die Funktion der Magistrale bzw. des zentralen Platzes in der sozialistischen Gesellschaft der UdSSR seit der Oktoberrevolution konnte in besonderer Weise der Rote Platz erfüllen. Er war der historische Mittelpunkt und konnte durch seine sozialistische Nutzung als Aufmarsch- und Demonstrationsplatz die nachrevolutionäre UdSSR in die russische Geschichte und Tradition einbinden. Die Anknüpfung an die Geschichte und deren gesellschaftliche bzw. gesellschaftspolitische Fortentwicklung sowie die städtebauliche Umsetzung eines neuen Ideals vom Menschen fanden geeignete (räumliche) Rahmenbedingungen: In der Nähe dieses zentralen Platzes verdichten sich administrative Einrichtungen von Staat und Partei wie auch kulturell bedeutsame Stätten. Der Kreml ist die zentrale Dominante innerhalb der Stadtgestalt mit historischer, nationaler und stadtbildprägender Bedeutung, die sichtbar in die Legitimation der neuen Gesellschaft eingebunden wird. Neue monumentale Gebäude, die sich an klassischen europäischen Architekturstilen orientieren, werden im Sinne weiterer baulicher Dominanten als Zeichen einer neuen Gesellschaftsordnung errichtet. Sie bestimmen unverändert die Moskauer Stadtgestalt, die sich in dieser Hinsicht immer noch als sozialistische Stadt präsentiert. Dass in der Moskauer Innenstadt die Wohnfunktion eine so große Rolle spielt, rührt auch von den stadtplanerischen Zielen des Sozialismus her. Die Schaffung von Wohnraum war eine notwendige Strategie bei der Deckung von Grundbedürfnissen. In der Zentralverwaltungswirtschaft wurden die Grundfunktionen Wohnen, Erholung (siehe z. B. die Sportstätten in der Atlaskarte), Kultur und Bildung zentral geplant und gesteuert. Über das kollektive Wohnen sollte auch in Städten, gleichermaßen in der sowjetischen Hauptstadt, der *sozialistische Mensch* geschaffen werden.

Aufgabe 3

Auffällig ist der Rückgang der Grundfunktion Wohnen im Innenstadtbereich von Moskau (= weiße Flächen in M 3). Der Einzelhandel gewinnt mehr Raum und orientiert sich räumlich an den bereits vorher vorhandenen und entsprechend genutzten Achsen, dehnt sich aber über die Kernstadt hinaus aus. Nahe bei den alten Verwaltungszentren und in geringer Entfernung von den linear angeordneten Einzelhandelsstandorten und am Innenstadtrand dehnen sich neue flächengroße Einrichtungen im tertiären Sektor (insb. Büros) aus. Damit nimmt die Multifunktionalität der Moskauer Stadtmitte zu, die vermehrt Nutzungsmerkmale einer City aufweist, deren Physiognomie sich ähnlich wie in westlichen Citys allmählich verändert. Diese Citybildung hat aber nur z. T. die vorher dort lebende Wohnbevölkerung verdrängt. Infolge der Wohnungsknappheit bzw. der geringen Wohnraumgröße für mehrere Generationen innerhalb einer Wohnung war schon vorher in der UdSSR ein nicht unerheblicher Teil der Wohnbevölkerung an den Stadtrand gezogen.

Diese Wandlungen im Kern korrespondieren mit einer Suburbanisierung. Ohne räumliche Verknüpfung entstehen außerhalb der Innenstadt (begrenzt durch den sog. Gartenring, vgl. dazu Erläuterungen zu M 1) neue Büro- und Einzelhandelsstandorte als Nebencitys, z. T. als Großprojekte konzipiert. Zu den Nutzern dieser peripheren Geschäftszentren gehört auch die ehemalige Wohnbevölkerung der Moskauer Stadtmitte, die bereits vor dem Strukturwandel an den Stadtrand gezogen war, soweit sie über die notwendigen finanziellen Mittel verfügt.

Die große Verdichtung von Einzelhandel und Büros führt zu einer Angebotskonkurrenz, die sich in Preisdifferenzen als Resultat des sich wandelnden Verhältnisses von Angebot und Nachfrage niederschlägt.

Nach wie vor wird die flächendeckende Citybildung in Moskau durch Einrichtungen der staatlichen und militärischen Verwaltung behindert, da diese Gebäude quasi als Sperrbezirke großen Sicherheits- und Schutzmaßnahmen unterliegen.

A 5	Gefährdet das Einkaufszentrum Saalepark auf der „grünen Wiese“ die oberzentrale Bedeutung von Leipzig?	Stadtentwicklung, Strukturwandel

Arbeitsmaterial:

M 1: Kundeneinzugsbereiche ausgewählter Einkaufszentren

(Quelle: *Den Hartog-Niemann, Eva* und *Boesler, Klaus-Achim* (1994): Einzelhandelsstandorte des Verdichtungsraumes Leipzig im Spannungsfeld zwischen kommunaler Entwicklung und räumlicher Ordnung. In: Erdkunde, 1994, Bd. 48/4, S. 294. Hrsg.: *Blotevogel, Hans Heinrich* u. a. Förderverein für Wissenschaftliche Geographie e.V., Bonn)

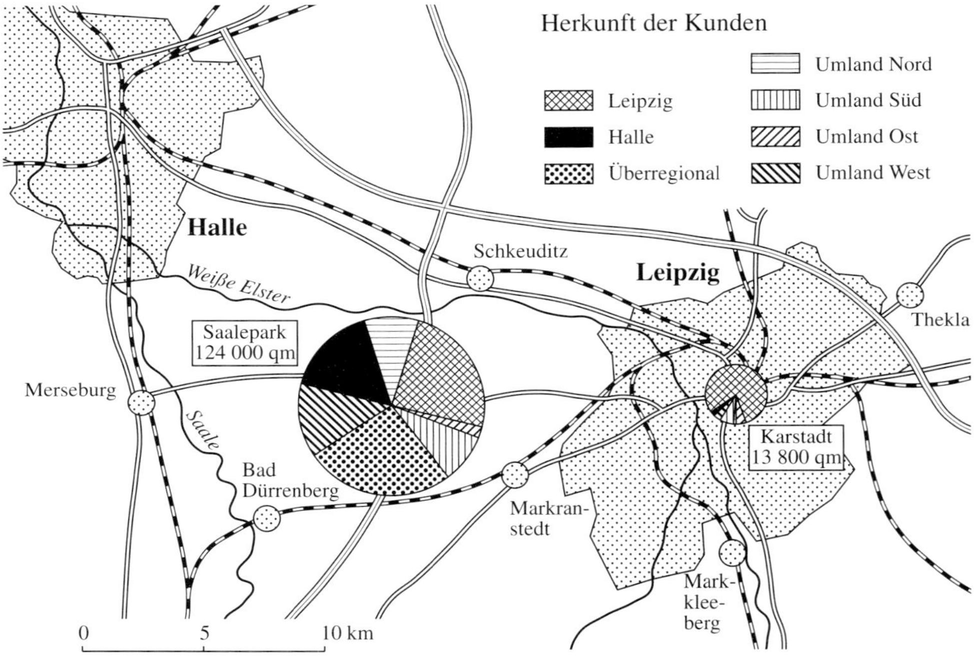

Umland Nord: Gemeinden zwischen B6 und B87; Umland West: Gemeinden zwischen B7 und der Linie Markranstädt/Plagwitz; Umland Süd: Gemeinden zwischen Markrandstädt/Plagwitz und Stötteritz/Grimma; Umland Ost: Gemeinden zwischcn Stötteritz/Grimma und B 87.

Arbeitsmaterial (Fortsetzung):

M 2: Branchenmix im Saalepark im Vergleich zur City Leipzig

(Quelle: *Jürgens, Ulrich* und *Eglitis, Andri* (1997): Einzelhandel im ländlichen Raum der neuen Bundesländer. In: Geographische Rundschau 9/1997. S. 486. Westermann Schulbuchverlag. Braunschweig)

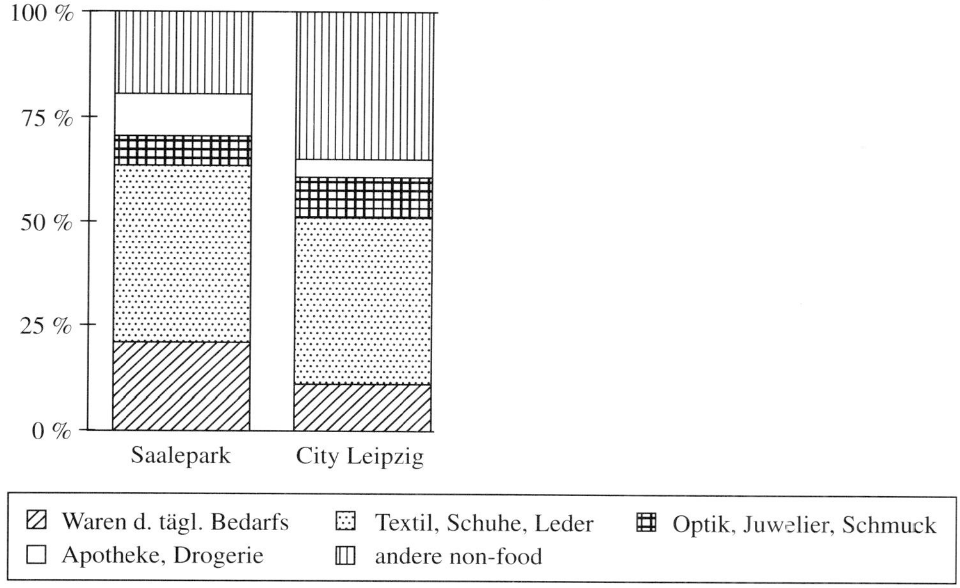

Anmerkung: zentrenrelevante Sortimente sind z. B. Bekeidung, Optik, Juwelier, Schmuck, Gesundheit, Körperpflege, Bücher, Spielwaren

M 5: Einkaufsbeträge der Einzelhandelskunden in Leipzig und im Saalepark 1996. Durchschnitt der drei Befragungstage in %

(Quelle: *Pangels, Rolf* (1996): Untersuchung Kundenverkehr 1996. Kurzfassung der Ergebnisse Leipzig. Bundesarbeitsgemeinschaft der Mittel- und Großbetriebe des Einzelhandels, Köln 1996, S. 5)

Einkaufsbeträge	Leipzig	Saale-Park
bis 25 DM	45	15
26 - 100 DM	38	43
101 - 250 DM	11	19
> 250 DM	6	23

A 5	Gefährdet das Einkaufszentrum Saalepark auf der „grünen Wiese“ die oberzentrale Bedeutung von Leipzig?	Stadtentwicklung, Strukturwandel

Arbeitsmaterial (Fortsetzung):

M 3: Bewertung von Einkaufsstandorten in der Region Leipzig nach verschiedenen Kriterien 1995 (Kundenbefragung des Geographischen Instituts)

(Quelle: *Jürgens, Ulrich* (1996): Einzelhandel in den Neuen Bundesländern unter besonderer Berücksichtigung der Entwicklung großflächiger Handelsbetriebe, dargestellt anhand der Beispiele Leipzig und Rostock. In: Berichte zur deutschen Landeskunde, Bd. 70, H. 2,1996, S. 338. Hrsg.: Deutsche Akademie für Landeskunde, Trier)

Kriterien	Saale-Park	City Leipzig
Auswahl	1,9	2,6
Qualität	2,1	2,3
Preis	2,4	3,0
Beratung	2,5	2,7
Atmosphäre	2,0	2,4
Erreichbarkeit	2,2	2,0
Parkplätze	1,6	4,3
Gastronomie	2,1	2,4
Freizeitangebot	2,4	3,0

Notenskala: 1 (sehr gut) bis 5 (mangelhaft). „Weiß nicht“ und „keine Angabe“ blieben bei der Berechnung der Kennziffern unberücksichtigt.

A 5	Gefährdet das Einkaufszentrum Saalepark auf der „grünen Wiese“ die oberzentrale Bedeutung von Leipzig?	Stadtentwicklung, Strukturwandel

Arbeitsmaterial (Fortsetzung):

M 4: Verkehrsmittel der Kunden in Leipzig und Günthersdorf 1996, Durchschnitt der drei Befragungstage in %

(Quelle: *Pangels, Rolf* (1996): Untersuchung Kundenverkehr 1996. Kurzfassung der Ergebnisse Leipzig. Bundesarbeitsgemeinschaft der Mittel- und Großbetriebe des Einzelhandels, Köln 1996, S. 4)

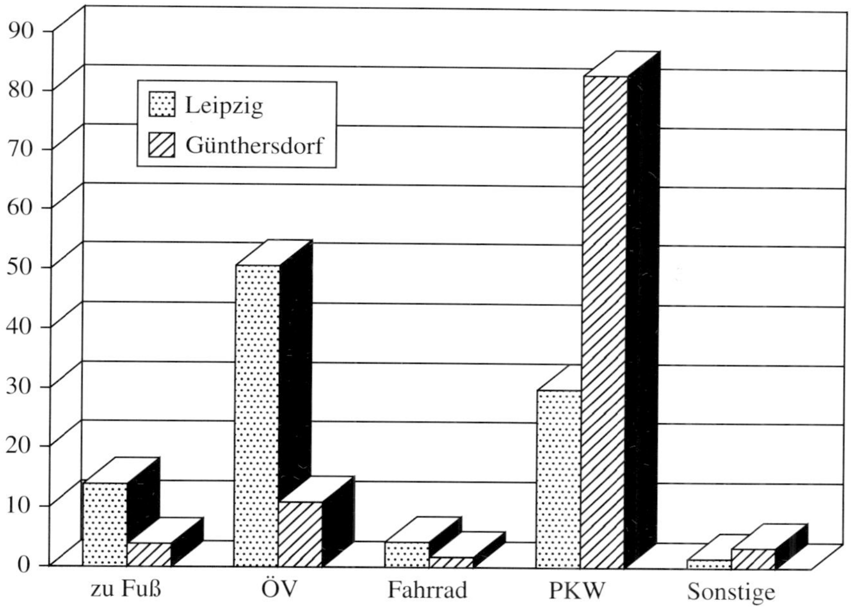

Aufgaben:

1. Beschreiben und erläutern Sie die Situation des Einzelhandels in der City von Leipzig im Vergleich zur Situation des Einzelhandels im Saalepark.
2. Leiten Sie aus den Ergebnissen ab, welche Auswirkungen die Ansiedlung von Einkaufszentren auf der „grünen Wiese“ für das Oberzentrum Leipzig hat.

L	A 5	Gefährdet das Einkaufszentrum Saalepark auf der „grünen Wiese“ die oberzentrale Bedeutung von Leipzig?	Stadtentwicklung, Strukturwandel

Vorbemerkungen:

Der Einzelhandel ist einer der größten Wirtschaftszweige und besitzt durch die Standortwahl seiner Betriebe erheblich raumgestaltende Bedeutung. Mehr noch als in den alten Bundesländern erwies sich der Einzelhandel in den neuen Bundesländern als besonders dynamischer Wirtschaftszweig mit tiefgreifenden Strukturveränderungen, die zu gravierenden Umschichtungen in der räumlichen Verteilung der Einzelhandelsstandorte und in der Bedeutung der Zentren führten.

Aufgrund des Versorgungsdefizits der Bevölkerung und der im Vergleich zum Umland ungünstigen Standortbedingungen in der City vollzog sich der Suburbanisierungsprozess des großflächigen Einzelhandels in einer nie dagewesenen Dynamik, und dies besonders im Großraum Halle-Leipzig.

Bevor also die in diesem Artikel aufgeworfene Frage nach dem Zentralitätsverlust im Oberzentrum Leipzig aufgrund der Konkurrenz von Einzelhandelsbetrieben auf der „grünen Wiese“ gestellt werden sollte, empfiehlt es sich die oben genannten Thematiken im Vorhinein zu behandeln.

Im Anschluss an das Beispiel würde sich die Thematisierung von Revitalisierungsmaßnahmen zur Stärkung der Zentralitätsfunktion des Oberzentrums Leipzig aus stadt- und regionalplanerischer Sicht anbieten.

Literatur:

Den Hartog-Niemann, E. und *Boesler, K.-A.* (1994): Einzelhandelsstandorte des Verdichtungsraumes Leipzig im Spannungsfeld zwischen kommunaler Entwicklung und räumlicher Ordnung. In: Erdkunde, 1994, Bd. 48/4

Jürgens, U. und Eglitis, A. (1997): Einzelhandel im ländlichen Raum der neuen Bundesländer. In: Geographische Rundschau, 9/1997. Westermann Schulbuchverlag. Braunschweig

Jürgens, U. (1996): Einzelhandel in den Neuen Bundesländern unter besonderer Berücksichtigung der Entwicklung großflächiger Handelsbetriebe, dargestellt anhand der Beispiele Leipzig und Rostock. In: Berichte zur deutschen Landeskunde, Bd. 70, Heft 2, 1996. Hrsg.: Deutsche Akademie für Landeskunde. Trier

Pangels, R. (1996): Untersuchung Kundenverkehr 1996. Kurzfassung der Ergebnisse Leipzig, BAG der Mittel- und Großbetriebe des Einzelhandels, Köln 1996. Hrsg.: BAG, Abteilung Städtebau und Verkehr. Köln

Lösungsvorschlag:

Aufgabe 1

Um den Konkurrenzkampf zwischen dem Einzelhandel in der Innenstadt und dem Einzelhandel „auf der grünen Wiese“ aufzuzeigen, eignet sich aufgrund seiner Größe und seines zentrenrelevanten Branchenmixes der Saalepark in Günthersdorf. Er ist einer der bedeutendsten Konkurrenten des Einzelhandels in Leipzig.

L	A 5	Gefährdet das Einkaufszentrum Saalepark auf der „grünen Wiese“ die oberzentrale Bedeutung von Leipzig?	Stadtentwicklung, Strukturwandel

Bei dem Vergleich zwischen dem Kundeneinzugsgebiet des Saaleparks und dem in der Innenstadt Leipzigs befindlichen Kaufhauses Karstadt wird folgendes deutlich: 4/5 des Kundenpotentials von Karstadt rekrutiert sich aus Leipzig selbst, während ca. 1/4 des Kundenpotentials des Saaleparks überregionaler Herkunft ist; ca. ein weiteres Viertel stammt aus Leipzig und ca. 1/5 aus Halle. Damit geht der Innenstadt Leipzigs ein erhebliches Kaufkraftpotential verloren, und die geringe Zahl überregionaler Kunden lässt einen Bedeutungsverlust des Oberzentrums Leipzig vermuten, da Leipzig offenbar eine geringe überregionale Versorgungsfunktion und Anziehungskraft besitzt (vgl. M 1).

Auch der Vergleich des Branchenmixes (vgl. M 2) zwischen Saalepark und der Innenstadt Leipzigs lässt auf ein Konkurrenz-, statt auf ein Ergänzungsverhältnis zwischen beiden schließen, denn es werden sowohl im Saalepark als auch in Leipzig überwiegend zentrenrelevante Produkte und Güter des mittel- bis langfristigen Bedarfs angeboten, wenn auch in Leipzig in etwas höherem Maße (ca. 8 %) als im Saalepark.

Wie aus M 3 ersichtlich ist, wird auch das Image des Saaleparks wesentlich besser eingeschätzt als das des Einzelhandels in der City von Leipzig. Nur in dem Punkt Erreichbarkeit schneidet die City Leipzigs unwesentlich besser ab (0,2 % Punkte), während bei dem Kriterium Parkplätze der Saalepark wesentlich besser bewertet wird als die City von Leipzig (2,7 % Punkte).

Bei der Verkehrsmittelwahl fällt bei 82 % der Saaleparkkunden die Entscheidung zugunsten des PKW aus, was zu erheblichen Verkehrsbelastungen (z.B. Staus) und Umweltproblemen führen kann. Dagegen benutzt ca. die Hälfte der Innenstadt-Besucher umweltfreundlichere öffentliche Verkehrsmittel, was evtl. mit dem obengenannten ungenügenden Parkplatzangebot zusammenhängen mag.

Vergleicht man die Einkaufsbeträge der Einzelhandelskunden (vgl. M 5), fällt dieser Vergleich wieder zuungunsten Leipzigs aus. In Leipzig betragen fast die Hälfte (45 %) aller Einkaufsbeträge maximal 25,- DM, dagegen im Saalepark nur 15 %. Geben im Saalepark die Kunden immerhin zu 23 % mehr als 250 DM pro Einkauf aus, sind es in Leipzig hingegen nur 6 %. Hier wird deutlich, dass dem Oberzentrum Leipzig ein erhebliches Kaufkraftpotential verloren geht.

Aufgabe 2

Der unter Aufgabe 1 festgestellte Kaufkraftverlust des Oberzentrums Leipzig kann folgende Wirkungskette nach sich ziehen: Der Kaufkraftverlust wird bedingt durch eine sinkende Nachfrage der Leipziger Kunden. Diese führt bei den Einzelhandelsunternehmen folglich zu entsprechenden Umsatzrückgängen, was die Investitionstätigkeit und Risikobereitschaft der Einzelhändler erheblich schmälert. Es kommt zu einem Attraktivitätsverlust der Einzelhandelsläden, da z.B. die Auswahl geringer, das Angebot schmaler oder das Ambiente der Verkaufsräume nicht ansprechend ist etc.

Hierdurch sinkt die Konkurrenzfähigkeit der Einzelhandelsläden in der Innenstadt im Vergleich zu den Einkaufszentren auf der „grünen Wiese“ noch mehr, und es kommt letztendlich zu Geschäftsschließungen. Die Schließung von wohnraumnahen Einzelhandelsläden geht natürlich auf Kosten der immobileren Bevölkerungsgruppen, z.B. Ältere, sozial schwächere Personenkreise etc.

L	A 5	Gefährdet das Einkaufszentrum Saalepark auf der „grünen Wiese“ die oberzentrale Bedeutung von Leipzig?	Stadtentwicklung, Strukturwandel

Die Geschäftsstilllegungen bedeuten für das Haushaltseinkommen der Stadt Leipzig herbe Verluste durch sinkende Einnahmen bei den Gewerbesteuern, Gelder, die dann z.B. fehlen, um die Attraktivität der Stadt zu steigern (z.B. Finanzierung des ÖPNV, kulturelle Einrichtungen o.ä.).

Damit können unter Umständen oberzentrale Einrichtungen und Angebote nicht mehr finanziert werden; es kommt zu einem Zentralitätsverlust und letztendlich – und hiermit schließt sich der Teufelskreis – zu weiteren Kaufkraftverlusten. Es zeigt sich also: Sollte die Stadt Leipzig keine Revitalisierungsmaßnahmen zur Attraktivitätssteigerung durchführen, dann droht ihr wahrscheinlich ein Verlust des Bedeutungsüberschusses als Oberzentrum. Tatsächlich sind von der Stadt Leipzig jedoch schon einige Revitalisierungsmaßnahmen eingeleitet worden (z.B. städtische Neugestaltung des Burgplatzes etc.), die im Anschluss an diese Thematik besprochen werden können. Laut verschiedener Prognosen aus der angegebenen Literatur wird davon ausgegangen, dass die Stadt Leipzig durch die eingeleiteten bzw. geplanten Revitalisierungsmaßnahmen ihre oberzentrale Bedeutung verteidigen kann, die Stadtteilzentren hingegen von einer Verödung bedroht sind. Inwieweit die Maßnahmen tatsächlich greifen, bleibt jedoch noch abzuwarten.

A 6	Das Votum des Einzelhandels für das periphere Umland – ungezügelter Markt im Verbund mit kommunalem Interesse?	Stadtentwicklung, Strukturwandel

Arbeitsmaterial:

M 1: Verdichtungsraum Leipzig – Gliederung der beantragten Verkaufsflächen sowie Anteil der Befürwortung entsprechend der zentralörtlichen Bedeutung ihrer Standortgemeinden

(Quelle: *Den Hartog-Niemann, Eva* und *Boesler, Klaus-Achim* (1994): Einzelhandelsstandorte des Verdichtungsraumes Leipzig im Spannungsfeld zwischen kommunaler Entwicklung und räumlicher Ordnung. In: Erdkunde, 1994, Bd. 48/4, S. 296. Archiv für Wissenschaftliche Geographie e.V., Bonn

Zentralörtlichkeit	Verkaufsfläche	Zahl der Anträge	raumordnerisch befürwortet
Orte ohne zentrale Funktion	287.580 m^2	35	49,7 %
Kleinzentren	317.760 m^2	23	4,3 %
Unterzentren	119.409 m^2	24	36,8 %
Stadt Leipzig	361.688 m^2	55	54,5 %
Mittelzentrum (Schkeuditz)	153.900 m^2	1	0,0 %

M 3: Grundriss Saalepark

(Quelle: *Hitzler-Spital, Gerda* (1995): Suburbanisierung des Einzelhandels im Raum Halle-Leipzig. In: Geographie und Schule, Heft 98, 12/1995, S. 35. Aulis Verlag, Köln)

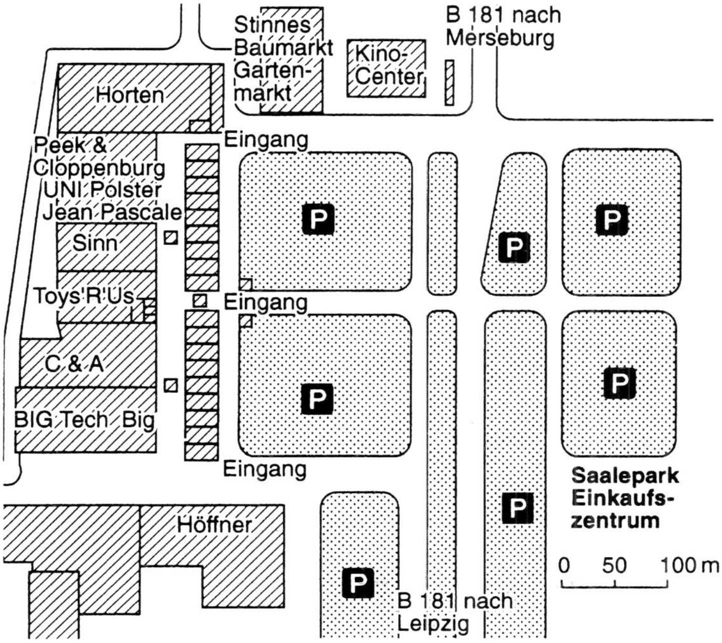

A 6	Das Votum des Einzelhandels für das periphere Umland – ungezügelter Markt im Verbund mit kommunalem Interesse?	Stadtentwicklung, Strukturwandel

Arbeitsmaterial (Fortsetzung):

M 2: Neue großflächige Einzelhandelsstandorte 1990-1996

(Quelle: *Herfert, Günter* (1997): Wohnsuburbanisierung in den neuen Ländern. In: Geographie und Schule, Heft 109, 10/1997, S. 7. Aulis Verlag, Köln)

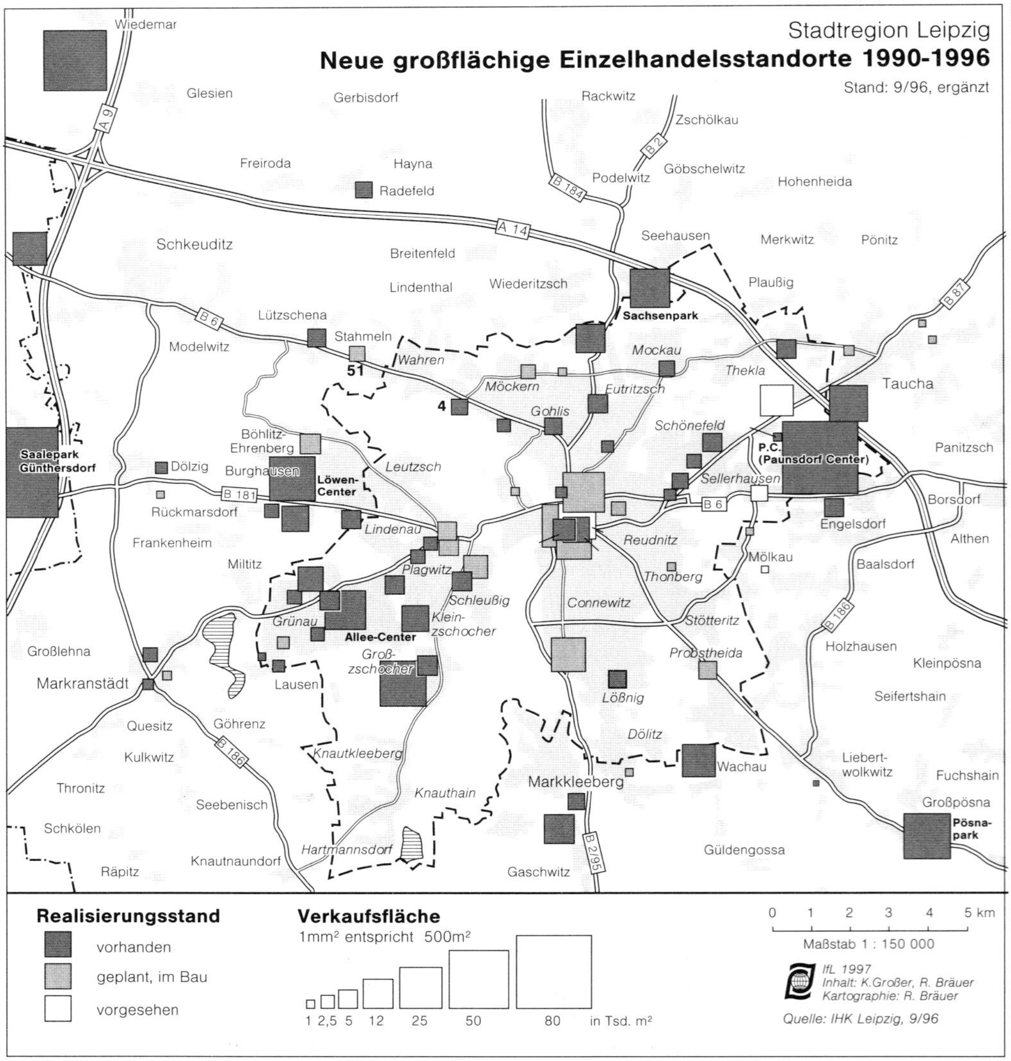

A 6	Das Votum des Einzelhandels für das periphere Umland – ungezügelter Markt im Verbund mit kommunalem Interesse?	Stadtentwicklung, Strukturwandel

Arbeitsmaterial (Fortsetzung):

M 4:
Günthersdorf und Saalepark – ein Größenvergleich

(Quelle: *Jürgens, Ulrich* und *Eglitis, Andri* (1997): Einzelhandel im ländlichen Raum der neuen Bundesländer. In: Geographische Rundschau 9/1997, S. 485. Westermann Schulbuchverlag, Braunschweig)

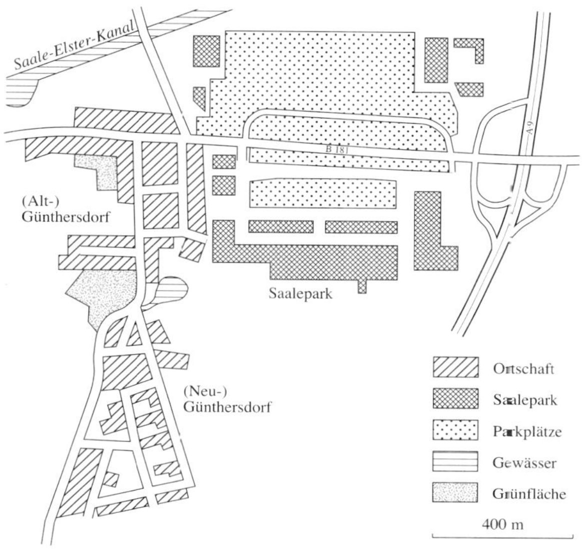

M 5: Großflächige dezentrale Einzelhandelseinrichtungen im engeren Umland von Leipzig

Anfang der 90er Jahre setzte, wie schon früher in den alten Bundesländern, auch in den neuen Bundesländern verstärkt der Prozess der Suburbanisierung ein – allerdings mit einer bislang unvergleichbaren Dynamik, Merkmale dieses Prozesses sind einerseits die rapide Zunahme der Wohnbevökerung im suburbanen Raum, Resultat der einseitig aus den Städten ins Umland gerichteten Wanderungsströme, und anderseits die Ansiedlung von Gewerbebetrieben des sekundären und tertiären Sektors in der Peripherie der großen Städte.

Die Umorientierung des DDR-Einzelhandelsnetzes an marktwirtschaftlichen Erfordernissen führte nach der Wende zu einem Zusammenbruch des bestehenden Versorgungssystems im ländlichen Raum und – in der Folge – zur Ansiedlung großdimensionierter Einzelhandelseinrichtungen in den randstädtischen Gemeinden. Ein gravierendes Problem dieses Vorgangs für eine nachhaltige Stadt- und Regionalentwicklung ergibt sich vor allem daraus, dass viele dieser großflächigen Einzelhandelseinrichtungen in Gemeinden ohne jegliche Zentrenfunktion entstanden. Mit dem Schlagwort „Zersiedelung des Umlandes" sind die Tragweite und Problematik dieses Vorgangs allein nicht zu fassen.

Besonders im engeren Umland von Leipzig etablierten sich unmittelbar nach der Wende zahlreiche Einkaufszentren in Gemeinden ohne Zentrenfunktion, so z. B. in Günthersdorf, Rückmarsdorf, Burghausen, Wachau, Seehausen, Engelsdorf, Kleinpösna und Großpösna. Vergleicht man allein die Einkaufsfläche dieser Einzelhandelseinrichtungen mit der Einwohnerzahl der ländlichen Gemeinden, in denen sie sich ansiedelten, wird die Problematik der Standortwahl deutlich. Günthersdorf: Einwohner: 400/Verkaufsfläche: 114.000 m^2, Rückmarsdorf: 1.000/17.900, Burghausen: 1.000/34.300, Wachau. 800/100.800, Seehausen: 700/49.000, Engelsdorf: 5.900/9.000, Kleinpösna: 363/2.000, Großpösna: 3.000/30.500 (Daten für 1995).

Arbeitsmaterial (Fortsetzung):

M 6: Die Entwicklung des Einzelhandels in Leipzig und seiner Region nach der politischen Wende

(Quelle: *Gormsen, Niels* (1996): Leipzig – Stadt, Handel, Messe. Die städtebauliche Entwicklung der Stadt Leipzig als Handels- und Messestadt. In: Daten – Fakten – Literatur zur Geographie Europas. Hrsg.: *Mayr, Alois, Grimm, Frank-Dieter*. Institut für Länderkunde, Leipzig 3/1996, S. 14 ff.)

Die Leipziger Messe sollte für die DDR und den ganzen Ostblock eine wichtige Funktion in den wirtschaftlichen Beziehungen zwischen Ost und West spielen. Leipzig als Messestadt und damit zweimal jährlich Aushängeschild der DDR gegenüber westeuropäischen/westdeutschen Besuchern wurde vergleichsweise üppig mit Einkaufsgelegenheiten und Gaststätten ausgestattet; entsprechend der Wirtschaftspolitik der DDR waren das fast durchweg Betriebe der HO und der Konsumorganisation.

In der Leipziger Innenstadt waren 1989 etwa 40.000 m^2 Verkaufsfläche vorhanden, darunter in den vier Warenhäusern ca. 21.000 m^2 (u.a. „Konsument", heute „Horten" und „Centrum", heute „Karstadt"). Innerhalb des Promenadenringes gab es damals ca. 40 Gaststätten (Quelle: Einzelhandels- und Gaststättenzählung 1988, Stadt Leipzig).

Mit der Öffnung der Mauer und der Grenzen zwischen den beiden deutschen Staaten im November 1989 ergab sich vor allem für das Wirtschaftssystem der DDR ein völliger Wandel. Allerdings war schon zu DDR-Zeiten die westdeutsche DM die stabilste und wertvollste Währung, die auch innerhalb der DDR für hochwertige Dienstleistungen als Zahlungsmittel diente.

Mit der Öffnung der Grenzen strömten die DDR-Bürger nach Westdeutschland, um dort all das einzukaufen, was es in der DDR damals nicht gab. Und das war viel. Deshalb florierten entlang der Grenze in Niedersachsen, Hessen und Bayern die Supermärkte, an den Wochenenden wurden die grenznahen Städte von DDR-Einkaufswilligen überschwemmt.

Zur gleichen Zeit, also schon zu Beginn des Jahres 1990 noch vor der Währungsunion und der Wiedervereinigung, versuchten westdeutsche Einzelhändler, Handelsunternehmer, Supermarktketten und allerlei Spekulanten und Investoren, in der DDR selbst ihre Waren anzubieten, Läden zu eröffnen und Shopping-Centers zu errichten. Das ging damals auch ganz einfach. Eine staatliche Planungs- und Genehmigungspraxis wie zu DDR-Zeiten gab es nicht mehr, neue Verwaltungs- und Rechtsstrukturen waren noch nicht etabliert. Es war also eine Art „Interregnum", in dem fast alles möglich war. Clevere Geschäftsleute hatten sehr schnell die wichtigen Standorte herausgefunden, sich mit dem örtlichen LPG-Vorsitzenden und Bürgermeister über den Erwerb geeigneter Grundstücke geeinigt und Pläne anfertigen lassen. Der damalige Grundstückspreis für einen Acker, zu DDR-Zeiten mit einem Wert von etwa 10 Pfennig eingestuft, wurde nun zu 5 DM-West gehandelt. Für die Bauern war es damals ein unglaublich guter Preis, wenn man für einen Hektar 50.000 Westmark bekam, für den westdeutschen Spekulanten eine Lächerlichkeit.

Den Bürgermeistern, häufig ganz frisch im Amt und politisch unbelastet und unerfahren, versprachen die neuen Investoren alles: den Plan, die Genehmigungsunterlagen, einen guten

A 6	Das Votum des Einzelhandels für das periphere Umland – ungezügelter Markt im Verbund mit kommunalem Interesse?	Stadtentwicklung, Strukturwandel

Arbeitsmaterial (Fortsetzung):

Grundstückspreis, Investitionen und später hohe Steuern sowie Arbeitsplätze. Wer wollte ein solches Angebot ablehnen?

Auf diese Weise wurden seit 1990 große Einkaufszentren, Fachmärkte oder andere großflächige Einzelhandelsbetriebe in der Region Leipzig initiiert, geplant und gebaut. (...)

Die Grundlage solch schneller Entscheidungen über Einkaufszentren und Gewerbeparks in der Region Leipzig war die Übertragung der Planungshoheit auf die Gemeinden durch das Gesetz über die Selbstverwaltung der Gemeinden und Landkreise in der DDR (Kommunalverfassung) vom 17.05.1990, noch bevor die neuen Länder gegründet waren. Im Umland von Leipzig hatten die Gemeinden meist weniger als 1.000 Einwohner. Es gab in dieser Zeit also noch keinerlei Landes- oder Regionalplanungen, die in Bezug auf die Funktionen des großflächigen Einzelhandels irgendwelche verbindlichen Aussagen zugelassen hätten. Die Landräte, nach der Auflösung der DDR-Bezirksstruktur und vor dem Neuaufbau der Länder und einer Mittelinstanz zuständig für die Raumordnung und Plangenehmigung, waren damals sehr großzügig.

Im August 1990 wurde dann das Raumordnungsgesetz der Bundesrepublik auch für die DDR eingeführt. (...)

Aufgaben:

1. Beschreiben Sie die räumliche Struktur der Einzelhandelseinrichtungen in der Region Leipzig.
2. Erläutern Sie die Ursachen, die zu diesen Strukturen geführt haben.

L	A 6	Das Votum des Einzelhandels für das periphere Umland – ungezügelter Markt im Verbund mit kommunalem Interesse?	Stadtentwicklung, Strukturwandel

Vorbemerkungen:

In den neuen Bundesländern wurden seit Beginn der 90er Jahre, insbesondere in den ersten drei Jahren nach der Wiedervereinigung, großflächige Einzelhandelseinrichtungen in der Außenzone oder am Rand (im nahen Umland) vor den Städten errichtet. Mit Hilfe der Textpassage (Information von BfLR) kann ein motivierender Einstieg und die Abfassung einer problemorientierten Leitfrage erfolgen, da die in den Teilaufgaben angelegten räumlichen Strukturen und Hintergründe z.T. bereits in den Einstiegsmaterialien enthalten sind.

> Seit Jahren kämpfen die Städte und Gemeinden um die Gewerbesteuer. Sie brauchen sie, um die dringendsten Einrichtungen für ihre Bürger und für ihre Wirtschaft schaffen zu können. Die Gewerbesteuer trägt immerhin mit rund 40 % zu den gemeindlichen Steuereinnahmen bei (laut BfLR, telefonische Auskunft 19.11.1997).

Literatur:

Den Hartog-Niemann, E. und *Boesler, K.-A.* (1994): Einzelhandelsstandorte des Verdichtungsraumes Leipzig im Spannungsfeld zwischen kommunaler Entwicklung und räumlicher Ordnung. In: Erdkunde, 1994, Bd. 48/4.

Herfert, G. (1997): Wohnsuburbanisierung in den neuen Ländern. In: Geographie und Schule, Heft 109, 10/1997. Aulis Verlag, Köln

Hitzler-Spital, G. (1995): Suburbanisierung des Einzelhandels im Raum Halle-Leipzig. In: Geographie und Schule, Heft 98, 12/1995. Aulis Verlag, Köln

Jürgens, U. und *Eglitis, A.* (1997): Einzelhandel im ländlichen Raum der neuen Bundesländer. In: Geographische Rundschau 9/1997. Westermann Schulbuchverlag, Braunschweig

Güttler, H. und *Krönert, U.* und *Rosenkranz, C.* (1995): Großflächige Einzelhandelseinrichtungen in den neuen Ländern. In: Arbeitspapiere, Materialienband 1995. Hrsg.: BfLR, Bonn

Lösungsvorschlag:

Aufgabe 1

Betrachtet man die Entwicklung großflächiger Einkaufszentren aus Sicht der Raumplanung, so wird deutlich, dass diese im suburbanen Umland von Leipzig unabhängig von jeglichen Raumordnungskonzepten für Zentrenfunktionen befürwortet und entstanden sind. Die bis 1993 beantragten und zum Teil befürworteten Anträge auf Errichtung eines Einkaufszentrums spiegeln die Problematik der Standortwahl wider (vgl. M 1). So wurden bis zu diesem Zeitpunkt 35 Anträge für Einkaufszentren mit insgesamt 287.580 qm Fläche in Orten ohne jegliche zentrale Funktion gestellt und davon sogar

49,7 % befürwortet. In der Stadt Leipzig wurden hingegen 20 Anträge mehr gestellt als in Orten ohne zentrale Funktion (insgesamt 55 Anträge). Dagegen war die betreffende Verkaufsfläche Leipzig nur unwesentlich größer, nämlich 74.108 qm (insgesamt 361.688 qm), ebenso (mit 4,8 %) die Zahl der raumordnerisch befürworteten Anträge. Somit wird das Konzept der zentralen Orte deutlich unterwandert, da nichtzentrale Orte einen regionalen Bedeutungsüberschuss gewinnen, indem sie z.T. oberzentrale Funktionen übernehmen.

Eine besonders hohe Dichte an großflächigen Einzelhandelseinrichtungen zeigt die Region Halle/Leipzig (vgl. M 2). Durch einen zeitlichen Vorsprung in Planung, baurechtlicher Genehmigung und baulicher Fertigstellung konnte sich der Einzelhandel hier wesentlich früher etablieren als in den Innenstädten von Leipzig und Halle. Insgesamt haben sich zahlreiche Einkaufszentren kranzförmig im Umland von Leipzig angesiedelt, wobei die großflächigsten Verkaufsformen außerhalb der Stadtbereiche, häufig in Orten ohne Zentrenfunktion angesiedelt sind.

Ein herausragendes Beispiel für die beschriebenen großflächiger Einzelhandelseinrichtungen in Orten ohne Zentrenfunktion bietet der 1990 eröffnete Saalepark in Sachsen-Anhalt, der schon 1992 mit einer Verkaufsfläche von 115.000 qm und einer Lagerfläche von 50.000 qm die Verkaufsfläche der Innenstadt von Leipzig mit 83.000 qm weit überragte, während die Einwohnerzahl sich zu Beginn der 90er Jahre auf lediglich 400 Personen belief (vgl. M 5). Aus dem Größenvergleich zwischen Günthersdorf und Saalepark (vgl. M 4) werden die enormen Größenverhältnisse des Saaleparks deutlich. Insgesamt ist das Ausmaß des gesamten Zentrums fast identisch mit dem Gesamtausmaß von Günthersdorf.

Bei der Standortwahl des bisher größten deutschen Einkaufszentrums dürfte die gute Verkehrsanbindung, insbesondere die Nähe zur A9 und A 14, von ausschlaggebender Bedeutung gewesen sein, denn wie die meisten Einkaufszentren auf der „grünen Wiese" zielt auch der Saalepark auf ein überregionales Kundeneinzugsgebiet (PKW) und den Massenverkauf ab.

Das Verkaufskonzept des Saaleparks ist nicht mit den Preisstrategien von herkömmlichen Fachmärkten oder SB-Häusern zu vergleichen, sondern es geht darum, Erlebniswelten zu schaffen, in denen die Konsumenten durch ausgedehnte Verweildauern dazu angeregt werden, möglichst viel zu konsumieren. Das Shop-in-the-shop-System, die Vielfältigkeit von Geschäften (Fachgeschäfte wie z.B. der Baumarkt Stinnes, das Möbelgeschäft Höppner, das Spielwarengeschäft Toys 'R' Us und verschiedene Textilgeschäfte etc.) und Freizeiteinrichtungen (z.B. Kino), die Zentrierung des Angebotes auf eine Erlebnis-Mall und das gute Parkplatzangebot (vgl. M 3) sind Attraktivitätskriterien, die für den Erfolg des Verkaufskonzeptes sprechen. Der Saalepark wirbt damit, „eine eigene Stadt in der Stadt" darzustellen, und zwar aufgrund des Vollsortiments der ansässigen Einzelhandelsbetriebe, welche auch „innenstadtrelevante" Produkte anbieten. An dieser Stelle sei nur angedeutet, welche Auswirkungen ein solcher Verkaufsmagnet auf die Oberzentren Leipzig und Halle haben kann, deren oberzentrale Bedeutung durch den enormen Kaufkraftabfluss gefährdet werden könnte.

L	A 6	Das Votum des Einzelhandels für das peripher Umland – ungezügelter Markt im Verbund mit kommunalem Interesse?	Stadtentwicklung, Strukturwandel

Aufgabe 2

Mit dem Fall der Grenzen und der Öffnung der Mauer im Jahre 1989 und der Wirtschafts- und Währungsreform 1990 kam es zu einer verstärkten Nachfrage hinsichtlich des kurz-, mittelfristigen und langfristigen Bedarfs. Das vorliegende Einzelhandelsnetz war weder qualitativ noch quantitativ in der Lage, die rapide gestiegene Nachfrage der Konsumenten zufrieden zu stellen. Schnelle Veränderungen hinsichtlich der Aufhebung von Angebots- und Verkaufsflächendefiziten und gegebener Eigentumsstrukturen waren erforderlich, um den Einkaufsstrom – insbesondere an Wochenenden – ehemaliger DDR-Bürger in grenznahen Gemeinden und Städten zu kanalisieren. Findige Investoren suchten in der Grauzone des übergangsweise planungsfreien Raumes geeignete Standorte, um kurzfristig einen möglichst hohen Marktanteil zu erobern. Über Verkaufshallen in einfachster Ausstattung (Zelte u.a.), Umnutzungen bestehender Gebäude (Lagerhallen u.a.) entstanden größere Fachmärkte und Einkaufszentren. In der Nachwendezeit sicherten sich – unter Berücksichtigung minimierter Standortaufwendungen und maximierter betrieblicher Gewinne – Betreiber großflächiger Einzelhandelsbetriebe Standorte, die zum einen ihrer Interessenslage nachkommen. Niedrigere Grundstückspreise, größere Flächenverfügbarkeit, geringe kommunale Auflagen und niedrigere Abgaben, eine z.T. bereits vorhandene gemeindliche Verkehrsinfrastruktur und eine zu erwartende schnelle Projektrealisierung mögen diesbezüglich Erwähnung finden. Zum anderen sollten in diesem Zusammenhang aber auch kommunale Interessen angeführt werden, die in einen regelrechten Wettbewerb untereinander traten. Das Hoffen auf Versorgungssicherheit, verstärkte Investitionen, Arbeitsplätze und Steuereinnahmen dank der neuen Investoren ließen manchen kommunalen Entscheidungsträger dem Werben durch den West-Investor erliegen, insbesondere wenn die Preisdimension (vgl. M 6) und der Imagegewinn der jeweiligen Kommune zugrunde gelegt werden. Die raumordnerische Verträglichkeit beim Planungs- und Genehmigungsverfahren in einer Übergangszeit ohne Regional- und Landesplanung wurde kaum beachtet, das ungezügelte Setzen auf den MIV, überdimensionierte Stellflächen (M 4), Branchenmix (M 3), die Akzeptanz durch die Bevölkerung und erste Ansätze der (sukzessiv verwirklichten) Erweiterung zum Erlebnis- und Freizeitzentrum lassen Einzelhandelseinrichtungen mit Verkaufsflächen entstehen, die in keinem Verhältnis zur Einwohnerzahl (M 5) der Gemeinde stehen. Schnelle Entscheidungen für großflächige Einzelhandelsbetriebe in nichtintegrierten Lagen bzw. nicht zentralen Gemeinden führten u.a. (Verkehrsprobleme) auch zu einem Verdrängungswettbewerb „auf der grünen Wiese", der die aufgezeigte Entwicklung mittelfristig evtl. wieder aufheben wird, falls raumordnerische und städtebauliche (Revitalisierungs-) Maßnahmen umgesetzt werden.

A 7	Leipzig zwischen Tradition und Moderne	Stadtentwicklung, Strukturwandel

Arbeitsmaterial:

M 1: Läden für Waren des täglichen Bedarfs in der Leipziger Innenstadt 1980

(Quelle: *Jürgens, Ulrich* (1994): Post-sozialistische Transformation der Einzelhandelsstrukturen in Leipzig. In: Erdkunde, 1994, Bd. 48/4, S. 308

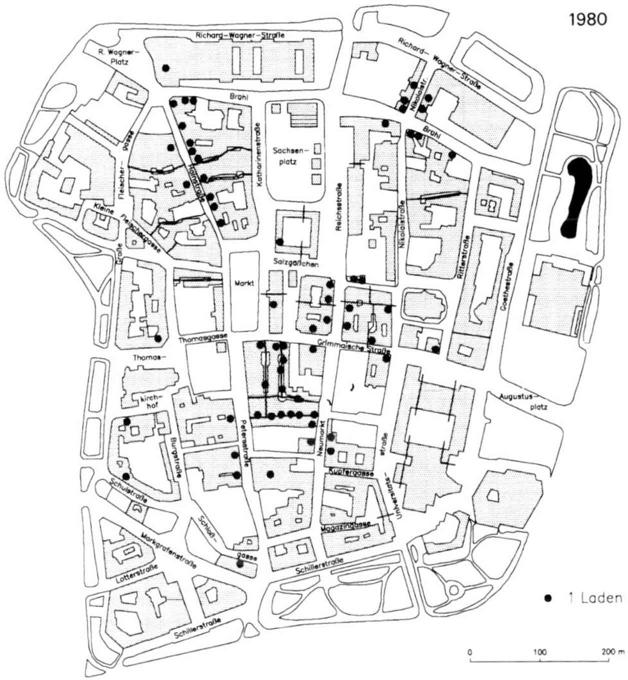

M 2: Läden für Waren des täglichen Bedarfs in der Leipziger Innenstadt 1994

(Quelle: *Jürgens, Ulrich* (1994): a.a.O., S. 308)

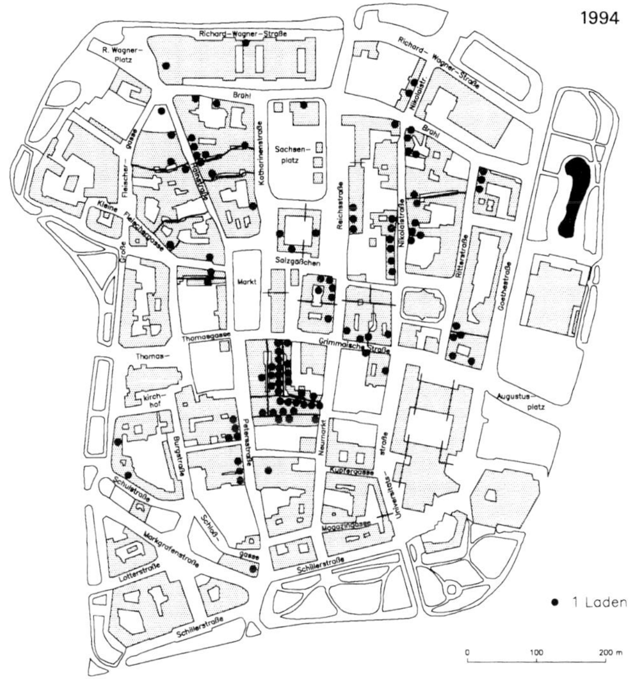

A 7	Leipzig zwischen Tradition und Moderne	Stadtentwicklung, Strukturwandel

Arbeitsmaterial (Fortsetzung):

M 3: Textilgeschäfte jeglicher Art in der Leipziger Innenstadt 1980

(Quelle: *Jürgens, Ulrich* (1994): a.a.O., S. 309)

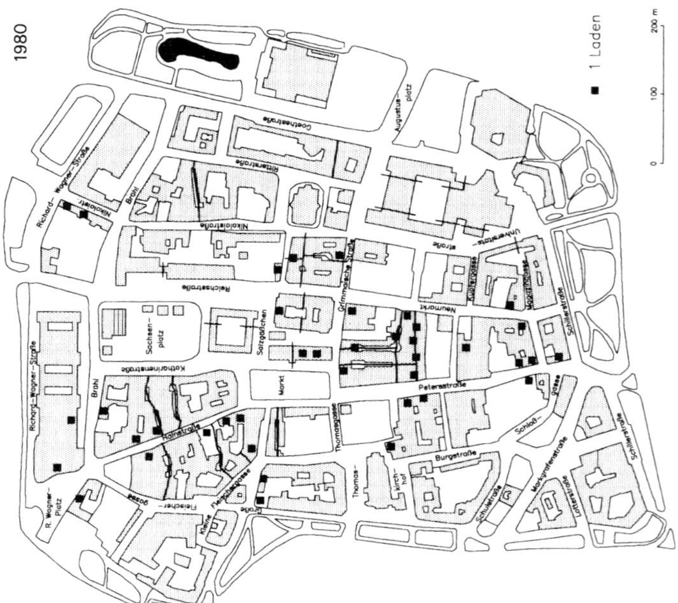

M 4: Textilgeschäfte jeglicher Art in der Leipziger Innenstadt 1994

(Quelle: *Jürgens, Ulrich* (1994): a.a.O., S. 309)

A 7	Leipzig zwischen Tradition und Moderne	Stadtentwicklung, Strukturwandel

Arbeitsmaterial (Fortsetzung):

M 5: Die City von Leipzig. Gebäudenutzung 1993 in der Erdgeschosszone

(*Schmidt, Helga* (1994): Leipzig zwischen Tradition und Neuorientierung. In: Geographische Rundschau 9/1994, S. 504. Westermann Schulbuchverlag, Braunschweig)

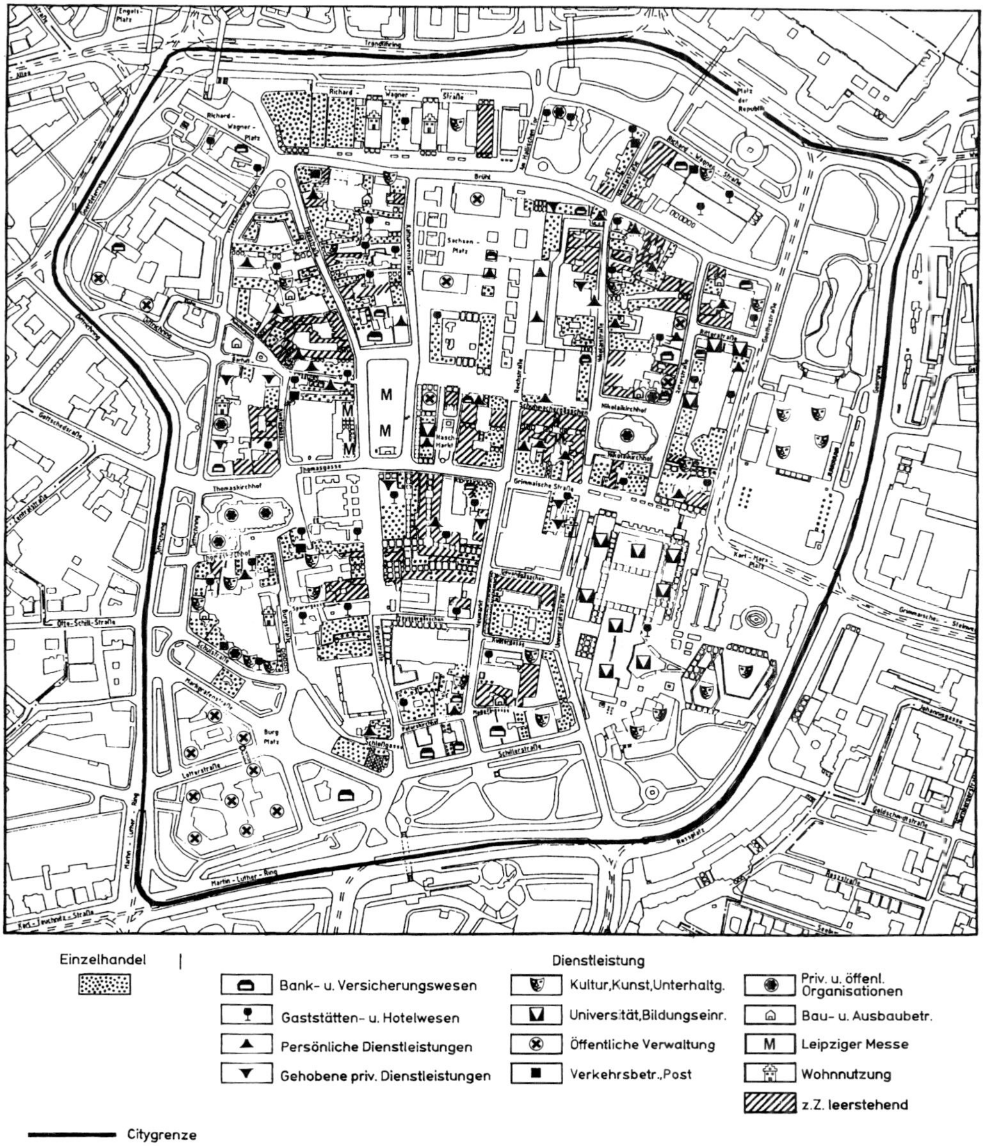

A 7	Leipzig zwischen Tradition und Moderne	Stadtentwicklung, Strukturwandel

Arbeitsmaterial (Fortsetzung):

M 6: Büromarktlagen in Leipzig, Stand 1993
(Quelle: *Schmidt, Helga* (1994): a.a.O., S. 505)

Lage (Zone)	Höchstmietpreis (DM/m^2)	Durchschnittspreis (m^2)	Fläche im Bau (m^2)	Verfügbare Fläche (m^2)	geplante Bürofläche (m^2)
City	55,00	40 - 50	70.000	40.000	180.000
Peripherie	28,00	20 - 28	160.000	70.000	200.000

Aufgaben:

1. Kennzeichnen Sie die Entwicklung und Struktur des Einzelhandels vor und nach der Wende in der Innenstadt von Leipzig.
2. Erörtern Sie die Ursachen für die von Ihnen unter Teilaufgabe 1 gekennzeichneten Entwicklungen.

L	A 7	Leipzig zwischen Tradition und Moderne	Stadtentwicklung, Strukturwandel

Vorbemerkungen:

Im Zuge der deutschen Wiedervereinigung haben sich durch marktwirtschaftliche Einflüsse die Einzelhandelsstrukturen in den Städten der neuen Bundesländer gravierend verändert. Diese Umstrukturierungsprozesse sollen hier anhand der Stadt Leipzig, welche nach Berlin in Bezug auf seine Wirtschaftskraft und Einwohnerzahl die zweitwichtigste Metropole Ostdeutschlands ist, untersucht werden (vgl. *Jürgens, U.* in: Erdkunde, 1994, S. 302). Zum besseren Verständnis dieser Entwicklungsprozesse ist eine vorherige thematische Behandlung der Einzelhandelsstrukturen in der ehemaligen DDR sinnvoll. Im Anschluss dieser Unterrichtsstunde bietet es sich an, die Suburbanisierungsprozesse des großflächigen Einzelhandels (z.B. Saalepark), dessen Ursachen sich sowohl in den push-Faktoren in der Innenstadt Leipzigs wie auch den pull-Faktoren im Umland rekrutieren, zu thematisieren. Hierbei ist es von besonderem Interesse, die Auswirkungen dieses Suburbanisierungsprozesses des Einzelhandels im Hinblick auf die Gefährdung der oberzentralen Funktion Leipzigs zu hinterfragen.

Literatur:

Jürgens, Ulrich (1994): Post-sozialistische Transformation der Einzelhandelsstrukturen in Leipzig. In: Erdkunde, 1994, Bd. 48/4

Schmidt, Helga (1994): Leipzig zwischen Tradition und Neuorientierung. In: Geographische Rundschau 9/1994. Westermann Schulbuchverlag, Braunschweig

Lösungsvorschlag:

Aufgabe 1

Auch heute noch lässt die Physiognomie der Innenstadt Leipzigs die traditionell herausragende Bedeutung des Handels und Handwerks erkennen.

Nach dem II. Weltkrieg wurde die Innenstadt nach altem Muster wieder aufgebaut, um das traditionelle innerstädtische Flair zu retten und die Leipziger Messe in ihrer internationalen Bedeutung wiederzubeleben. Bis zu den 70er Jahren waren deshalb die Verkaufsflächen eher gering und in ihrem Grundriss z.T. ungünstig geschnitten.

Seither setzte ein Konzentrationsprozess ein, der sich durch einen Anstieg der Durchschnittsgröße der Verkaufsflächen (um 21,3 %) und eine gleichzeitige Abnahme der Verkaufsstellen auszeichnete. Gründe hierfür waren die Zurückdrängung von vor allem privaten Kleinstverkaufsstellen, die ungenügende Bausubstanz vieler Ladengeschäfte und die Einführung großflächiger Verkaufsstellen wie der Kaufhalle.

Kennzeichnend für die Struktur der Innenstadt Leipzigs vor der Wende war die Funktionsmischung sowohl im Einzelhandel selbst als auch zwischen Wohnfunktion und gewerblicher Nutzung. Seit der Wende kommt es hingegen zur Konzentration der Einzelhandelsläden (z.B. in der Textilbranche) und zur Viertelsbildung im gesamten Dienstleistungssektor, z.B. bei den persönlichen Dienstleistungen, im Gaststätten- und Hotelwesen etc. (vgl. M 1 bis M 5).

Typisch für die Einzelhandelsstruktur vor der Wende war das Vorherrschen von Läden des täglichen Bedarfs, während die Zahl der Läden mit Gütern des mittel- bis langfristigen und spezielleren Bedarfs im Vergleich zur Zeit nach der Wende und im Vergleich zu westdeutschen Städten wesentlich geringer war (vgl. M 1, M 2). So lag die Versorgungsdichte 1989 im Food-Bereich mit 2,3 Verkaufsstellen pro 1.000 Einwohner in Leipzig viel höher als in den Städten der alten Bundesrepublik (1,2 Läden/1.000 Einwohner), während im Non-Food Bereich 3,9 Läden in Westdeutschland 2,0 Verkaufsstellen/1.000 Einwohner in Leipzig gegenüberstanden.

Die räumliche Einzelhandelsstruktur lässt sich ideologisch begründen, da die Vorgaben der sozialistischen Handelsplanung eine flächendeckende, wohnortnahe und vor allem quantitativ hinreichende Versorgung, insbesondere mit Gütern des täglichen Bedarfs vorsah. Mit der Einführung der Marktwirtschaft setzte ein wettbewerblicher Verdrängungsprozess ein, dessen Ergebnis eine Abnahme der Läden mit Gütern des täglichen Bedarfs (vgl. M 1, M 2), eine Zunahme der Läden mit Gütern des mittel- bis langfristigen und spezielleren Bedarfs (Textilisierung) (vgl. M 3, M 4) und eine Tertiärisierung in allen Bereichen (vgl. M 5) ist. Zugleich lassen z.T. räumlich konzentrierte Leerstände (vgl. M 5) auf gewisse Probleme im innerstädtischen Einzelhandel schließen, auf deren Ursachen u.a. in der 2. Teilaufgabe eingegangen werden soll.

Aufgabe 2

Hauptursache für die Entwicklung im Einzelhandel in Leipzig sind die marktwirtschaftlichen Transformationsprozesse in der Wirtschaft mit ihren Veränderungen auf der Nachfrage- und Angebotsseite und die Einführung der DM als offizielle Währung in den neuen Bundesländern. Hierauf lassen sich fast alle im Folgenden genannten Ursachen für die Umstrukturierungsprozesse in der Innenstadt zurückführen.

Die Aufhebung der Funktionsmischung und die Ansiedlung von Dienstleistungsbetrieben und Einzelhandelsgeschäften des mittleren bis gehobenen Bedarfs lassen sich vor allem mit den im räumlichen Vergleich hohen Miet- und Bodenpreisen erklären. Hierdurch werden insbesondere die Wohnfunktion, das flächenintensive Gewerbe sowie der Einzelhandel mit vorrangig Niedrigpreisgütern (z.B. Güter des täglichen Bedarfs) verdrängt. Somit siedeln sich in erster Linie Dienstleistungs- und Einzelhandelsbranchen an, deren Produktivität pro Quadratmeter relativ hoch ist (vgl. M 5, M 6). Es setzt folglich ein Citybildungsprozess ein, wie er in ähnlicher Weise in den meisten westdeutschen Städten schon vor Jahrzehnten stattgefunden hat.

Zudem ist die verfügbare Fläche in der Innenstadt insgesamt geringer als in der Peripherie, so dass die Ansiedlung von zumeist konkurrenzfähigeren großflächigen Güter- und Dienstleistungsunternehmen erschwert wird (vgl. M 6).

Die in M 5 aufgezeigten Leerstände weisen jedoch darauf hin, dass die Standortbedingungen in der Innenstadt insgesamt noch zu wünschen übrig lassen.

Hemmungsfaktoren sind hier bauliche und funktionelle Mängel der vorhandenen Gebäudesubstanz – bei gleichzeitig hohen Denkmalschutzauflagen – und noch immer ungeklärte Eigentumsverhältnisse.

Hemmungsfaktoren sind hier bauliche und funktionelle Mängel der vorhandenen Gebäudesubstanz – bei gleichzeitig hohen Denkmalschutzauflagen – und noch immer ungeklärte Eigentumsverhältnisse.

Zwar lässt sich in der Bevölkerung der neuen Bundesländer ein gewisser Nachholbedarf bei Konsumgütern feststellen, gleichzeitig ist jedoch die Kaufkraft aufgrund der hohen Arbeitslosigkeit im Vergleich zu Gesamtdeutschland gering. Dieses lässt befürchten, dass die Nachfrage nach innenstadttypischen Einzelhandelsgütern des gehobenen und spezielleren Bedarfs nicht im ausreichenden Maße gegeben ist – mit der Folge, dass der innerstädtische Einzelhandel im Wettbewerb mit den zumeist preisgünstigeren großflächigen Einzelhandelsanbietern in der Peripherie nicht konkurrenzfähig ist.

Diese Tendenzen lassen sich mit Hilfe von M 6, hier jedoch Büromarktlage in Leipzig, bestätigen, da hier in der Peripherie 160.000 qm Fläche im Bau sind, in der Innenstadt aber nur 70.000 qm.

Auch für den großflächigen Einzelhandel lässt sich dieser Trend nachweisen, weshalb sich eine Behandlung dieser Thematik (s. Vorbemerkung) im Anschluss an diese Unterrichtsstunde anbieten würde.

A 8	Europäische Regierungsstädte: London, Paris	Stadtentwicklung, Strukturwandel

Arbeitsmaterial:

M 1: London – Whitehall: Parlaments- und Regierungsviertel

(Quelle: © Ullstein Bilderdienst, Berlin – Financial Times. In: Senatsverwaltung für Bauen, Wohnen und Verkehr (Hrsg., 1992): Hauptstädte im Vergleich. Berlin, S.7)

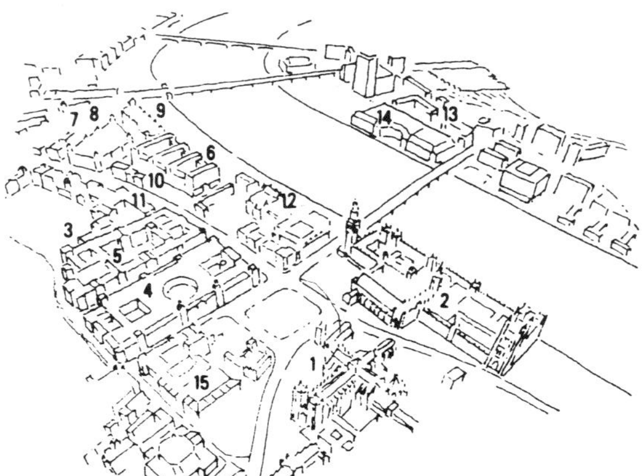

1. Westminster Abtei
2. Parlamentsgebäude
3. Premierminister
4. Finanzministerium
5. Außenministerium
6. Verteidigungsministerium
7. Gesundheitsministerium
8. Sozialministerium
9. Landwirtschaftsministerium
10. Minister für Schottland (Hauptsitz Edinburgh)
11. Minister für Wales
12. New Scotland Yard
13. Erziehungsministerium
14. ehem. Greater London Council
15. Westminster Konferenzzentrum

A 8	Europäische Regierungsstädte: London, Paris	Stadtentwicklung, Strukturwandel

Arbeitsmaterial (Fortsetzung):

M 2: Paris: Nationalversammlung und Außenministerium als Kern des Regierungsviertels

(Quelle: © *Y.* und *A. Arthus-Bertrand*, Paris. In: Senatsverwaltung für Bauen, Wohnen und Verkehr (Hrsg., 1992): Hauptstädte im Vergleich. Berlin, S. 13)

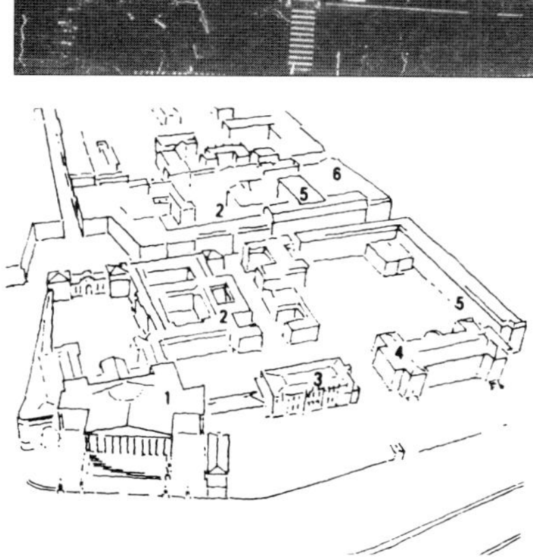

1. Palais Bourbon, Sitz der Nationalversammlung
2. Parlamentsverwaltung und Abgeordnetenbüros
3. Palais Lassay, Wohnsitz des Parlamentspräsidenten
4. Palais d'Orsay, Außenministerium
5. Bürogebäude, zum Außenministerium
6. Dienststellen des Premierministers

A 8	Europäische Regierungsstädte: London, Paris	Stadtentwicklung, Strukturwandel

Arbeitsmaterial (Fortsetzung):

M 3: London: Verteilung der wichtigsten Hauptstadtfunktionen über das Gebiet der Innenstadt

(Quelle: Senatsverwaltung für Bauen, Wohnen und Verkehr (Hrsg., 1992): a.a.O. S. 9)

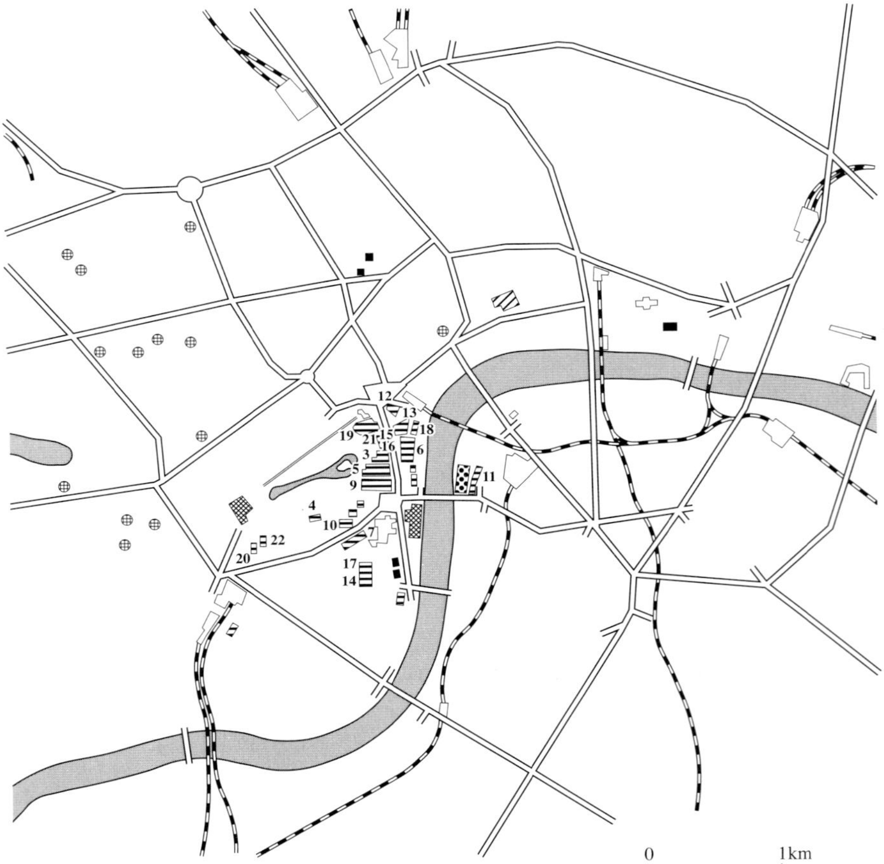

- Staatsoberhaupt und Parlamentskammern
- Ministerpräsident und Ministerien
- Oberste Gerichte
- Botschaften
- Parteien / Interessenverbände
- ehem. Rathaus / GLC

1 Staatsoberhaupt
2 Parlament
3 Ministerpräsident
4 Innenministerium
5 Außenministerium
6 Verteidigungsministerium
7 Wirtschaftsministerium
8 Justizministerium
9 Finanzministerium
10 Arbeitsministerium
11 Erziehungsministerium
12 Gesundheitsministerium
13 Sozialministerium
14 Bau- u. Umweltministerium
15 Minister für Schottland
16 Minister für Wales
17 Verkehrministerium
18 Agrarministerium
19 Verwaltungsministerium
20 Entwicklungshilfeministerium
21 Kulturministerium
22 Energieministerium

A 8	Europäische Regierungsstädte: London, Paris	Stadtentwicklung, Strukturwandel

Arbeitsmaterial (Fortsetzung):

M 4: Paris: Verteilung der wichtigsten Hauptstadtfunktionen über das Gebiet der Innenstadt

(Quelle: Senatsverwaltung für Bauen, Wohnen und Verkehr (Hrsg., 1992): a.a.O. S.16)

- Präsident und Parlamentskammern
- Ministerpräsident und Ministerien
- Oberste Gerichte
- Botschaften
- Parteien / Interessenverbände
- Rathaus

1 Präsident
2 Parlament
3 Ministerpräsident
4 Innenministerium
5 Außenministerium
6 Verteidigungsministerium
7 Wirtschaftsministerium
8 Justizministerium
9 Finanzministerium
10 Arbeitsministerium
11 Erziehungsministerium
12 Gesundheitsministerium
13 Postministerium
14 Forschungsministerium
15 Bau- u. Verkehrsminist.
16 Agrarministerium
17 Verwaltungsministerium
18 Entwicklungshilfeminist.
19 Kulturministerium
20 Handelsministerium
21 Überseeministerium
22 Umweltministerium
23 Tourismusministerium
24 Europaministerium

A 8	Europäische Regierungsstädte: London, Paris	Stadtentwicklung, Strukturwandel

Arbeitsmaterial (Fortsetzung):

M 5: Paris: Verteilung von Regierungseinrichtungen über das Stadtgebiet und Verteilung der Ministerien

(Quelle: Senatsverwaltung für Bauen Wohnen und Verkehr (Hrsg. 1992): a.a.O. S. 17)

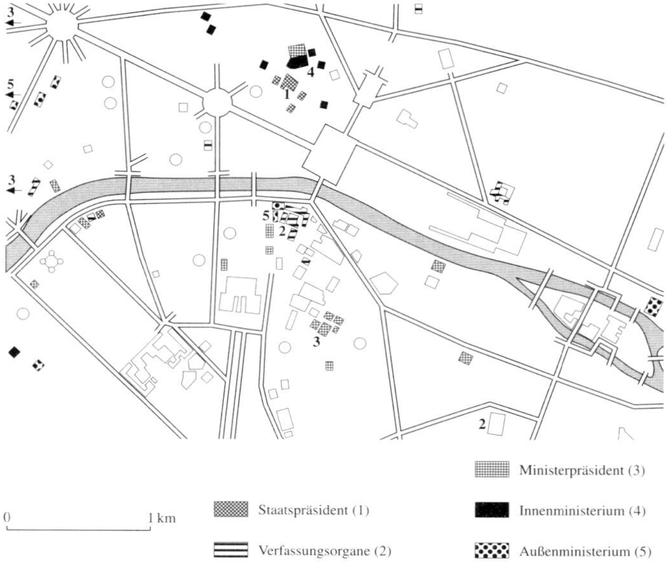

Zahl der Dienstgebäude und Anteil der Dienststellen, die jeweils im Hauptgebäude ihren Sitz haben

Premierminister	40 / 30 %	Gesundheit und Soziales	7 / 40 %
Öffentlichkeitsarbeit	2 / 70 %	Kultur und Kommunikation	7 / 40 %
Aussenministerium	4 / 50 %	Bildung, Jugend und Sport	3 / 30 %
Innenministerium	7 / 30 %	Wissenschaft und Forschung	3 / 50 %
Verteidigung	5 / 70 %	Industrie und Raumplanung	8 / 50 %
Bauwesen und Verkehr	8 / 30 %	Landwirtschaft	7 / 40 %
Arbeit und Weiterbildung	6 / 40 %		

Aufgaben:

1. Erläutern Sie anhand von M 1 und M 3, wie sich die Gewaltenteilung der parlamentarischen Monarchie des Vereinigten Königreiches im Grundriss der Regierungshauptstadt London ausdrückt.
2. Vergleichen Sie damit die Verteilung der Parlaments- und Regierungseinrichtungen über das Stadtgebiet von Paris und setzen Sie diese Struktur zur französischen Präsidialdemokratie in Bezug. (M 2, M 4 und M 5)

L	A 8	Europäische Regierungsstädte: London, Paris	Stadtentwicklung, Strukturwandel

Vorbemerkungen:

Der vorliegende Beitrag zu den europäischen Regierungshauptstädten London und Paris kann in einer Sequenz zu Metropolen oder Metropolitanregionen einen Platz finden. Die Beschäftigung mit politischen Zentren ist aktuell vor dem Hintergrund des Aufbaues Berlins zur neuen Regierungshauptstadt der Bundesrepublik Deutschland. Hier hat es Überlegungen gegeben zur baulichen Gestaltung und stadtplanerischen Zuordnung der verfassungsprägenden Gewalten Legislative und Exekutive sowie der räumlichen Zuordnung des zentralistischen und föderativen Prinzips in Bundestag und Bundesrat (siehe Beitrag „Planungsmodelle für die Regierungshauptstadt Berlin“ > Literaturverzeichnis). Im Falle der US-amerikanischen Bundeshauptstadt Washington DC hat die Dreigewaltenteilung der Verfassung den Grundriss geprägt. Im Falle Brasilias ist ebenfalls die Verortung der Parlaments-, Regierungs-, Gerichts- und Präsidialfunktion interessant, hier außerdem die Verlagerung von der meeresorientierten aktiven Peripherie (Rio) in einen kontinentalen, bisher eher inaktiven Zentralbereich des Landes. In den Niederlanden ist die Funktion des politischen Zentrums Den Haag abgekoppelt von der nominellen Hauptstadt Amsterdam. Ein direkter Vergleich der politischen Zentren London und Paris hat also viele Bezugspunkte.

Literatur:

Bundesforschungsanstalt für Landeskunde und Raumordnung (Hrsg., 1995): Hauptstadtregionen in Europa. Informationen zur Raumentwicklung, Jg. 1995, Heft 2/3. Bonn.

Hinrichs, B. (1994): Planungsmodelle für die Regierungshauptstadt Berlin. In: Schriftliche Arbeiten im Geographieunterricht, Teil 3. Aulis Verlag, Köln, S. 151-156

Hinrichs, B. (1994): Regierungshauptstadt Washington. A.a.O., S. 147-150

Hinrichs, B. (1996): Brasilia – Hauptstadtverlagerung im Schwellenland. In: Schriftliche Arbeiten im Geographieunterricht, Teil 4. Aulis Verlag, Köln, S. 22-25

Senatsverwaltung für das Bau- und Wohnungswesen Berlin (Hrsg., 1992): Spreeinsel. Vorbereitende Untersuchungen für das Parlaments- und Regierungsviertel Berlin. Reihe Städtebau und Architektur, Bd. 16. Berlin

Senatsverwaltung für Bau- und Wohnungswesen Berlin (Hrsg., 1992): Hauptstädte im Vergleich – London, Paris, Rom, Wien, Washington, Canberra. Reihe Städtebau und Architektur, Bd. 13. Berlin

Wekel, J. (1997): Berlin auf dem Weg zur Bundeshauptstadt. Aufgaben, Ziele und Projekte der städtebaulichen Entwicklung einer Metropole im Wandel. In: *Ehlers, E.* (1997): Deutschland und Europa. Festschrift zum 51. Deutschen Geographentag. Bonn, S. 35-55

Lösungsvorschlag:

Aufgabe 1

Das Vereinigte Königreich von Großbritannien und Nordirland ist eine parlamentarische Monarchie. Staatsoberhaupt ist die Königin. Der Buckingham Palace ist durch den

St. James Park vom Regierungsviertel London Whitehall getrennt. Darin kommt zum Ausdruck, dass das Staatsoberhaupt sich nicht in die politischen Auseinandersetzungen einmischt, da es überparteilich ist. Das Parlaments- und Regierungsviertel liegt nördlich der Themse im Stadtteil Westminster SW I. In diesem geschlossenen Viertel laufen die politischen Fäden des ganzen Landes zusammen. Unmittelbar an der Themse ist die Legislative verortet: die Houses of Parliaments, bestehend aus dem House of Commons (dem Unterhaus) und dem House of Lords (dem Oberhaus). In unmittelbarer Nähe liegen die Gebäude der Exekutive: der Amtssitz des Premierministers (Downing Street Nr. 10) sowie der Hauptanteil der Ministerien, darunter das Finanz-, Außen- und Verteidigungsministerium. Der Bereich ist weitgehend monofunktional mit Regierungsgebäuden besetzt, es gibt hier kaum Wohnungen. Die Straße Whitehall ist eine Hauptverkehrsachse, der Bereich liegt im Schnittpunkt von Chelsea, Trafalgar Square, Victoria Station und Waterloo.

Die Erweiterung von Regierungsfunktionen hat seit den 60er Jahren regierungsnahe Einrichtungen auch in angrenzenden Stadtbezirken entstehen lassen. Moderne Informationstechnologische Entwicklungen haben bewirkt, dass man auch schon in den Mantelraum der Stadt geht. So liegt heute in der neuen Stadt Milton Keynes (70 km nordwestlich von London) das Computerzentrum des britischen Außenministeriums (des Foreign Office).

Aufgabe 2

Die Republik Frankreich ist eine Präsidialdemokratie. Formales Staatsoberhaupt ist der Staatspräsident, der vom Volke gewählt wird. Sitz des Staatspräsidenten ist der Elyseé-Palast. Kern des Regierungsviertels sind Nationalversammlung (Palais Bourbon) und Außenministerium (Palais d'Orsay). Fast alle Ministerien haben ergänzende Bürogebäude/Nebenstellen in ihrem engeren und weiteren Umkreis. Im Vergleich zur Regierungshauptstadt London nimmt das Pariser Regierungsviertel nur einen relativ kleinen Teil der Regierungstätigkeit auf. Eine Vielzahl von ministeriellen Teilfunktionen und nachgeordneten Behörden ist auf Standorte breit über das Pariser Stadtgebiet verstreut. M 5 gibt einen Überblick über die Verteilung der Pariser Ministerien und Regierungsdienststellen.

B 1	Planungsaltemativen zur Stadtsanierung: Hannover-Linden/Süd	Stadtsanierung, Stadterneuerung

Arbeitsmaterial:

Vorbemerkung:

Im Frühjahr 1972 legte das Planungsamt der Niedersächsischen Landeshauptstadt Hannover seine Vorstellungen für eine Sanierung in Linden/Süd vor. Im Sommer 1972 bildete sich aus Bürgern, denen dieser Stadtteil am Herzen lag, und aus Studenten der Technischen Universität eine unabhängige Bürgerinitiative. Diese erarbeitete im Winter 1973/74 im Interesse der planungsbetroffenen Bevölkerung eine Gegenplanung zum Sanierungsentwurf des Stadtplanungsamtes. In dem Wissen, dass Bürgerinitiativen die Kommunikation von Planungsinstanzen, politischen Entscheidungsträgern und Planungsbetroffenen durchaus auch erleichtern und Aggressionspotential abbauen können, hat die Stadt Hannover die Planungsalternativen der Öffentlichkeit, insbesondere der Stadtteilbevölkerung von Linden/Süd, vorgelegt und zur Diskussion gestellt. Dies ist eines von relativ wenigen Beispielen für eine gute Kommunikation von Fachplanung und Bürgerinitiative. Der Rahmenplanentwurf des Stadtplanungsamtes sagt aus, welches Stadtteilentwicklungs- und Sanierungskonzept für Linden/Süd die Stadtverwaltung im Rahmen ihrer Stadtentwicklungsvorstellungen für möglich und durchführbar hält. Der Rahmenplanentwurf der Bürgerinitiative hat mehr Forderungscharakter; er sagt aus, welche Planungen und Maßnahmen die Bürgerinitiative im Interesse der Stadtteilbewohner für erforderlich hält. Aus den nachfolgenden Materialien lassen sich Übereinstimmungen, Unterschiede und Konflikte zum Nutzungskonzept und zum Verkehrskonzept erarbeiten.

Aufgaben:

1. Beschreiben Sie anhand von M 1 die Lage des Sanierungsgebietes Linden/Süd innerhalb der Stadt Hannover.
2. Erläutern Sie anhand von M 2 und M 3 Unterschiede und Gemeinsamkeiten im Nutzungskonzept des Stadtplanungsamtes und der Bürgerinitiative.
3. Erarbeiten Sie anhand von M 4 und M 5 Planungsalternativen von Stadtplanungsamt und Bürgerinitiative zum Verkehrskonzept. Beurteilen Sie diese.

B 1	Planungsalternativen zur Stadtsanierung: Hannover-Linden/Süd	Stadtsanierung, Stadterneuerung

Arbeitsmaterial (Fortsetzung):

M 1: Lage des Sanierungsgebietes Linden/Süd innerhalb der Stadt Hannover

(Quelle: Ausschnitt aus der Stadtkarte Hannover 1:20.000, nachstehend mit eigenem Maßstab. Abdruck mit Genehmigung des Stadtvermessungsamtes)

B 1	Planungsaltemativen zur Stadtsanierung: Hannover-Linden/Süd	Stadtsanierung, Stadterneuerung

Arbeitsmaterial (Fortsetzung):

M 2: Nutzungskonzept des Stadtplanungsamtes für die Sanierung Linden//Süd

(Quelle: Landeshauptstadt Hannover, Stadtplanungsamt (Hrsg.): Zur Diskussion – Städtebauliche Rahmenplanung/Sanierung Hannover-Linden Süd. Hannover 1976, S. 6, dort als farbiger Plan)

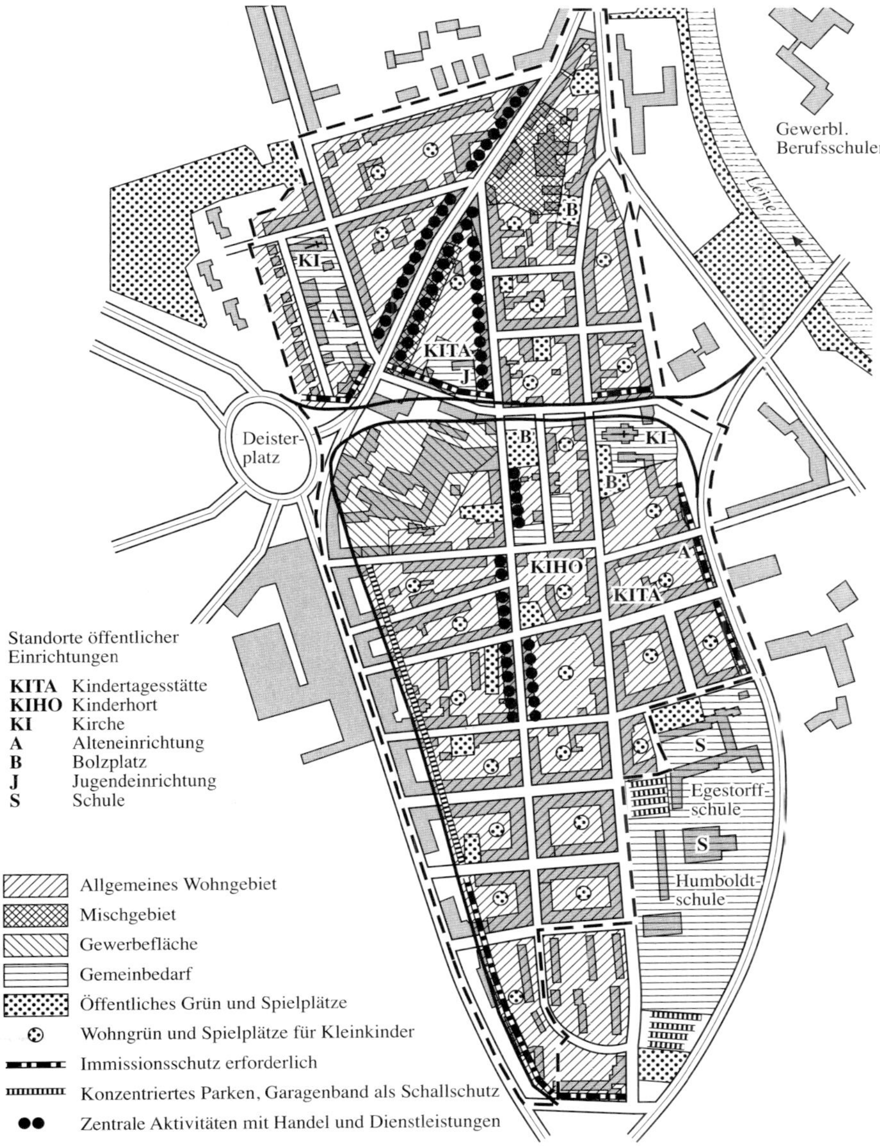

B 1	Planungsaltemativen zur Stadtsanierung: Hannover-Linden/Süd	Stadtsanierung, Stadterneuerung

Arbeitsmaterial (Fortsetzung):

M 3: Nutzungskonzept der Bürgerinitiative für die Sanierung Linden/Süd

(Quelle: Landeshauptstadt Hannover, Stadtplanungsamt (Hrsg.): a.a.O. S. 7)

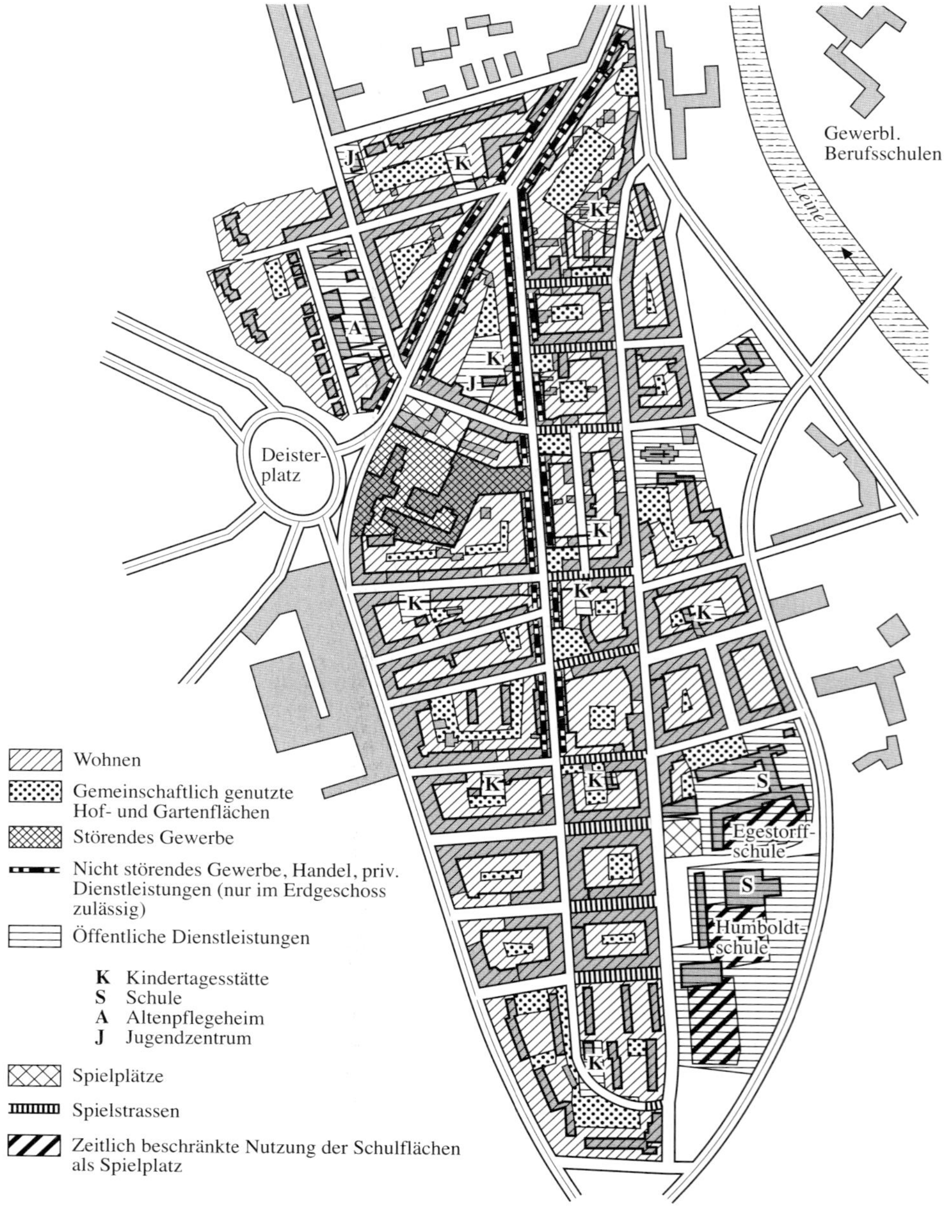

B 1	Planungsaltemativen zur Stadtsanierung: Hannover-Linden/Süd	Stadtsanierung, Stadterneuerung

Arbeitsmaterial (Fortsetzung):

M 4: Verkehrskonzept des Stadtplanungsamtes für die Sanierung Linden/Süd
(Quelle: Landeshauptstadt Hannover, Stadtplanungsamt (Hrsg.): a.a.O. S. 18)

B 1	Planungsaltemativen zur Stadtsanierung: Hannover-Linden/Süd	Stadtsanierung, Stadterneuerung

Arbeitsmaterial (Fortsetzung):

M 5: Verkehrskonzept der Bürgerinitiative für die Sanierung Linden/Süd
(Quelle: Landeshauptstadt Hannover, Stadtplanungsamt (Hrsg.): a.a.O. S. 19)

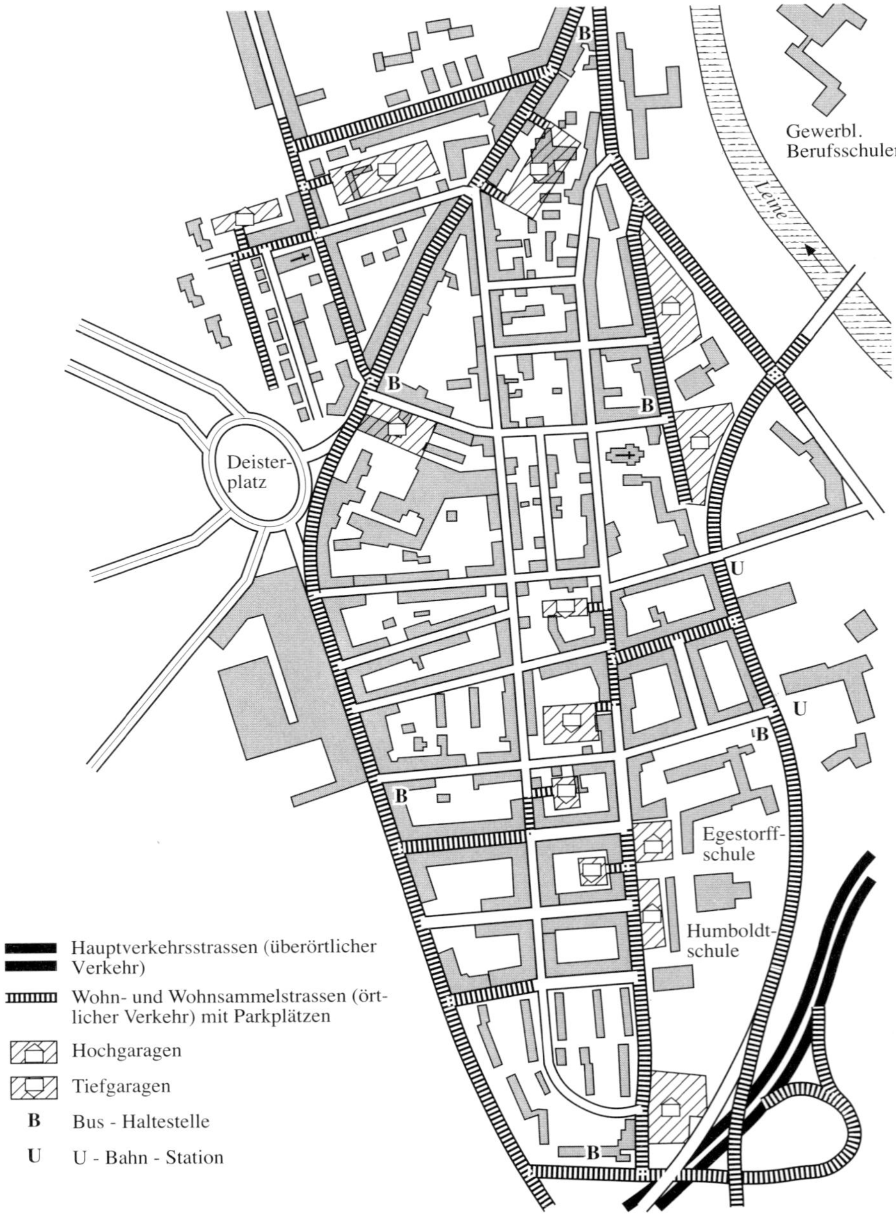

L	B 1	Planungsaltemativen zur Stadtsanierung: Hannover-Linden/Süd	Stadtsanierung, Stadterneuerung

Vorbemerkungen:

Sanierungsbedürftige Bereiche liegen – oder lagen – in deutschen Großstädten meistens in zentrumsnahen Altbaugebieten. Ein solches innenstadtnahes Altbaugebiet ist Linden/Süd, in dem Anfang der 70er Jahre ein Fünftel aller Häuser 100 Jahre alt, der Rest 80 Jahre alt waren. Man musste also sanieren. Die dazu erforderliche Stadtbereichsplanung ist besonders deshalb interessant, weil es sich um eine sogenannte *Beteiligungsplanung* handelt. Wie schon aus der Einleitung zu den Arbeitsmaterialien ersichtlich, handelt es sich bei Planung und Gegenplanung zum Nutzungs- und Verkehrskonzept von Linden/Süd um eine wohl geglückte Kommunikation und Kooperation von städtischen Planungsinstanzen und Bürgerinitiative, die – nicht gesellschaftsideologisch gesteuert – mit Sach- und Artikulationskompetenz sowie gleichermaßen Durchsetzungs- und Kooperationsvermögen die Interessen der Bevölkerung, darunter damals etwa 25 Prozent Ausländer, vertrat. Der kognitive Schwerpunkt des hier vorgelegten Beitrags liegt in der Herausarbeitung von Übereinstimmungen, Unterschieden und Konflikten sowie in der Bewertung der alternativen Planungspositionen.

Literatur:

Landeshauptstadt Hannover, Stadtplanungsamt (Hrsg., 1976): Zur Diskussion – Städtebauliche Rahmenplanung/Sanierung Hannover Linden-Süd. Hannover

Landeshauptstadt Hannover, Stadtplanungsamt (Hrsg., 1976): Zur Diskussion – Stadtteilplanung/Sanierung Hannover Linden-Nord. Hannover

Lösungsvorschlag:

Aufgabe 1

Linden-Süd ist ein innenstadtnahes Altbau-Wohngebiet. Es ist durch den Ihme-Fluss und die Ritter-Brüning-Straße vom Schützenplatz, Niedersachsen-Stadion, Sportpark mit Stadionbad und Bundesleistungszentrum sowie dem Maschsee getrennt. Es liegt nördlich des Lindener Güterbahnhofs, also wohl auch industrienah.

Aufgabe 3

Verkehrskonzept Stadtplanungsamt	Verkehrskonzept Bürgerinitiative
Ausbau der peripheren Hauptstraßen Göttinger Straße und Ritter-Brüning-Straße sowie des Allerweges als verkürzender Verbindung (West-Ost-Achse) im Interesse des überörtlichen Verkehrs, dadurch „Verkehrseinkesselung“ von Linden-Süd	Belassung der Straßen im ursprünglichen Ausbauzustand, dadurch keine „Verkehrseinkesselung“ zu Lasten des Wohnens; kein Allerweg-Ausbau
	kombinierende Verkehrssystematik U-Bahn- und Bus-Haltestellen für den Öffentlichen Personen-Nahverkehr
	Umwandlung von innergebietlichen Verkehrsstraßen zu Fußgängerzonen und Spielstraßen

L	B 1	Planungsaltemativen zur Stadtsanierung: Hannover-Linden/Süd	Stadtsanierung, Stadterneuerung

Aufgabe 2

Aus M 2 und M 3 sind folgende Unterschiede ableitbar:

	Nutzungskonzept Stadtplanungsamt	**Nutzungskonzept Bürgerinitiative**
Kindertagesstätten	3 größere, im nördlichen Abschnitt konzentriert > unpersönlicher, längere Wege	10 kleinere, über das ganze Gebiet verteilt > persönlicher, kürzere Wege
Zentrale Aktivitäten (Handel, Dienstleistungen)	konzentriert an Deisterstraße und Charlottenstraße, also im mittleren und nördlichen Abschnitt	konzentriert an Deisterstraße und Charlottenstraße, also im mittleren und nördlichen Abschnitt, aber nur im Erdgeschoss
Grünflächen und Spielplätze	33 öffentliche Spielplätze	viele kleine Spielplätze, aber auch Spielstraßen durch Verkehrssperrung, zeitlich begrenzte Nutzung der Schulhöfe als Spielplatz
Immissionsschutz	an der ausgebauten Ritter-Brüning-Straße und am ausgebauten Allerweg als verkürzender Verbindung zwischen Deisterplatz und Ritter-Brüning-Straße konzentriertes Parken an den ausgebauten Randstraßen, Garagenwände als Schallschutz	kein Immissionsschutz erforderlich, da kein Ausbau der beiden Straßen

Beurteilung

Zielkonflikt zwischen der Interessenlage des überörtlichen Verkehrs und der Interessenlage der vom überörtlichen Verkehr belasteten Planungsbetroffenen in Linden-Süd. Mögliche Lösung: Verlegung des Allerweges unter die Erde. Kostenvolumen aber 90 bis 120 Millionen DM (1975). Westtangentiale: Belastung Hannover-Lindens würde durch eine Verbreiterung der Westtangente verstärkt werden.

L	B 1	Planungsaltemativen zur Stadtsanierung: Hannover-Linden/Süd	Stadtsanierung, Stadterneuerung

Mögliches Verfahrensschema zur Herbeiführung von Planungsentscheidungen:

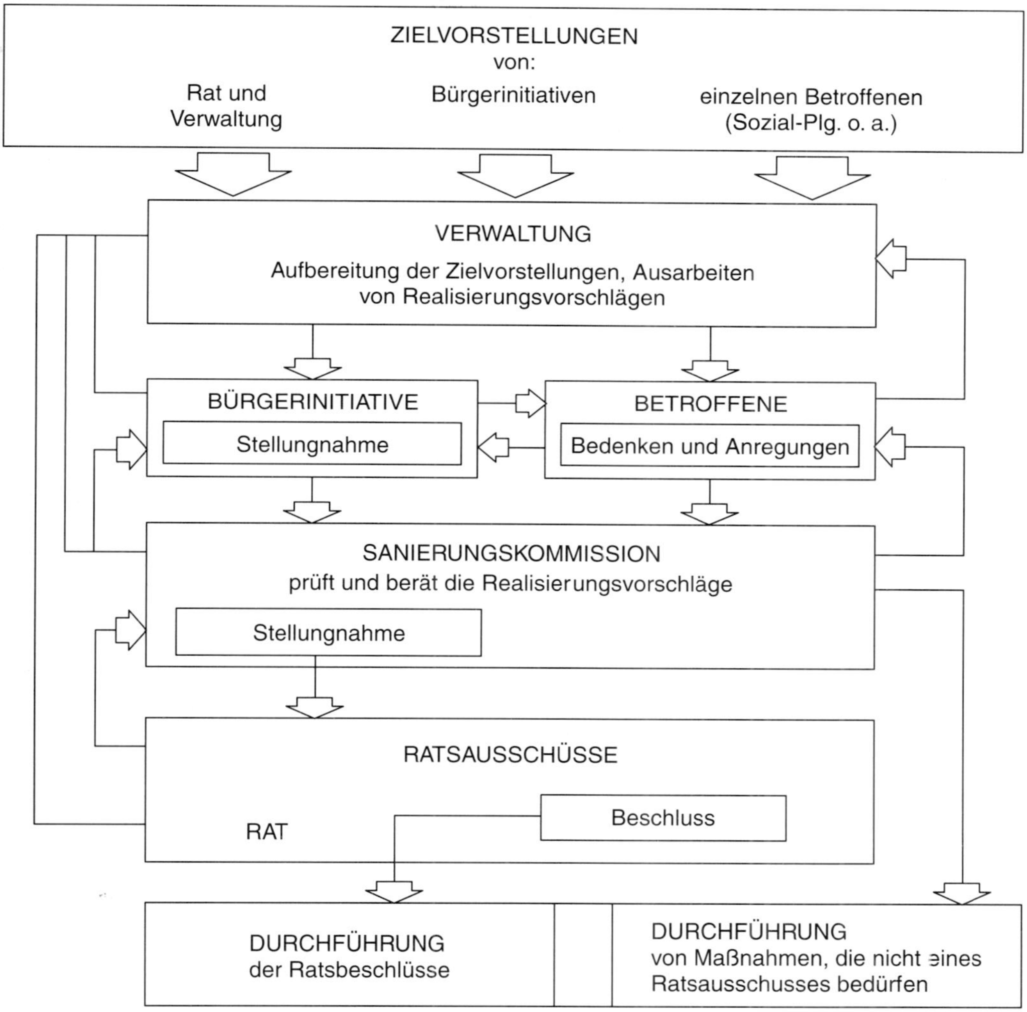

B 2	Cloppenburg – Diskussion um eine verkehrsberuhigte Zone	Stadtsanierung, Stadterneuerung

Arbeitsmaterial:

M 1: Titel und Quelle der Karte siehe Seite 78

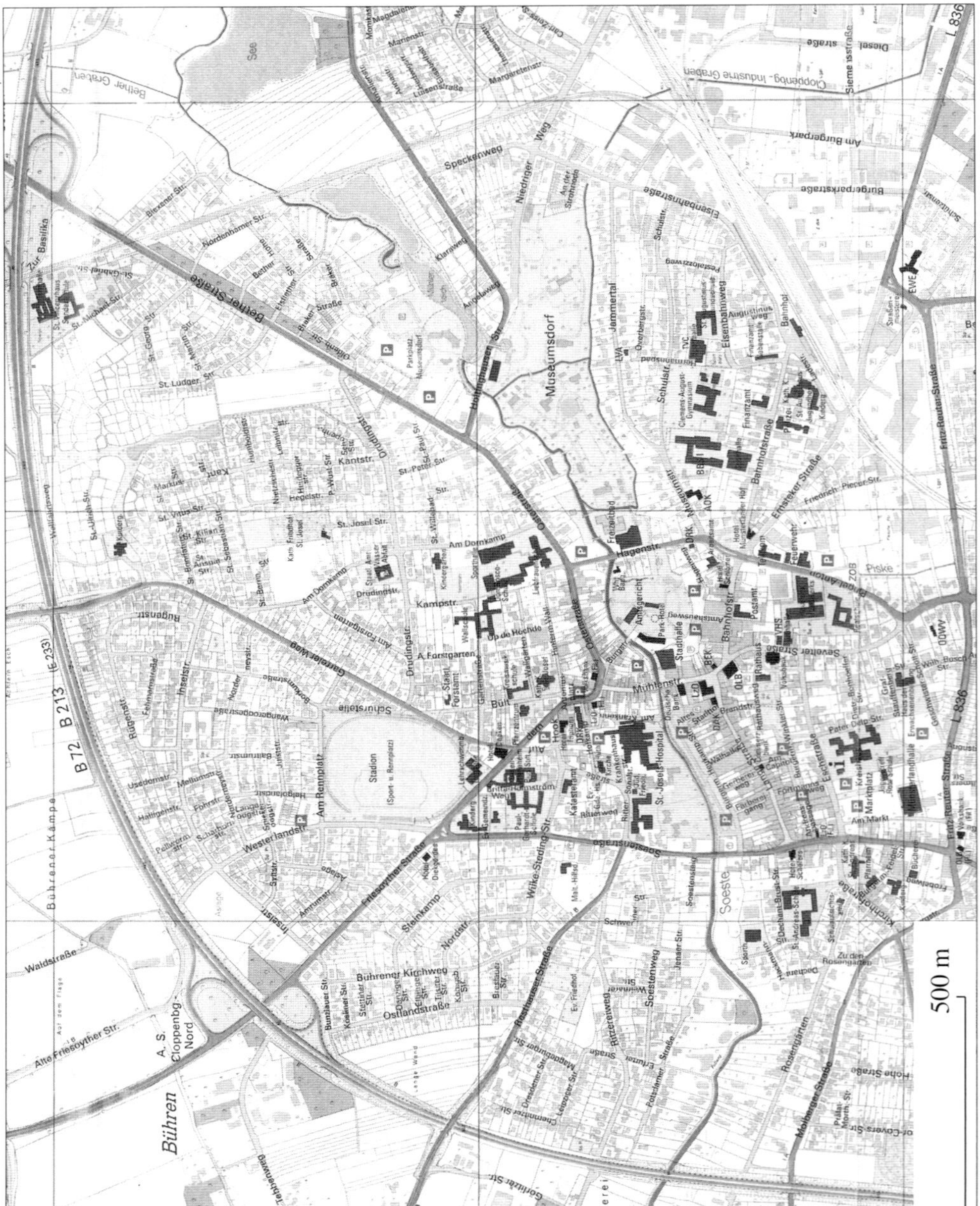

B 2	Cloppenburg – Diskussion um eine verkehrsberuhigte Zone	Stadtsanierung, Stadterneuerung

Arbeitsmaterial (Fortsetzung):

M 2: Titel und Quelle der Karte siehe Seite 78

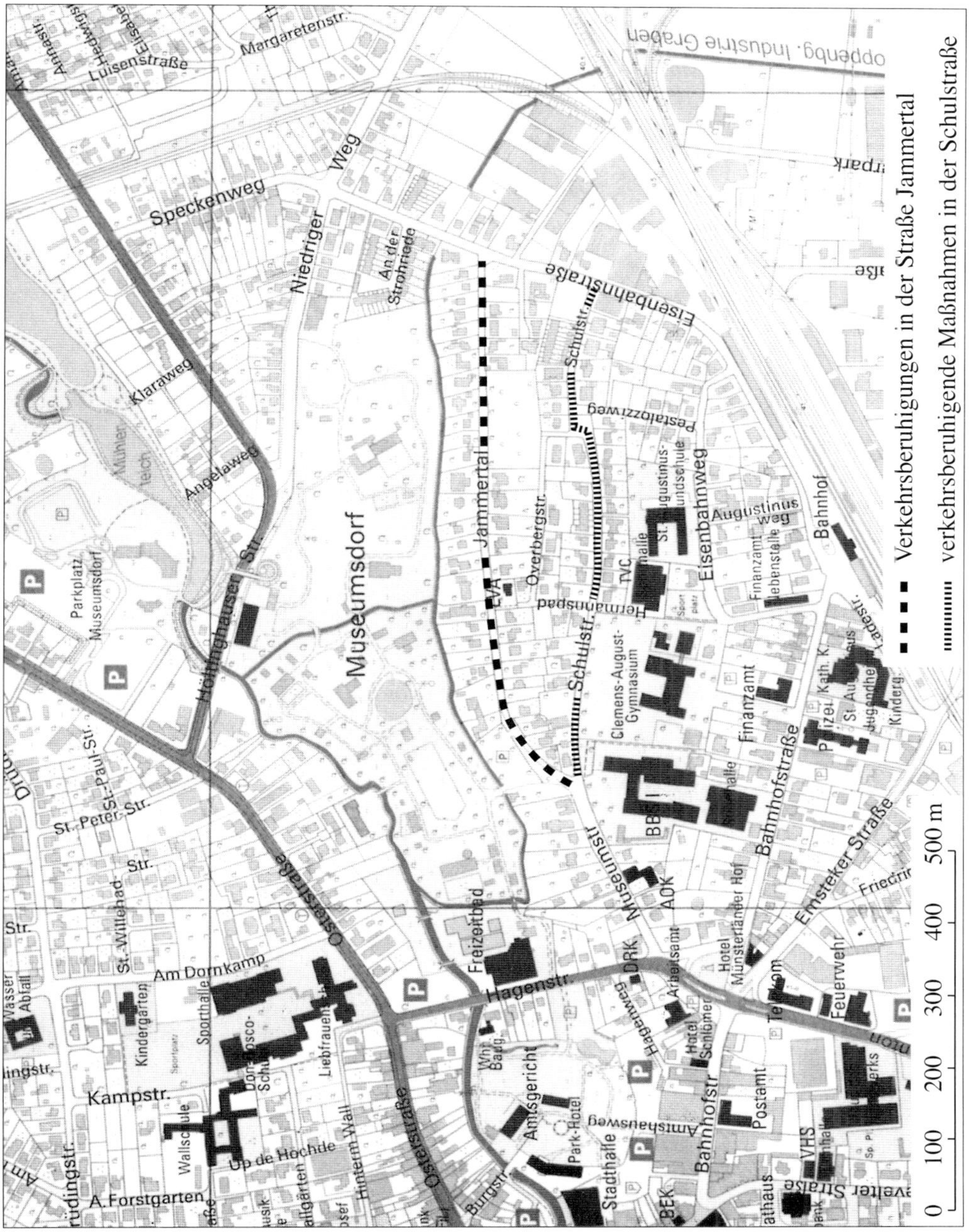

B 2	Cloppenburg – Diskussion um eine verkehrsberuhigte Zone	Stadtsanierung, Stadterneuerung

Arbeitsmaterial (Fortsetzung):

M 1: Die Lage der verkehrsberuhigten Straßen Jammertal und Schulstraße im Verkehrssystem der Niedersächsischen Kreisstadt Cloppenburg (vgl. Ausschnitt M 2) (Karte siehe Seite 76)

(Quelle: Katasteramt Cloppenburg (Hrsg., 1995): Stadtkarte Cloppenburg, Maßstab 1:10.000 (Ausschnitt), nachstehend mit eigenem Maßstab. Vermessungs- und Katasterbehörde Oldenburger Münsterland, Cloppenburg)

M 2: Das Umfeld der verkehrsberuhigten Straßen Jammertal und Schulstraße (Karte siehe Seite 77)

(Quelle: Katasteramt Cloppenburg (Hrsg., 1995): Stadtkarte Cloppenburg, Maßstab 1:10.000 (ergänzter Ausschnitt), nachstehend mit eigenem Maßstab. Vermessungs- und Katasterbehörde Oldenburger Münsterland, Cloppenburg)

M 3: Verkehrsberuhigung in der Straße Jammertal (Folienbild 1)

(Aufnahme: *Hinrichs, B.*, 1998)

B 2	Cloppenburg – Diskussion um eine verkehrsberuhigte Zone	Stadtsanierung, Stadterneuerung

Arbeitsmaterial (Fortsetzung):

M 4: Verkehrsberuhigung in der Schulstraße (Foto unten = Folienbild 2)
(Planskizze nach: Stadtbauamt Cloppenburg. Foto: *Hinrichs, B.*, 1998)

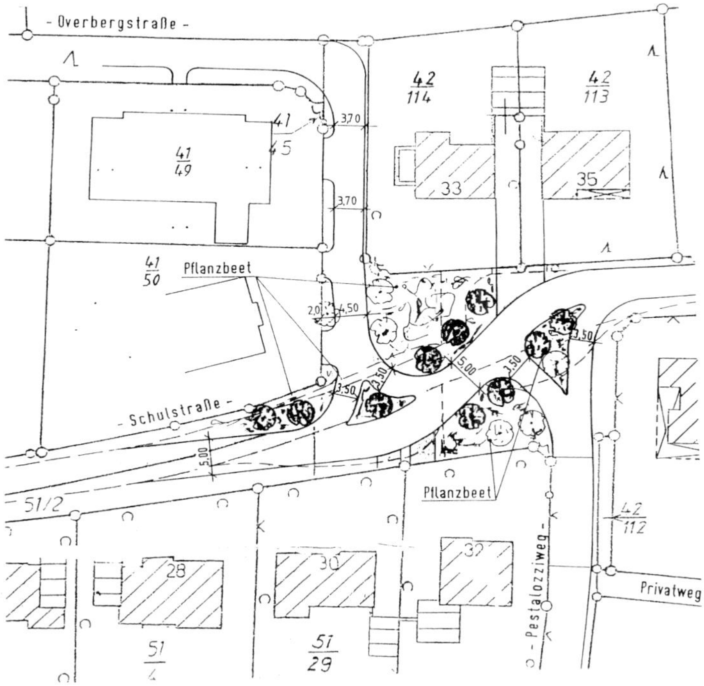

B 2	Cloppenburg – Diskussion um eine verkehrsberuhigte Zone	Stadtsanierung, Stadterneuerung

Arbeitsmaterial (Fortsetzung):

M 5: Die Verkehrsregelung im Bereich Jammertal und Schulstraße: kurze Chronologie der Entwicklung

(Nach: Aufzeichnungen des Autors, Briefwechsel mit kommunalpolitischen Instanzen, Presseberichte der Münsterländischen Tageszeitung und der Nordwest-Zeitung)

Juli 1980 bis Mai 1981: Anlieger der Straße Jammertal sprechen sich für den Ausbau ihrer Straße als erster verkehrsberuhigter Zone der Stadt Cloppenburg aus. Der Bau- und Verkehrsausschuss des Stadtrates empfiehlt, den Ausbau des Jammertals zur verkehrsberuhigten Zone im Sinne einer 7 kmh-Spielstraße zu genehmigen. Die Anlieger der benachbarten Schulstraße, einer auf Sand verlegten Wohnstraße aus Betonsteinen ohne Bürgersteig und Radweg, setzten sich gegen eine einseitige Verkehrsberuhigung ihrer Nachbarstraße und eine dadurch bewirkte Verkehrsmehrbelastung der eigenen Straße zur Wehr. Sie weisen die Stadt Cloppenburg und den Landkreis als zuständige Straßenverkehrsbehörde darauf hin, dass die Schulstraße vor allem wegen einer unvertretbaren Gefährdung von Grundschulkindern nicht zusätzlich belastet werden dürfe. Grundschule und Kreisverkehrswacht verweisen auf die Verkehrssicherungspflicht der Straßenverkehrsbehörde und der Stadt. Landkreis und Stadt Cloppenburg vereinbaren eine Sperrung der Schulstraße durch eine Barriere (Lösung einer doppelten Sackgasse) zeitgleich mit der Verkehrsberuhigung des Jammertals. Der Rat der Stadt Cloppenburg stimmt dieser Maßnahme zu.

Juni bis September 1995: Nach mehreren zwischenzeitlichen Anträgen von Jammertalanwohnern beschließen Bau- und Verkehrsausschuss sowie Verwaltungsausschuss des Cloppenburger Stadtrates die Schulstraße zu öffnen. Der gesamte Bereich Jammertal, Schulstraße, Overbergstraße und Pestalozziweg soll als 30 kmh-Zone ausgewiesen werden. „Eine Gleichbehandlung der Straßen ist sicherzustellen." Man will das Tempo der Autofahrer auf der geöffneten Schulstraße mit möglichst geringen finanziellen Mitteln möglichst niedrig halten. In einer von der Stadt Cloppenburg einberufenen Anliegerversammlung halten die Bürger die für die Schulstraße im Falle der Öffnung vorgesehenen Verkehrsberuhigungsmaßnahmen keineswegs für ausreichend. Nach Auffassung der Eltern der Grundschulkinder der Augustinus-Schule können die „angedachten Verkehrsberuhigungsmaßnahmen" nach Zahl, Anordnung und Effektivität eine Durchfahrt mit überhöhter Geschwindigkeit nicht verhindern. Nach den Empfehlungen des Verbandes der Schadenversicherer zur Schulwegsicherung sind neben Beschilderungen und farbigen Pflasterbändern auch aufgepflasterte Schwellen notwendig, um eine effektive Verkehrsberuhigung zu erreichen.

Oktober 1996: In sachlichen und konstruktiven Gesprächen von Anliegern der Schulstraße im Stadtbauamt mit dem Planungsreferenten und Planungsdezernenten wird ein zufriedenstellendes Ergebnis erreicht. Zur Ausführung kommen folgende Maßnahmen:

- Farbbänder in der Fahrbahn an der Einmündung der Schulstraße von der Museumsstraße aus sowie an der Einmündung von der Eisenbahnstraße her zur optischen Hervorhebung der 30 kmh-Zone
- Vier Einengungen der Fahrbahn auf 3,50 Meter durch beiderseitige Anpflanzungen, sogenannte Baumtore

Arbeitsmaterial (Fortsetzung):

- Zwei farbig abgesetzte deutliche Aufpflasterungen, die den Autofahrer zur Tempominderung zwingen
- Eine durch Inselbildung verschnörkelte Fahrbahnführung sowohl in der Schulstraße als auch in der Ausmündung von Overbergstraße und Pestalozziweg, die den Autofahrer daran hindert, durchzurasen.

M 6: Bürger verlassen wutentbrannt das Rathaus. Von Rat und Verwaltung verschaukelt gefühlt.

(Quelle: *Lehmann, H.* In: Nordwest-Zeitung, Regionalbeilage Oldenburger Münsterland, 16.09.1995)

Tumultartig endete eine Anliegerversammlung im Cloppenburger Rathaus. Thema: die geplante Öffnung der Schulstraße und die damit verbundenen Veränderungen im Jammertal.

„Ich habe mich noch nie so verschaukelt gefühlt wie heute", empörte sich Wilfried Körtzinger. Der Grund: Zwei Stunden lang hatten am Donnerstagabend 50 Teilnehmer massive Bedenken gegen Pläne geäußert, erst dann wurde klar, dass praktisch keine Änderungen mehr möglich sind. „Wozu sind wir denn überhaupt eingeladen?", rief eine ältere Frau. Und ein Mann: „Von einer Einbeziehung der Anlieger ist hier nichts zu spüren". Wütend verließen die Anlieger den Rathaussaal.

Die Umbaumaßnahmen der Schulstraße in Form von Fahrbahnverengungen, Versätzen sowie farbigen Querungen ernteten harsche Kritik. „90 Anlieger haben eine Eingabe an den Stadtrat unterschrieben und wollen nach wie vor, dass die Schulstraße geschlossen bleibt. Überall wird der Autoverkehr zurückgedrängt, in Cloppenburg bekommt er Vorfahrt. An Grundschulkinder wird überhaupt nicht gedacht." Das Gegenargument des Bauamtsleiters, die Kinder anderer Schulen seien auf ihrem Schulweg auch stark gefährdet, rief Kopfschütteln hervor. „Die Begründung, wenn es den einen schlecht geht, braucht es den anderen nicht besser zu gehen, kann wohl nicht ernst gemeint sein."

Wilfried Körtzinger kritisierte: „Die vorgesehenen Maßnahmen sind Lichtjahre von den derzeitigen Verkehrsberuhigungsmaßnahmen entfernt. Farbige Querungen haben nicht einmal mehr psychologische Wirkung – das ist Augenwischerei, hohe Schwellen müssen her." Darauf der Bauamtsleiter: „Es kann nicht unser Ziel sein, die Straße so auszubauen, dass darauf nicht schneller als mit der Höchstgeschwindigkeit gefahren werden kann."

An jedem Diskussionsbeitrag wurde deutlich: Die Wünsche der Anlieger und die Absichten von Rat und Verwaltung lagen meilenweit auseinander. Ratsfrau Marlene Lampe warb um Verständnis für den Beschluss. „Sie sind doch auch Autofahrer, und Kinder müssen sich frühzeitig an den Verkehr gewöhnen."

B 2	Cloppenburg – Diskussion um eine verkehrsberuhigte Zone	Stadtsanierung, Stadterneuerung

Aufgaben:

1. Erläutern Sie anhand von M 1 und M 2 die Lage der verkehrsberuhigten Zone Jammertal-Schulstraße zu Schulen und Museum sowie zum zentralen Einkaufsbereich (der „City") der Stadt Cloppenburg.
2. Beschreiben Sie anhand von M 3, M 4 und M 5 die verkehrsberuhigenden Maßnahmen in diesem Bereich.
3. Stellen Sie anhand von M 5 und M 6 die Entwicklung von 1980 bis 1996 dar, und bewerten Sie die Vorgehensweise und Argumente von Planungs- und politischen Entscheidungsträgem und Planungsbetroffenen.

L	B 2	Cloppenburg – Diskussion um eine verkehrsberuhigte Zone	Stadtsanierung, Stadterneuerung

Vorbemerkungen:

Das hier vorgelegte und durch Aufgaben erschlossene Arbeitsmaterial zur Entwicklung einer verkehrsberuhigten Zone in der Niedersächsischen Kreisstadt Cloppenburg ist unter verschiedenen Gesichtspunkten interessant und motivierend.

Erstens: Zwei jeweils 700 Meter lange und in einem Abstand von nur 80 bis 100 Meter fast parallel verlaufende Straßen dienen an sich aus Richtung Ost der Erreichbarkeit von drei – hier auffallend verdichteten – Schulen: Grundschule, allgemeinbildendem Gymnasium, berufsbildender Schule mit Höherem Handel, Wirtschaftsgymnasium und hauswirtschaftswissenschaftlichem Gymnasium. Die beiden Straßen sind auch zur verkürzten Erreichbarkeit des zentralen Einkaufsbereiches nutzbar; die Straße Jammertal war bis zur Umwidmung Anfang der achtziger Jahre als sog. „überörtliche Straße" ausgelegt, die benachbarte Schulstraße reine Wohnstraße.

Zweitens: Gerade die Schulen sowie das nahegelegene Museumsdorf (das größte Freilichtmuseum Deutschlands) erfordern aber andererseits einen Schutz vor zu schnellem und zu vielem Autoverkehr. Es ergibt sich also ein Zielkonflikt zwischen Verkehrserreichbarkeit und Verkehrsschutz.

Drittens: Die über 17 Jahre ungewöhnlich lange und kontrovers geführte Diskussion zeigt beispielhaft ein schwieriges Verhältnis von Planern, kommunalpolitischen Entscheidungsträgern und Bürgern (Planungsbetroffenen). Es ist bei der so engen Nachbarschaft von zwei Straßen nicht möglich gewesen, durch die Verkehrsberuhigung einer Straße den Verkehr in die Nachbarstraße zu drücken, weil sich diese argumentativ gegen solche Verkehrsverlagerung entschieden zur Wehr setzte. In dem Entscheidungsprozess, in den verwaltungsrechtlich Stadt, Landkreis und Bezirksregierung involviert waren, war zeitweilig die wünschenswerte Kommunikation von politischen Entscheidungsträgern (Ratsherren) und Planungsbetroffenen (Bürgern) erheblich gestört, besonders im September 1995 (siehe M 5 und M 6), bis dann am Ende doch im konstruktiven Gespräch eine Lösung erreicht wurde.

Viertens: So ist dieser Beitrag auch ein Lernbeispiel für den Umgang von Kommunalpolitikern und Bürgern, für schließlich ernstnehmende Toleranz von Entscheidungträgern gegenüber berechtigten Interessen von Betroffenen. Mit der jetzt gefundenen Lösung kann der Bereich leben: Die Straße Jammertal hat 12 Fahrbahnverengungen mit 16 Pflanzbeeten, die Schulstraße nur sieben verkehrsberuhigende Maßnahmen, darin vier Fahrbahnverengungen, aber zwei Aufpflasterungen (Schwellen) sowie eine durch Inselbildung und Einfädelungen verschnörkelte Fahrbahnführung (siehe M 3 und M 4).

Literatur:

Glaser, H. (Hrsg., 1974): Urbanistik. Neue Aspekte der Stadtentwicklung. München. Hier S. 87-98 „Kooperative Stadtentwicklungsplanung" und S. 109-119 „Bürgerbeteiligung als neue Form der Öffentlichkeit"

L	B 2	Cloppenburg – Diskussion um eine verkehrsberuhigte Zone	Stadtsanierung, Stadterneuerung

Lösungsvorschlag:

Aufgabe 1

Die Straßen Jammertal und Schulstraße liegen zwischen dem Museumsdorf und dem Schulbereich Grundschule St. Augustinus, dem Clemens-August-Gymnasium und der berufsbildenden Schule. Bei diesen Einrichtungen handelt es sich um Institutionen, die einerseits verkehrserreichbar sein müssen, andererseits aber verkehrssensibel sind. Das Museumsdorf, das größte Freilichtmuseum Deutschlands mit alten Bauernhäusern, braucht Ruhe. Schulen, vor allem die Grundschule, erfordern einen sicheren Schulweg, für den die öffentliche Hand sogar eine Sicherungspflicht hat. Gerade im Vorfeld solcher Schulen kann es für junge Menschen, die gerade noch mit Schulsorgen oder Schulfreuden befasst sind, Gefahren geben, wenn zu schnell gefahren wird und außerdem eine Trennung von Fußgänger-, Radfahrer- und Autoverkehr straßenbaulich nicht erfolgt. Der jetzt verkehrsberuhigte Bereich ist für die Verkehrserreichbarkeit des zentralen Einkaufs- und Dienstleistungsbereiches der Innenstadt mit Fußgängerzone, Geschäften, Amtsgebäude, Rathaus und Krankenhaus eine abkürzende Verbindung aus östlicher Richtung. Die Verkehrserreichbarkeit des Stadtzentrums steht in einem Zielkonflikt zur Verkehrssicherung der Schulzone.

Aufgabe 2

Im Bereich Jammertal-Schulstraße gibt es unterschiedliche verkehrsberuhigende Maßnahmen. Im Jammertal sollen fahrbahnverengende Pflanzbeete den Pkw-Fahrer zur Rücksichtnahme auf andere Verkehrsteilnehmer und auf den Gegenverkehr sowie zur Minderung des Fahrttempos (30 km/h-Zone) anhalten. In der Schulstraße hat man zunächst mit einer Barrieren-Schließung mit Absperrpfählen im mittleren Abschnitt gearbeitet, dann aber die Straße wieder durchlässig gemacht und gleichzeitig durch Aufpflasterungen mit Straßenverengung, durch Baumtore mit Straßenverengung sowie im Mittelabschnitt durch einen bewusst unübersichtlichen Kreuzungsbereich von Einmündungen verkehrsberuhigt.

Aufgabe 3

Die über 16 Jahre ungewöhnlich lange und kontrovers geführte Diskussion zeigt ein schwieriges Verhältnis von Planern, politischen Entscheidungsträgem (Ratsherren) und planungsbetroffenen Bürgern. Material 5 und 6 lassen einen ungeschickten Umgang von Rat und Verwaltung mit den Bürgern erkennen. Bürger, obwohl mit sachlichen Argumenten, werden in einer Anliegerversammlung vor vollendete Tatsachen gestellt. Schließlich ebnen aber doch Sachlichkeit und Toleranz beider Seiten einer Lösung den Weg. Die Entwicklung der Diskussion von 1980 bis 1996 ist ein Lehrbeispiel dafür, dass Bürger ihre demokratisch verbrieften Rechte wahrnehmen, aber auch dafür, dass „Straßenkämpfe“ zweier benachbarter Straßen um eine verkehrspolitische Gleichbehandlung ein wünschenswertes gemeinsames Stadtviertelsbewusstsein – jedenfalls vorübergehend – beschädigen können.

B 3	Verkehrsberuhigung in städtischen Räumen	Stadtsanierung, Stadterneuerung

Arbeitsmaterial:

M 2: Verkehrsentwicklungsplanung: flächenhafte Verkehrsberuhigung

(Quelle: Stadt Nienburg/Weser, Planungs- und Bauordnungsamt (Hrsg., 1996): Verkehrsberuhigungsplanung – Flächenhafte Verkehrsberuhigung. Nienburg, S. 35)

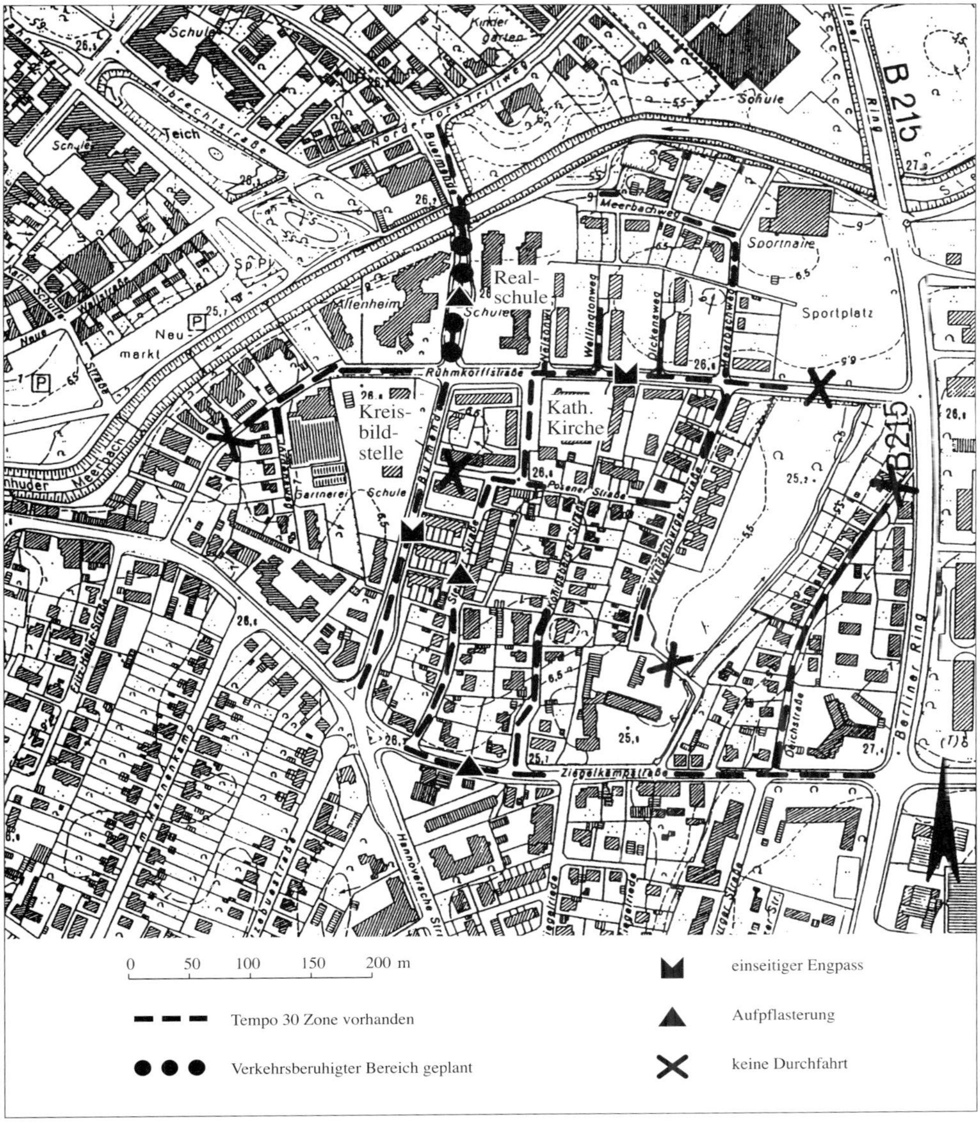

Arbeitsmaterial (Fortsetzung):

M 1: Verkehrsberuhigungsmaßnahmen

(Aus: Stadt Nienburg/Weser, Planungs- und Bauordnungsamt (Hrsg., 1996): a.a.O., S. 13/14, verändert))

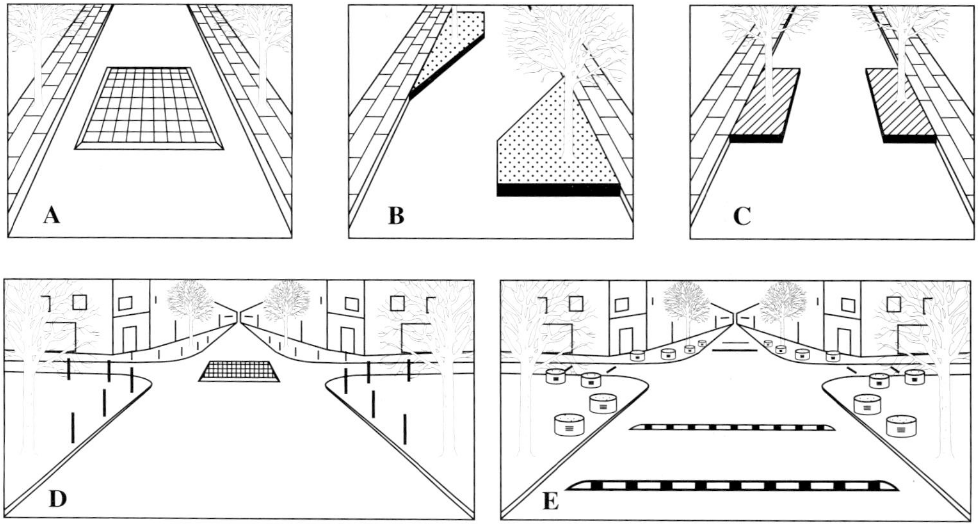

Aufgaben:

1. Nehmen Sie einen Plan entsprechend M 2 zur Hand, gehen Sie die Straßen in dem Ihnen zugewiesenen Bereich ab und bewerten Sie die von der Stadt bereits durchgeführten Maßnahmen zur Verkehrsberuhigung.
2. Skizzieren Sie auf Ihrem Arbeitstransparent eigene Verbesserungsvorschläge zur flächenhaften Verkehrsberuhigung (s. M 1).

L	B 3	Verkehrsberuhigung in städtischen Räumen	Stadtsanierung, Stadterneuerung

Vorbemerkungen:

Sich mit der Verkehrsführung auseinander zu setzen und den Sinn von Maßnahmen zu erkennen, ist schon deshalb wichtig, weil viele Oberstufenschüler den Führerschein erwerben. Zunehmend zu beobachtende Aufpflasterungen (z.B. „schlafende Polizisten") bieten Diskussionsstoff, weil Verkehrsteilnehmer und Anwohner bezüglich des Sinns derartiger Maßnahmen recht unterschiedlicher Meinung sein können. Mitunter wird nach dem St. Florians-Prinzip argumentiert: „Aufpflasterung ja, aber bitte nicht vor meiner Haustür!" Alle Kleingruppen (Partnerarbeit) erhalten eine Kopie eines vom Lehrer ausgewählten Kartenausschnittes (1:5.000) mit den von der Stadt eingezeichneten Verkehrsberuhigungsmaßnahmen. Zusätzlich werden ein Transparentpapier und eine Leerfolie ausgeteilt, auf denen die Schüler eigene Vorschläge zunächst skizzieren und später reinzeichnen sollen. Es sollte ein Planungsbereich ausgewählt werden, der dem Schüler die Möglichkeit einräumt, zusätzliche Verkehrsberuhigungsmaßnahmen zu diskutieren und einzuzeichnen. Die Karte sollte typische Merkmale der schulstandortnahen Stadt aufweisen, z.B. konzentrierter Standort von Schulen und Wohnbebauung, Altersheim, Sportstätten, Theater, Wegabkürzungen.

Literatur:

Stadt Nienburg/Weser, Planungs- und Bauordnungsamt (Hrsg., 1996): Verkehrsberuhigungsplanung – Flächenhafte Verkehrsberuhigung. Nienburg

Lösungsvorschlag:

Da handlungsorientierte Aufgaben vor Ort zu lösen sind und ortsbezogene Planungsunterlagen voraussetzen, können hier nur Lösungsmöglichkeiten vermerkt werden. Die Realisierungsmöglichkeit ist am jeweiligen Schulort zu überprüfen.

Aufgabe 1

Die Ausweisung einer Tempo 30-Zone hat nicht den erhofften Effekt gezeigt. Trotz Ausweisung einer Tempo 30-Zone gelang es nicht, den Durchgangsverkehr umzuleiten und die Sicherheit der anderen Verkehrsteilnehmer (Radfahrer, straßenquerende Fußgänger) zu erhöhen.

Aufgabe 2

Vor Schulen ist Platz für Verkehrsinseln zu schaffen, um den Verkehr zu beruhigen und Zebrastreifen aufzuwerten. Fußgängerampeln sichern zwar den Übergang, dürfen aber keinen Rückstau über eine Kreuzung hinweg verursachen. Ampeln reduzieren die Gefahr, dass Radfahrer den Zebrastreifen zur vermeintlich vorfahrtberechtigten Straße umfunktionieren. Aufpflasterungen sollen den Verkehrsfluss abbremsen; technische Maßnahmen sind „schlafende Polizisten" oder Pflasterungen mit Rütteleffekt. Einseitige Engpässe führen zu einer Reduzierung der Geschwindigkeit auf langen Geraden. Radwegstreifen sind evtl. höher zu legen.

B 4	Agenda 21: Verkehrsplanung	Stadtsanierung, Stadterneuerung

Arbeitsmaterial:

M 1: Was heißt ›Nachhaltigkeit‹?

(Quelle: *Mayer, Jörg* (Hrsg., 1995): Initiativen für eine nachhaltigere Entwicklung in Niedersachsen. Die Agenda 21 auf lokaler und regionaler Ebene. Rehburg-Loccum, S. 270)

Der Begriff „Nachhaltigkeit" hat sich überwiegend in der deutschen Literatur als Übersetzung von „Sustainibility" durchgesetzt Unter „Sustainable development" versteht man eine nachhaltige (dauerhafte, (zukunfts)beständige, aufrechterhaltbare tragfähige, zukunftsfähige, umweltverträgliche) Entwicklung: *„... die den Bedürfnissen der heutigen Generationen entspricht, ohne die Möglichkeiten zukünftiger Generationen zu gefährden, ihre eigenen Bedürfnisse zu befriedigen und ihren Lebensstil zu wählen" (Brundtlandbericht 1987).*

M 2: Eigenständige und nachhaltige Regionalentwicklung

(Quelle: Mayer, Jörg (Hrsg., 1995): a.a.O., S. 301)

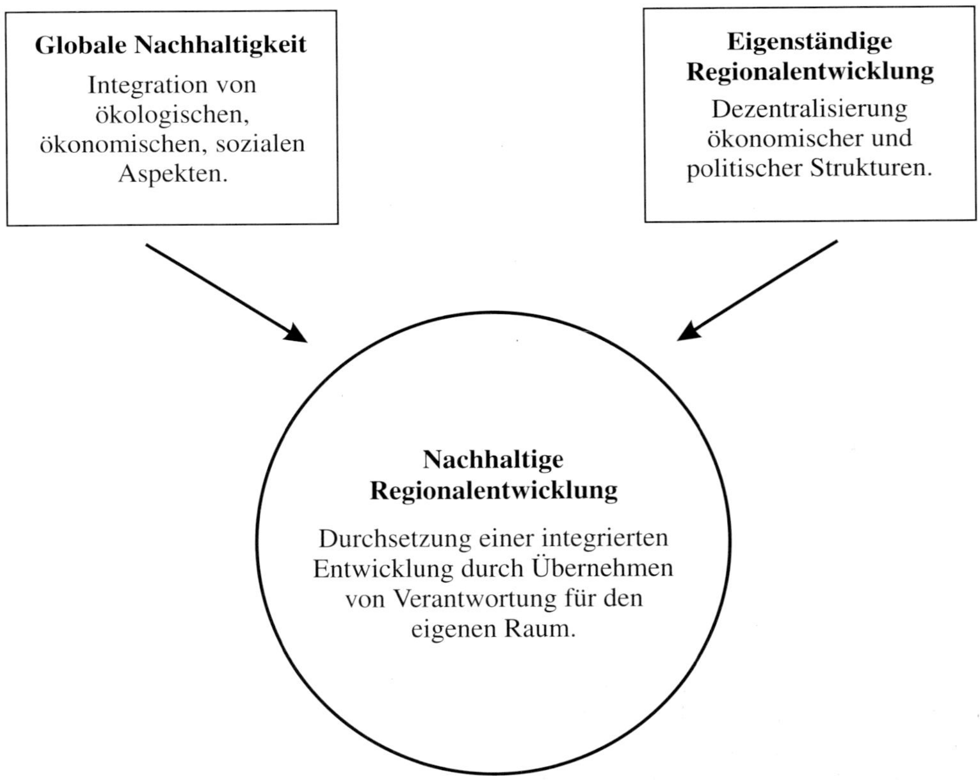

Arbeitsmaterial (Fortsetzung):

M 3: Pro und contra Ausbau der B 6

(Quelle: DIE HARKE vom 21.9.1991, 26.3.1992, 27.7.1993. Verlag J. Hoffmann, Nienburg/Weser)

300 Radler auf der B 6 – Autofahrer saßen im Stau fest

Zweiradfreunde demonstrierten gegen Ausbau der Bundesstraße/600 Holzkreuze an Bäumen zwischen Neustadt und Nienburg aufgestellt

Nienburg (bm). Auf der Bundesstraße 6 zwischen Nienburg und Neustadt ging gestern vormittag zeitweise nichts mehr: Rund 300 Radler, die sich an den Sternradtouren zum Umweltfestival „Auftakt“ in Magdeburg beteiligen, blockierten auf ihrer Etappe nach Hannover die B 6. Der Tross bewegte sich auf der rechten Fahrspur in Richtung Landeshauptstadt. Ihm folgte ein rund fünf Kilometer langer Autostau. Nach Zwischenstopps kurz hinter Meinkingsburg und Schneerener Krug staute sich in der Gegenrichtung verkehrsbedingt ebenfalls eine etwa fünf Kilometer lange Blechlawine. Die Radler verteilten während der Pausen Infoblätter an die teilweise recht ungehaltenen Autofahrer.

(…)

Auf der Strecke nach Neustadt verteilten die Radler an den Bäumen etwa 600 Holzkreuze. Damit wollten sie gegen den vierspurigen Ausbau der Bundesstraße 6 und die damit verbundene Vernichtung der Bäume demonstrieren.

(…)

Von Nienburg bis Schneerener Krug benötigte die Radlerschar rund zwei Stunden. Dass sich nach den Pausen in beiden Richtungen ein jeweils etwa fünf Kilometer langer Stau gebildet hatte, wertete Ahlers als Indiz dafür, dass die B 6 eine vielbefahrene Straße ist. Diese Tatsache rechtfertige zweifellos den vierspurigen Ausbau.

Anm.: Ahlers = Einsatzleiter der Polizei

Große Parteien einig: „Bundesstraße 6 muss unbedingt ausgebaut werden“

BUND-Diskussion zur Kommunalwahl zeigte Übereinstimmung der Politiker in wesentlichen Punkten

Nienburg (mr). Ein Ausbau der Bundesstraße 6 zwischen Nienburg und Neustadt ist unumgänglich. Darüber waren sich die Vertreter der drei großen Parteien - Heinrich Eggers (CDU), Hans Elbers (SPD) und Heiner Werner (FDP) – während einer von der BUND-Kreisgruppe Nienburg initiierten Podiumsdiskussion im Wesersaal einig. Unterschiede bestanden lediglich in der Art und Weise des Ausbaus. Manfred Sanftleben von den Grünen war der einzige, der sich gegen dieses Vorhaben aussprach.

Nach Ansicht des CDU-Kreisvorsitzenden Heinrich Eggers ist der B 6-Ausbau erforderlich, weil Nienburg sonst vom Zentrum Hannover abgekoppelt und entscheidende Wirtschaftskraft verlieren würde. Zwar will auch er den Öffentlichen Personennahverkehr (ÖPNV) fördern, doch sieht er die Alternative Schiene oder Straße nicht, zumal ein Ausbau des Schienennetzes nur langfristig erfolgen könnte.

Elbers plädierte für eine dreispurige Bundesstraße zwischen Neustadt und Nienburg, wobei die Kuppen erhalten bleiben sollen. Er begründete diese Entscheidung seiner Partei mit dem verstärkten Lastwagen-Verkehr – Stichwort „Just-in-time“ – und der Tatsache, dass viele Menschen im ländlichen Gebiet auf das Auto angewiesen seien. Parallel dazu müsse aber der ÖPNV verbessert werden, „und zwar auch in den dünn besiedelten Ortschaften des Landkreises“, betonte der Landrats-Kandidat. Der Stundentakt zwischen Nienburg und Hannover sowie bessere Fahrpläne müssten selbstverständlich sein.

Ähnlich argumentierte auch Heiner Werner, Kreisvorsitzender der FDP, der sich für einen vierspurigen Ausbau der Bundesstraße auf der jetzigen Trasse aussprach. „Der öffentliche Personennahverkehr muss außerdem sicher, preiswert, regelmäßig und komfortabel sein“, verlangte er. Dafür müsse mehr Geld aufgewandt werden.

Manfred Sanftleben von den Grünen widersprach diesen Ausführungen: „Auf den Ausbau kann man verzichten.“ Vielmehr sei es notwendig, den Individualverkehr einzuschränken und den Bus- und Bahnverkehr zu fördern. Schließlich ginge es in erster Linie darum, die Lebensqualität für die in Nienburg lebenden Menschen zu erhalten.

(…)

Kreisverkehrswacht für verkehrssicheren Ausbau der B 6

Nienburg (r). Der Vorstand der Kreisverkehrswacht Nienburg hat einstimmig beschlossen, den Tagesordnungspunkt „Sicherer Ausbau der B 6“ auf der Jahreshauptversammlung am Sonnabend, 28. März, zu erörtern. Vorsitzender Walter Kintscher ist der Meinung, dass in der lebhaften Diskussion um den Ausbau der B 6 auch eine Stellungnahme der Verkehrswacht angebracht ist.

Aufgrund unterschiedlichen Geschwindigkeitsniveaus und hoher Risikobereitschaft beim Überholen sowie unübersichtlicher Teilstrecken seien steigende Unfallzahlen festzustellen. Die Verkehrssicherheit bei steigendem Verkehrsaufkommen sei nicht mehr gewährleistet. Negative Erfahrungen, die die Verkehrswacht mit dreispurigen Ausbauten habe, sollten beachtet und bei der Planung und beim Bau entsprechend berücksichtigt werden, erklärt Kintscher.

Er fügt hinzu: „Der längst fällige verkehrssichere Ausbau darf jetzt durch falsche politische Kompromisse nicht zu einem reduzierten Ausbau führen.“

Der Vorstand misst diesem Ausbau eine hohe Bedeutung zu und hofft, dass sich auch die Mitgliederversammlung „für einen verantwortungsvollen, verkehrssicheren Ausbau“ ausspricht.

Arbeitsmaterial (Fortsetzung):

M 4: Über den Gebrauch von Stadt

(Quelle: *Scherzer-Heidenberger, Ronald* (1998): Die Dynamik von Polis und Regio. In: Der Architekt 2/98, S. 83. Verlag Rudolf Müller, Köln)

Um konkrete Bilder über Lebens- und Bewegungsgewohnheiten in der heutigen Stadt (-region) zu erhalten, führten wir mit Studenten unserer Hochschule Selbstanalysen durch. Zielpunkt der Betrachtung war der Studienort Leipzig.

Es entstanden subjektive Stadtpläne und verbale Erläuterungen, die über einen Betrachtungszeitraum von mehreren Wochen erstellt wurden. Darin sind alle Orte und alle Bewegungen zwischen den Orten nach ihrer Häufigkeit und der Verkehrsart differenziert dargestellt.

Die Ergebnisse sind nicht repräsentativ, aber äußerst aufschlussreich. Grundsätzlich gleicht kein Bild dem anderen. Teilweise gibt es einen erkennbaren Lebensmittelpunkt im Viertel. Teilweise wird die ganze Stadt großräumig durchquert. Meist gibt es eine lose Verteilung von konkreten „Adressen“ und Orten, wie Freund/in, Job, Freizeit/Fitness oder Einkaufen, die völlig individuelle Ort-Wege-Figuren erzeugen – und dies, obwohl alle Teilnehmer einer spezifischen sozialen Gruppe ähnlicher Altersstruktur und ähnlicher Lebenssituation angehörten.

Ein interessanter Nebenaspekt war, dass bei fast allen Teilnehmern die Altstadt zwar als attraktiv oder kulturell interessant beschrieben wurde, im täglichen Leben aber nur eine eher untergeordnete Rolle spielt. Nicht Hierarchien der Zentralität, wie sie von Planern erdacht sein mögen, sondern individuelle Lebensgewohnheiten und der Wunsch nach schneller und bequemer Beförderung erzeugen diese „subjektiven Stadtpläne“.

Bürger der Stadt sind „pragmatische Anarchisten“. Sie bewegen sich frei und ihren individuellen Neigungen gemäß. Gemeindegrenzen spielen keine Rolle. Die Stadt wird als Supermarkt vielfältiger räumlicher Angebote benutzt.

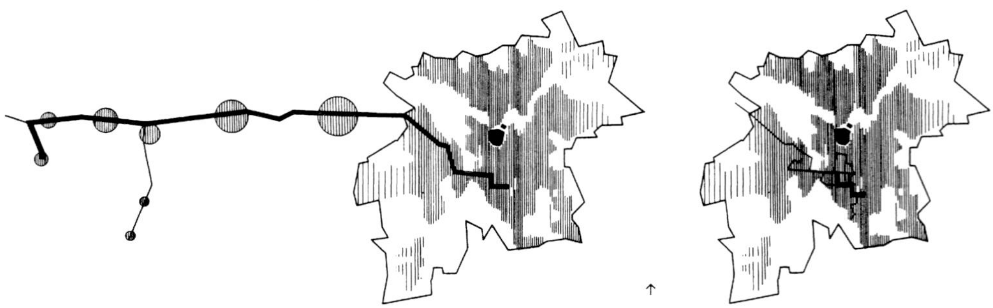

Leipzig: Studenten zeichnen ihren “Gebrauch” von Stadt

B 4	Agenda 21: Verkehrsplanung	Stadtsanierung, Stadterneuerung

Aufgaben:

1. Leiten Sie aus dem Grundsatz, Planung müsse im Sinne der Agenda 21 nachhaltig sein, Leitsätze bezüglich des Ausbaus der Bundesstraße 6 zwischen Nienburg und Hannover ab. Schreiben Sie zu Ihren Leitsätzen einen knappen Begleittext. (M 1 - M 3)
2. Formulieren Sie entsprechend dem Geist der Agenda 21 Grundsätze für eine städtische Verkehrsplanung, die Sie modellhaft in eine Planungsskizze (mit Erläuterung) einbringen. Beachten Sie dabei die in M 4 dargestellten und beschriebenen Gewohnheiten.

L	B 4	Agenda 21: Verkehrsplanung	Stadtsanierung, Stadterneuerung

Vorbemerkungen:

Die Materialien waren Bestandteil einer zweistündigen Klausur, die im Rahmen des Semesterthemas „Der Großraum Hannover aus dem Blickwinkel der Agenda 21“ geschrieben wurde. Straßenrückbau, Verkehrsberuhigung und -reduktion sind Aspekte der Agenda 21. Der Ausbau der B 6 zwischen Nienburg und Hannover erregt die Gemüter seit Jahren. Soll vier- oder dreispurig oder gar nicht ausgebaut werden? Wie viel Natur darf geopfert werden? Wie wichtig ist der Ausbau, um den Wirtschaftsstandort Nienburg zu sichern? M 3 soll anregen, das Thema auf den eigenen Raum zu transponieren. Bei der Planung sind die in M 2 skizzierten Merkmale von Nachhaltigkeit zu beachten. Die Zusammenstellung der Texte in M 3 zeigt die kontroversen Standpunkte an – von der jeweiligen Interessenlage geprägt.

Zu den erarbeitenden Grundsätzen zur Raumplanung im Geiste der Agenda 21 zählt die verstärkte Verflechtung der Daseinsgrundfunktionen. Dass Wohn- und Freizeitstandorte verquickt sind, zeigt der Text in M 4 an.

Bei der Korrektur der Klausur zeigte sich, dass sich recht viele Schüler schwer tun, „Leitsätze“ sachgerecht zu formulieren. – Im Rahmen einer zweistündigen Klausur kann die Planungsskizze nur einige Grundsätze ausweisen, die Tendenzen andeuten. Dieses ist die Zielsetzung und nicht die Verkehrsplanung für eine bestimmte Stadt oder einen Stadtteil. Deshalb werden auch kein Stadtplan und kein Maßstab vorgegeben.

Literatur:

Bundesministerium für Raumordnung, Bauwesen und Städtebau (Hrsg., 1996): Dezentrale Konzentration – Neue Perspektiven der Siedlungsentwicklung in den Stadtregionen. Schriftenreihe ›Forschung‹, Heft 497. Bonn

Mayer, J. (Hrsg., 1995): Initiativen für eine nachhaltige Entwicklung in Niedersachsen. Die Agenda 21 auf lokaler und regionaler Ebene. Rehburg-Loccum.

Niedersächsisches Umweltministerium (Hrsg., 1997): Agenda 21 in Niedersachsen. Landesprogramm ›Nachhaltige Entwicklung in Niedersachsen‹. Hannover

Lösungsvorschlag:

Aufgabe 1

Leitsätze sollten Merkmale der Nachhaltigkeit enthalten, z.B. dauerhaft, tragfähig, zukunftsfähig, umweltverträglich. Es ist ganzheitlich, integriert und damit nachhaltig bzw. ökologisch-ökonomisch-sozial verträglich zu planen. Um einen dauerhaften Effekt im Sinne der in M 1 definierten Nachhaltigkeit zu erzielen, sollte Verkehrspolitik nicht autofreundlich formuliert werden; Motorisierung birgt Umweltgefährdung. Deshalb sollten Straßen möglichst nicht verbreitert oder durch zusätzliche Fahrspuren ergänzt werden. Unter dem sozialen Aspekt ist das Interesse nicht motorisierter Verkehrsteilnehmer zu wahren. Ausgebaute geradlinig verlaufende Straßen provozieren das Rasen und lösen die Bindung von Wohnen und Arbeiten. Außerdem wird durch das Rasen das Queren der Straße erschwert. Der Straßenbau ist in die Landschaft zu integrieren. Ist eine zusätzliche Fahrspur notwendig, sollten die Bäume nur einseitig gefällt und versetzt neu gepflanzt werden. Eine angemessene Fahrgeschwindigkeit begrenzt den Schadstoffausstoß, schützt die Vegetation und die Gesundheit.

M 2 legt die Verkehrsraumplanung in die Hände regionaler Behörden, die sich global zu orientieren haben. Die Interessen der Wirtschaft haben andersartige Interessen zu beachten; alle sind grundsätzlich gleichwertig, auch wenn die Wertigkeit von regionalen Sonderheiten abhängig sein kann. So haben in Hannover die Erstellung eines S-Bahnnetzes und der Ausbau der Stadtbahn allein mit Blick auf die Expo 2000 Priorität. Die Nichtbeachtung der in M 2 ausgewiesenen Grundsätze ist ein Manko und führt zu einer Leistungsabwertung.

Mit M 3 muss sich der Schüler sehr kritisch auseinandersetzen. Dem Argument, ein vierspuriger Ausbau verhindere Staus, ist skeptisch zu begegnen. Erfahrungsgemäß zieht ein Straßenausbau zusätzlichen Autoverkehr an, statt den ÖPNV zu stärken. Wird der ÖPNV auf den Hauptstrecken vom Verkehrsteilnehmer angenommen, so bestehen gute Chancen, den ÖPNV auf den ländlichen Raum auszudehnen und auf Landstraßen den (Ein-Personen-)Individualverkehr zu reduzieren und u.U. sogar einer Zersiedelung vorzubeugen. Auch ist zu bezweifeln, ob der Lkw-Verkehr durch den Individualverkehr nennenswert behindert wird. Umgekehrt trifft dieses Argument eher zu. Aber eine z.Zt. auf längeren Streckenabschnitten geltende Tempo 70-Begrenzung (statt 100 km/h auf Landstraßen) kann kein gewichtiger Standortnachteil sein. Eine risikobereite Fahrweise, begünstigt durch einen nur dreispurigen Ausbau, darf kein Argument für den Bau einer zusätzlichen Fahrspur sein.

Aufgabe 2

Der Individualverkehr ist aus den Wohngebieten und der Innenstadt möglichst herauszuhalten. Für das Car-Sharing sind Stellplätze auszuweisen. Es muss das Tempolimit 30 gelten. Durchgangsverkehr ist auf Ringstraßen und Diagonalen umzulenken. Fahrradnetze berücksichtigen Gewohnheiten (M 4: Lebensmittelpunkt) und schaffen kurze Anbindungen. Entsprechend ist ein eigenes Radwegenetz aufzubauen, das nicht zwingend parallel zum Autoverkehr verläuft. Die Radwege zu Bildungseinrichtungen und Sportstätten sind zu verbreitern. P+R-Plätze sind auszuweisen, Parkplatzflächen und Straßen zurückzubauen, Fußgängerzonen zu erweitern. Plätze und Straßen sollten möglichst nicht versiegelt werden. Einbahnstraßen dürfen in beiden Richtungen befahren werden. Taxen und Radfahrer dürfen Busspuren befahren. Straßen mit geringem Autoverkehr sind in Spiel- und/oder Fahrradstraßen umzuwidmen, wodurch zusätzlich die Kommunikation gefördert wird. Für Behinderte sind Auffahrten einzubauen und für Rollstuhlfahrer sind Parknischen vorzuhalten. An zentralen Punkten sind (bewachte) Fahrradstationen einzurichten.

Anmerkung: Im Rahmen der vorgegebenen Zeit kann man nur erwarten, dass einige der genannten Punkte in die Planung einbezogen werden. Wesentlich ist das Herausstellen einer Tendenz, die die Idee der Agenda 21 trägt.

B 5	Agenda 21: Regenbogensiedlung	Stadtsanierung, Stadterneuerung

Arbeitsmaterial:

M 1: Das Projekt „Regenbogensiedlung" in Hannover-Misburg

(Grundlage der Materialien sind Informationsblätter des Wohnungsunternehmens Gundlach. Die Daten wurden eigenständig zu neuen Materialien zusammengestellt)

Wichtige Daten zum Projekt Regenbogensiedlung:

- 111 Wohneinheiten mit insgesamt 8.748 m^2 Wohnfläche
- Niedrigenergiehaus
- mit Stadtgas betriebenes Blockheizkraftwerk zur Versorgung mit Heizwärme, Warmwasser und Strom; 4 mit Erdgas getriebene Automotoren produzieren durch Generatoren elektrischen Strom und schaffen durch einen getrennten Kühlkreislauf warmes Brauchwasser
- Feuchtigkeitsgesteuertes Lüftungssystem in den Wohnungen zur Minderung des Wärmeverlustes durch unkontrolliertes Lüften
- Regenwasserversickerung
- begrünte Pultdächer
- Mietergärten bei vielen Erdgeschosswohnungen und private Kleingärten
- Vorkehrungen für Müllsortierung und Wertstoffsammlung
- Wahl der Baustoffe nach ökologischen und baubiologischen Gesichtspunkten
- für Pkw ist der Innenhof tabu, damit Kinder gefahrlos spielen können
- für Pkws gibt es hinreichend Einstellplätze mit regendurchlässiger Pflasterung
- vor allen Hauseingängen sind Fahrrad- und Kinderwagenschuppen mit überdachten Müllplätzen

M 2: Die Regenbogensiedlung in Hannover-Misburg – neue ökologische und ökonomische Qualitäten im sozialen Wohnungsbau

(Grundlage der Materialien sind Informationsblätter des Wohnungsunternehmens Gundlach. Die Daten wurden eigenständig zu neuen Materialien zusammengestellt)

Höchste qualitative und ökologische Standards kostengünstig im Rahmen des sozialen Wohnungsbaus zu realisieren, dies war das Ziel, welches sich das Wohnungsunternehmen beim Projekt „Regenbogensiedlung" setzte.

Die wirtschaftlichen Vorteile einer Blockheizkraftwerk-Lösung kann eine Wohnungsgesellschaft nur dann realisieren, wenn sie den Betrieb der Anlage übernimmt und für ihre Mieter zum Energieversorgungsunternehmen wird. Das Wohnungsunternehmen betreibt deshalb die Energieversorgung der Regenbogensiedlung in eigener Regie. Die Lieferung und Abrechnung des Stroms und der Wärme liegt allein bei dem Unternehmen. Dadurch entfallen auch die teuren Elektro-Hausanschlüsse der einzelnen Wohnungen.

B 5	Agenda 21: Regenbogensiedlung	Stadtsanierung, Stadterneuerung

Arbeitsmaterial (Fortsetzung):

M 3: CO_2-Einsparung

(Grundlage der Materialien sind Informationsblätter des Wohnungsunternehmens Gundlach. Die Daten wurden eigenständig zu neuen Materialien zusammengestellt)

Zur längst überfälligen Minderung des CO_2-Ausstoßes kann die Wohnungswirtschaft einen wichtigen Beitrag leisten. Wärme-Kraft-Koppelungssysteme für eine dezentrale Strom- und Warmwasserversorgung erweisen sich als geeignetes, nicht einmal verteuerndes Instrument. Im Keller unter dem zentralen Gemeinschaftshaus der Regenbogensiedlung ist ein Blockheizkraftwerk aufgestellt. Es erzeugt nur 42 % der CO_2-Emissionen, die im vergleichbaren üblichen Altbau-Standard entstehen. Im Jahresdurchschnitt kann die gesamte Siedlung mit Strom versorgt werden, wobei die Lastspitzen aus dem Stadtnetz ergänzt und Mehrkapazitäten in dieses eingespeist werden.

M 4: Soziale Qualitäten:

- 111 Sozialwohnungen mit 25-jähriger Bindung, davon 1/3 im städtischen Belegrecht nach § 25 (Haushalte mit geringerem Einkommen, d.h. bei vier Personen darf das jährliches Bruttoeinkommen 72.500 DM nicht überschreiten.) und 2/3 B-Schein-Wohnungen nach § 88 II WoBauG (Haushalte mit höherem Einkommen; eine Vier-Personen-Familie darf bis ca. 120.000 DM/Jahr verdienen)
- Bewilligungsmiete des Sozialen Wohnungsbaus um -,50 DM je m² unterschritten: d.h. 9,30 DM pro m² für Personen nach § 25 und 12,- DM pro m² für Personen nach § 88 (zuzüglich Ökobonus und Nebenkosten)
- nutzungsneutraler Zuschnitt der Räume, Erreichbarkeit der großen quadratischen Balkone oder der (Dach)-Terrassen oft aus zwei Räumen, flexible Küchen-, Wohn- und Esszimmerlösungen durch versetzbare Wand
- die meisten Wohnungen im Erdgeschoss sind barrierefrei und behindertenfreundlich oder -gerecht (z.B. breitere Türen für den Rollstuhl, größeres WC u.a.m.)
- großer Spielhof und Grünflächen für Jung und Alt mit stark vergrößerten Spielflächen für Kleinkinder, die von den angrenzenden Wohnungen gut einsehbar sind
- keine Hundehaltung
- selbstverwaltetes Gemeinschaftshaus mit zwei teilbaren Veranstaltungsräumen, Gesprächsraum, Teeküche, Waschmaschinen- und Trockenraum, auch von außen erreichbares Spielplatz-WC
- Mieterbeirat für nutzungsgerechte Quartiers Verwaltung

(Grundlage der Materialien sind Informationsblätter des Wohnungsunternehmens Gundlach. Die Daten wurden eigenständig zu neuen Materialien zusammengestellt)

Arbeitsmaterial (Fortsetzung):

noch M 4

(Grundlage der Materialien sind Informationsblätter des Wohnungsunternehmens Gundlach. Die Daten wurden eigenständig zu neuen Materialien zusammengestellt)

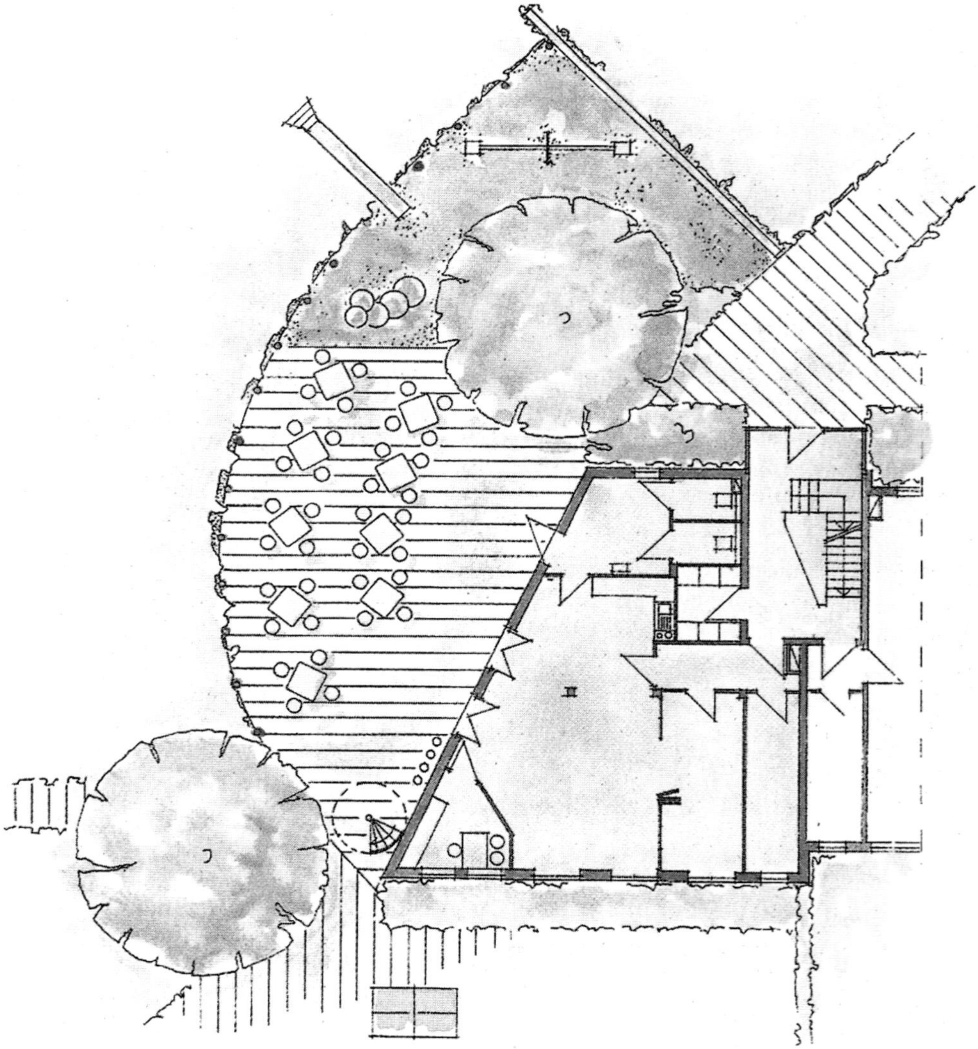

Das Gemeinschaftshaus: Komplett mit Teeküche, Versammlungsraum und Terrasse – die Kinder spielen in Sichtweite

B 5	Agenda 21: Regenbogensiedlung	Stadtsanierung, Stadterneuerung

Aufgaben:

1. Beschreiben Sie mit Hilfe der Materialien eine Wohnanlage, die den Prinzipien der Agenda 21 entspricht.
2. Entwickeln Sie aus den Materialien Fragen für ein Gespräch mit dem Verwalter der Regenbogensiedlung.

L	B 5	Agenda 21: Regenbogensiedlung	Stadtsanierung, Stadterneuerung

Vorbemerkungen:

An der Regenbogensiedlung kann beispielhaft demonstriert werden, wie die Ziele der Agenda 21 auf lokaler Ebene realisiert werden können: Durch ein Zusammenspiel ökologisch-ökonomisch-sozialer Kräfte lässt sich eine nachhaltige Entwicklung ermöglichen. Die Wohnungen der Regenbogensiedlung, unmittelbar am Mittelland-Kanal in Hannover-Misburg gelegen, wurden 1997 bezogen. Die Siedlung wurde mit dem deutschen Immobilien-Preis ‘98 ausgezeichnet. Der Regenbogen soll den Frieden mit der Natur und in der Gesellschaft symbolisieren.

Die Regenbogensiedlung war Ziel einer Tagesexkursion im Rahmen des Semesterthemas „Agenda 21 auf lokaler Ebene am Beispiel des Großraumes Hannover“. – Nachdem zwei Schüler anhand von Informationsmaterial des Wohnungsunternehmens referiert und einzelne kritische Anfragen formuliert hatten, entwickelte der Kurs gemeinsam Fragen für die Besichtigung der Siedlung. Alle Fragen wurden dem Unternehmen vorher gefaxt. Sie gliederten sich in die Bereiche Wohnen, Bewohner, Umfeld (s. Lösungsvorschlag).

Der zweite Arbeitsauftrag mit dem entsprechenden Lösungsvorschlag ist vor allem als Beispiel bzw. Anregung für einen Fragekatalog gedacht, falls eine ähnliche Exkursion im Heimatraum durchgeführt werden soll.

Im Anschluss an diese Exkursion könnte eine Zusatzaufgabe gestellt werden, z.B.: „Nennen Sie Merkmale einer Öko-Wohnanlage” oder „Planen Sie eine Öko-Wohnanlage für etwa 500 Bewohner”.

Literatur:

Gundlach GmbH & Co. (o.J.): Broschüren „Ziehen Sie da bloß nicht ein – da ist alles ganz anders“, „Ökologisch mieten“. Wohnungsunternehmen. Am Holzgraben l, 30161 Hannover

Landeshauptstadt Hannover, Agenda-Büro (Hrsg., 1998): Ein Beitrag zur lokalen Agenda 21 für Hannover. Endbericht der Arbeitsgruppen. Amt für Umweltschutz, Prinzenstr. 4, 30159 Hannover

Mayer, J. (Hrsg., 1995): Initiativen für eine nachhaltigere Entwicklung in Niedersachsen. Die Agenda 21 auf lokaler und regionaler Ebene. Loccumer Protokolle 55/95. Loccum

Mayer, J. (Hrsg., 1997): Agenda 21 für Niedersachsen. Stand und Perspektiven einer nachhaltigen Entwicklung auf regionaler Ebene. Loccumer Protokolle 24/97. Loccum

Lösungsvorschlag:

Aufgabe 1

Die Antworten sind den Materialien zu entnehmen:

Niedrigenergiehaus, Blockheizkraftwerk, feuchtigkeitsgesteuertes Lüftungssystem, Regenwasserversickerung, baubiologische Baustoffe, Mietergarten, Müllsortierung, Sozialwohnungen, behindertengerechte Wohnungen, große Spielhöfe im Innenhof, Grünflächen und Sitzgruppen, Gemeinschaftshaus, Mieterbeirat u.a.m.) Als Zusätze könnten formuliert werden (Ergebnis der Besichtigung): Im eigenen Blockheizkraftwerk kann Strom preisgünstiger produziert und zeitweise durch Einspeisung in das städtische Netz verkauft werden. Abwärme, die beim Heizen entsteht, wird für Dusch- und Warmwasser genutzt. In Ökologie-Häusern findet kein Wärmeaustausch mit der Außenwelt statt. Sozialwohnungen sind kinderfreundlich, behindertenfreundlich bzw. -gerecht. Kosten für das Abwasser entfallen, da das Regenwasser gesammelt wird. Es gibt keine Kippfenster, um Energiekosten zu sparen. Das Lüftungssystem funktioniert nur, wenn alle Ausgänge gut abgedichtet sind. Das Gemeinschaftshaus ist vor allem für Alleinerziehende wichtig. Hunde sind nicht erlaubt, weil der Kot das unbeschwerte Spielen der Kleinkinder behindern würde; Ausnahmen sind von allen Mietern zu genehmigen. Alle Bewohner fühlen sich für Sauberkeit und Ruhe verantwortlich; sie entwerfen Hinweisschilder, säubern das Gemeinschaftshaus nach Veranstaltungen und unterbinden Disco-Veranstaltungen. Ökohäuser sind schallgedämpfter als üblich und entwickeln nur einen geringen Schallbogen. Multikulturelles Wohnen ist zu fördern, z.B. Toiletten so installieren, dass Muslime nicht den „Hintern gen Osten' strecken!). Weil für Kleinkinder der Weg zur wohnungseigenen Toilette zu weit sein könnte, wird im Innenhofbereich eine Toilette für Kinder und eine für Behinderte installiert. Der Wohnwert steigt mit der Möglichkeit eigener Entfaltung der Bewohner: Garten, Gemeinschaftshaus, Gespräch über große und angrenzende Balkone, Hauszeitungen u.a.

Die Fluktuation ist gering – es gibt keine systembedingten Auszüge (Gründe für Auszüge: Mietrückstände, berufliche Veränderung, Scheidung). Wichtig ist die Erkenntnis, dass auch soziales Denken an Grenzen des Zumutbaren stoßen kann, so können Jugendliche die Toleranz ausnutzen; ein gedeihliches Miteinander wird verhindert, wenn die Jugendlichen „einen anderen Code" haben. Dann hilft mitunter nur noch das Einschreiten der Polizei.

Aufgabe 2

Folgende Fragen könnten beispielhaft formuliert werden:

- Welche Vorschriften bestehen bezüglich der Nutzung des Gemeinschaftshauses? Wie wird es angenommen?
- Welche Erfahrungen wurden mit dem Lüftungssystem gemacht?
- Wie sehen die Merkmale einer Wohnanlage mit hoher Lebensqualität aus?
- Nennen Sie die Merkmale einer behindertenfreundlichen bzw. -gerechten Wohnung.
- Wie groß ist die Fluktuation der Mieter?
- Wie funktioniert das Zusammenleben sozial unterschiedlicher Gruppen?
- Inwieweit ist das Verbot der Hundehaltung gerechtfertigt?
- Welche Resonanz findet die Hauszeitung und wer verfasst sie?
- Wie stellt sich die Situation der Nahverkehrsverbindung vor und nach dem Bau der Siedlung dar?
- Wie denkt der Unternehmer über die Einführung eines Car-Sharing?

Die Lösungsansätze zur Zusatzaufgabe sind dem Lösungsansatz zur 1. Aufgabe bzw. den Materialien M 1 bis M 3 zu entnehmen.

C 1	Veränderungen in Potsdamer Neubaugebieten	Großwohn-siedlungen

Arbeitsmaterial:

M 1: Potsdamer Neubaugebiete im Vergleich

(zusammengestellt nach: Stadtverwaltung Potsdam, Amt für Statistik, Stadtforschung und Wahlen: Quartalsbericht der Stadt Potsdam III. Quartal 1997 und Potsdamer Neubaugebiete im Vergleich (Entstehungszeit 1960-1991), Statistischer Informationsdienst Nr. 8/061196)

	Wohngebiet						
	Drewitz	**Potsdam West**	**Schlaatz**	**Stern**	**Wald-stadt I**	**Wald-stadt II**	**Zentrum Ost**
Bauzeit	1986-91	1971-75	1980-87	1970-79	1960-64	1977-86	1972-75
Fläche (ha)	35,5	26,4	50,5	90,1	38,5	74,6	34,8
Bevölkerungszahl							
31.12.1991	7.832	3.429	13.156	17.942	5.151	13.480	5.843
30.06.1997	7.595	2.968	11.555	15.408	4.747	11.456	5.199
Durchschnittsalter (Jahre)	31,6	44,0	35,2	40,2	49,6	36,0	45,1
Wohnfläche je Einwohner (m^2)	23,5	26,4	24,2	25,4	28,8	22,4	28,2
Wohnfläche je Wohnung (m^2)	63,0	57,5	54,3	57,3	55,8	56,9	55,7
Anteil Wohnungsarten (%)							
1-Raum-Wohnung	17,7	7,5	25,1	15,9	6,9	23,5	17,7
2-Raum-Wohnungen	16,0	18,9	19,1	17,7	27,7	5,7	32,0
3-Raum-Wohnungen	44,6	65,4	39,2	48,4	51,6	46,3	43,6
4-Raum-Wohnungen	20,2	8,2	16,5	17,4	13,1	23,7	6,7
5-Raum-Wohnungen	1,5	0,0	0,1	0,5	0,7	0,8	0,0
6-u.m.-Raum-Wohnungen	0,0	0,0	0,0	0,1	0,0	0,0	0,0
Leerstehende Wohnungen	12	7	32	21	3	47	7

Zum Vergleich

Beispiel	**Wohnfläche (m^2) je Einwohner (1994)**
Berlin	34,5
Potsdam	29,4
Brandenburg/Havel	28,8
Frankfurt/Oder	28,0
Cottbus	27,4
Land Brandenburg	29,3

C 1	Veränderungen in Potsdamer Neubaugebieten	Großwohn-siedlungen

Arbeitsmaterial (Fortsetzung):

M 2: Infrastrukturelle Ausstattung Potsdamer Neubaugebiete (Stand 01.08.1996)
(zusammengestellt nach: Stadtverwaltung Potsdam, Amt für Statistik, Stadtforschung und Wahlen: Potsdamer Neubaugebiete im Vergleich (Entstehungszeit 1960-1991), Statistischer Informationsdienst Nr. 8/061196)

	Wohngebiet						
	Drewitz	**Potsdam West**	**Schlaatz**	**Stern**	**Wald-stadt I**	**Wald-stadt II**	**Zentrum Ost**
Kindertagesstätten	5	2	8	7	2	4	3
Grundschulen	2	1	3	3	1	0	1
Gesamtschulen	0	1	1	2	0	3	1
Realschulen	0	0	0	0	1	0	0
Gymnasien	0	0	0	1	0	0	0
Spielplätze	4	4	15	10	7	6	4
Sporthallen	2	1	4	4	2	3	1
Sportplätze	1	1	1	3	1	2	1
Schwimmhallen	0	0	0	1	0	0	0
Jugendeinrichtungen	0	1	3	4	0	3	2
Alten- und Pflegeheime	0	0	0	0	0	1	0
Seniorenfreizeitstätten	1	0	1	0	0	1	1
Gaststätten (Stand 31.08.1995)	2	1	3	5	1	3	2
Apotheken (Stand 31.08.1995)	1	0	1	1	0	1	1

M 3: Bevölkerungsbewegungen in Potsdamer Neubaugebieten zwischen 1992 und 1996
(Quelle: Stadtverwaltung Potsdam, Amt für Statistik, Stadtforschung und Wahlen: Quartalsbericht der Stadt Potsdam, III. Quartal 1997, S. 2)

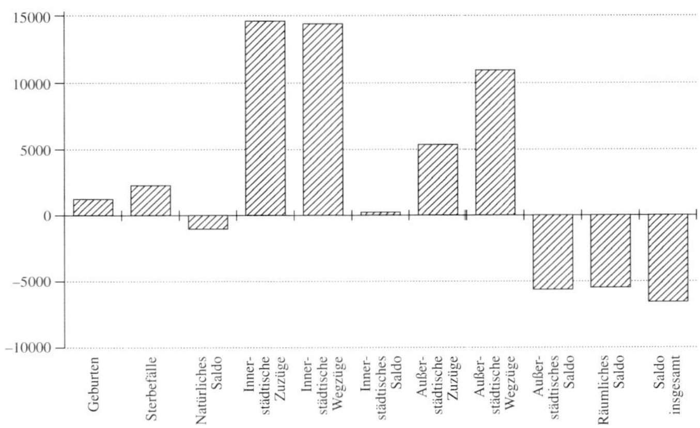

Arbeitsmaterial (Fortsetzung):

M 4a: Typisierung der Bevölkerungsbewegung in den Neubaugebieten Potsdams zwischen 1992 und 1996

(zusammengestellt nach: Stadtverwaltung Potsdam, Amt für Statistik, Stadtforschung und Wahlen: Potsdamer Neubaugebiete im Vergleich (Entstehungszeit 1960-1991), Statistischer Informationsdienst Nr. 8/061196)

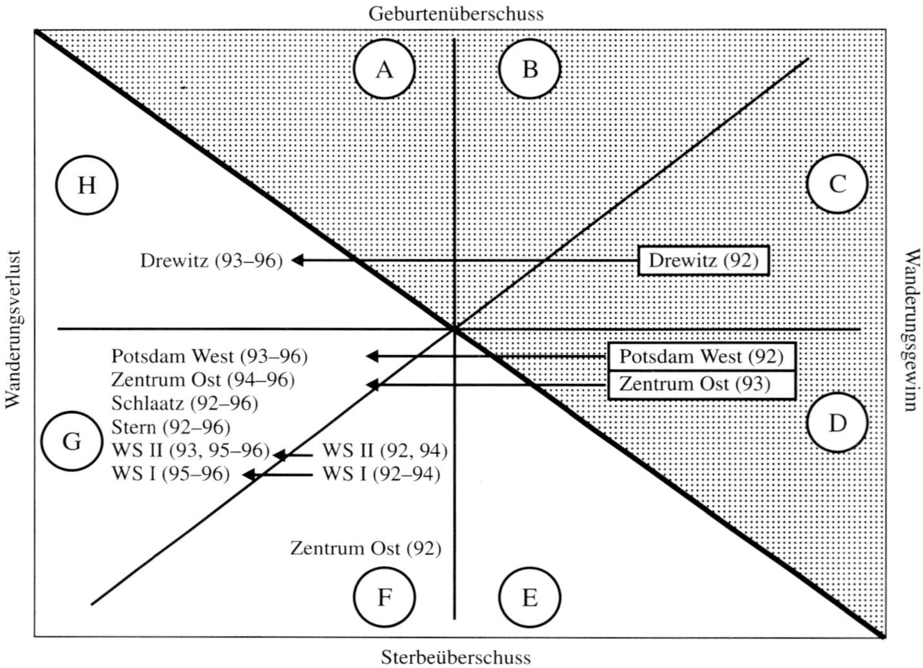

M 4b: Kennzeichen und Häufigkeit der Typen der Bevölkerungsbewegung in Potsdam

(zusammengestellt nach: Stadtverwaltung Potsdam, Amt für Statistik, Stadtforschung und Wahlen: Quartalsbericht der Stadt Potsdam I. Quartal 1997, S. 2)

Typ	Kennzeichen	Häufigkeit Anzahl	Bewegungsrichtung	Typ	Kennzeichen	Häufigkeit Anzahl	Bewegungsrichtung
A	GÜ > WV	0	positive Entwicklung	E	SÜ > WG	4	negative Entwicklung
B	GÜ > WG	0		F	SÜ > WV	3	
C	WG > GÜ	5		G	WV > SÜ	36	
D	WG > SÜ	10		H	WV > GÜ	2	

Erläuterung: **GÜ**: Geburtenüberschuss, **SÜ**: Sterbeüberschuss; **WG**: Wanderungsgewinn; **WV**: Wanderungsverlusr

Arbeitsmaterial (Fortsetzung):

M 5: Sozialhilfeempfänger mit laufender Hilfe zum Lebensunterhalt in Potsdamer Neubaugebieten (Stand 30.06.1997)

(Quelle: Stadtverwaltung Potsdam, Amt für Statistik, Stadtforschung und Wahlen: Quartalsbericht der Stadt Potsdam III. Quartal 1997, S. 7)

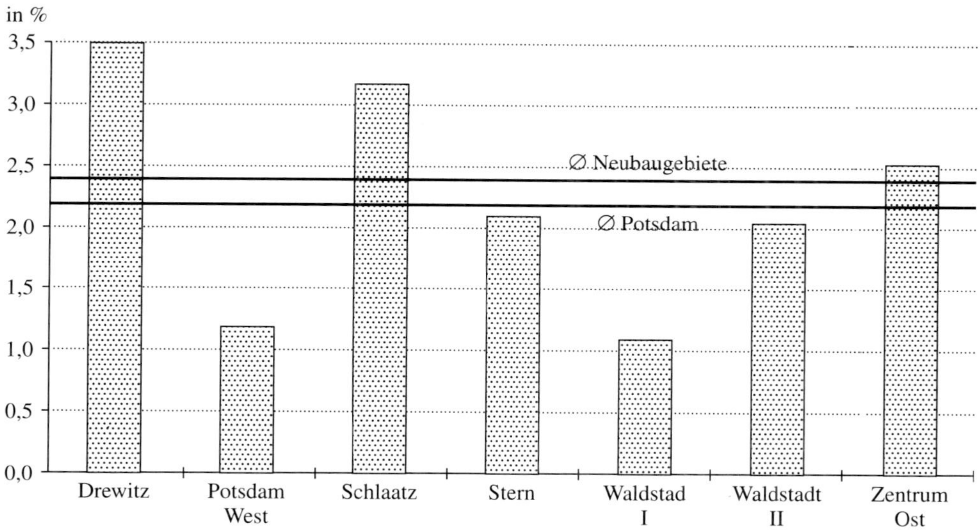

Aufgaben:

1. Stellen Sie wesentliche Strukturmerkmale der Potsdamer Neubaugebiete zusammen.
2. Überprüfen Sie, inwieweit die vorgelegten Materialien geeignet sind, die Lebensbedingungen in den Neubaugebieten von Potsdam hinreichend zu kennzeichnen. Beweisen Sie ihre Aussage.
3. Untersuchen Sie, ob die für zahlreiche Plattensiedlungen ostdeutscher Städte typische Tendenz der „Entleerung“ auch für Potsdam zutrifft.

L	C 1	Veränderungen in Potsdamer Neubaugebieten	Großwohnsiedlungen

Vorbemerkungen:

Die gesellschaftlichen Umbrüche im Osten Deutschlands sind mit gravierenden Veränderungen räumlicher Strukturen verbunden. In besonderer Weise sind davon die in industrieller Plattenbauweise errichteten Großwohnsiedlungen ostdeutscher Städte betroffen. In den zurückliegenden Jahren ist deutlich geworden, dass eine Bewertung derartiger Wohngebiete sehr differenziert vorgenommen werden muss. Von daher ergibt sich auch die didaktische Relevanz des gewählten Beispiels. Mit Hilfe der vorgelegten Materialien soll gezeigt werden, dass in den Großwohngebieten

- durchaus Möglichkeiten einer positiven Weiterentwicklung vorhanden sind
- zugleich aber auch Tendenzen erkennbar sind, die zu sozialen Konflikten führen können und gezielte raumplanerische Entscheidungen erfordern.

Wenn die Materialien zur Ersterarbeitung eingesetzt werden, sollten grundlegende demographische Begriffe (z. B. natürlicher/räumlicher Saldo, Geburten-/Sterbeüberschuss) bekannt sein. Die Aufgaben sind durch einen unterschiedlichen Schwierigkeitsgrad gekennzeichnet. Aufgabe 3 lässt sich auch für eine Klausur nutzen.

Literatur:

Amt für Statistik, Stadtforschung und Wahlen (Hrsg., 1996): Potsdamer Neubaugebiete im Vergleich (Entstehungszeit 1960-1991). Statistischer Informationsdienst Nr. 8/061196

Amt für Statistik, Stadtforschung und Wahlen (Hrsg., 1997): Methode der Typisierung von Strukturen und Entwicklungen – am Beispiel der innerstädtischen Bevölkerungsbewegung und Altersstruktur in der Stadt Potsdam. Quartalsbericht der Stadt Potsdam I. Quartal 1997

Amt für Statistik, Stadtforschung und Wahlen (Hrsg., 1997): Ergebnisse aus dem innerstädtischen Raumbeobachtungssystem Neubaugebiete. Quartalsbericht der Stadt Potsdam III. Quartal 1997

Köhli, J. (1993): Wohnungspolitik und Wohnungswirtschaft in den neuen Ländern. In: Geographische Rundschau, Heft 3, S. 140-145

Lösungsvorschlag:

Aufgabe 1

Die Neubaugebiete Potsdams sind seit 1990 durch einen Rückgang der Bevölkerungszahl gekennzeichnet, der allerdings regionale Unterschiede erkennen lässt. Auffällig sind auch Zusammenhänge zwischen der Altersstruktur der Bevölkerung und dem Alter der Wohngebiete: In den ältesten Gebieten ist das Durchschnittsalter am höchsten. Problematisch ist, dass die infrastrukturelle Ausstattung den Besonderheiten der Altersstruktur kaum gerecht wird. Es fehlen vielfach Einrichtungen für Jugendliche, vor allem aber auch für Senioren. In den Neubaugebieten der Stadt Potsdam gibt es relativ viele 1- und 3-Raum-Wohnungen, das Angebot an 2-Raum-Wohnungen bzw. großen Wohneinheiten ist vergleichsweise gering. Im jüngsten Wohngebiet (Drewitz) liegt die Wohnfläche je Wohnung zwar über der der älteren Gebiete, wegen der größeren Zahl von Familien mit Kindern ist die Wohnfläche/Einwohner aber gering. Es ist auch nicht zu übersehen, dass die pro Einwohner zur Verfügung stehende Wohnfläche sowohl in Potsdam als auch in verschiedenen anderen Städten größer st als in den Neubaugebieten der Landeshauptstadt.

Aufgabe 2

Mit Hilfe der vorgelegten Materialien können die Lebensbedingungen in den Potsdamer Plattenbausiedlungen nur ansatzweise gekennzeichnet werden. Für eine umfassende Bewertung ist es erforderlich, weitere Angaben heranzuziehen, z. B.

- Verkehrsanbindung,
- Zahl und Art der Versorgungseinrichtungen (Handel, Dienstleistungen),
- Beschäftigungsmöglichkeiten,
- Höhe der Miete,
- optisches und soziales Wohnumfeld.

Aufgabe 3

Zum gegenwärtigen Zeitpunkt gibt es in den vor 1990 errichteten Großwohnsiedlungen der Stadt Potsdam noch keine deutlichen Anzeichen einer „Entleerung". Der durchaus erkennbare Bevölkerungsverlust ist keinesfalls auf die Neubaugebiete begrenzt, er zeigt sich in vielen Stadtteilen und resultiert vor allem aus außerstädtischen Wegzügen und Sterbefällen. Die untersuchten Neubaugebiete sind auch Zielpunkte für innerstädtische Wanderungen. Schließlich muss erwähnt werden, dass die Zahl der leerstehenden Wohnungen insgesamt gering ist. Da die Zahl der Sozialhilfeempfänger in den Potsdamer Neubaugebieten nur unwesentlich über dem Durchschnittswert der Stadt insgesamt liegt, kann auch noch nicht von einer sozialen Segregation gesprochen werden.

C 2	Steilshoop – eine Großwohnanlage in Hamburg	Großwohn-siedlungen

Arbeitsmaterial:

M 1: Die Großwohnanlage Steilshoop/Hamburg-Bramfeld

(Quelle: *Möller, I.* (1985): Hamburg. Klett Länderprofile. Stuttgart, S. 139. Klett-Perthes/Justus Perthes Verlag, Gotha)

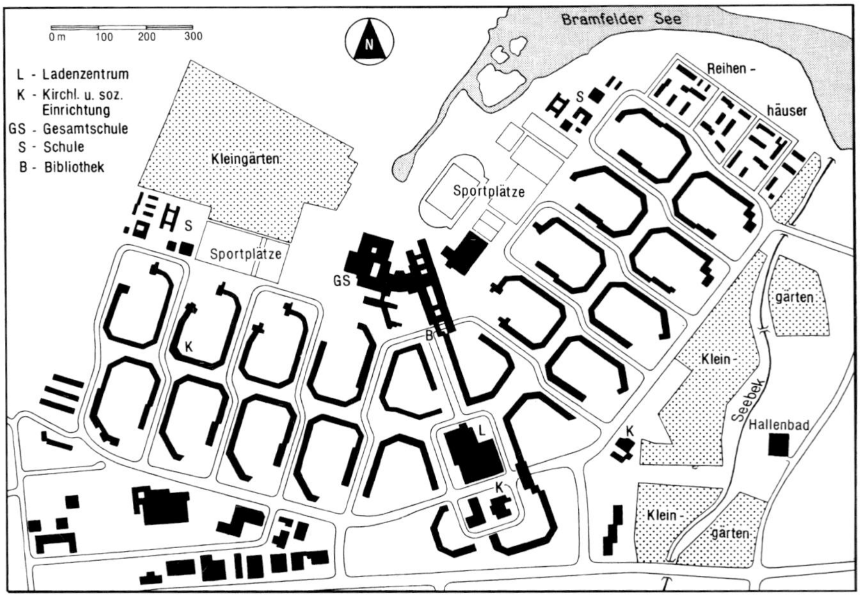

Die Anlage zeigt als Grundmuster zwanzig große, hofumschließende Baublöcke, die flügelartig um eine Mittelachse angeordnet sind. Unter dem Einfluss hoher Kosten und der Vorstellung sogenannter „positiver Verdichtung" entstand eine Erhöhung der Geschossflächenzahl, und es kam in der zentralen Zone zu acht- bis dreizehnstöckigen Gebäuderingen. Die Anzahl der Wohnungen wurde von 5.500 auf 7.200, die der Bewohner von 18.000 auf 24.000 erhöht. Die Bewegung in der Vertikalen vermag in den überhöhten Gebäuden nicht die Monotonie aufzuheben, die sich aus der Wiederholung gleichförmiger geometrischer Fensterelemente und riesiger Fassadenflächen ergibt. Solange die Träger des sozialen Wohnungsbaus, in Steilshoop auch die großen Wohnungsbaugesellschaften, Rendite anstreben, müssen sie bei ihren niedrigen Mieterwartungen so kostengünstig wie möglich bauen, daher die Stockwerkzahl erhöhen und Montagebau einbeziehen. Beides steht einer humanen Architektur entgegen. Ein im wahrsten Sinne des Wortes „sozialer Wohnungsbau", der unteren Einkommensschichten eine annähernd gleiche Qualität von Wohnungen und Wohnumfeld bietet wie den mittleren und oberen Einkommensschichten, ist so nicht möglich. Darüber können auch neue funktionale Vorstellungen nicht hinwegtäuschen, so zum Beispiel die Einrichtung von Gemeinschaftseinrichtungen wie Hobbyraum, Sauna, Sonnenterrasse oder auch Versammlungs- und Bastelräume, Kindergärten und Spielwohnungen im Erdgeschoss, Spielplätze in den Höfen der sie umschließenden Wohnringe. Zahlreiche von ihnen mussten schon wegen mangelnder oder unachtsamer Nutzung geschlossen werden.

Arbeitsmaterial (Fortsetzung):

M 2: Großwohnanlage Steilshoop (Folienbild 3) (Aufnahme: *Hinrichs, B.* (1980))

Arbeitsmaterial (Fortsetzung):

M 3: Großwohnanlage Steilshoop (Folienbild 4) (Aufnahme: *Hinrichs, B.* (1980)

M4: Steilshoop: Größe, Lage und Sozialstruktur

(Eigener Text, unter Verwendung folgender Quellen: Freie und Hansestadt Hamburg, Stadtentwicklungsbehörde (Hrsg., 1996): Faltblatt „Ein Rundgang durch den Stadtteil Steilshoop.“ Hamburg. Ebenso (Hrsg., 1996): Stadterneuerung Hamburg. Sanierungsgebiet Bramfeld (S. I), Steilshoop. Ebenso (Hrsg., 1996): Stadtentwicklungskonzept. Stand Dez. 1996, S. 74 ff. Ebenso (Hrsg., 1996): Beschäftigung und Qualifizierung. Arbeiten in Steilshoop. Stadtdialog Sept. 1996. Ebenso: Informationen von einer Fachexkursion in Steilshoop im September 1997.)

Die Großwohnanlage Steilshoop, in den Jahren 1969 bis 1975 auf einer Fläche von 85 ha in Hamburg Bramfeld gebaut, ist von breiten Straßen umgeben. So wird sie beispielsweise durch die vierspurige Steilshooper Allee, eine Ausfallstraße nach Norden im Zuge der B 434, von benachbarten Stadtteilen getrennt. Die Wege zur Innenstadt sind weit, denn es gibt keine S- oder U-Bahnverbindung. Die Bewohner müssen also mit dem Bus fahren oder mit dem eigenen PKW, für den aber oftmals die finanziellen Mittel fehlen. Ein Großteil der in Steilshoop heute lebenden ca. 16.000 Menschen ist nämlich auf Transfereinkommen angewiesen. Vielen jungen Arbeitssuchenden fehlt eine qualifizierte Ausbildung. Der Anteil an Arbeitslosen ist deutlich höher als im Hamburger Durchschnitt. Auch der Anteil der Sozialhilfeempfänger ist hoch.

Arbeitsmaterial (Fortsetzung):

Arbeitslosenanteil in Hamburger Stadtteilen an der Bevölkerung im Alter von 15 bis 65 Jahren im September 1995 in v.H.:

Allermöhe, Billwerder		unter	4,3
Bergedorf, Lohbrügge	4,3	bis unter	5,7
Stellingen, Eidelstedt	5,7	bis unter	7,1
Barmbek, Billlstedt	7,1	bis unter	8,5
Steilshoop, St. Pauli	8,5	und mehr	

durchschnittlicher Arbeitslosenanteil an der 15- bis 65-jährigen Hamburger Bevölkerung: 6,5 v.H.

Sozialhilfeempfänger in Hamburger Stadtteilen 1994 in v.H.:

Allermöhe, Billwerder	0,5	bis unter	2,8
Bergedorf Lohbrügge	2,8	bis unter	7,5
Stellingen, Eidelstedt	7,5	bis unter	10,0
Barmbek, Steilshoop	10,0	bis unter	12,5
Billstedt, St. Pauli	12,5	bis unter	27,1

Sozialhilfeanteil in Steilshoop: 10,0 v.H. (1981), unter 12,5 (1994)

Hohe Arbeitslosenzahlen und eine hohe Sozialhilfedichte sind gravierende Indikatoren für das Ausmaß von Armut in der Stadt. Es ist eine Armut im Wohlstand. Während die Verarmungsprozesse in Großwohnanlagen wie Steilshoop zunehmen und Armut immer häufiger auch mittlere Einkommensgruppen bedroht, verbessern sich die materiellen Verhältnisse der einkommensstarken „urban professionals“ kontinuierlich. Diese gespaltene Entwicklung spiegelt sich räumlich wider. Stadtteile wie Steilshoop, in denen eher einkommensschwache Haushalte leben, sind tendenziell (einkommens)ärmer geworden, während die wohlhabenden Quartiere bezogen auf das Einkommen deutlich über dem Hamburger Durchschnitt liegen. Die Stadtteile „driften auseinander“. Dabei wird die soziale Benachteiligung wie in Steilshoop überlagert von schlechter Wohnumfeldqualität, fehlenden Austauschbezügen zu anderen Stadtgebieten, unzureichender Infrastruktur.

Die Absicht, in dieser Großsiedlung Wohnungen für breite Bevölkerungsschichten zu schaffen, hat zur Entstehung teilweise monofunktionaler Wohnlandschaften geführt, die aufgrund der Anlage Nachbarschaftsstrukturen und Integration erschwerten. In den 80er Jahren sind viele Haushalte, deren Einkommensverhältnisse es erlaubten, aus Steilshoop abgewandert. Der seitdem durch Zuwanderung wachsende und für Hamburg überdurchschnittlich hohe Anteil ausländischer Mitbürger kann in dem ohnehin sozial benachteiligten Stadtteil nur schwer ökonomisch und gesellschaftlich aufgefangen werden. Es muss aber verhindert werden, dass sich aus einer Anhäufung von Problemlagen eine Eigendynamik der Selbstzerstörung dieser Großwohnanlage in Hamburg entwickelt.

C 2	Steilshoop – eine Großwohnanlage in Hamburg	Großwohn-siedlungen

Arbeitsmaterial (Fortsetzung):

Immense Leerstände an Wohnungen, in Steilshoop schon Anfang der 80er Jahre bei bis zu 50 Prozent, zeigen an, dass dieser im sozialen Wohnungsbau errichtete Stadtteil eigentlich nie richtig funktioniert hat, denn er ist infolge seiner Gestaltungsmängel für die Einkommensstarken zu monoton, für die Einkommensschwachen zu teuer. Es gibt hier ein hohes Protestpotential zugunsten extremer Parteien, wie es sich in der Bürgerschaftswahl 1997 zugunsten der rechtsextremen DVU zeigte. Man bemüht sich durch Maßnahmen der Stadterneuerung um eine Steigerung der Wohnzufriedenheit. Steilshoop ist seit Dezember 1991 Sanierungsgebiet nach § 142 Baugesetzbuch.

Aufgaben:

1. Beschreiben Sie aus M 1 bis M 3 Lage und Konzeption der Großwohnanlage Steilshoop.
2. Erörtern Sie anhand von M 4 Bezüge zwischen dieser Wohnsiedlung und ihrer Sozialstruktur.

L	C 2	Steilshoop – eine Großwohnanlage in Hamburg	Großwohn- siedlungen

Vorbemerkungen:

Die hier vorliegende Fallstudie zur Großwohnanlage Steilshoop aus den siebziger Jahren, acht bis zehn Kilometer nördlich des Hamburger Zentrums, folgt dem Beitrag zu den Großwohnanlagen Lohbrügge-Nord und Mümmelmannsberg im Band 6 des Materialien-Handbuches Geographie. Steilshoop zeigt renditebestimmte Formen des sozialen Wohnungsbaus: monotone Fassaden bei recht hoher Geschossflächenzahl, Trennung von benachbarten Stadtteilen durch breite Ausfallstraßen und erschwerte Erreichbarkeit der City wegen fehlender S- oder U-Bahnanschlüsse. Ein großer Teil der heutigen Bewohner ist, da arbeitslos oder sozialhilfebedürftig, auf sogenannte Transfereinkommen angewiesen. Ein zunehmender Verarmungsprozess in dieser Wohnanlage erfordert eine Verbesserung der materiellen Verhältnisse bei gleichzeitiger – jetzt nach zwanzig Jahren schon notwendiger – Sanierung, um über vielfältige Wege der Stadterneuerung wie Verbesserung von Infrastrukturen und Wohnumfeld zu einer Verbesserung von Wohnzufriedenheit und Sozialklima zu gelangen.

Literatur:

Freie und Hansestadt Hamburg, Stadtentwicklungsbehörde (Hrsg., 1994): Stadterneuerung in Hamburg. Revitalisierungsprogramm für Wohnsiedlungen.

Ebenso (Hrsg., 1996): Stadterneuerung Hamburg. Sanierungsgebiet Bramfeld (S. 1). Steilshoop.

Ebenso (Hrsg., 1996): Stadtentwicklungskonzept. Hier bes. S. 74 ff.

Hinrichs, B. (1994): Schriftliche Arbeiten im Geographieunterricht, Bd. 3. Aulis Verlag, Köln. Hier: Großstädtisches Wohnen S. 102-112 – Neue Städte: Die Gropiusstadt in Berlin. S.125-128

Möller, L. (1985): Hamburg. Länderprofile. Stuttgart.

Patten, H.-P. (1997): Lohbrügge Nord und Mümmelmannsberg – zwei verschiedene Wohnsiedlungen in Hamburg. In: *Brameier, U./von der Ruhren, N.:* Materialien-Handbuch Geographie, Bd. 6. Aulis Verlag, Köln, S. 248-256

Lösungsvorschlag:

Aufgabe 1

Den Materialien M 1 - M 3 sind folgende Merkmale zur Lage und Konzeption von Steilshoop zu entnehmen:

Lage von Steilshoop:
- umgeben von breiten Straßen, dadurch Trennung von benachbarten Stadtteilen
- fehlende finanzielle Mittel sozial schwacher Schichten für den PKW-Individualverkehr zur City
- nur Busanschluss zur Innenstadt, Fehlen einer schnellen S- oder U-Bahn-Verbindung, also unzureichende Verkehrsanbindung

Konzeption von Steilshoop:

- zwanzig hofumschließende Baublöcke, in der zentralen Zone acht- bis dreizehngeschossig
- renditebestimmte Verdichtung, die für Wohnungen selbst und Wohnumfeld qualitätsmindernd ist
- Monotonie aus Baukosten mindernden gleichförmigen Montageelementen.

Aufgabe 2

Folgende Bezüge wischen Wohnsiedlung und Sozialstruktur können von den Schülern/Innen herausgearbeitet werden:

- weitgehend monofunktionale Wohnlandschaft, welche eine Fortzugsmobilität besserer Einkommensschichten begünstigt und damit eine Negativselektion der in Steilshoop bleibenden einkommensschwachen Gruppen bewirkt
- überdurchschnittlich hoher Anteil von Bewohnern, die auf Transfereinkommen, also Arbeitslosenunterstützung (mehr als 8,5 v.H.) und Sozialhilfe (bis zu 12,5 v.H.) angewiesen sind
- Auseinanderdriften von armen und reichen Einkommensgruppen in der Hamburger Stadtbevölkerung
- großes Protestpotential zugunsten politischen Extremismus
- hohe, das Image von Steilshoop zusätzlich belastende Quoten von Wohnungsleerständen.

D 1	Lima – Entwicklung und Probleme einer Metropole in der Dritten Welt	Städte in außereuropäischen Räumen

Arbeitsmaterial:

M 1: ALEXANDER PRO, S. 54, Karte ›Großraum Lima – Verwaltung und Bevölkerung‹ oder ALEXANDER Gesamtausgabe, Auflage 2000, S. 197, Karte ›Großraum Lima – Bevölkerungsdichte in den Stadtteilen‹

M 2: ALEXANDER PRO, S. 54, Karte ›Großraum Lima – unkontrolliertes Städtewachstum‹ oder ALEXANDER Gesamtausgabe, Auflage 2000, S. 197, Karte ›Großraum Lima – unkontrolliertes Städtewachstum‹

M 3: Entwicklung der Einwohnerzahl der Agglomeration Lima

(Quelle: Instituto Nacional de Estadistica. Lima, verschiedene Jahrgänge)

1599	14.262[1]	1836	55.627[3]	1961	1.692.663
1614	25.454	1876	100.156	1972	3.246.925
1745	60.000	1903	130.089	1981	4.605.023
1757	54.000[2]	1919	176.467	1990	6.414.500
1791	56.168	1931	378.857	1996	6.732.900[4]
1810	87.000	1940	520.528		

[1] Diese Einwohnerzahl dürfte zu niedrig sein, da viele aus steuerlichen Gründen die statistische Erfassung umgingen.
[2] Erdbebenkatastrophe von 1746.
[3] Nachwirkungen der Freiheitskämpfe und der Loslösung aus dem spanischen Weltreich.
[4] Schätzung

M 4: Lima – Entwicklung des Index of primacy[1]

(Quelle: *Werner Mikus* (1988): Peru. Stuttgart Klett-Perthes/Justus Perthes Verlag, Gotha, S. 155, ergänzt)

1876	5,3	1971	17,0	1996	5,2
1940	8,0	1981	10,3		
1961	12,1	1990	10,5		

[1] Index of primacy = Quotient zwischen der größten und zweitgrößten Stadt.

Arbeitsmaterial (Fortsetzung):

M 5: Verstädterung in ausgewählten Ländern Lateinamerikas

(Quelle: Weltbank (Hrsg.): Weltentwicklungsbericht, verschiedene Jahrgänge)

Land	durchschnittliches jährliches Bevölkerungswachstum (in %)			durchschnittliches jährliches Wachstum der städtischen Bevölkerung (in %)		städtische Bevölkerung in % der Gesamtbevölkerung			Bevölkerung in Millionenstädten in % der Gesamtbevölkerung		
	1970 – 1980	**1980 – 1990**	**1990 – 1995**	**1970 – 1980**	**1980 – 1995**	**1970**	**1980**	**1995**	**1970**	**1980**	**1995**
Argentinien	1,6	1,5	1,3	2,2	1,8	78	83	88	32	35	39
Bolivien	2,5	2,0	2,4	3,4	3,9	41	46	58	12	14	17
Brasilien	2,4	2,0	1,5	4,1	3,0	56	66	78	27	37	33
Chile	1,6	1,7	1,5	2,4	2,0	75	81	86	30	33	36
Mexiko	2,9	2,3	1,9	4,1	3,1	59	66	75	25	27	28
Peru	2,7	2,2	2,0	4,0	2,9	57	65	72	22	26	31
Venezuela	3,4	2,6	2,3	5,0	3,3	72	83	93	20	22	27

M 6: Flucht vor der Gewalt

(Quelle: Misereor-Arbeitsheft „Der Weg entsteht beim Gehen. Beispiele und Erfahrungen kirchlicher Entwicklungsarbeit“. © Misereor Medienproduktion, Aachen 1989, S. 80, gekürzt)

In der Siedlung Chincho, etwas außerhalb von Lima, leben 70 Familien. Sie stammen alle aus Gebieten, die von einem schmutzigen Krieg zwischen der Guerillaorganisation „Sentiero Luminoso” (Leuchtender Pfad) und dem Militär betroffen sind, aus den Provinzen Huancavelica und Ayacucho. Zwischen die Fronten geraten, sind sie Opfer von Morddrohungen, Terror und Gewalt geworden, die von beiden Seiten ausgeübt werden. „Wir hatten überhaupt keine andere Wahl, als unsere Heimat zu verlassen”, berichtet Bernardo Jorge, der Sprecher der Bewohner von Chincho.

Die Wunden, die die Ereignisse hinterlassen haben, sind noch frisch. Fast alle, die hier leben, haben Angehörige verloren, mussten dabei zusehen, wie ihre Eltern, Männer und Kinder verschleppt, getötet oder gefoltert worden sind.

Die Flucht aus den von der Gewalt betroffenen Zonen hält weiter an. Nach Schätzungen gehört ein Drittel der Menschen, die in den Elendssiedlungen am Rande von Lima leben, zu dieser Gruppe von Migranten, größtenteils Kleinbauern und Landarbeiter.

Arbeitsmaterial (Fortsetzung):

M 7: Lima – Sozialräumliche Differenzierung (Folienbild 5)

(Quelle: *Ulrich Kümmerle* und *Norbert von der Ruhren* (1998): Entwicklungsräume in den Tropen. Fundamente Kursthemen. Klett-Perthes/Justus Perthes Verlag, Gotha, S. 98)

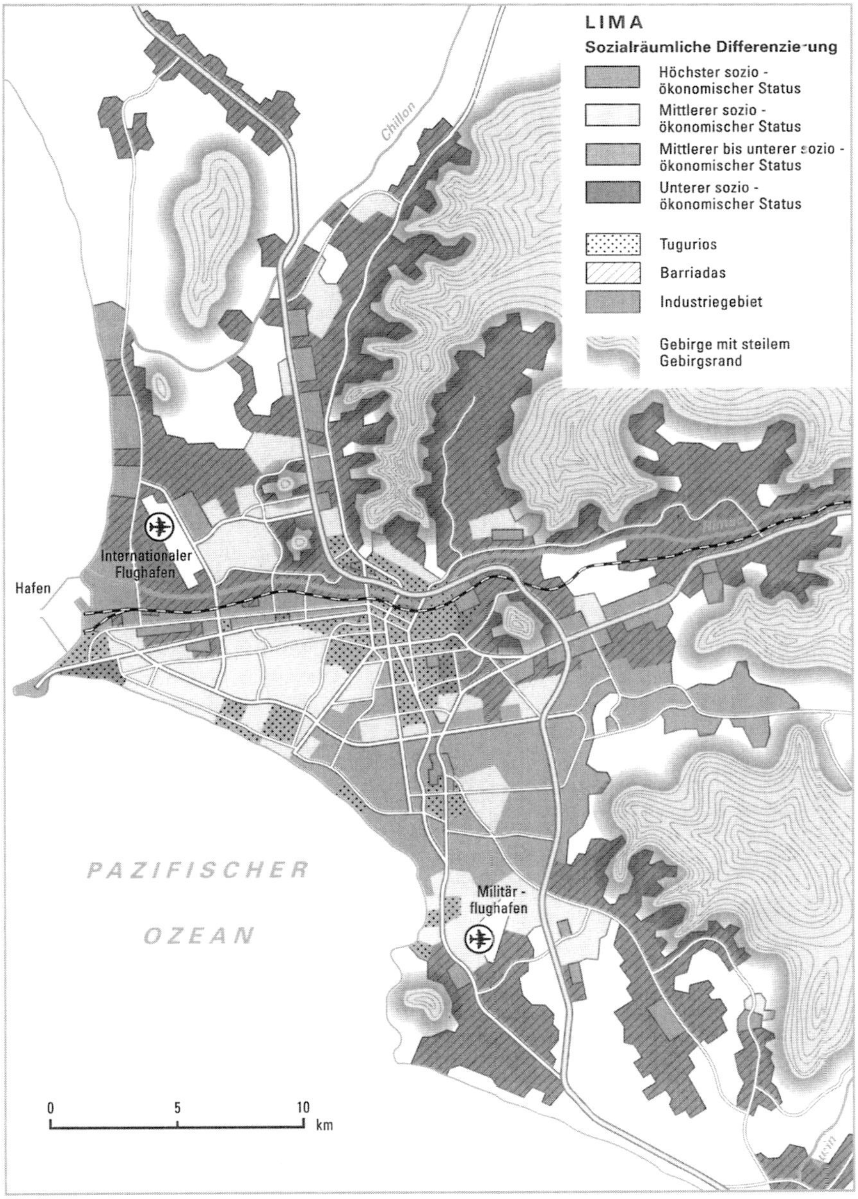

D 1	Lima – Entwicklung und Probleme einer Metropole in der Dritten Welt	Städte in außer-europäischen Räumen

Aufgaben:

1. Beschreiben und erklären Sie den Metropolisierungsprozess im Großraum Lima.
2. Erläutern Sie die räumlichen und sozialen Auswirkungen dieses Prozesses und erörtern Sie Probleme, die sich daraus für den Großraum Lima und für den ländlichen Raum ergeben.
3. „Limas Schicksal entscheidet sich auf dem Land." Erklären Sie den Ausspruch und nehmen Sie begründend Stellung dazu.

L	D 1	Lima – Entwicklung und Probleme einer Metropole in der Dritten Welt	Städte in außereuropäischen Räumen

Vorbemerkungen:

Die Metropolisierung ist in den vergangenen Jahrzehnten zu einem charakteristischen raumstrukturellen Merkmal fast aller Entwicklungsländer geworden. Die Metropolen umfassen oft über 20 % der Gesamtbevölkerung der betreffenden Länder, über die Hälfte der städtischen Bevölkerung und mehr als das Vierfache der Einwohnerzahl der nächst größeren Stadt. Beängstigend ist vor allem das Tempo, mit dem dieser Metropolisierungsprozess abläuft. Im weltweiten Durchschnitt stieg seit Mitte des 20. Jahrhunderts die in den Millionenstädten der Entwicklungsländer lebende Bevölkerung um mehr als 700 %. Mit anderen Worten: Die eigentliche Bevölkerungsexplosion in den Ländern der Dritten Welt findet in den Metropolen statt.

Somit ist der Metropolisierungsprozess zu einem wesentlichen raumstrukturellen Merkmal in den meisten Entwicklungsländern geworden – mit weitreichenden Folgen, die sich in folgenden Schlagworten zusammenfassen lassen:

- Vergrößerung der regionalen Disparitäten
- Landflucht und unkontrolliertes Städtewachstum
- Ausbreitung der Elendssiedlungen in den Großstädten
- Segregation und Marginalisierung großer Bevölkerungsgruppen in den urbanen Räumen
- wachsende Versorgungs-, Entsorgungs- und Umweltprobleme in den Städten.

Allein diese Schlagworte mögen als Legitimation für die Behandlung des Themas im Unterricht genügen. Die Aufgabe eignet sich sowohl für die exemplarische Behandlung der Thematik „Verstädterung und Metropolisierung" innerhalb eines Kurshalbjahres „Probleme und Prozesse urbaner Räume" als auch als spezielles Raumbeispiel im Rahmen einer Raumanalyse des Entwicklungslandes Peru.

Anmerkung: Falls der Atlas ALEXANDER PRO oder die ALEXANDER Gesamtausgabe (Aufl. 2000) nicht zur Verfügung stehen, genügt als Arbeitsmaterial auch M 7; der Erwartungshorizont müsste dann entsprechend angepasst werden.

Literatur:

Bähr, J. und Klückmann, G. (1984): Staatlich geplante Barriadas in Peru. In: Geographische Rundschau, Heft 9/1984, S. 452-459

Bähr, J. und Mertins, G. (1995): Die lateinamerikanische Groß-Stadt. Darmstadt

Kroß, E. (1992): Die Barriadas von Lima. Paderborn/Bochumer Geographische Arbeiten 55

Mikus, W. (1988): Peru. Stuttgart

Lösungsvorschlag:

Aufgabe 1

Der Verstädterungs- und Metropolisierungsprozess ist ein wesentliches raumstrukturelles Merkmal von Entwicklung bzw. Unterentwicklung in fast allen Ländern der Dritten Welt und läuft mit besorgniserregendem Tempo ab. Wie in vielen anderen Städten der Dritten Welt konzentrieren sich auch in Peru die modernen urbanen-industriellen Aktivitäten und die Dynamik des Verstädterungsprozesses nahezu ausschließlich auf ein einziges Zentrum: die Hauptstadt Lima. Lima ist politisch, kulturell und wirtschaftlich das überragende Zentrum Perus (funktionale primacy). Die immense Vormachtstellung der Metropole findet ihren Niederschlag und ihre Erklärung in einem starken Bevölkerungswachstum (M 3), in der Höhe des index of primacy (M 4) sowie in dem rasanten und unkontrollierten Flächenwachstum (M 2). Die Materialien lassen erkennen, dass der Verstädterungsprozess schon in den 50er Jahren einsetzte, dass aber das für die Metropolisierung charakteristische exponentielle Wachstum erst ab den 60/70er Jahren erfolgte. Das starke Bevölkerungswachstum Limas lässt sich mit dem natürlichen Bevölkerungswachstum allein nicht erklären, es resultiert zu einem großen Teil aus Wanderungsgewinnen. Verantwortlich für die innerstaatliche Migration (Landflucht) sind die bekannten Pull- und Push-Faktoren, die die Schüler hier auflisten sollen. In Peru kommen als Besonderheit die Auswirkungen der Terroraktivitäten der Guerillaorganisation „Sentiero Luminoso" hinzu (M 6).

Aufgabe 2

Die räumlichen und sozialen Auswirkungen des Metropolisierungsprozesses sind vielfältig und komplex; sie liegen in folgenden Bereichen: Die Stadt muss für die Zuwanderer ausreichend Wohnraum und Arbeitsplätze zur Verfügung stellen. Dies übersteigt aber ihre Möglichkeiten. Eine Folge ist, dass die Zahl der randstädtischen Elendssiedlungen immer weiter wächst und die Stadt sich flächenmäßig gewaltig ausdehnt, zum einen in Richtung Küste, zum anderen in die Wüstengebiete bzw. das angrenzende Bergland. Es ist davon auszugehen, dass mit dem Abdrängen der Armen in die randstädtischen Elendssiedlungen (barriadas) bzw. in die innerstädtischen Slums (tugurios) sowie die Konzentration der Ober- und Mittelschichtbevölkerung auf wenige Vorzugsräume (M 7) die regionalen und sozialen Disparitäten in der Stadt wachsen, es also zu einer ausgesprochenen sozialen Segregation kommt. Weitere Probleme ergeben sich aus der unsicheren Aufenthalts- und Arbeitssituation sowie aus der nicht ausreichenden Infrastruktur, z.B. im Verkehrs-, Bildungs- und Gesundheitsbereich. Mit der Ausdehnung der Stadt sind steigende tägliche Pendlerströme verbunden, die zu Engpässen im Verkehr und zu hohen Umweltbelastungen führen. Hinzu kommen Versorgungs- und Entsorgungsprobleme vielfältiger Art.

Aber auch für den ländlichen Raum ergeben sich Probleme, da die Abwanderung gerade der dynamischen jüngeren Bevölkerung zu einem Abfluss der produktivsten Arbeitskräfte führt. Dadurch werden die landwirtschaftliche Produktion und die Versorgung der städtischen Bevölkerung weiter gefährdet. Insgesamt verstärken sich die regionalen

Disparitäten im Lande, die, zusammen mit der gleichzeitig wachsenden sozialen Kluft, zu einer Existenzbedrohung für den gesamten Staat führen können.

Aufgabe 3

Im dritten Arbeitsauftrag sollen die Schüler – ausgehend von der in 1 dargestellten Land-Stadt-Wanderung – darlegen, dass der Metropolisierungsprozess sich nur durch eine Stärkung des von der Entwicklungspolitik (lange Zeit) vernachlässigten ländlichen Raumes stoppen lässt, d.h. z.B. durch Agrarreformen, den Aufbau einer leistungsfähigen Infrastruktur im ländlichen Raum, einschließlich Bildungssektor und Gesundheitswesen, durch die Schaffung von Arbeitsplätzen (arbeitsintensive kleingewerbliche Produktionsbetriebe z.B.). Dabei darf der städtische Raum – schon aus humanitären Gründen – natürlich nicht vernachlässigt werden. Nur durch eine gezielte„ländliche Entwicklung" lassen sich die Landflucht eindämmen und damit eine weitere Verschärfung der vielfältigen Probleme der Metropole unterbinden. Dies ist zugleich ein Ansatzpunkt, die regionalen Disparitäten abzubauen.

Arbeitsmaterial:

M 1: Die Amerikaner, eine „suburbane" Nation

(Quelle: *Holzner, L.* (1996): Stadtland USA: Die Kulturlandschaft des American Way of Life. Justus Perthes Verlag, Gotha, S. 37)

Die Amerikaner sind eine durch und durch „suburbane" Nation geworden. Der „American way of life" ist eine bürgerlich-aspirative, d.h. aufstrebend-mobile Vorortkultur, das amerikanische Stadtland eine provisorisch-expansive Vorort-Kulturlandschaft: ein Kompromiss zwischen Stadt und Land. Dass sich die Amerikaner eine solche Kulturlandschaft geschaffen haben, dass es zu dieser Entwicklung kam, ist im wesentlichen auf Wertnormen der amerikanischen Gesellschaft zurückzuführen, welche hauptsächlich auf englischen Einflüssen und Vorbildern beruhen: die Tradition des „Geschäftemachens" und Spekulierens vor allem mit Grundbesitz, das Vorstadthaus als bevorzugtes Privatdomizil und das *suburb* als „Monument der englischen Bourgeoisie und Ausdruck ihrer kollektiven Werte von Familie und Besitz" (*Fishman* 1987). …

Diese englischen Einflüsse sind aber, und das ist ebenso wichtig, in Nordamerika auf ganz besonders fruchtbaren Boden gefallen. Der US-amerikanische „Nationalcharakter" scheint seit den frühen Anfängen der amerikanischen Geschichte ganz besonders für die „aufstrebend-mobile" suburban-metropolitane Lebensweise und die ihr zugrunde liegende kapitalistisch-kompetitive Weltanschauung „prädestiniert" gewesen zu sein. Die Amerikaner haben sich ihre Stadtland-Kulturlandschaft geschaffen, weil sie der rastlosen Mobilität und dem kapitalistischen Konkurrenzgeist seiner Bewohner entspricht und dabei auch noch ein „naturnahes" Kompromiss-Stadtleben erlaubt. Der amerikanische Nationalcharakter basiert auf gewissen Eigenschaften, die, kollektiv betrachtet, in den USA von Anfang an bis heute vorgeherrscht zu haben scheinen, wie etwa Individualismus und Unabhängigkeit *(privatism).* Veränderungsfreude *(love of newness)* einschließlich „Optimismus, Tatkraft, Hoffnung und Vorwärtsstreben" (*Raeithel* 1981), ein risikofreudiger Geschäftssinn, ständige Rastlosigkeit und Mobilität, eine allgemein offen eingestandene Vorliebe für weite Räume und „Liebe zur Natur" sowie ein ausgeprägter Sinn für technischen Pragmatismus und Improvisation. Beides zusammen, englische Einflüsse und „typisch" amerikanische Kollektiveigenschaften, haben in den hier vorhandenen weiten Räumen des Landes, wo sich so etwas auch hemmungslos ausleben lässt, die Suburbanisation der amerikanischen Nation und das Entstehen des amerikanischen Stadtlandes hervorbringen können.

Arbeitsmaterial (Fortsetzung):

M 2: In und außerhalb von Großstädten lebende Bevölkerung in den USA 1940 bis 1995
(Quelle: *Knoth, P.* und *Stricker, B.* (1997): Lebensraum Stadt: Raum zum Leben? bsv Oberstufen-Geographie. *Wolfgang Fraedrich* (Hrsg.). Bayerischer Schulbuch Verlag, München, S. 124)

	1940	1950	1960	1970	1980	1995
USA insgesamt (in Mio.)	131,7	150,7	179,3	203,2	226,5	263,9
In Großstädten	63,0	84,5	112,9	139,4	169,4	212,0
In Kernstädten	42,8	49,4	58,0	63,8	67,9	79,0
In Suburbs	20,2	35,1	54,9	75,6	101,5	133,0
Außerhalb der Großstädte	68,7	66,2	66,4	63,8	57,1	51,9
In % der USA						
In Großstädten	47,8	56,1	62,9	68,6	74,8	80,3
In Kernstädten	32,5	32,8	32,3	31,4	30,0	29,9
In Suburbs	15,3	23,3	30,6	37,2	44,8	50,4
Außerhalb der Großstädte	52,2	43,9	37,1	31,4	25,2	19,7
Zahl der Großstadtgebiete	140,0	168,0	212,0	243,0	318,0	k. A.

M 3: Suburbanisierung der Arbeitsplätze und der Wirtschaftsaktivitäten
(Quelle: *Holzner, L.* (1996): a.a.O., S. 70/71)

Die allgemeine Suburbanisierung in den Vereinigten Staaten umfasste nicht nur die Umschichtung von Wohnbevölkerung, sondern auch von „Arbeitsplätzen und Wirtschaftsaktivitäten aus den Innenstadtvierteln hinaus in die Randgemeinden der metropolitanen Ringe" (*Hofmeister* 1985). Diese grundlegenden Veränderungen in der Anlage und Organisation der Stadt als solcher hatten in den USA Vorboten, die in die Zeiten der frühen Landnahme im 18. und 19. Jahrhundert reichten. Seit dem Zweiten Weltkrieg hat sich diese Entwicklung aber dank technischer Fortschritte ganz wesentlich beschleunigt und hat schließlich zum wahrscheinlich unumkehrbaren Niedergang der Kernstädte und zu einem spektakulären Aufstieg der zur „Außenstadt" avancierten, verwaltungsmäßig selbständigen Vorortgemeinden geführt.

Die neuen amerikanischen Außenstädte beherbergen heute insgesamt nicht nur weit mehr Einwohner als die Kernstädte, auch ihr Wirtschaftspotential hat das der Kernstädte bei weitem überflügelt. Die meisten der in den letzten Jahrzehnten in den USA neu geschaffenen Arbeitsplätze gehören dem Dienstleistungssektor an. Ein Großteil dieser neuen „Jobs" kam nicht den Kernstädten, sondern den Außenstädten zugute. Es hat aber auch eine Verlagerung von Arbeitsplätzen in allen anderen Wirtschaftsbereichen in die Außenstadtzonen der USA gegeben, so dass sich heute bereits weit über die Hälfte aller in den Metroregionen des Landes verfügbaren Arbeitsplätze in den Außenstädten befinden. Man kann geradezu von einem „Nachaußenstülpen" *(turning-inside-out)* der geographischen Beschäftigungsstruktur innerhalb der amerikanischen Metroregionen sprechen.

Arbeitsmaterial (Fortsetzung):

M 4: Modell Stadtland USA: Pendlerverkehrsrichtungen (Berufs- und Einkaufsfahrten)

(Quelle: *Holzner, L.* (1990): Stadtland USA. In: Geographische Rundschau, Heft 9/1990, S. 471. Westermann Schulbuchverlag, Braunschweig)

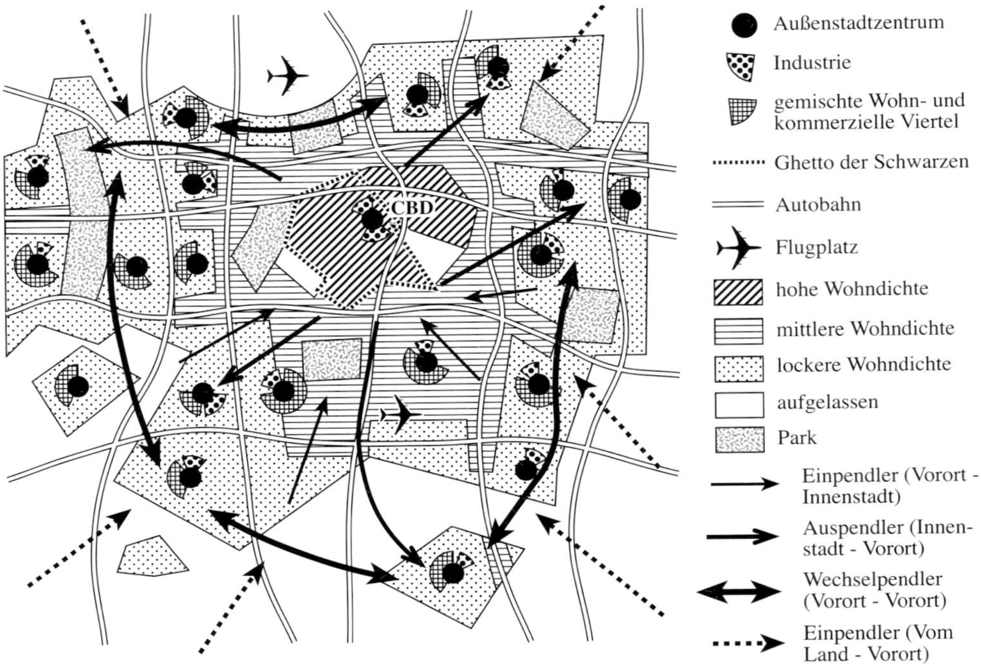

M 5: Erosion der Kernstädte

(Quelle: President's Commission for a National Agenda for the Eighties (1980): Urban America in the Eighties. Washington, D.C., S. 76. Zitiert nach: *Lutz Holzner* 1996, S. 71)

Die Städte erleiden eine empfindliche Erosion ihrer Steuerbasis und werden dadurch fiskal zahlungsunfähig; es erfolgt zunehmende Ghettoisierung der Armen und ethnischen Minderheiten in den Kernstädten mit gleichzeitig anhaltender hoher Arbeitslosigkeit und chronischer wirtschaftlicher Depression in den Armutsbezirken, Verfall der öffentlichen Dienstleistungen und deren Bereitstellungsorganisationen, „exzessive" Inanspruchnahme öffentlicher Ressourcen pro Einwohner für Wohlfahrts- und Armutsprogramme sowie steigende Kriminalität.

Arbeitsmaterial (Fortsetzung):

M 6: Anteile ethnischer Gruppen in der Kernstadt und der CMSA[1] Chicagos
(Statistical Abstract of the United States, verschiedene Jahrgänge)

	Kernstadt Chicago			CMSA
	1970	**1980**	**1990**	**1990**
White	54,2	42,4	37,3	66,3
Black	32,7	39,8	39,1	19,2
Hispanic	7,3	14,0	19,6	11,1
Asian, Pacific	2,5	3,5	3,7	3,2
Eskimos etc.	0,3	0,3	0,3	0,2

[1] CMSA = Consolidaded Metropolitan Statistical Area = Kernstadt und Suburbs.

Aufgaben:

1. Beschreiben und erklären Sie die Bevölkerungsverschiebungen innerhalb der städtischen Großagglomerationen der USA.
2. Erörtern Sie die Folgen des Suburbanisierungsprozesses und versuchen Sie eine Bewertung.

L	D 2	USA – Krise der Kernstädte und Aufschwung der Suburbs	Städte in außereuropäischen Räumen

Vorbemerkungen:

Suburbanisierung ist ein Prozess, der gegenwärtig weltweit in allen Großstadtregionen abläuft. In keinem anderen Land der Erde hat er jedoch das Siedlungsmuster so grundlegend geprägt und zu so umfangreichen sozialräumlichen Veränderungen geführt wie in den USA. Das Entstehen neuer städtischer Siedlungen am Rande der Kernstädte führte hier nicht nur zu einer Zersiedlung des Umlandes, sondern verstärkte gleichzeitig die räumliche Trennung der Bevölkerung nach sozialem Status und ethnischer Zugehörigkeit. Mit dem Aufstieg der Suburbs geht ein Niedergang der Kernstädte einher, dieser ist Ursache und Folge des Strukturwandels zugleich.

Mithilfe der vorgelegten Materialien lassen sich Ursachen, räumliche Konsequenzen und Probleme des Suburbanisierungsprozesses erarbeiten. Anschließend könnte mit den Schülern diskutiert werden, ob sich die Verhältnisse in den US-amerikanischen Städten auch auf unsere Städte übertragen lassen – wenn nicht gegenwärtig, so doch in absehbarer Zukunft, zumal auch wir auf dem Wege zu einer postindustriellen Gesellschaft bereits weit fortgeschritten sind. Als Einstieg in die Thematik „Krise der Kernstädte und Aufschwung der Suburbs" lässt sich die folgende Karikatur einsetzen, die die „Aushöhlung" der central city New Yorks durch die Abwanderung der Bevölkerung und des Dienstleistungssektors in die Vororte thematisiert.

L	D 2	USA – Krise der Kernstädte und Aufschwung der Suburbs	Städte in außereuropäischen Räumen

Literatur:

Blume, H. (1975): USA – Eine geographische Landeskunde. Wissenschaftliche Länderkunden 9/I. Darmstadt

Hahn, R. (1990): USA. Stuttgart

Hofmeister, B. (1985): Die US-amerikanischen Städte in den achtziger Jahren – Probleme und Entwicklungstendenzen. Klagenfurt

Holzner, L. (1990). Stadtland USA. In: Geographische Rundschau, Heft 9/1990, S. 468-475

Holzner, L. (1996): Stadtland USA: Die Kulturlandschaft des American Way of Life. Gotha

Lösungsvorschlag:

Aufgabe 1

Der Prozess der Suburbanisierung, speziell die Abwanderung der amerikanischen Bevölkerung aus den Kernstädten (central cities) in die Vororte (suburbs), setzte in großem Umfang in den späten vierziger Jahren ein. Während 1940 noch mehr als zwei Drittel der städtischen Bevölkerung in den Kernstädten wohnten, beherbergten die Suburbs etwa ein Drittel der städtischen Bevölkerung. In nur 30 Jahren hat sich dieses Verhältnis fast völlig umgekehrt: Im Jahr 1970 machte die in den Kernstädten lebende städtische Bevölkerung nur noch 46 % aus, während der Anteil der in den Suburbs lebenden städtischen Bevölkerung 54 % betrug. Dieser Trend zur Suburbanisierung der amerikanischen Bevölkerung hat sich bis in die Gegenwart fortgesetzt, so dass heute ca. 63 % der städtischen Bevölkerung in Vororten wohnt und 37 % in den Kernstädten.

Aus den Angaben in M 2 ist zu entnehmen, dass sich großräumig zwei Migrationsströme überlagern: eine innerstädtische Kern-Rand-Wanderung und eine Wanderung der Landbevölkerung in die Großstädte, wobei diese sich zumeist ebenfalls in den Vororten niederlässt und nicht in den Kernstädten. Denn nur so lässt sich erklären, dass der Anteil der in Großstädten, den metropolitan areas lebenden amerikanischen Bevölkerung von 47,8 % im Jahre 1940 (absolut: 63,0 Mio.) bis zum Jahre 1995 auf 80,3 % (absolut: 212,0 Mio.) stieg, während der Anteil der außerhalb der Großstädte, d.h. auf Farmen, in Dörfern und Landstädten (non-metropolitan areas) lebenden Bevölkerung im gleichen Zeitraum von 52,2 % auf 19,7 % zurückging. Zur Erklärung für das Entstehen und Wachstum der Suburbs reicht der Hinweis auf die verbesserten Verkehrs- und Kommunikationsmöglichkeiten nicht aus. Die Suburbanisierung ist vielmehr das Ergebnis einer langen traditionsgebundenen Entwicklung, wie M 1 belegt: Die Schüler können dem Text folgende Erklärungen entnehmen:

- die englische Tradition des Geschäftemachens und Spekulierens, vor allem mit Grundbesitz
- der Wunsch nach einem eigenen Haus in der Vorstadt als Privatdominzil („my home is my castle")
- das Leben in einer „naturnahen" Suburb als Ausdruck von Freiheit und Unabhängigkeit
- die sprichwörtliche Mobilitätsbereitschaft der Amerikaner, mit begünstigt durch den gut entwickelten motorisierten Individualverkehr.

Weitere Gründe, die dem Material nicht direkt zu entnehmen sind, aber von den Schülern aus der Kenntnis der Situation in unseren großstädtischen Räumen abgeleitet werden können:
- Verdrängung der Wohnbevölkerung aus den Kernstädten infolge der hohen Miet- und Bodenpreise
- die unzureichende Wohnqualität in innerstädtischen Althäusern und die Umweltbelastungen durch den innerstädtischen Verkehr
- das zunehmenden Wohlstandsdenken und die gestiegenen Wohnraumansprüche („Leben im Grünen")
- der gestiegenen Wohlstand und damit die Möglichkeit zum Erwerb von Immobilien
- die staatliche Förderung beim Eigenheimbau.

Aufgabe 2

Die abwandernde Bevölkerung aus den Kernstädten zog den Einzelhandel nach, der sich in den großen Shopping Centers, den Malls, konzentrierte. Ihm folgte wiederum die Industrie, hier vor allem solche Unternehmen, die an ein hohes Verkehrsaufkommen gebunden sind und deswegen ihren Standort an den Knotenpunkten der Highways suchten. Komplettiert wurde/wird der Abwanderungsprozess schließlich durch die Auslagerung von Büros, Großbanken, Versicherungen, Investmentunternehmen und anderen Dienstleistungsbetrieben aus den central cities. Der Prozess der Suburbanisierung schließt also gleichzeitig die intraregionale Migration von Bevölkerung (Bevölkerungssuburbanisierung), Produktion (Industriesuburbanisierung) sowie Handel und Dienstleistungen (tertiäre Suburbanisierung) ein.

Wie die Ursachen und Erscheinungen des Suburbanisierungsprozesses sind auch dessen Folgen vielschichtig. Besonders offenkundig ist der Verfall der Kernstädte mit den bekannten Erscheinungsformen (M 5): fiskalischer und wirtschaftlicher Niedergang infolge von Steuerverlusten aufgrund der Abwanderung von Bevölkerung (besonders der wohlhabenderen), von Industrie und Dienstleistungsbetrieben, der Sozialabstieg der verbleibenden Kernstadtbevölkerung (Arme und Minoritäten, die in die frei gewordenen Wohnungen ziehen), Verfall der öffentlichen Infrastruktureinrichtungen aufgrund des geschrumpften Haushaltbudgets der Städte, steigende Kriminalität u.a.m. M 4 gibt einen Hinweis auf das gestiegene Verkehrsaufkommen, hier im speziellen Fall auf den Pendlerverkehr. Vier verschiedene Pendlerströme sind zu unterscheiden: Einpendler von den Vororten in die Kernstadt, Auspendler von der Kernstadt in die Vororte, Pendler zwischen den Vororten und den Außenstadtzentren sowie Pendler aus dem nicht-urbanen Umland in die Vororte.

Eine Bewertung der geschilderten Prozesse ist immer subjektiv, da sie geprägt und mitbestimmt wird von den je eigenen Wertvorstellungen und der Frage, wie jeder einzelne von „seinem" städtischen bzw. ländlichen Lebensraum geprägt ist. Negative Konsequenzen sind nicht zu leugnen, wie weiter oben dargestellt wurde. Das amerikanische Stadtland mit seinen ausufernden Außenzonen ist das Ergebnis einer „über 200-jährigen kollektiven Kulturraumgestaltung, die auf tiefverwurzelten Gesellschafts- und Zivilisationsprinzipien der amerikanischen Nation beruht" *(L. Holzner)*, für die Amerikaner *„the only way of life, the American way".*

D 3	Struktur und Veränderungen der lateiname-rikanischen und der US-amerikanischen Stadt – Ein Vergleich	Städte in außer-europäischen Räumen

Arbeitsmaterial:

M 1: Modell der lateinamerikanischen Großstadt

(Quelle: *Bähr, J.* und *Mertins, G.* (1995): Die lateinamerikanische Groß-Stadt. Verstädterungsprozesse und Stadtstrukturen (EdF, Bd. 288). Wissenschaftliche Buchgesellschaft. Darmstadt, S. 84)

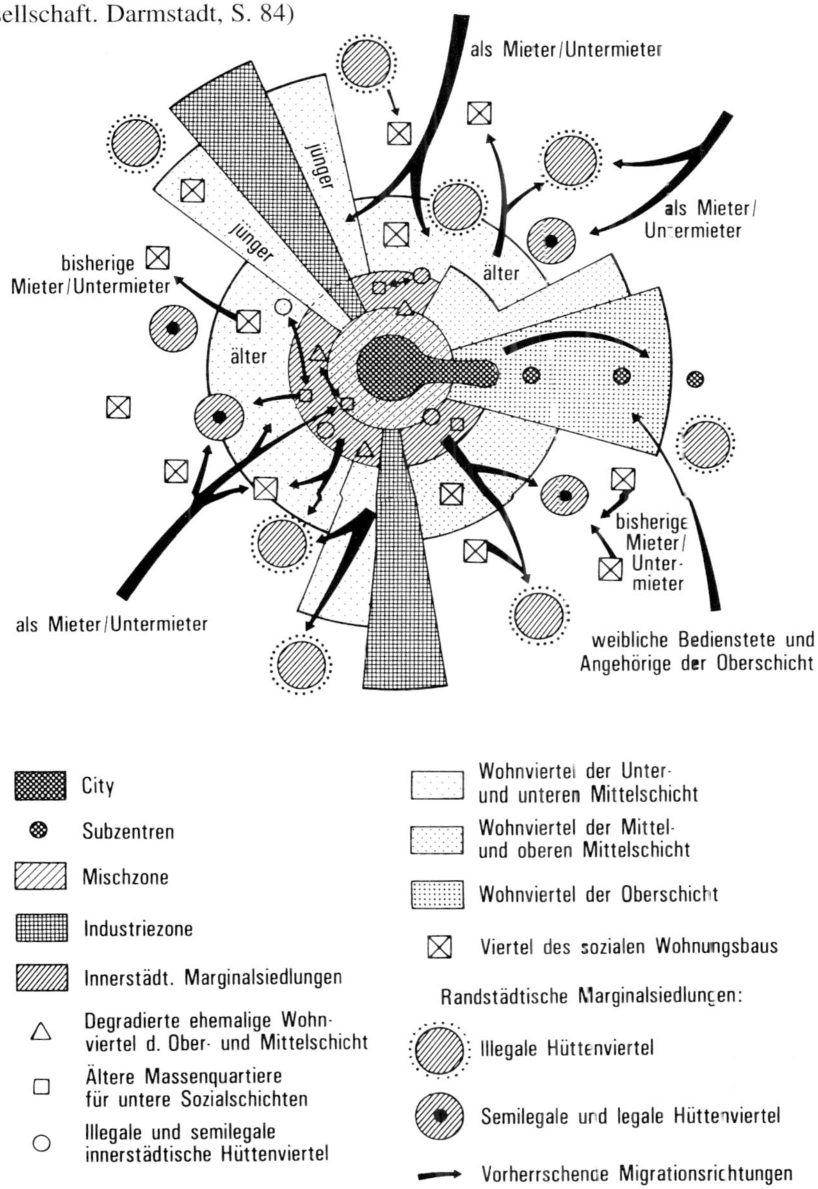

D 3	Struktur und Veränderungen der lateiname-rikanischen und der US-amerikanischen Stadt – Ein Vergleich	Städte in außer-europäischen Räumen

Arbeitsmaterial (Fortsetzung):

M 2: Modell der US-amerikanischen Großstadt

(Quelle: *Hahn, R.* (1990); USA. Ernst Klett Schulbuchverlag, Stuttgart, S. 62)

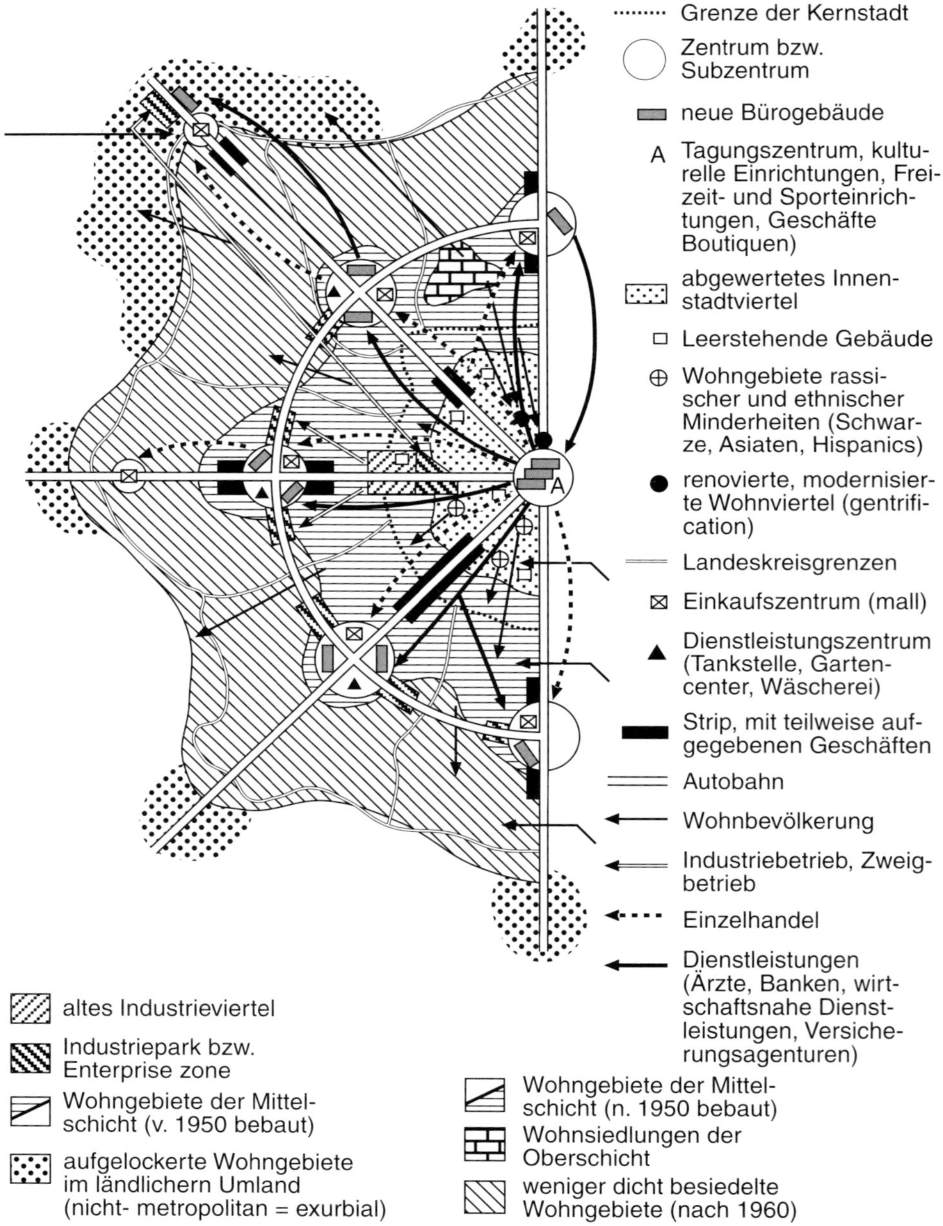

D 3	Struktur und Veränderungen der lateiname-rikanischen und der US-amerikanischen Stadt – Ein Vergleich	Städte in außer-europäischen Räumen

Aufgaben:

1. Beschreiben und erläutern Sie anhand von M 1 Struktur und Veränderungen der lateinamerikanischen Groß-Stadt.
2. Vergleichen Sie die im Modell M 1 dargestellten Entwicklungen mit denen in der US-amerikanischen Stadt (M 2) und erklären Sie die Unterschiede.

L	D 3	Struktur und Veränderungen der lateinamerikanischen und der US-amerikanischen Stadt – Ein Vergleich	Städte in außereuropäischen Räumen

Vorbemerkungen:

Methodischer Schwerpunkt des Materialienbeispiels ist die Arbeit mit Modellen. Die beiden Idealschemata sind recht kompliziert und setzen bei den SchülerInnen sowohl Vorkenntnisse vom Aufbau und von den Entwicklungstendenzen der lateinamerikanischen und der US-amerikanischen Stadt voraus als auch Erfahrungen im Umgang mit abstrakten Arbeitsmitteln, wie sie die beiden Modelle darstellen. Deshalb eignet sich das Beispiel auch weniger für eine Ersterarbeitung der dargestellten Stadttypen als vielmehr zur vergleichenden Anwendung von bereits im Unterricht vermittelten Kenntnissen über Strukturen und Prozesse in den urbanen Räumen Süd- und Nordamerikas. Deswegen ist es sinnvoll, vorab die beiden Materialienbeispiele D 1 und D 2 zu bearbeiten. Empfehlenswert ist ferner, wenn im Unterricht bereits die gängigen Stadtmodelle von Burgess (Kreis-Modell), Hoyt (Sektoren-Modell) und Harris/Ullman (Mehrkerne-Modell) behandelt wurden. So eingesetzt, eignet sich der Beitrag besonders als schriftliche Hausarbeit oder als Teil der mündlichen Abiturprüfung.

Literatur:

Bähr, J. und Mertins, G. (1995): Die lateinamerikanische Groß-Stadt. Darmstadt

Borsdorf, A. (1994): Die Stadt in Lateinamerika – Kulturelle Identität und urbane Probleme. In: Geographie und Schule, Heft 89, Juni 1994, S. 3-12

Hahn, R. (1990): USA. Stuttgart

Holzner, L. (1996): Stadtland USA: Die Kulturlandschaft des American Way of Life. Gotha

Weitz, J. (1994): Die nordamerikanische Stadt – Genese, Struktur und aktuelle Entwicklungstendenzen. In: Geographie und Schule, Heft 89, Juni 1994, S. 13-24

Lösungsvorschlag:

Aufgabe 1

M 1 zeigt die funktionale Gliederung der lateinamerikanischen Großstadt, ergänzt durch Prozesse, die vor allem die gegenwärtig ablaufenden Veränderungen darstellen. Die innere Differenzierung lässt drei verschiedene Ordnungsmuster erkennen: 1. das ringförmig angeordnete Muster der Innenstadt, das bereits in der Kolonialzeit angelegt wurde, 2. sektorenförmige Wachstumsachsen, die vom Stadtkern ausgehen und den großen Ausfallstraßen/Eisenbahnlinien folgen, 3. zellenförmige Kerne an der Peripherie, die vor allem im Rahmen des explosionsartigen Städtewachstums seit Mitte des 20. Jahrhunderts im Rahmen der rural-urbanen Wanderungen entstanden sind.

Im Kern liegt die City, die die ehemalige Plaza und die sich daran anschließenden Cuadras umfasst. Nach außen folgt eine Mischzone, in der sich sowohl Wohnungen als auch Geschäfte und Handwerksbetriebe befinden. Daran schließt sich ein Ring mit innerstädtischen Elendssiedlungen an, zu denen sowohl ältere Massenquartiere für untere Sozialschichten und degradierte ehemalige Wohnviertel der Ober- und Mittelschicht gehören als auch legale und semilegale Hüttenviertel. Die ersten beiden Siedlungstypen werden in der Literatur vielfach als „Slums" bezeichnet – in Anlehnung an die abgewerteten Innenstadtviertel vieler US-amerikanischer Städte, die vielfach von rassischen und ethnischen Minderheiten bewohnt werden. Außerhalb dieser ringförmig angeordneten Siedlungszonen, in denen sich noch das soziale Kern-Rand-Gefälle der alten Kolonialstadt widerspiegelt, erfolgt die weitere Besiedlung sektoren- bzw. zellenförmig.

Infolge der seit Mitte des 20. Jahrhunderts verstärkt einsetzenden Landflucht kam es zu einem starken Zustrom an Bevölkerung in die Innenstädte, während gleichzeitig Bevölkerungsgruppen aus der Innenstadt an den Stadtrand verdrängt wurden oder infolge eines sozialen Aufstiegs in sozial geförderte Wohnungen am Stadtrand umzogen. Zum anderen strebte auch die Oberschicht aus dem Stadtzentrum – entlang von Verkehrsverbindungen – in immer bessere Wohnviertel in den Vororten und am Stadtrand. An den Ausfallstraßen und Eisenbahnen siedelten sich ferner Industrie und Gewerbe an sowie nachfolgend Wohnviertel der Arbeiter. So bildete sich eine sektorale Struktur heraus, die das aus der Kolonialzeit stammende konzentrisch angeordnete Muster durchbrach.

Die Randzone und das Umland der großen lateinamerikanischen Städte sind von einem Kranz zellenförmiger Siedlungskerne geprägt. Sie sind Folge einer oft unkontrollierten flächenhaften Stadtexpansion, die vor allem durch den Zuwanderungsdruck aus den ländlichen Regionen des Landes ausgelöst wurde. Drei Siedlungstypen kennzeichnen diese Zellenstruktur: Zum Ersten sind es illegale Hüttenviertel (squatter settlements), die auf öffentlichen oder privaten Ländereien ohne Genehmigung der Behörden oder des Besitzers errichtet wurden, sowie semilegale Hüttenviertel, die aus der nicht genehmigten Parzellierung und Bebauung von Flächen resultieren, wobei die Grundstücke legal erworben wurden. Zum Zweiten sind es legale Hüttenviertel, bei denen nicht nur die Übertragung der Grundstücke rechtmäßig erfolgte, sondern auch die Bebauung von der Behörde genehmigt wurde. Diese beiden Typen werden in der Literatur vielfach als „Marginalsiedlungen" bezeichnet, ein Ausdruck, der in jeder Beziehung aussagekräftiger ist als Elendssiedlungen oder Slums. Der Begriff Marginalsiedlungen bringt zum Ausdruck, dass diese Siedlungen räumlich am Rande der Städte liegen und ihre Bewohner in wirtschaftlicher und sozialer Hinsicht eine randliche Stellung einnehmen, am Rande der Gesellschaft leben. Zum Dritten sind es Viertel des sozialen Wohnungsbaus, meist mehrstöckige Wohnblocks oder Reihenhäuser, meist von Angehörigen der unteren Mittelschicht bewohnt.

Die Pfeile im Modell zeigen die Wanderungsbewegungen der Bevölkerung, wobei sich mehrere Migrationsströme überlagern: einerseits Wanderungen vom Land in die innerstädtischen oder zentrumsnahen Elendsviertel sowie in die randstädtischen Marginalviertel, beides Ergebnis der Landflucht, andererseits intraurbane Wanderungen vom Stadtkern in die Randviertel.

Diese unterschiedlichen Wanderungsbewegungen lassen sich wie folgt erklären: Weibliche Zuwanderer vom Land ziehen vielfach in die Viertel der Oberschicht, wo sie Beschäftigung und Unterkunft als Dienstleistungspersonal finden. Alleinstehende männlich Zuwanderer bevorzugen zumeist die innerstädtischen Quartiere, da sie hier am ehesten eine Beschäftigung finden, vor allem im informellen Sektor, z.B. im Straßenhandel, als Lastenträger oder Gelegenheitsarbeiter auf Baustellen. Sobald sie eine dauerhafte Arbeit gefunden haben und sich ihre finanzielle Lage einigermaßen konsolidiert hat, ziehen sie vielfach in die weiter außerhalb gelegenen Marginalsiedlungen, um sich dort eine Hütte zu errichten, die sie nach und nach ausbauen und ausstattungsmäßig verbessern.

Aufgabe 2

Auch die Entwicklung der US-amerikanischen Stadt ist durch ausgeprägte Wanderungsbewegungen geprägt, die hier allerdings vor allem im Rahmen der Suburbanisierung erfolgen, also nicht aus rural-urbanen Migrationen herrühren. In beiden Großräumen sind die Wanderungsbewegungen Ursache für das starke Flächenwachstum und für die Vergrößerung der Disparitäten zwischen Kern (City) und Rand. Sowohl in Lateinamerika als auch in den USA gehören die City bzw. der Cityrand zu den städtischen Krisengebieten, in beiden Stadttypen ist die City von einem Slumgebiet umgeben.

Den beiden Modellen sind folgende markante Unterschiede zu entnehmen: In den lateinamerikanischen Städten finden sich am Rand vor allem Hüttenviertel und Viertel des sozialen Wohnungsbaus, während in den Suburbs der US-amerikanischen Städte vor allem Angehörige der wohlhabenden Mittelschicht wohnen (Einfamilienhäuser). Während in Lateinamerika die Suburbanisierung in erster Linie das Resultat einer armutsbedingten Landflucht ist (hier könnten die Schüler die bekannten push-Faktoren auflisten), ist die Suburbanisierung in den US-amerikanischen Städten vor allem das Ergebnis einer wohlstandsabhängigen Stadtkern-Stadtrand-Wanderung, ausgelöst und gesteuert durch vielfältige Faktoren, wie z.B. hohe Boden- und Mietpreise in der City, hohe Mobilität der Bevölkerung durch den motorisierten Individualverkehr oder geänderte Ansprüche an das Wohnumfeld (Wohnen im Grünen). Anders als in den lateinamerikanischen Städten ist in den Städten der USA nicht nur eine Bevölkerungssuburbanisierung zu beobachten, sondern auch eine Suburbanisierung der Industrie und des tertiären Sektors. Eine Gentrification findet in dem meisten lateinamerikanischen Innenstädten (noch) nicht statt.

D 4	Von der Apartheid zur Post-Apartheid – Das Beispiel Kapstadt	Städte in außer-europäischen Räumen

Arbeitsmaterial:

M 1: Modell der Apartheid-Stadt

(Quelle: *Jürgens, U.; Bähr, J.* (1993): Die Stadt in der Republik Südafrika – Von der Spät-Apartheid zur Post-Apartheid. In: Geographische Rundschau 45, Heft 7-8, S. 410)

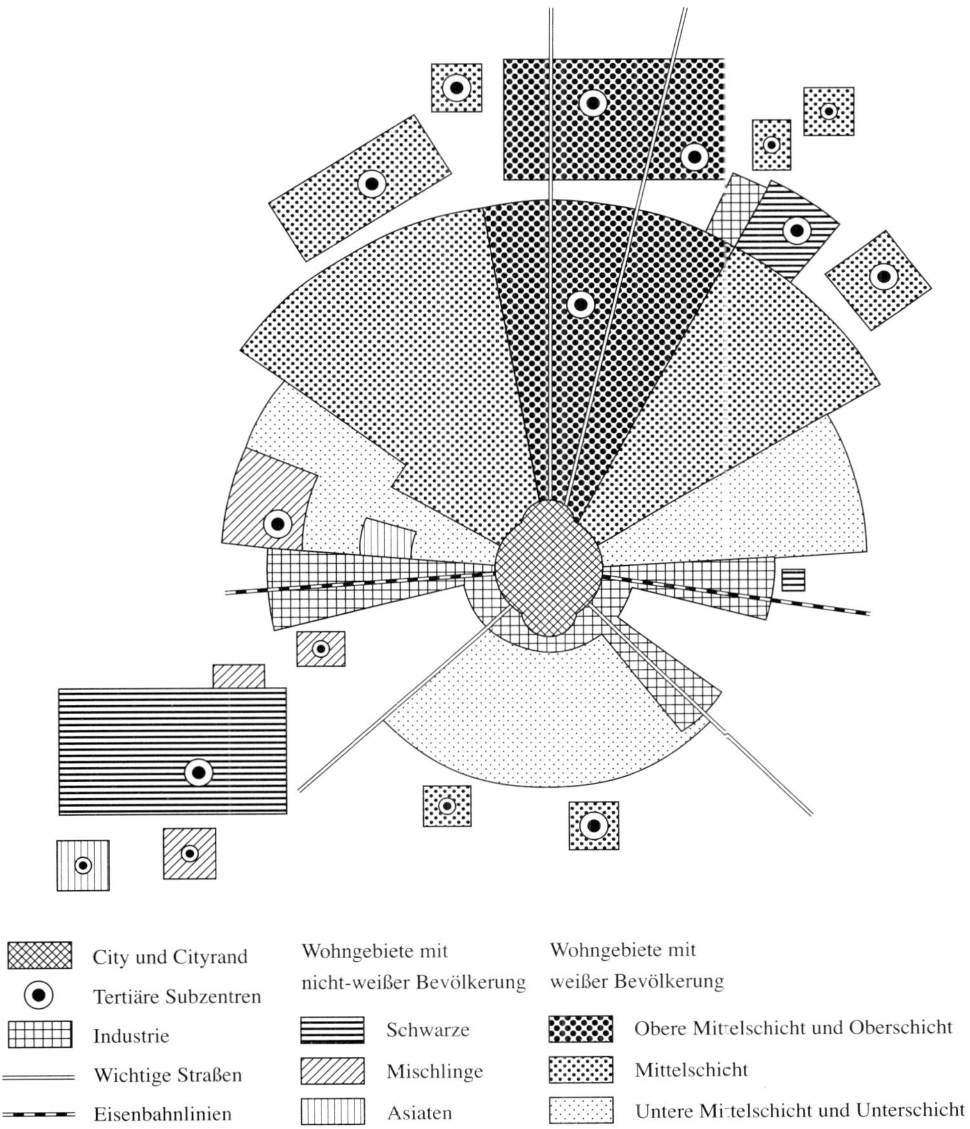

Arbeitsmaterial (Fortsetzung):

M 2: Modell der Apartheid-Stadt

(Quelle: *Jürgens, U., Bähr, J.* (1993): Die Stadt in der Republik Südafrika – Von der Spät-Apartheid zur Post-Apartheid. In: Geographische Rundschau 45, Heft 7-8, S. 410-411, gekürzt)

Mit dem Schlagwort von der Apartheid-Stadt wird in erster Linie auf die rassenspezifische Ausweisung von Wohngebieten Bezug genommen und der Unterschied zwischen ungeplanter und geplanter sowie gesetzlich verankerter Segregation betont (...). Die „ideale Apartheid-Stadt" gliedert sich in verschiedene rassenspezifische Sektoren, die von *buffer zones* in Form von physischen Barrieren, Verkehrsanlagen, Industrieeinrichtungen oder unbebauten Landstücken getrennt sind. Die sehr unterschiedlichen Rechte der einzelnen im Population Registration Act von 1950 näher definierten Rassengruppen (Weiße, Mischlinge, darunter ursprünglich auch Inder, Schwarze) spiegeln sich nicht nur in der Flächenausdehnung der ihnen zugewiesenen Gebiete wider, sondern auch in deren feinerer Untergliederung. Während für die „weiße" Stadt eine sozio-ökonomische Viertelsbildung charakteristisch ist, waren die *townships* der Schwarzen ursprünglich nach ethno-linguistischen Gesichtspunkten aufgeteilt (...). Eine Besonderheit stellen die sog. *hostels* dar – einfachste Sammelunterkünfte für alleinstehende Männer und Frauen, die im „weißen" Gebiet arbeiten. Im Zentrum der Apartheid-Stadt liegt der (weiße) CBD, dessen Angebot an Waren und Dienstleistungen von allen Bevölkerungsgruppen nachgefragt wird.

M 3: Kapstadt – Rassenspezifische Wohngebiete nach dem „Group Areas Act"

(Quelle: *Jürgens, U.* (1998): Kapstadt – Entwicklungspotentiale und -hemmnisse im neuen Südafrika. In: Geographische Rundschau 50, Heft 4, S. 213, verändert)

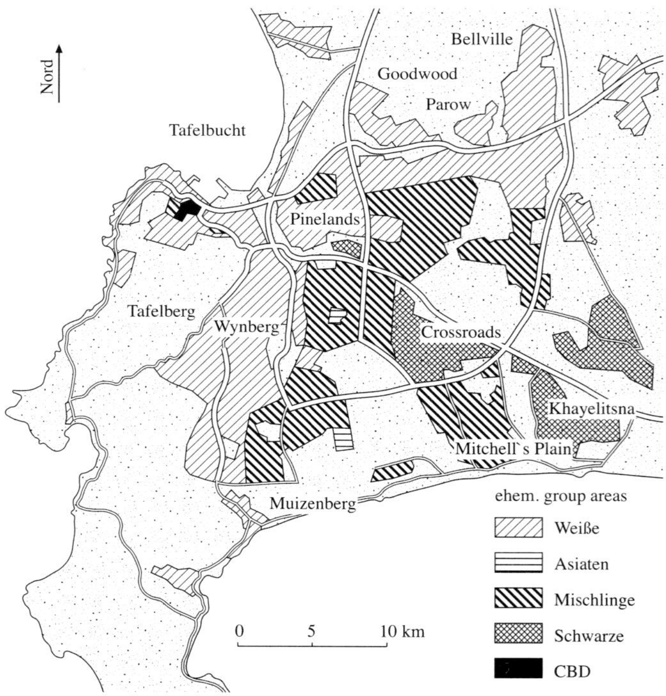

D 4	Von der Apartheid zur Post-Apartheid – Das Beispiel Kapstadt	Städte in außereuropäischen Räumen

Arbeitsmaterial (Fortsetzung):

M 4: Modell der Post-Apartheid-Stadt

Quelle: *Jürgens, U., Bähr, J.* (1993): Die Stadt in der Republik Südafrika – Von der Spät-Apartheid zur Post-Apartheid. In: Geographische Rundschau 45, Heft 7-8, S. 411)

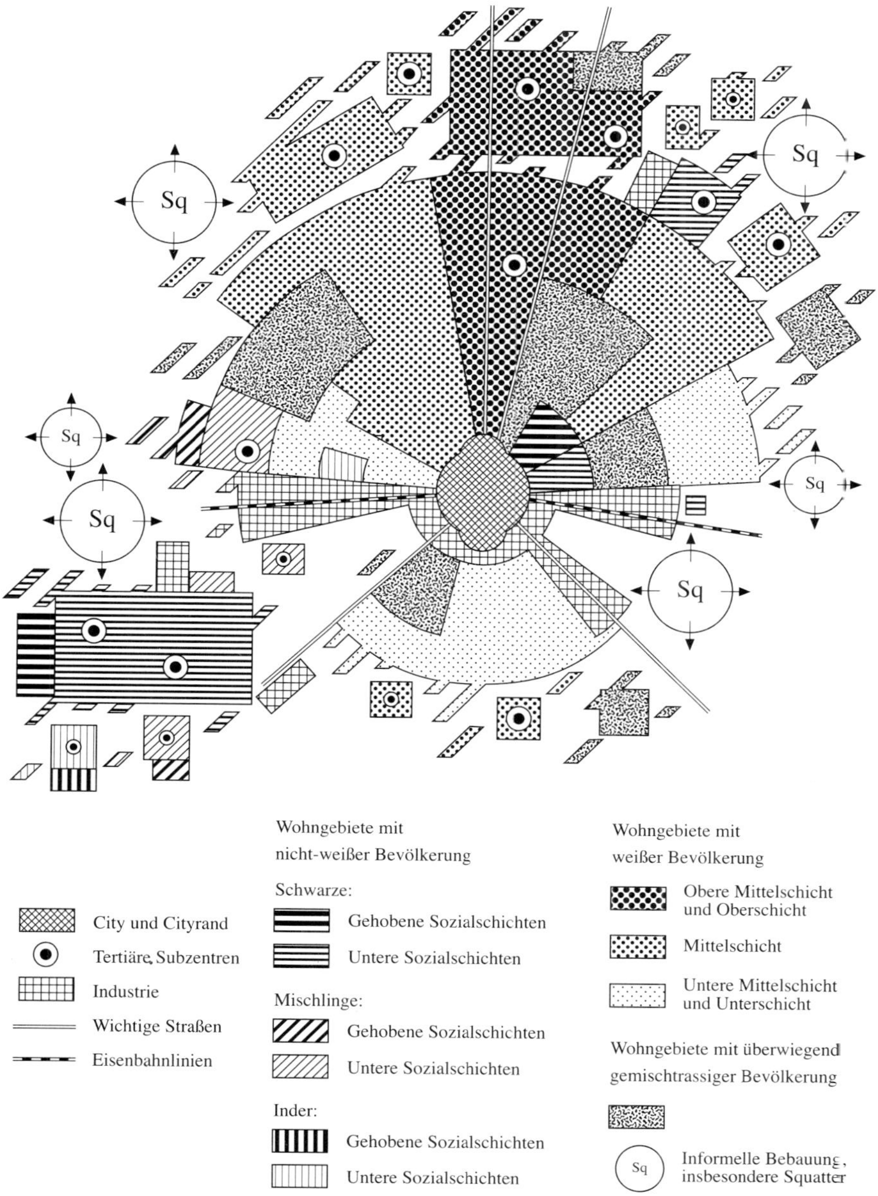

Arbeitsmaterial (Fortsetzung):

M 5: Kapstadt – historische Stadtentwicklung

(Quelle: *Jürgens, U.* (1998): Kapstadt – Entwicklungspotentiale und -hemmnisse im neuen Südafrika. In: Geographische Rundschau 50, Heft 4, S. 211-213)

Ganz im Gegensatz zur geschichtslosen und eher funktionalen Bau- und Stadtentwicklung Südafrikas stellt Kapstadt wegen seines bauhistorischen Erbes, das bis in das 17. Jh. zurückreicht, eine markante Ausnahme dar. Mit der Nachbarschaft des Tafelbergmassivs gehört es darüber hinaus zu denjenigen Städten, die dank ihrer spektakulären Lage ein besonders positives Besucherimage ausstrahlen. Gegründet im Jahr 1652 als Versorgungsstation der Holländisch-Ostindischen Kompanie, breitete sich die weiße Bevölkerung (v.a. Holländer, Deutsche, Hugenotten) unter räumlicher Verdrängung oder rassischer Vermischung mit den Ureinwohnern der Khoikhoi aus. Die Einfuhr malaischer und schwarzer Sklaven bis zu Beginn des 19. Jhs. (Abschaffung der Sklaverei 1834 unter der seit 1806 bestehenden britischen Herrschaft) vergrößerte noch die Bevölkerungsvielfalt (...). 1662 betrug die Bevölkerung in der Siedlung 394 Personen, nahm bis 1714 auf 3.878 und 1806 auf 16.428 Personen zu, von denen 39 % europäischer Herkunft (...).

Aufgrund der Förderung weißer Zuwanderung durch die britische Verwaltung stieg dieser Anteil bis 1855 auf 62 % an.

Der Erste und der Zweite Weltkrieg förderten die Position Kapstadts als Nachschubhafen, Schiffsreparatur- und Industriestandort und lösten eine Bevölkerungsexplosion durch Zuwanderung von Mischlingen sowie schwarzer Bevölkerung aus dem östlichen Kapland aus.

Der Anteil schwarzer Industriebeschäftigter nahm zwischen 1933 und 1948 um 534 % zu (...). Gesetzliche Kontrollen und Verbote sowie die Deklaration des Western Cape als „*preferential labour area*" für Weiße und Mischlinge (...) sollten diese Entwicklung stoppen. Zwangsumsiedlungen nicht-weißer Bevölkerungsgruppen und Abriss *(Bulldozing)* ihrer Wohngebiete (z B District Six, Crossroads), der Neubau von Apartheid-Wohngebieten wie Mitchell's Plain für Mischlinge (Baubeginn 1974) und Khayelitsha (Baubeginn 1983) für Schwarze (...) transformierten Kapstadt seit Ende der 60er Jahre zur Apartheidstadt (...).

D 4	Von der Apartheid zur Post-Apartheid – Das Beispiel Kapstadt	Städte in außer-europäischen Räumen

Arbeitsmaterial (Fortsetzung):

M 6: Entwicklung der Wohnbevölkerung im Großraum Kapstadt

(Quelle: *Jürgens, U.* (1998): Kapstadt – Entwicklungspotentiale und -hemmnisse im neuen Südafrika. In: Geographische Rundschau 50, Heft 4, S. 213, ergänzt)

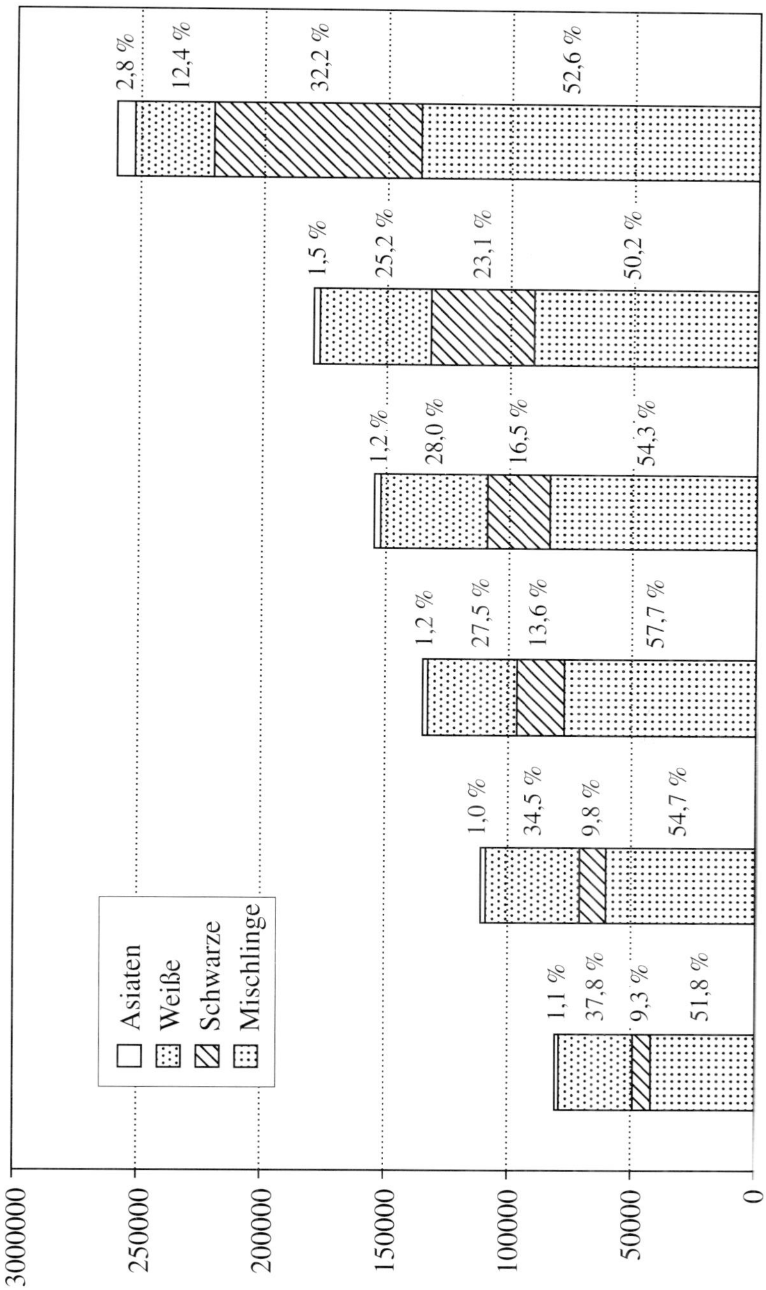

Arbeitsmaterial (Fortsetzung):

M 7: Soziale Entwicklungen

(Quelle: *Jürgens, U.* (1998): Kapstadt – Entwicklungspotentiale und -hemmnisse im neuen Südafrika. In: Geographische Rundschau 50, Heft 4, S. 211-217)

„Alte" Probleme

Zu diesen zählen die Restitutionsansprüche von den Menschen, die aufgrund der restriktiven Siedlungspolitik des Apartheid-Regimes aus ihren citynahen Wohngebieten umgesiedelt wurden.

Zum Erbe der Apartheid zählt auch die Wohnungsnot unter den Schwarzen und den Coloureds. Besonders benachteiligt sind die schwarzen Bevölkerungsgruppen, da Wohnungsbauprojekte eingefroren wurden, um den Zuzug von Schwarzen aus den Homelands am Eastern Cape zu unterbinden.

Nach Schätzungen der Stadtverwaltung leben etwa 74.000 schwarze Familien als Squatter. Weitere 60.000 Coloureds stehen auf der Warteliste für eine offizielle Wohneinheit. Demzufolge sind Bevölkerungsgruppen von der sog. „silent apartheid" betroffen, da es für sie finanziell nicht möglich ist, die überhöhten Mietpreise in den Wohngebieten der Weißen zu bezahlen.

Die Schätzungen des Wohndefizits in der Stadt gehen jedoch weit auseinander, je nachdem, wie eine ausreichende Wohnung definiert wird. Eine wirkliche Lösung des Problems ist nicht in Sicht. Der schwerfällig arbeitende Verwaltungsapparat wird als Hauptursache für die Verzögerung des Wohnungsbauprogramms angesehen.

„Neue" Probleme

Die Regierung von Südafrika hat alle Anstrengungen unternommen, eine allmähliche Angleichung der Lebensbedingungen der verschiedenen ethnischen Gruppen zu erreichen. Doch trotz aller Erwartungen haben sich die Einkommensdisparitäten in den verschiedenen Bevölkerungsgruppen nicht verringert. Das durchschnittliche Haushaltseinkommen betrug in Kapstadt im Jahr 1996 für die Schwarzen umgerechnet ca. 4.000 DM, das der Coloureds ca. 9.000 DM und das der Weißen 23.000 DM.

Die Arbeitslosigkeit ist nach ethnischen Gruppen verschieden. Zwar ist sie bei den Weißen mit 4-5 % immer noch sehr niedrig, doch stellt sie für diese Gruppe eine völlig neue Erfahrung dar, weil diese früher durch den „job reservation act" weitestgehend davor geschützt war. So sind die unter der Armutsgrenze lebenden „poor whites" heute im Stadtbild von Kapstadt ein alltäglicher Anblick.

Es ist anzunehmen, dass von der offiziellen Statistik weder die wirkliche Armut, die Zahl der in informellen Wohnstrukturen, noch die der Obdachlosen erfasst wird. So wird die Physiognomie der Stadt zunehmend geprägt von Bettlern, Straßenkindern und Straßenhändlern. Der Straßenhandel erfüllt jedoch häufig eine Alibifunktion für Drogenhandel und andere illegale Geschäfte. Kapstadt hat sich zu einem internationalen Umschlagplatz für Drogen entwickelt, die den Straßengangs eine neue lukrative Einkommensquelle eröffnen. Die Zahl der Drogensyndikate wächst ständig.

Eine ähnlich große Ausbreitung hat auch das Rotlichtmilieu erfahren.

Will man Kapstadt für ausländische Investoren und für Touristen attraktiver machen, um das Wirtschaftswachstum zu stabilisieren, ist zunächst eine durchgreifende Bekämpfung der Kriminalität notwendig. Diese birgt z.Zt. erhebliche Konfliktpotentiale zwischen Demokratisierungsgewinnern und Opfern, nicht nur auf der Seite der Schwarzen.

Arbeitsmaterial (Fortsetzung):

M 8:

„Whitey" wohnt jetzt mit Schwarzen im Slum

Ohne den Schutz der Apartheid für ihre Arbeitsplätze sind viele Weiße in Südafrika zu Bettlern geworden

Der zusammengeklappte Kartondeckel gehört zur Standardausrüstung. Sobald die Ampel auf Rot schaltet und die Autos anhalten, wird das provisorische Schild aufgeschlagen. „Arbeitslos. Meine vier Kinder und der kranke Mann haben Hunger. Bitte helft!" In jeder südafrikanischen Großstadt gehören die Bettler zum Alltag. Aber seit Nelson Mandela Präsident ist, seit die Apartheid beendet und die weiße Minderheit nicht mehr an der Macht ist, gibt es eine neue Sorte Bettler: Weiße.

Zu Apartheid-Zeiten sorgte die Regierung dafür, dass kein Weißer betteln gehen musste. Die Nationale Partei kam 1948 mit zwei großen Versprechen an die Macht: Apartheid und Arbeit für die Weißen. Es gab immer arme Weiße in Südafrika, aber die Armut wurde verdeckt, totgeschwiegen. Es gab ein zuverlässiges soziales Netz für Weiße: subventionierte Wohnungen, Arbeitslosengeld, vor allem aber Arbeitsplätze, die für Weiße reserviert waren. Die Eisenbahn, die Post, der staatliche Stahlkonzern Iscor, die Strombehörde Escom, das Militär – alle gaben sogar ungelernten Weißen selbstverständlich Arbeit. Damit ist es jetzt vorbei. Für Jobs, Wohnungen (und Almosen) müssen sie gegen Schwarze konkurrieren. Wer nicht gut ausgebildet ist, hat keine Chance.

Von *Hans Brandt* (Kapstadt)
Aus: Frankfurter Rundschau vom 11.1.1996

Aufgaben:

1. Beschreiben Sie das Modell der Apartheid-Stadt. Konkretisieren und relativieren Sie Ihre Aussagen am Beispiel von Kapstadt.
2. Benennen Sie Veränderungen in der Post-Apartheid-Stadt. Leiten Sie daraus mögliche Entwicklungspotentiale und Hemmnisse für Kapstadt in der Post-Apartheid-Ära ab.

L	D 4	Von der Apartheid zur Post-Apartheid – Das Beispiel Kapstadt	Städte in außereuropäischen Räumen

Vorbemerkungen:

Mit den ersten allgemeinen und freien Parlamentswahlen im April 1994 gehörte für die Mehrheit der Bevölkerung in Südafrika die Apartheid-Ära mit ihrer restriktiven Siedlungspolitik der Vergangenheit an. Damit erschlossen sich neue Möglichkeiten im Abbau sozialökonomischer Polaritäten.

Jedoch bewirkte die neugewonnene Liberalisierung des Wohnens und Wirtschaftens keine unmittelbare Beseitigung der in der Apartheidzeit angelegten Stadtstrukturen, sondern deren Umnutzung.

Das stadtgeographisch relevante Erbe der Apartheid-Gesetzgebung war eine strenge Wohnsegregation der Rassen nach dem sog. „Group Areas Act“. Dieses Gesetz schrieb vor, dass Menschen entsprechend der von der südafrikanischen Regierung definierten Rassen – Weiße, Asiaten, Coloured und Schwarze – nur in einem ganz bestimmten Stadtteil (defined group area) wohnen und Besitzrechte an Grund und Boden erwerben durften. Nach der Aufhebung der Apartheidgesetze wurde allen südafrikanischen Bevölkerungsgruppen die freie Wahl des Ortes durch die Verfassung garantiert. Infolgedessen setzte eine Land-Stadt-Wanderung ein, die die ohnehin schon offensichtliche Primatfunktion von Kapstadt noch verstärkte.

Die Gründe sind vielfältig. Ähnlich wie in Durban und Johannesburg ist auch hier durch die zunehmende Informalisierung des Wirtschaftslebens eine weitere Enteuropäisierung der Stadt anzunehmen, da der erwartete „spin-off“-Effekt für die Wirtschaft aufgrund des Scheiterns der Bewerbung um die Olympischen Spiele im Jahre 2004 wegfällt.

Stattdessen wird für Kapstadt in Zukunft der wirtschaftliche Aufschwung vor allem auf der Tourismus- und Vergnügungsindustrie begründet sein. Die damit verbundenen Tendenzen der sozialen Polarisierung führen nach Aussagen kritischer Beobachter zu neuen rassischen Animositäten zwischen Coloured und Schwarzen, die Kapstadt zum „Joeburg-by-the-sea“ verändern werden.

Vor dem Hintergrund des oben entwickelten Kontextes soll das Stadtmodell erläutert werden, das die südafrikanische Gesellschaft symbolartig repräsentiert.

Das vorliegende Modell der südafrikanischen Hafenstadt Kapstadt lässt deutlich werden, wie sehr dieser Stadttyp aufgrund ethnisch-rassischer und gesellschaftspolitischer Besonderheiten von anderen deskriptiven Stadtmodellen abweicht.

Aus diesen Bedingungen lassen sich folgende Entwicklungstrends für Kapstadt ableiten:

- die in der Apartheid-Ära durch die klare Trennung der Rassen entstandenen Wohngebiete werden allmählich durchmischt durch das informelle Einsickern nichtweißer Bevölkerungsgruppen in die ehemals für Weiße bestimmten Stadtteile
- die überkommenen Wohnstrukturen werden nicht mehr nur durch eine ethnische, sondern auch durch eine sozio-ökonomische Segregation bestimmt. Allerdings deckt sich diese in den unteren Einkommensgruppen noch mit denen der Rassenzugehörigkeit

- das rasante Bevölkerungswachstum (prognostizierte 4,2 Mio. für das Jahr 2015), verursacht durch das generative Verhalten der nicht-weißen Bevölkerungsgruppen und die starke Zuwanderung Schwarzer, lässt der Stadtplanung und Siedlungspolitik kaum Möglichkeiten, auf die momentane Situation durch integrierte Entwicklungsplanung zu reagieren
- die Mehrheit der nicht-weißen Bevölkerung wird in Kapstadt keine Erwerbsmöglichkeiten finden. So ist es wahrscheinlich, dass auch hier, ähnlich wie in Durban und Johannesburg beobachtet, informelle Lebens- und Wirtschaftsformen zunehmen und die Stadt durch den von vielen Weißen prognostizierten, „third-world-takeover" bestimmt wird.

Der Einfluss der Apartheid und der ihr zugrundeliegende Rassismus bringen eine geographische Beschreibung und Analyse der inneren Struktur südafrikanischer Städte u.U. in die Nähe unwissenschaftlicher Parteinahme. Auf diese Gefahr sollte der Lehrer vorbereitet sein und seinen Schülern durch ergänzendes Material eine fundierte Beurteilung ermöglichen. Die Unterrichtsreihe bietet dem Schüler ebenfalls die Möglichkeit, sich kritisch mit der Verwendung von Modellen im Geographieunterricht auseinander zu setzen.

Literatur:

Jürgens, U. (1994): Bekhersdal, West Rand. Black population and settlement growth in a South-African Township. In: Petermanns Mitteilungen, 138, S. 67-76

Jürgens, U. (1998): Kapstadt – Entwicklungspotentiale und -hemmnisse im neuen Südafrika. In: GR 50, Heft 4, S. 211-217

Jürgens, U., Bähr, J. (1992): Die Öffnung südafrikanischer Innenstädte für nicht-weiße Unternehmer. In: Zeitschrift für Wirtschaftsgeographie 38, S. 175-184

Jürgens U., Bähr, J. (1993): Die Stadt in der Republik Südafrika – Von der Spät-Apartheid zur Post-Apartheid. In: GR 45. Heft 7-8 S. 410-419

Lösungsvorschlag:

Aufgabe 1

Die gesetzlich verankerte Rassentrennung und die Vielfalt rassischer Gruppierungen unter der Vorherrschaft der Weißen geben auch heute noch den Städten Südafrikas ihr einmaliges Gepräge.

Ein wesentliches Charakteristikum der Stadt in der Zeit der Apartheid war die räumliche Segregation nach der von der südafrikanischen Regierung definierten Rassenzugehörigkeit in Weiße, Schwarze, Mischlinge (Coloureds) und Asiaten.

In M 1 sind die Strukturmerkmale der Apartheid-Stadt exemplarisch dargestellt. Obwohl dieses Modell auf der Basis der Metropolitan Area von Johannesburg entstanden ist, lassen sich räumliche Gesetzmäßigkeiten auch für Kapstadt daraus ableiten.

Im Strukturmodell sind sowohl ringförmige als auch sektorenförmige Segmente für die Wohngebiete mit weißer und nicht-weißer Bevölkerung ausgewiesen. Um die City sind im Süden eine industrielle Zone und an diese anschließend Wohngebiete der weißen unteren Mittelschicht und Unterschicht ringförmig angesiedelt. Die Industriegebiete erweitern sich entlang der Eisenbahnlinien und der Hauptstraßen.

Auch die sektorale Ansiedlung der Wohngebiete folgt im wesentlichen diesen Leitlinien. Die sozial-räumliche Differenzierung innerhalb dieser Sektoren wird durch die Nähe bzw. Entfernung zu den Standorten der Industrie sowie durch den Einfluss des Reliefs bestimmt. Deutlich treten im Norden die statushöheren Sektoren der Weißen entlang der von den CBD ausgehenden Verkehrslinien in Erscheinung. Zu beiden Seiten der Wohngebiete der oberen Mittelschicht und Oberschicht erstrecken sich die der Mittelschicht. Die durch Rechtecke ausgewiesenen Stadtteile im Norden weisen größere und kleinere tertiäre Subzentren auf als Ergänzung zum CBD und sind deutliche Zeichen verstärkter Suburbanisierungstendenzen. Die Wohngebiete der nichtweißen Bevölkerungsgruppen liegen hauptsächlich an der südlichen Peripherie, wo auch das flächenmäßig größte Township der Schwarzen (Soweto) im Rahmen der im „Group Areas Act“ staatlich angeordneten Sanierungs- und Umsiedlungsmaßnahmen entstand. Die wesentlich geringere Flächenausdehnung dieser Wohngebiete spiegelt die sehr unterschiedlichen Rechte für die einzelnen Bevölkerungsgruppen in der Zeit der Apartheid wider.

Die am Modell herausgearbeiteten Charakteristika der Apartheid-Stadt gelten im wesentlichen auch für Kapstadt. Modifizierungen im sozial-räumlichen Grundgefüge sind zum einen bedingt durch die in der frühen Besiedlung und Erschließung angelegten Raummuster, zum anderen durch die besonderen topographischen Bedingungen, dem Tafelbergmassiv im Westen, der Kleinen Karoo im Osten, den Ausläufern der Großen Karoo im Norden sowie der Lage am Atlantik und dem Indischen Ozean.

Die für die heutige sozial-räumliche Struktur Kapstadts charakteristische Dreiteilung der Stadt geht auf die Gründerzeit zurück. Die Wahl des Wohnortes für die Weißen wurde zunächst durch die Erreichbarkeit des Zentrums und des Hafens bestimmt. Der mit der raschen Bevölkerungszunahme einhergehende steigende Bedarf an gehobenem Wohnraum führte in Kapstadt zusammen mit der Erweiterung des Straßennetzes zu einer Ausdehnung der Wohngebiete der Weißen entlang zweier Hauptachsen in östliche und südliche Richtung vom Stadtzentrum aus. Da eine strenge Trennung nach Rassenzugehörigkeit bis 1948 noch nicht gegeben war, entstanden in der Nähe des Hafens und östlich vom Stadtzentrum gemischtrassige Wohngebiete (Bo-kaap zwischen Signal Hill und Buitengracht Street und District 6).

Der durch die besondere wirtschaftlich Situation im Zweiten Weltkrieg ausgelöste Zustrom an Schwarzen und Mischlingen löste eine unkontrolliert Landnahme inner- und außerhalb des Stadtgebietes aus. Dies hatte eine Verschärfung der staatlichen Kontrollmaßnahmen zur Folge. Besonders nach der Machtübernahme der Burischen Nationalpartei wurden die vorher eher informellen Segregationstendenzen durch die weiße Oberschicht verstärkt und durch gesetzliche Maßnahmen geregelt. So wurde nach den Vorgaben im „Group Areas Act“ (1950) die Stadt in Sektoren aufgeteilt, die jeweils einer bestimmten Rasse zugeteilt wurden. In der dadurch notwendigen Umsiedlungsphase wandelte sich Kapstadt von einer Segregationsstadt zu einer Apartheid-Stadt. Im Laufe dieser Entwicklung kam es zu staatlich angeordneten Slum-Sanierungen (z.B. von District 6) und Umsiedlungen der Coloureds nach Mitchell's Plain und der Schwarzen nach Khayelitsha.

Aufgabe 2

Bei dem Stadtmodell der Post-Apartheid-Ära wird ein Mosaik an innerstädtischen Strukturen sichtbar.

Da unter dem Apartheid-Regime der afrikanischen Bevölkerung und den Coloureds der Immobilienbesitz verboten war, kam es in den Wohngebieten zu einer erzwungenen sozialen Gleichheit. Durch die in der Post-Apartheid einsetzende soziale Differenzierung entstehen neue Strukturen, die nur noch ansatzweise mit denen der „group areas" übereinstimmen.

Von der City aus werden die Wohnsektoren der weißen Ober-, Mittel- und Unterschicht mit zentrumsnah gelegenen ringzonalen Wohngebieten der schwarzen gehobenen und unteren Sozialschichten sowie mit gemischtrassigen Wohngebieten (grey areas) durchsetzt. Die Umnutzung ist besonders deutlich in den ehemaligen Wohngebieten der weißen unteren Mittelschicht und Unterschicht in unmittelbarer Nähe zu den Industriegebieten.

An der Peripherie der Stadt bilden sich Wohngebiete aller Rassen als Erweiterung der ehemaligen „group areas" heraus. Eine Vielfalt an Siedlungskernen, vorwiegend in Wohngebieten der Schwarzen und der Mischlinge, entsteht. Diese werden durch die informellen Wohngebiete der „squatter" ergänzt.

Diese Marginalisierung, wie sie für viele Großstädte der Dritten Welt typisch ist, wird jetzt auch hier mit zeitlicher Verzögerung sichtbar.

Da sich das Netz der tertiären Versorgungs- und Dienstleistungszentren nur unwesentlich erweitert hat ist anzunehmen, dass die City und der Cityrand trotz der peripheren Lage zu den neuen Wohngebieten jetzt für alle Rassen zugänglich ist.

Die Überformung der in der Apartheid gewachsenen Strukturen wird auch in der Entwicklung der Wohnbevölkerung im Großraum Kapstadt sichtbar. Bei der vorgelegten Prognose für das Jahr 2000 wird die relative Zunahme der Schwarzen auf 32,2 % der Gesamtbevölkerung besonders deutlich.

Der Anteil der Weißen wird für den angegebenen Prognosezeitraum von 25,2 % auf 12,4 % zurückgehen, der der Asiaten wird sich nur unwesentlich auf 2,8 % erhöhen. Die größte Bevölkerungsgruppe wird auch weiterhin durch die Coloureds (52,6 %) repräsentiert. Diese machte in der offiziellen Statistik von 1960-1990 immer über 50 % an der Gesamtbevölkerung Kapstadts aus.

Insgesamt gesehen wird Kapstadt aufgrund nicht mehr existierender Mobilitätsbeschränkungen zum Magneten für unterschiedliche Bevölkerungsgruppen, vor allem aber für Schwarze werden. An dieser zunehmenden Afrikanisierung werden zu einem nicht unerheblichen Teil die Wanderungsgewinne („chain migration") aus dem ländlich geprägten Eastern Cape, Kwazulu und Natal sowie die natürliche Bevölkerungszunahme der Schwarzen von ca. 4 % im Jahr beteiligt sein.

Der größte Anteil der Zuwanderer wird im erwerbsfähigen Alter sein, Arbeit und Wohnraum suchen. Die Versorgung mit beidem wird der wachsenden Nachfrage nicht entsprechen können. Dies bedeutet, dass informelle Strukturen, wie Squattersiedlungen und Straßenhandel zunehmend die Physiognomie von Kapstadt prägen werden. Auf den Freiflächen in unmittelbarer Nähe der Townships (Crossroads, Mitchell's Plain, Khayelitsha) und an die innerstädtischen ehemaligen „white group areas" (Pinelands, Wynberg und Muizenberg) werden sich unter Wettbewerbsbedingungen des freien Marktes Bevölkerungsgruppen unterschiedlicher Ethnien ansiedeln. Die im Norden von Kapstadt liegenden Wohnviertel der Weißen (Goodwood, Belleville und Parow) werden aufgrund ihrer peripheren Lage zunächst nicht von den Wanderungsbewegungen erfasst werden. Da der CBD jetzt allen Bevölkerungsgruppen offen steht, werden sich hier entsprechende Geschäftsviertel nicht-weißer Bevölkerungsgruppen im formellen Bereich herausbilden.

Deshalb wird die City für Weiße an Attraktivität verlieren. Deren Investitionstätigkeit wird sich auf arbeitsplatzschaffende Maßnahmen in den Außenbezirken verlegen und auf diese Weise Suburbanisierungsprozesse verstärken.

Für die Einschätzung möglicher Entwicklungspotentiale oder -hemmnisse der Stadtregion können vielfältige Aspekte herausgearbeitet und durch Prognosen ergänzt werden:

- Aufhebung wirtschaftlicher Sanktionen und damit verbundenes reales Wirtschaftswachstum für die Kapregion
- Wachstumspotentiale besonders in der Tourismusbranche
- Liberalisierung und Deregulierung aller Gesellschaftsbereiche
- Ablösung bisher weißer Schlüsselpositionen durch neue nichtweiße Geschäftsgründer und Investoren im Produktionsbereich
- Auflösung ethnisch bestimmter Stadtstrukturen und Segregationstendenzen
- Herausbildung von Stadtvierteln nach dem sozialen-ökonomischen Status.

Insgesamt gesehen wird die Polarisierung in der südafrikanischen Gesellschaft auch in Kapstadt zu vielfältigen, bisher unbekannten urbanen Problemen führen. Wachsende Kriminalität und Animositäten unter den verschiedenen Gruppen der Nicht-Weißen wird die Stadt möglicherweise schon bald prägen und zu einem „Joeburg-by-the-sea‹ umgestalten. Die Zahl informeller Lebensformen („people on the pavement") mit entsprechenden Wohnformen („shacks") wird zunehmen und der Stadt den von den Weißen prognostizierten „Third-World-Takeover" bescheren. Ähnlich wie in Johannesburg und Durban beobachtet, wird die zunehmende Informalisierung des Wirtschafts- und Gesellschaftslebens eine Enteuropäisierung („white flight") beschleunigen.

D 5	Die neuzeitliche Urbanisierungsstrategie Ägyptens – Neue Städte in der Wüste	Städte in außereuropäischen Räumen

Arbeitsmaterial:

M 1a: Städte in der Wüste

(Quelle: *Ibrahim, Fouad N.* (1996): Ägypten. Eine geographische Landeskunde (WL, Bd. 42). Wissenschaftliche Buchgesellschaft. Darmstadt, S. 192)

Bereits im Zusammenhang mit dem Bau des Suezkanals im 19. Jahrhundert ließen die Khediven Ägyptens im Lande moderne Städte nach europäischem Muster durch europäische Architekten errichten. …

Zu Beginn des 20. Jahrhunderts erfolgten weitere Städteneugründungen in großzügigem Stil, so dass die Satellitenstädte Heliopolis und Hadayeq el-Qubba im Nordosten sowie Maadi el-Gedida im Süden von Kairo entstanden, …

Im Laufe der Zeit kristallisierten sich die staatlichen Urbanisierungsstrategien Ägyptens deutlicher heraus, so dass in den 1960er und 1970er Jahren Raumordnungskonzepte formuliert wurden, deren Grundzüge wie folgt zusammengefasst werden können …:

Hauptziel der planerischen Bemühungen war es, im gesamten Land eine Raumnutzungsstruktur zu realisieren, die eine möglichst homogene Bevölkerungsverteilung, einen wirtschaftlichen Ausgleich zwischen den verschiedenen Landesteilen, den Schutz des fruchtbaren Ackerlandes sowie eine Bereitstellung der erforderlichen Infrastruktur gewährleisten sollte. Zur Erreichung dieses Zieles sollten Entwicklungskorridore erschlossen werden, um die rasch wachsende Bevölkerung zur Ansiedlung außerhalb der traditionellen Siedlungsgebiete zu lenken. Im Zuge dieser Entwicklungskorridore sollten Neue Städte errichtet werden, die innerhalb der Entwicklungsachsen als Wachstumspole fungieren sollten.

D 5	Die neuzeitliche Urbanisierungsstrategie Ägyptens – Neue Städte in der Wüste	Städte in außer-europäischen Räumen

Arbeitsmaterial (Fortsetzung):

M 1b: Entwicklungskorridore in Ägypten

(Quelle: *Stewart, D.J.* (1996): Cities in the Desert: The Egyptian New-Town Program. In: AAAG, 86, 3, S. 465)

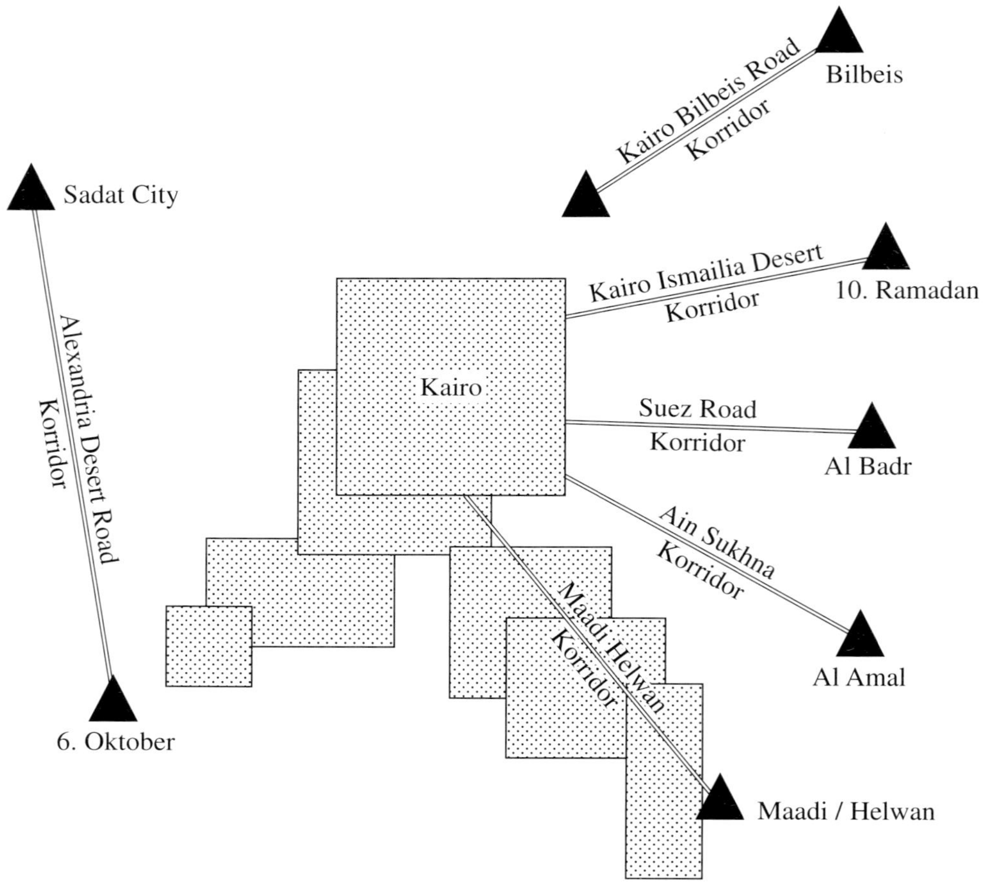

D 5	Die neuzeitliche Urbanisierungsstrategie Ägyptens – Neue Städte in der Wüste	Städte in außereuropäischen Räumen

Arbeitsmaterial (Fortsetzung):

M 2a: Die Neuen Städte

(Quelle: *Meyer, G.* (1996): Kairo – Wohnungskrise trotz Wohnungsüberfluss. In: Geographische Rundschau 48, Heft 2, S. 101)

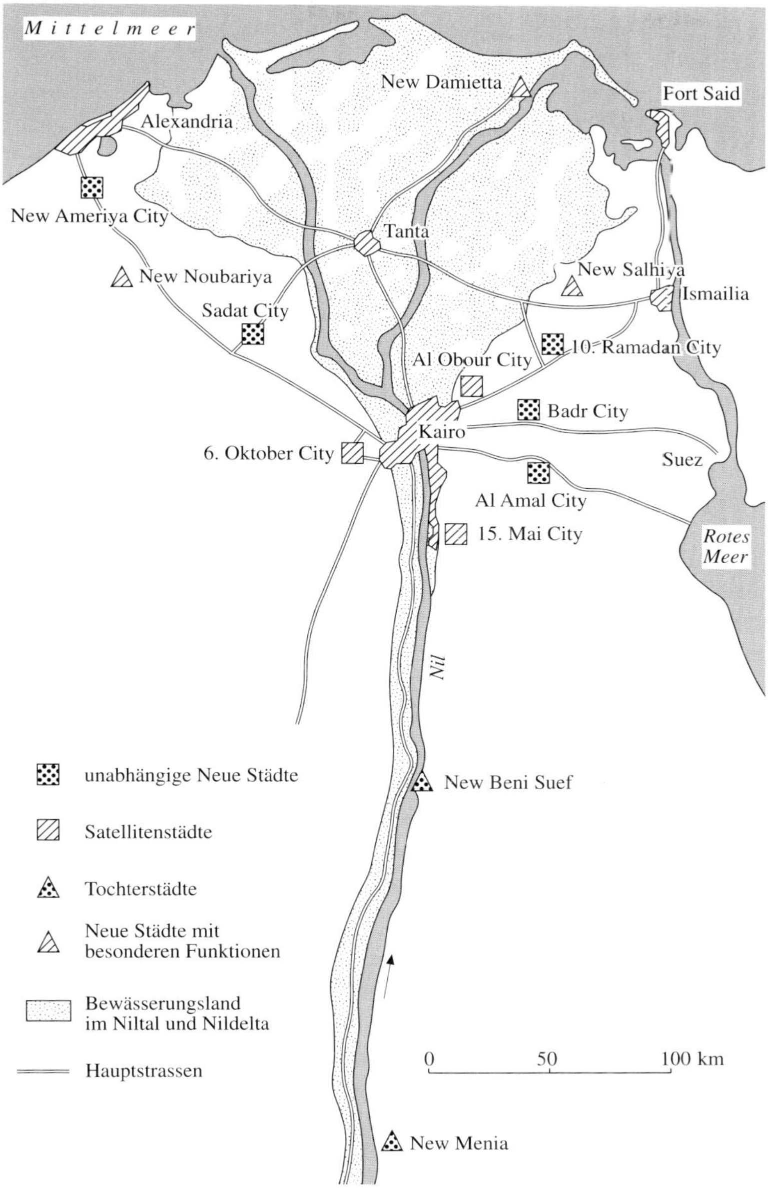

Arbeitsmaterial (Fortsetzung):

M 2b: Die Neuen Städte

(Quelle: *Stewart, D.J.* (1996): a.a.O., S. 460, ergänzt)

Kategorie	Stadtname	Bevölkerungszahl 1996	Bevölkerungszahl geplant bis 2002
Unabhängige Neue Städte	Badr New City	—	250.000
	Sadat City	18.000	500.000
	10. Ramadan	105.000	500.000
	New Ameriya	—	500.000
	Al Amal N.C.	—	500.000
Satellitenstädte	15. Mai	85.000	100.000
	6. Oktober	44.000	250.000
	Al Obour City	52.000	250.000
Neue Städte mit besonderen Funktionen	New Salehiya	4.000	100.000
	New Damietta	—	500.000
	New Noubariya	—	75.000
Tochterstädte	New Menia	—	120.000
	New Beni Suef	—	90.000

M 3a: Tochterstädte

(Quelle: *Knaupe, H., Wurzel, U.G.* (1995): Aufbruch in die Wüste – Die Neuen Städte in Ägypten. Peter Lang GmbH, Frankfurt/M., Berlin, Bern, New York, Paris, Wien, S. 139, 155, 156)

Im Masterplan waren sechs Tochterstädte in der Nähe schon bestehender Gouvernoratshauptstädte vorgesehen. Zwei von ihnen, New Menia und New Beni Suef in Mittelägypten, sind mit einem enormen finanziellen und technischen Aufwand weitgehend fertiggestellt worden. New Beni Suef wurde auf einem Wüstenplateau oberhalb des Nilufers errichtet mit dem Ziel, die Wohnungsprobleme in Ben Suef zu lösen und das Bewässerungsland der Nilaue vor weiterer Bebauung zu schützen. Durch ein Joint-Venture-Unternehmen mit Japan wurde in unmittelbarer Nähe der neuen Stadt eine Zementfabrik erbaut, die die tertiären Kalksteinanlagerungen der Umgebung verarbeitet. Andere Industriebestriebe in der Textilbranche, Nahrungs- und Genussmittelbetriebe sowie eine Baumwollentkernungsanlage sind geplant, jedoch haben einige Unternehmen aufgrund des schleppenden Ausbaus der Industriezone ihre Investitionsvorhaben zurückgenommen.

Die Neue Stadt New Menia soll nach der Beendigung ihrer Ausbauphase einen Kristallisationspunkt für die wirtschaftliche Nutzung des östlichen Nilufers als Touristengebiet darstellen.

Deshalb sind zunächst konsumnahe Unternehmen der Lebensmittel- und Leichtindustrie geplant. Diese arbeitsintensiven Betriebe könnten sich bei geringem Kapitalaufwand auf die Veredelung landwirtschaftlicher Produkte spezialisieren.

D 5	Die neuzeitliche Urbanisierungsstrategie Ägyptens – Neue Städte in der Wüste	Städte in außereuropäischen Räumen

Arbeitsmaterial (Fortsetzung):

M 3b: Geplante Siedlungsentwicklung bis zum Jahr 2000 (Quelle: *Meyer, G.* (1996): a.a.O., S. 100)

D 5	Die neuzeitliche Urbanisierungsstrategie Ägyptens – Neue Städte in der Wüste	Städte in außereuropäischen Räumen

Arbeitsmaterial (Fortsetzung):

M 3c: Die Tochterstadt New Ben Suef (Quelle: *Ibrahim, Fouad N.* (1996): a.a.O., S. 188)

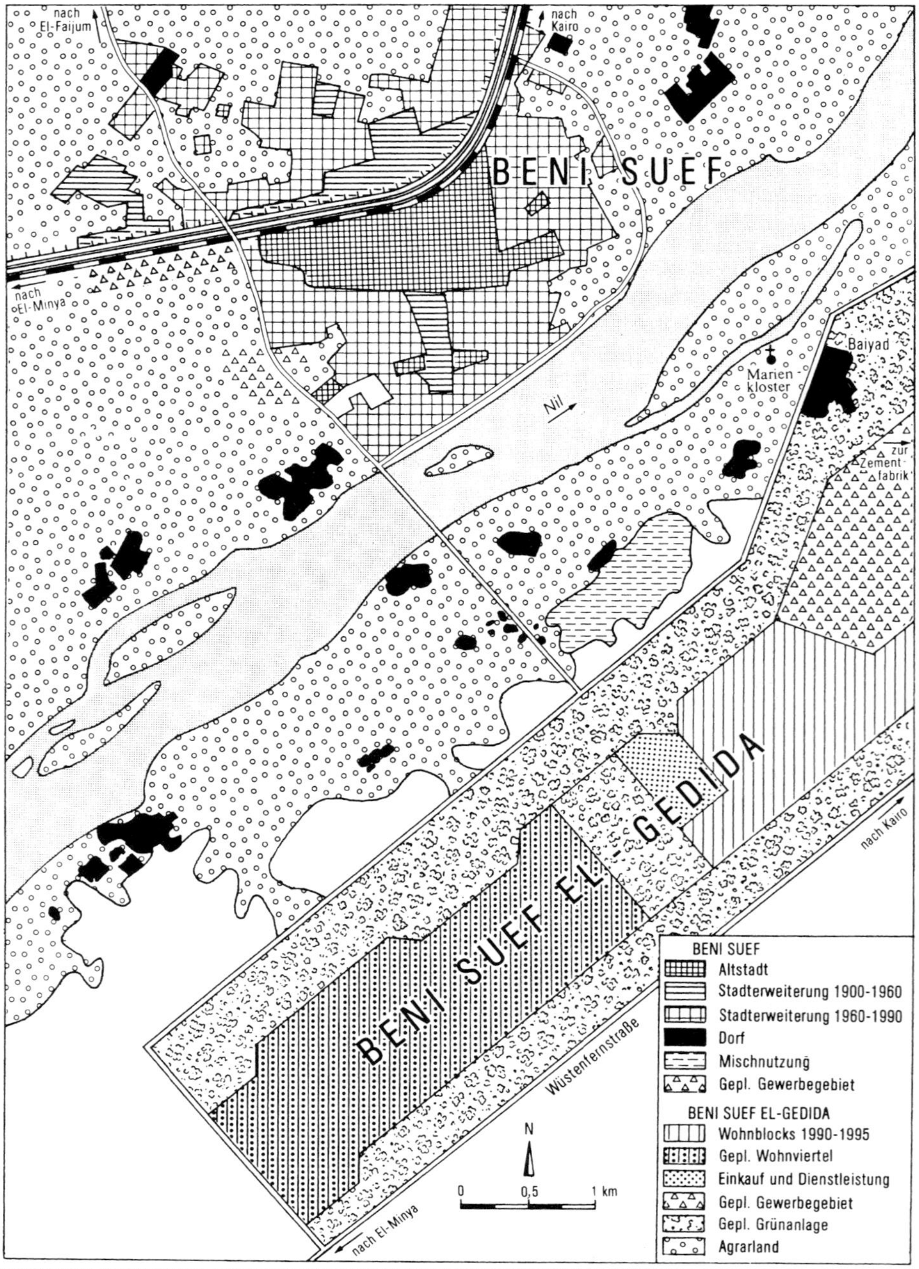

Arbeitsmaterial (Fortsetzung):

M 4a: Produktionsaufnahme und Anzahl der Industriebetriebe in drei „Neuen Städten“

(Quelle: *Stewart, D.J.* (1996): a.a.O., S. 468, ergänzt)

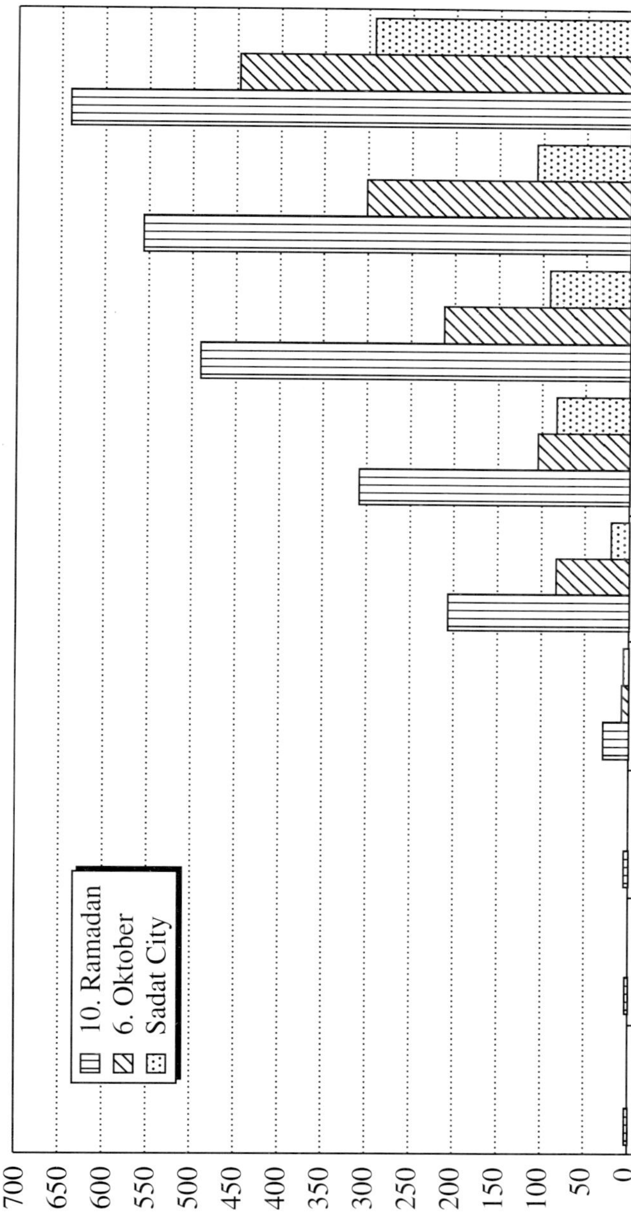

	1977	1979	1981	1983	1986	1989	1991	1993	1995
10. Ramadan	1	3	4	26	204	305	491	556	637
6. Oktober	0	0	0	5	84	102	208	298	445
Sadat City	0	0	0	3	19	80	91	102	292

D 5	Die neuzeitliche Urbanisierungsstrategie Ägyptens – Neue Städte in der Wüste	Städte in außereuropäischen Räumen

Arbeitsmaterial (Fortsetzung):

M 4b: Anzahl der in der Industrie Beschäftigten

(Quelle: *Stewart, D.J.* (1996): a.a.O., S. 470, ergänzt)

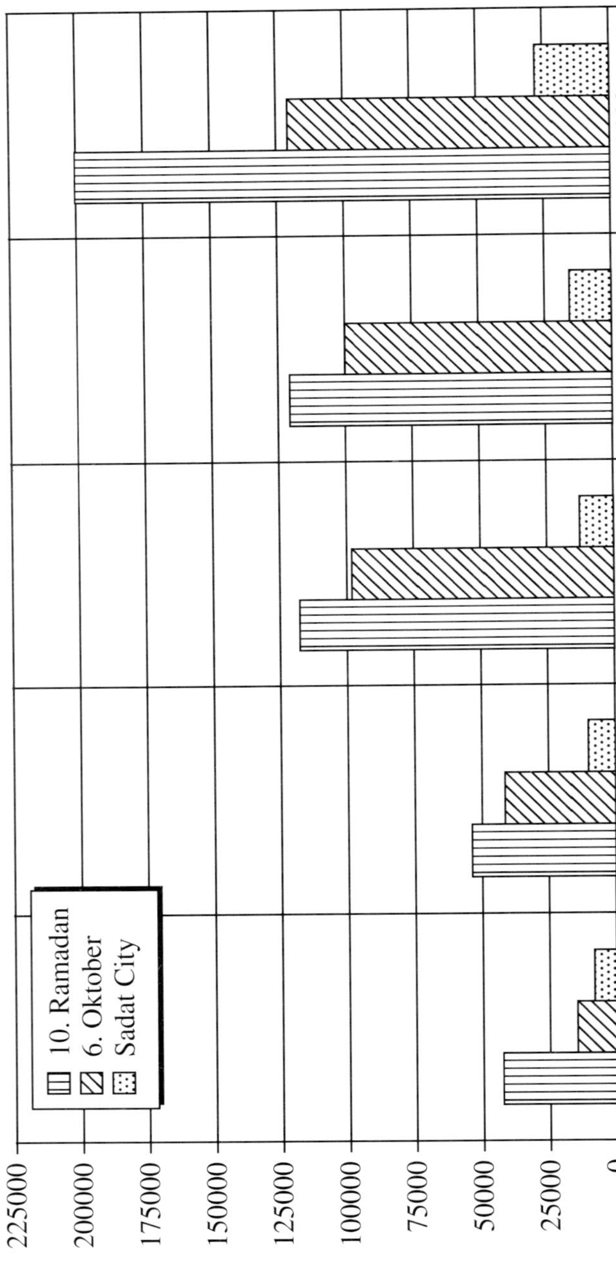

	1989	1993	1996	1999	2003
10. Ramadan	42000	53000	118000	120000	200000
6. Oktober	15000	41000	98000	100000	120000
Sadat City	8000	10000	12000	15000	28000

D 5	Die neuzeitliche Urbanisierungsstrategie Ägyptens – Neue Städte in der Wüste	Städte in außereuropäischen Räumen

Arbeitsmaterial (Fortsetzung):

M 5a: Flächennutzung in 10. Ramadan 1989

(Quelle: *Meyer, G.* (1996): Kairo – Entwicklungsprobleme einer Metropole der Dritten Welt. Problemräume der Welt, Band 11, S. 39. Aulis Verlag, Köln)

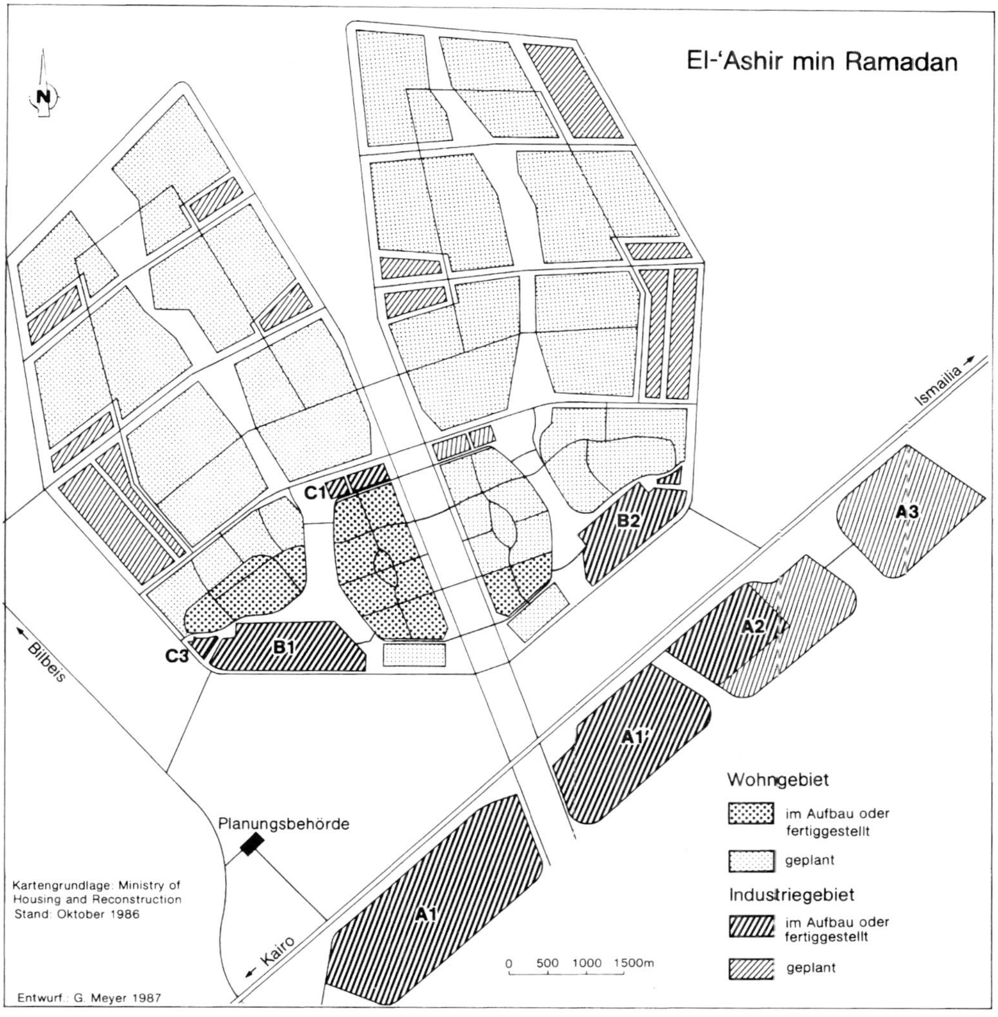

Arbeitsmaterial (Fortsetzung):

M 5b: Flächennutzung in 10. Ramadan 1995

(Quelle: *Meyer, G.* (1996): Kairo – Wohnungskrise trotz Wohnungsüberfluss. In: Geographische Rundschau 48, Heft 2, S. 101)

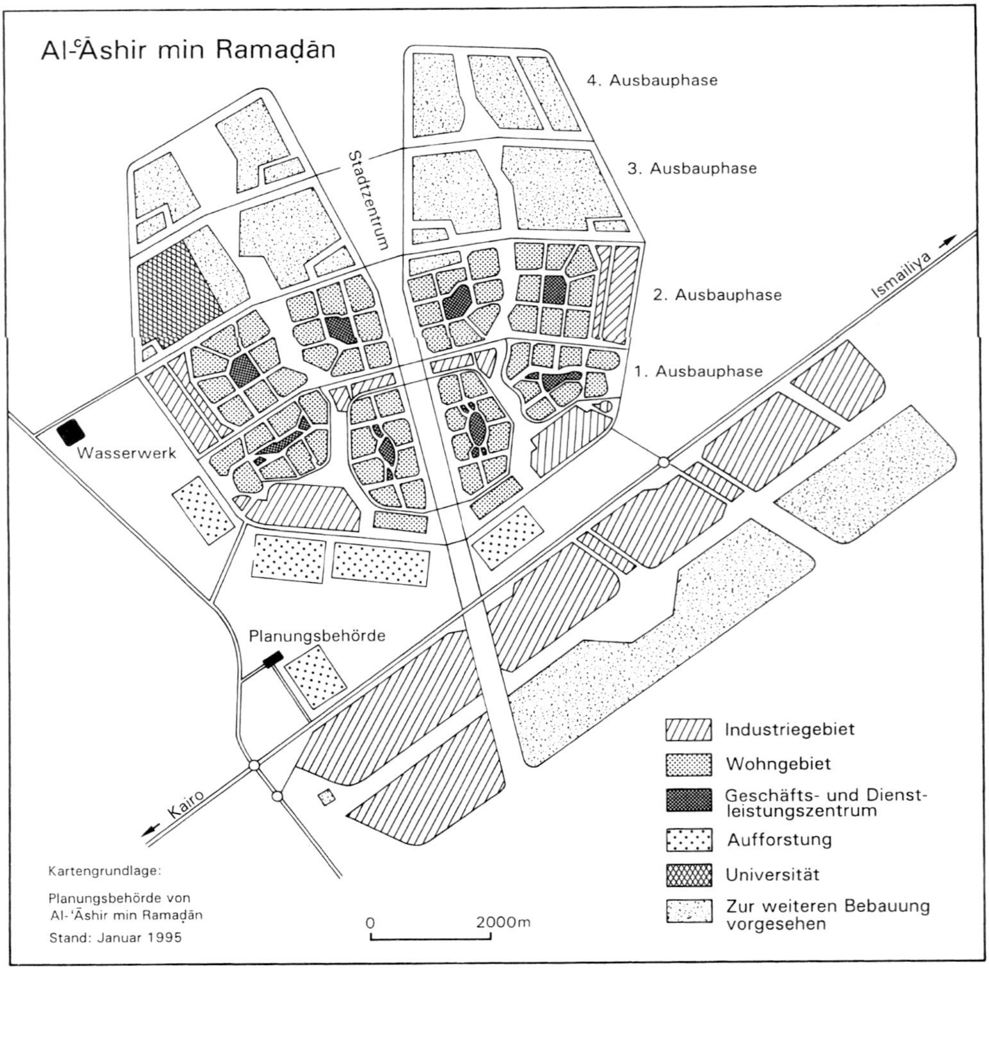

Arbeitsmaterial (Fortsetzung):

M 6a: US-amerikanische Unternehmen in der Neuen Stadt 6. Oktober

(Quelle: *Knaupe, H., Wurzel, U.G.* (1995): a.a.O., S. 213)

Unternehmen	Jahr der Investition	Arbeitsplätze (1992)
H. J. Heinz; Pittsburgh, Pennsylvania	1991	120
General Motors Corporation; Detroit, Michigan	1983	530
Johnson & Johnson Corporation; New Brunswick, New Jersey	1985	60
Procter & Gamble; Cincinnati, Ohio	1986	200
Xerox Corporation; Stamford, Connecticut	1982	484

M 6b: Die Neue Stadt Sadat City

(Quelle: *Knaupe, H., Wurzel, U.G.* (1995): a.a.O., S. 155)

Beim Lesen der Hochglanzbroschüren über die Neue Stadt Madinat as-Sadat beeindruckt die dort beschriebene Vielfalt der sozialen Infrastruktureinrichtungen. So gibt es beispielsweise zwei Kinos, ein Hotel, ein Ausstellungsgelände, ein Stadion, ein zentrales Krankenhaus etc. Besucher von Madinat as-Sadat müssen jedoch mit Verwunderung feststellen, dass diese Einrichtungen zwar physisch existieren, jedoch in der Mehrzahl geschlossen sind. Der schon fertiggestellte Ministerienkomplex im Stadtzentrum (mit Rathaus, einem Ausstellungsgelände und einem Hotel mit 56 Zimmern) steht menschenleer und verlassen in der Wüste. Die Besichtigung dieses Gebäudeensembles mutet wie ein Besuch in einer Geisterstadt an. Die Gebäude sind verschlossen und in den Straßen und auf den Plätzen sind keine Menschen anzutreffen. In den Innenhöfen gedeihen – wie von Geisterhand gepflegt – Blumen, Sträucher und Bäume. Für wen wurde solch ein enormer Aufwand unternommen und welche finanziellen Mittel wurden dafür verausgabt?

Aufgaben:

1. Erörtern Sie Gründe und Zielsetzungen des raumplanerischen Konzepts „Städte in der Wüste" für Unterägypten (Atlas, M 1).
2. Lokalisieren Sie die neuzeitlichen Entwicklungspole und erläutern Sie wesentliche Merkmale und unterschiedliche Funktionen der „Neuen Städte" (M 2, M 3).
3. Erarbeiten Sie anhand der Städte 10. Ramadan, 6. Oktober und Sadat City Planungsabsichten und deren Realisierung und nehmen Sie unter raumplanerischen Gesichtspunkten dazu Stellung (M 4, M 5, M 6)

Ziehen Sie zur Bearbeitung auch einen Atlas heran, z.B. Diercke, 1996, S. 132, 135, 139.

Vorbemerkungen:

Das Thema lässt sich im Anschluss an die Behandlung der Planungskonzepte Villes Nouvelles für die Metropole Paris oder das der New Towns für den Großraum London als Erweiterung der Problemdarstellung und als Transfer bearbeiten.

Die Arbeitsaufträge sind bewusst materialübergreifend konzipiert, um dem Schüler die Möglichkeit zu geben, Einzelphänomene in eine übergreifende Problemsicht einzuordnen. Allerdings sind zu einer fundierten Problembearbeitung noch weitere Detailinformationen nötig, die dem Schüler aus der Literatur oder aus den Hinweisen in den Vorbemerkungen an die Hand gegeben werden können.

Auch sollten sie vorab ein topographisches Grundraster von Ägypten erarbeitet und grundlegende Einsichten in die Bevölkerungsproblematik islamisch geprägter Räume gewonnen haben.

Vor 25 Jahren wurden in dem politischen Manifest, den „October Working Papers" des damaligen Präsidenten von Ägypten, die Grundlinien der zukünftigen räumlichen Ordnungsprinzipien für den Weg in das nächste Jahrtausend festgelegt. Auf die Regionalentwicklung bezogen forderte der Präsident eine „neue Landkarte für Ägypten".

Das auf der Basis des Arbeitspapiers (Masterplan des Ministry of Housing and Reconstruction – MoHR) entwickelte Konzept sah also eine neue Raumordnungsstruktur vor, in der durch eine homogene Bevölkerungsverteilung eine effiziente industrielle Standortwahl sowie durch die Bereitstellung von Infrastruktur und Dienstleistungen die für die Entwicklung des Landes notwendige Dezentralisierung der Bevölkerungsverteilung erreicht werden sollte.

Ebenso wie die Entwicklungsplanung für das gesamte Staatsgebiet wurden auch für die Metropole grundlegende Ziele festgelegt, um deren Expansion zu steuern.

Unter Berücksichtigung der staatlichen Vorgaben, dass Neue Städte prinzipiell nur noch auf landwirtschaftlich nicht genutztem Land errichtet werden sollten, wurden sogenannte Entwicklungskorridore ausgewiesen, innerhalb derer diese als Wachstumspole fungieren sollten.

Mit dem Bau der Stadt 10. Ramadan begann die Konkretisierung der neuen Urbanisierungsstrategie.

Eine vorläufige Bilanz ihrer Umsetzung lässt jedoch deutlich werden, dass ein wesentliches Ziel, die Ansiedlung von Menschen, nur teilweise erreicht worden ist.

Trotz dieser Negativbilanz sollte das Projekt aus mehreren Gründen weitergeführt werden: Es ist inzwischen kein nationales Anliegen mehr, da multinationale Konzerne erhebliches Kapital in neue technologieorientierte Industrien investiert haben. Sollten diese sich zurückziehen müssen, würden die möglicherweise daraus entstehenden sozialen Konflikte politischen Zündstoff liefern und fundamentalistisch überformte Tendenzen verstärken.

Die Industrieentwicklung in den Neuen Städten ist eine Basis für die erfolgreiche Fortführung. Die Etablierung neuer Strukturen ist die zweite Grundlage zur positiven

Entwicklung. Dies würde bedeuten, administrative und institutionelle Entscheidungen aller Beteiligten zu fördern. Dafür ist die Einbindung des für die Wirtschaft Ägyptens so bedeutenden informellen Sektors unerlässlich. Handlungsorientiertes Planen aufgrund realistischer Voranalysen an der Basis und im Alltag der Menschen scheinen erfolgversprechend. Auf diese Weise könnte trotz aller Fehlschläge in den Neuen Städten nicht nur die topographische sondern auch die sozio-ökonomische Landkarte Ägyptens verändert werden.

Literatur:

Ibrahim, F. N. (1997): Ägypten. Darmstadt

Knaupe, H., Wurzel, U.G. (1995): Aufbruch in die Wüste – Die Neuen Städte in Ägypten. Frankfurt

Meyer, G. (1989): Kairo – Entwicklungsprobleme einer Metropole der Dritten Welt, Aulis Verlag, Köln

Meyer, G. (1996): Kairo – Wohnungskrise trotz Wohnungsüberfluss. In: GR 48, 2, S.97-103

Steward, D.J. (1996): Cities in the Desert: The Egyptian New-Town Program. In: AAAG, 86, 3, S. 459-480

Lösungsvorschlag:

Aufgabe 1

Aus den Atlaskarten (Diercke, 1996, S. 135, 139, 132,2) können wesentliche Ursachen der raumstrukturellen Problematik in Ägypten abgeleitet werden.

Die Bevölkerung Ägyptens lebt mit Ausnahme von etwa 100.000 Beduinen und Oasenbewohnern im Niltal und Nildelta, also auf 3,5 % der Landesfläche, was einer Fläche von ca. 35.000 km^2 kultiviertem Land entspricht. Die restlichen 96,5 % des Landes bestehen aus Wüsten, Gebirge und Sümpfen.

Damit wird deutlich, dass das eigentliche ägyptische Kulturland an der Flussoase des Nil liegt, der auf seiner Länge von 1.200 km seine 1 bis 25 km breite Talsohle und das bis zu 250 km breite Delta bewässert.

Von der gesamten Staatsfläche von ca. 1 Million km^2 sind nur etwas mehr als 3 % als Kulturland agrarwirtschaftlich nutzbar. Die geplante Ausweitung der NF in die östlichen und westlichen Wüstenregionen ist wegen des spärlichen Wasserangebots räumlich begrenzt und kostenaufwendig.

Die Gründe für die Bevölkerungskonzentration im Niltal und -delta sind jedoch nicht nur in der naturbedingten „Raumenge" zu sehen, sondern auch in der mit ca. 2,3 % pro Jahr immer noch extrem hohen natürlichen Wachstumsrate der Bevölkerung und der mit den auch aus anderen Staaten der Dritten Welt bekannten Phänomenen der Metropolisierung.

Zwar sind sich die ägyptische Regierung und Raumplaner der Dringlichkeit der Bevölkerungsproblematik schon seit mehr als 30 Jahren bewusst, jedoch lässt sich eine staatlich verordnete Bevölkerungsplanung wie etwa in China in einem durch den Islam geprägten Land kurz- oder mittelfristig nicht durchsetzen.

Auf der Basis dieser Teilprojekte einer Urbanisierungspolitik Ägyptens wurde im Laufe der 70er Jahre ein räumliches Gesamtkonzept entwickelt, das der breiten Masse der Bevölkerung zugute kommen sollte und im wesentlichen folgende Strategien verfolgt:

Der unkontrollierten Expansion Kairos über seine administrativen Grenzen hinaus soll Einhalt geboten werden durch eine staatlich gelenkte flächenmäßige Ausdehnung des Agglomerationsraums entlang dem Maadi/Helwan-Korridor und durch ein Städteband in südwestliche Richtung.

Über den Endpunkt 6. Oktober soll durch die Errichtung einer Strukturschiene entlang der Küstenautobahn die in der Wüstenregion isolierte Stadt Sadat City an den Agglomerationsraum von Kairo und vor allem auch an Alexandria angebunden werden. Die anderen drei östlich von Kairo gelegenen Entwicklungskorridore sollen über die Wachstumspole 10. Ramadan, Badr N.C. und Al Amal N.C. Ismailia, Suez und Ain Sukhna an das erweiterte Infrastrukturnetz von Unterägypten anschließen. Entlang dem Kairo-Bilbeis Korridor im N.O. sollen durch eine verbesserte Verkehrsinfrastruktur die Pendlerströme in die nördlichen und südlichen Industriegebiete von Al Obour City gelenkt werden.

Für die Zukunft sehen die Regionalplaner eine rasterartige Vernetzung der Entwicklungskorridore vor. Diese soll durch den Bau neuer Entwicklungsachsen zwischen den schon bestehenden, dem Niltal, dem Nildelta und der Küstenregion erweitert werden. Dabei wird davon ausgegangen, dass durch weitere Neulandgewinnungen im „Neuen Tal“ (Wadial Gadid) und die Erschließung von Wüstenregionen im Westen von Kairo in Zukunft auch die westlichen und nördlich von Kairo liegenden Regionen in die Netzstruktur eingebunden werden können.

Als langfristige Ziele des raumplanerischen Konzepts „Städte in der Wüste“ entlang dieser Entwicklungskorridore sollten genannt werden:

- Dezentralisierung der Bevölkerungsverteilung
- Minderung wirtschaftsräumlicher Disparitäten
- Beseitigung infrastruktureller Engpässe
- Schutz des fruchtbaren Bewässerungslandes vor Überbauung.

Aufgabe 2

Die Neuen Städte lassen sich entsprechend der planerischen Zielsetzungen unterteilen in:

- Unabhängige Neue Städte
- Satellitenstädte
- Tochterstädte
- Neue Städte mit besonderen Funktionen.

Die Implementierung der im Masterplan vorgesehenen Bauvorhaben ist unterschiedlich weit fortgeschritten, in einigen der geplanten Neuen Städte wurde die Planung noch nicht umgesetzt.

Die unabhängigen Neuen Städte

Nach planungspolitischen Absichten wurden die Standorte der unabhängigen Neuen Städte außerhalb des besiedelten Raumes in der Wüstenregion so gewählt, dass sie im Netz der Entwicklungskorridore als wirtschaftlich, politisch und kulturell eigenständige Wachstumspole fungieren können.

In diesen Städten sollten alle für einen zentralen Ort (i. S. v. Christaller) notwendigen Funktionen vorhanden sein: eine selbstständige wirtschaftliche Basis, Wohn- und Arbeitsmöglichkeiten für alle Einheimischen, soziale und technische Infrastruktureinrichtungen. Die von diesen Oberzentren erwartete „trickle-down"-Effekte sollten zunächst einmal in der Region der Korridore ein nachhaltiges Wirtschaftswachstum bringen.

Die Neue Stadt 10. Ramadan liegt im Kairo-Ismailia-Desert Korridor zwischen dem Ostdelta und der Suezkanal-Zone.

Der Standort der Stadt wurde so gewählt, dass sie einerseits von den Agglomerationsvorteilen der beiden Städte profitieren, andererseits aber auch selbstständig in wirtschaftliche Austauschbewegungen mit der Deltaregion treten konnte.

Die Stadt liegt im Zentrum eines Landgewinnungsgebietes, in dem aufgrund der Erschließungsmaßnahmen intensive ökonomische und infrastrukturelle Investitionen zu erwarten sind.

Sadat City wurde unweit der Wüstenautobahn Kairo-Alexandria im Alexandria Desert Road Korridor gegründet. Sie ist deshalb von den Agglomerationszentren Ägyptens relativ schnell zu erreichen. Die Stadt ist so angelegt, dass sie einerseits im Einflussbereich des Westdeltas und der Metropole liegt, andererseits jedoch auch in entsprechender Entfernung zu dieser, so dass sie sich als eigenständige Stadt entwickeln kann.

Aufgrund der unmittelbaren Nähe zum Nildelta (Absatzmärkte, Arbeitskräfte, Zuwanderer) werden unmittelbare Wachstumsimpulse erwartet.

New Ameriya City wurde südöstlich von Alexandria und ca. 8 km von der Mittelmeerküste inmitten einer ausgedehnten Neulandgewinnungszone errichtet.

Die Planungen beruhten auf der Annahme, dass von diesem ökonomisch erschlossenen Hinterland ähnliche ökonomische Impulse zu erwarten seien wie von der Fertigstellung der Touristendörfer an der Küste. Für beide Projekte könnte die Stadt am Ende der Ausbauzeit Dienstleistungen mittlerer Ordnung bereitstellen.

Die unabhängige Neue Stadt Badr New City im Suez-Road-Korridor liegt im Schnittpunkt der Verbindungslinie der Großregion von Kairo, dem Suezkanal, dem Ostdelta und dem Roten Meer an der Wüstenautobahn Kairo-Suez.

Auf dieser wichtigsten Transportroute Ägyptens werden nicht nur alle Transporte zwischen der Metropole und Suez abgewickelt, sondern auch die nach Sinai. Die wahre Bedeutung dieser Route wird jedoch nicht unmittelbar sichtbar: sie dient auch als

Transitstrecke zwischen der ägyptischen Metropole und den benachbarten arabischen Staaten und nach Israel.

Al Amal New City liegt südlich von Badr New City. Die Auswahl des Standortes erfolgte zwar nach den gleichen formalen Kriterien, wie sie bei den anderen unabhängigen Neuen Städten angelegt wurden, jedoch ging es bei ihrer Planung wohl eher darum, einen neuen Entwicklungskorridor zu schaffen auf der Basis einer neuen Stadt als um den Bau einer Neuen Stadt im Entwicklungskorridor Ain Sukha.

Satellitenstädte

Die Zielsetzungen bei der Planung der unabhängigen Neuen Städte gelten auch für Satellitenstädte im Großraum von Kairo. Nach dem Entwurf des Masterplans für den Großraum Kairo sollten zunächst drei Städte als Entlastungsstädte gebaut werden: die Neuen Städte 15. Mai, 16. Oktober und Al Obour City.

In diesen Städten sollten auch Produktions- und Dienstleistungsbetriebe geschaffen und sozial und technische Infrastrukturen mittlerer Reichweite errichtet werden. Diese sollten es ermöglichen, Teile des natürlichen Bevölkerungszuwachses aus der Metropole umzulenken.

Die Stadt 15. Mai liegt in unmittelbarer Nähe des Industriegebietes von Helwan (M4). Sie wurde – anders als die anderen Neuen Städte – als reine Wohnstadt in der Wüste mit Nähe zum fruchtbaren Niltal errichtet. Die Stadt verfügt über eine direkte Verkehrsanbindung an die Innenstadt von Kairo und ist ebenfalls über diese Straße an die Ringautobahn von Kairo angeschlossen sowie an die Untergrundbahn von Kairo.

Die Bevölkerungszahlen von 1996 belegen, dass das Konzept einer reinen Wohnstadt durchaus erfolgreich sein kann. Die modernen Wohnungen in 15. Mai stellen offensichtlich eine akzeptierte Alternative zum Wohnraumangebot in der Metropole dar.

Die Stadt 6. Oktober liegt etwa 30 km vom Stadtzentrum Kairos entfernt. Sie liegt in unmittelbarer Nähe zur Wüstenautobahn Kairo-Alexandria und an der Staatsstraße nach al-Fayum. Nach der Vollendung der Ringautobahn ist die Stadt auch an den Industriekomplex Helwan und an den Süden und Osten des Landes angebunden.

Dieser für die Gesamtentwicklung der Stadt sicherlich günstige Standort spiegelt sich jedoch nicht in den Bevölkerungszahlen wider. Die für das Jahr 1996 ausgewiesene Bevölkerungszahl von 44.000 belegt, dass das Hauptziel, die Entlastung des städtischen Kairo durch Absorption der Bevölkerung, nicht erreicht worden ist.

Anders als geplant, ist jedoch die Industrie der größte Wachstumsträger der Stadt geworden. Eine Vielzahl kapitalintensiver ausländischer Unternehmer wurden offensichtlich durch den günstigen Standort überzeugt, sich dort anzusiedeln.

Al Obour City liegt im Nordosten von Kairo östlich der Wüstenstraße Kairo-Bilbeis in der Nähe des Deltas, des internationalen Flughafens und der Ringautobahn. In dieser Konzentration der technischen Infrastruktur liegt demzufolge ein hohes Entwicklungspotential. In der Entwicklung der Stadt zeichnen sich jedoch erste negative Tendenzen ab, die die Zielsetzung der Planer zuwiderlaufen. Die für das Jahr 2002 anvisierte Bevölkerungszahl von 250.000 wird wohl nicht erreicht werden können, da 1996 erst ca. 12.000 Menschen in Obour City lebten. Hier besteht die Gefahr, dass Grundstücke aus Spekulationsgründen aufgekauft und auf diese Weise unteren und mittleren Einkommensschichten vorenthalten werden.

Tochterstädte

Das Konzept der Tochterstädte verfolgt eine ähnliche Strategie wie das der Satellitenstädte. Auch diese wurden in unmittelbarer Nähe zu städtischen Agglomerationen in der Wüste errichtet. Wegen der natürlichen geographischen Bedingungen liegt das fruchtbare Schwemmland des Nil im Mittel- und Oberlauf hauptsächlich am westlichen Ufer, so dass die Neuen Städte am östlichen Ufer angelegt wurden.

Die Stadt New Beni Suef wurde gegenüber der Gouvernoratshauptstadt Beni Suef errichtet, etwa in der Mitte zwischen Kairo und New Menia. Innerhalb der nächsten zehn Jahre sollen hier 90.000 Menschen angesiedelt werden.

Die räumliche Nähe zur alten Stadt bietet den Bewohnern in der Ausbauphase den erheblichen Vorteil, Dienstleistungs- und Versorgungseinrichtungen dort zu nutzen. Aufgrund der Nähe zur Region al-Fayum werden wichtige ökonomische Impulse erwartet. Da die Betriebe vorwiegend für den lokalen Markt arbeiten werden, hat der Staat als Arbeitgeber in die Nahrungsmittelindustrie investiert. Mit der Verwirklichung des Projekts ist für die Region die Möglichkeit gegeben, ökonomische und soziale Aktivitäten aus der übervölkerten alten Stadt auf das Wüstengebiet umzulenken.

Die Stadt New Menia soll ebenso wie New Beni Suef auf dem gegenüberliegenden Nilufer als Regionalzentrum errichtet werden. Die Planer erhoffen sich positive Entwicklungsimpulse durch die Touristikunternehmen, die von Kairo aus Nilfahrten anbieten. Die Neue Stadt soll als merkliche Entlastung der alten Stadt Wohnraum und Arbeitsplätze zur Verfügung stellen.

Insgesamt gesehen erfordert die Umsetzung der Planungsvorhaben eine detaillierte Analyse der naturräumlichen Potentiale. Deshalb erscheint die Übertragung von Kompetenzen der Entscheidungsbehörde in Kairo auf die Entscheidungsgremien vor Ort sinnvoll. Bei erfolgreicher Implementierung der Projekte könnte sich durch die gezielte Förderung der Städte in Mittel- und Oberägypten eine deutliche Entlastung für den Großraum von Kairo ergeben, da für eine Vielzahl der Bewohner der Metropole sich dort eine wirkliche Alternative zum Leben in der Großstadt eröffnen könnte.

Städte mit besonderen Funktionen

Die Planung der Städte mit besonderen Funktionen unterscheidet sich nicht wesentlich von der für die anderen Neuen Städte, jedoch wurde diesen neben der Entlastungsfunktion für die Metropole noch jeweils eine besondere Funktion zugewiesen, z.B. bei der Erschließung von Neulandgebieten und dem Ausbau eines neuen Überseehafens.

New Noubariya liegt etwa in der Mitte zwischen Sadat City und New Ameriya an der Wüstenautobahn Kairo-Alexandria. Die Stadt ist als regionales Zentrum für die umliegenden Landgewinnungsgebiete geplant. Entsprechend ihrer Lage sollen dort Agrarprodukte aus dem Hinterland industriell verarbeitet oder für den europäischen Absatzmarkt und nach Übersee veredelt werden.

Der Standort der Neuen Stadt New Salehiya zeichnet sich durch die relative Nähe zum Suezkanal, zum Hafen von Port Said, zum Mittelmeerhafen Dammietta und durch eine Straßenanbindung an die Autobahn Kairo-Ismailia aus. Die besondere Aufgabe liegt in der zentralen Dienstleistungs- und Versorgungsfunktion für die umliegenden Dörfer der Neulandgewinnungszone. Die Einwohnerzahl von 4.000 1996 belegt jedoch, dass die Zielvorstellung eines überregionalen Zentrums noch nicht verwirklicht werden konnte.

Bei der Standortwahl von New Dammietta waren sowohl die Lage zum international bedeutenden Hafen Dammietta, als auch die Anbindung an nationale Verkehrswege ausschlaggebend. Von New Dammietta aus kann auf einer gut ausgebauten Schnellstraße durch das Nildelta über Tanta die Metropole direkt erreicht werden. Über einen Stichkanal zum Nil ist der Stadt ein direkter Zugang zur Binnenschifffahrt möglich.

Aufgabe 3

Der Stadtgrundriss der Stadt 10. Ramadan zeigt eine etwa tulpenförmige Struktur, deren beide Hälften sich spiegelbildlich an das von Nord nach Süd verlaufende Stadtzentrum anlagern. Bei der Stadtplanung war offensichtlich die Überlegung grundlegend, Raum für die Stadterweiterung nach Norden freizustellen, um die sonst üblichen Probleme von Städten mit ringförmiger Erweiterung um den Stadtkern zu vermeiden (M 5b).

Innerhalb dieser Struktur sind Flächen für Wohn- und Industriegebiete sowie für Dienstleistungsbetriebe ausgewiesen. Die flächenintensiven und umweltbelastenden Industrien haben ihren Standort im Süden der Stadt an der Autobahn Kairo-Ismailia. Das Stadtgebiet ist von diesem Industriegebiet durch Waldstreifen vor möglicher Luftbelastung durch die Industrien bei einem von Südwest wehenden heißen Wüstenwind Chamsin geschützt. Die Industriestandorte innerhalb der Stadt sind so gewählt, dass sie von den Beschäftigten problemlos zu Fuß erreicht werden können.

Innerhalb des Zeitraumes von 25 Jahren (2002) soll die Stadt eine Einwohnerzahl von 500.000 erreicht haben. Die für das Jahr 1996 angegebene Einwohnerzahl von 105.000 weist jedoch darauf hin, dass offensichtlich eine große Diskrepanz zwischen dem anvisierten Ziel und dessen Umsetzung besteht.

Im Gegensatz zur Entwicklung der Bevölkerung kann die Industrieentwicklung als durchaus positiv angesehen werden. Seit 1986 ist für die Neue Stadt ein deutlicher Aufwärtstrend festzustellen. Im Jahre 1995 produzierten 637 Unternehmen mit ca. 118.000 Beschäftigten in der Stadt. Hinsichtlich des Investitionsvolumens unterscheiden sich die Betriebe zwar erheblich, jedoch ist auch für Kleinstfirmen ein erheblicher Grundstock an Kapital notwendig.

Die Ausbauphase für die Neue Stadt 6. Oktober sieht bis zum Jahre 2002 eine Bevölkerungszahl von 350.000 Menschen vor. Allerdings wird diese Zielvorstellung nicht erreicht werden können, da sich bis 1996 nur 44.000 Menschen in der Stadt angesiedelt haben. Die Gründe dafür sind noch nicht ermittelt.

Die Industrieentwicklung zeigt positive Tendenzen. Die Zahl der Betriebe von 445 im Jahre 1995 belegt einen deutlichen Aufwärtstrend im Vergleich zu 1993. Mit insgesamt 98.000 Arbeitsplätzen ist die Stadt ein bedeutendes Industriezentrum im Großraum Kairo geworden. Die Unternehmen können sowohl die Agglomerationsvorteile als auch die günstige Verkehrsanbindung der Metropole nutzen. Die kapitalkräftigste Gruppe bilden die multinationalen Investoren (vgl. M 4). 1992 waren bei den fünf genannten Konzernen 1.394 Personen beschäftigt. Damit hat sich die Stadt zu einem kapitalintensiven, hochmodernen Standort für international operierende Großbetriebe entwickelt. Diese Betriebe haben ein berechtigtes Interesse daran, dass ihre Mitarbeiter auch am Ort wohnen.

Die Neue Stadt Sadat City war als Prestigeobjekt geplant auf Anweisung des damaligen Präsidenten. Die Einwohnerzahlen von 18.000 (1996) belegen, dass die Bevölkerungsentwicklung von Sadat City weit hinter dem Planungsziel zurückgeblieben ist. Diesem zufolge sollen im Jahre 2002 500.000 Menschen in der Stadt leben. In diesem Szenario spielt die Ansiedlung von Unternehmen im Produktions- und Dienstleistungsbereich eine wesentliche Rolle, um Menschen an die Stadt zu binden.

Nach dem Willen der Planer sollte hier durch den Ausbau einer großzügig angelegten sozialen Infrastruktur ein weiterer Anziehungspunkt neben Kairo und Alexandria geschaffen werden. Die Ansiedlung von Ministerien hätte einen deutlichen Entwicklungsimpuls für die Stadt bedeutet. Dieser Plan konnte jedoch nicht umgesetzt werden. Die Industrieansiedlung spielt in der Planerstellung eine wesentliche Rolle. Diese zeigt anders als die Bevölkerungsentwicklung eine positive Tendenz. Bis 1995 wurden dort 292 Betriebe des produzierenden Gewerbes errichtet. Diese boten ca. 11.000 Menschen Arbeit. Nach den Prognosen im Masterplan sollen bis 2002 28.000 Menschen in der Industrie beschäftigt werden, was eine deutlich Zunahme bedeuten würde.

Aufgrund der im Vergleich der drei Städte gewonnenen Ergebnisse lässt sich feststellen, dass eine Lösung der Bevölkerungsproblematik und die damit verbundenen Urbanisierungsprozesse nicht erheblich positiv beeinflusst werden konnten. Schon jetzt ist erkennbar, dass mit einem herkömmlichen Instrumentarium die Planungskonzepte nicht effizient umgesetzt werden können.

Grundsätzlich jedoch kann die Idee, durch Umnutzung der Wüstengebiete einen Verlust des fruchtbaren Ackerlandes an Siedlungsfläche zu verhindern, als positiv angesehen werden. Wie besonders in der Stadt 6. Oktober deutlich wurde, haben innovative und kapitalintensive Unternehmen berechtigtes Interesse am Ausbau der technischen und sozialen Infrastruktur zur Weiterführung ihrer Projekte gezeigt. Von stattlicher Seite sollte jedoch darüber hinaus auch die konsumorientierte und abnehmergerechte Versorgung der mittleren und unteren Sozialschichten durch Einbezug des informellen Sektors in die wirtschafts- und sozialräumliche Entwicklung gewährleistet werden. Auf diese Weise könnten die Neuen Städte nicht nur die topographische, sondern auch die sozialräumliche Landkarte Ägyptens positiv verändern.

D 6	Leben in chinesischen Städten	Städte in außereuropäischen Räumen

Arbeitsmaterial:

M 1 - M 4: Impressionen aus einer chinesischen Stadt: Lebensgewohnheit, Kultur, Wohnen, Arbeiten (Folienbilder 6-9) (Aufnahmen vom Verfasser 1997)

M 1: Bild 1 (Folienbild 6)

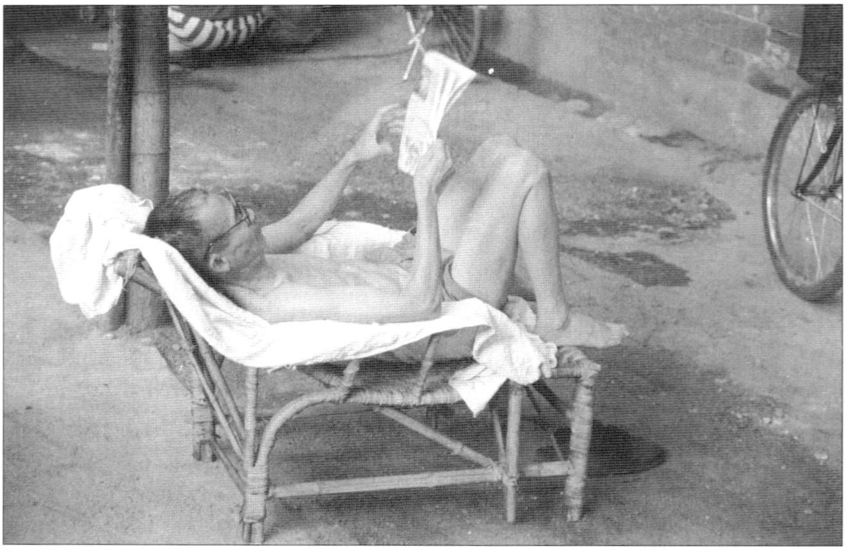

M 3: Bild 3 (Folienbild 8)

D 6	Leben in chinesischen Städten	Städte in außereuropäischen Räumen

Arbeitsmaterial (Fortsetzung):

M 2: Bild 2 (Folienbild 7)

Arbeitsmaterial (Fortsetzung):

M 4: Bild 4 (Folienbild 9)

Aufgabe:

Entwickeln Sie aus den Bildeindrücken Merkmale städtischen Lebens in China und nennen Sie Ursachen, die zu den abgebildeten Verhaltensweisen geführt haben könnten.

Vorbemerkungen:

Die Fotos sind als Einstieg in das Thema China gedacht. Sie weisen markante Merkmale heutigen städtischen Lebens auf. Der Anteil der städtischen Bevölkerung nimmt ständig zu.

Bild 1 zeigt einen Großvater in Wuhan, der sich am Frühabend am Straßenrand in einem Korbgeflechtstuhl beim Zeitungslesen entspannt. Chinesen verlagern ihr Privatleben bei günstiger Witterung gern vor die Haustür – nur wenige Meter vom Straßenrand entfernt und für Jedermann einsehbar. Die noch immer nicht selbstverständliche Fähigkeit, eine Zeitung lesen zu können, weist auf den Bildungsstand hin. Vor der Haustür werden auch die Mahlzeiten eingenommen.

Bild 2 wurde in Shanghai aufgenommen. Es zeigt einen Parkplatz für Krad- und Fahrräder – neuerdings zunehmend Motorroller – sowie Chinesen in westlich orientierter Kleidung (Shorts). Straßenzustand und Hausfassade zeigen die auch in diesem Quartier anstehende Sanierung an.

Bild 3 entstand auf einem Hinterhof in Shanghai. Vor allem niedrige Einfamilienhäuser – die teilweise noch wie Katen wirken – werden dem Hochhausneubau geopfert. „Sanierung" heißt in der Regel „Flächensanierung". In Shanghai schießen Wolkenkratzer aus dem Boden; Baukräne halten Einzug in das Stadtbild, auch wenn Handarbeit noch klar dominiert.

Bild 4 verdeutlicht die in China noch immer „bevorzugte" manuelle Arbeit – auch in Städten. Beim Transport wird der traditionelle Tragbalken aus Bambus eingesetzt. Dieses Material ist elastisch und erleichtert bei entsprechenden Schrittbewegungen das Tragen. Wie das Bild andeutet, werden selbst schwere Betonteile mittels Stangen und Seilen bewegt. Der Strohhut schützt vor Hitze.

Die Fotos werden als Folie angeboten, um ein Unterrichtsgespräch zu fördern, das in der Einstiegsphase den Charakter eines Brain-Storming haben sollte. Empirische Untersuchungen zeigen, dass Schüler ein besonderes Interesse an Menschen und deren Lebensumständen haben. Deshalb soll der Zugang zu Teilthemen wie Klima, Wirtschaft, Siedlung oder Kultur über diese Bilder angestrebt werden.

So weist auf **Bild 1** der unbekleidete Oberkörper auf die milden Sommertemperaturen in der Tiefebene des Jangtse hin. Der Blick auf den Zeitungsleser bietet einen Einstieg in das Bildungswesen (Analphabetenquote, Schulpflicht nicht nur in der Stadt).

Bild 2 bestätigt den Eindruck, dass die Chinesen noch immer weitgehend auf das Fahrrad als Verkehrsmittel im Stadtverkehr angewiesen sind. Es eröffnet einen Einstieg in den kulturellen Wandel (Kleidung, Umfangsformen, Verkehrsmittel).

Bild 3 bietet an, verschiedene Sanierungsformen zu diskutieren und zu überlegen, weshalb in chinesischen Städten die Flächensanierung dominiert (Antworten: rückständige Vorstellung von Städtebau, Zeitfaktor, Platzmangel, marktwirtschaftlich orientiertes Denken). Das Bild eröffnet den Zugang zu einer historischen Betrachtung der Stadtentwicklung (koloniale Einflüsse). Auch kann der technische Standard eines Noch-Entwicklungslandes angesprochen werden: Das hohe Arbeitskräfteangebot verbilligt Handarbeit. Großgeräte werden beim Bau nur eingesetzt, wenn zu schwere Materialien zu bewegen sind oder in Fällen von Terminnot (z.B. Bau von Hochstraßen).

Bild 4 demonstriert die Dominanz von Handarbeit auf Bauplätzen – nicht nur wie hier in Chongqing.

Literatur:

Böhn, D. (1987): China. Stuttgart

Bork, Henrik (1996): Chinas Wirklichkeiten. Frankfurt

Heberer, T. (1988): Wenn der Drache sich erhebt. China zwischen Gestern und Heute. Baden-Baden

Herrmann-Pillath, C. und *Lackner, M. (Hrsg.,* 1998): Länderbericht China. Bundeszentrale für politische Bildung, Band 351. Bonn

Kristof, N.D. und *WuDunn, S.* (1995): China erwacht. Düsseldorf

Ostkolleg der Bundeszentrale für politische Bildung (Hrsg., 1985): VR China im Wandel. Schriftenreihe der Bundeszentrale für politische Bildung, Band 235. Bonn

Schöpke, H. (1997): Metropole Shanghai – Symbol des chinesischen Aufschwungs. RAAbits, 13. Ergänzungslieferung Geographie, März 1997. Heidelberg

Wintzenberg, J.B. (1996): Shanghais neues Zentrum: Nun doch keine ökologische „Stadt der Zukunft". In: GEO Nr. 6. Hamburg

Lösungsvorschlag:

Bild 1: Der Mann lebt wahrscheinlich im südlichen China (tatsächlich in Wuhan). Es könnte Monsunzeit sein (feucht-warm). Das (abendliche) Leben spielt sich in der Öffentlichkeit (Straßenraum, evtl. Hof mit großem Eingangstor) ab, die man offensichtlich nicht scheut. In den Zimmern dürfte es zu stickig sein bzw. die Wohnräume sind klein. Der Mann liest eine Zeitung – er zählt zu den Gebildeten. Fahrrad, Kleidung und Körperhaltung deuten einen niedrigen Lebensstandard an.

Bild 2: Der Eindruck, Fahrräder (und Mopeds) könnten das beherrschende Fortbewegungsmittel sein, wird durch dieses Bild verstärkt. Es gibt bewachte Moped-Parkplätze. Waren werden oft auf dem Gepäckträger oder Karren (linker Bildrand) transportiert. Shorts und Hüte weisen auf westliche Kultureinflüsse hin. Das Straßenpflaster ist schadhaft. Die Wohnhäuser sind in einem mitunter schlechten Zustand – ein Haus (neben der weißen Wand) wurde offenbar abgerissen. Spruchbänder deuten die patriotische Haltung an .

Bild 3: Hier ist der Hausabriss ganz offensichtlich. Das Bild zeigt ein Sanierungsgebiet (in Shanghai). Das noch immer beachtliche Bevölkerungswachstum und der Zuzug in die Städte erfordern mehr Wohnraum in Hochhäusern zu schaffen (Platzmangel). Damit verändert sich das Stadtbild – die kleinen Einfamilienhäuser werden abgerissen.

Bild 4: Offensichtlich ist ein Hinterhofkomplex flächensaniert worden, denn im Hintergrund erhebt sich ein Neubau, während im Vordergrund noch aufgeräumt wird bzw. Materialien zu neuen Baustellen geschafft werden. Wo gebaut wird, gibt es Arbeit; deshalb zieht es zuerst Männer in die Städte, die später versuchen, ihre Familie nachkommen zu lassen.

Weil China eine hohe Bevölkerungszahl hat – das bevölkerungsreichste Land der Erde – sind genügend Arbeitskräfte vorhanden, die noch zu schwerer körperlicher Arbeit bereit sind und teure Maschinen (mitunter) überflüssig machen. Tragegestelle aus Bambus weisen auf Vegetation/Klima, wirtschaftlichen Entwicklungsstand und Kultur hin.

D 7	Tokyo – Wachstum ohne Grenzen?	Städte in außereuropäischen Räumen

Arbeitsmaterial:

M 1: Großregion Tokyo: Administrative Raumgliederung und Bevölkerungsdichten 1995

(Quelle: *Flüchter, Winfried* (1997): Megasstadt Tokyo – „Monster" oder „Modell"? In: Geographie und Schule, Heft 110, Dezember 1997, S. 30. Aulis Verlag, Köln)

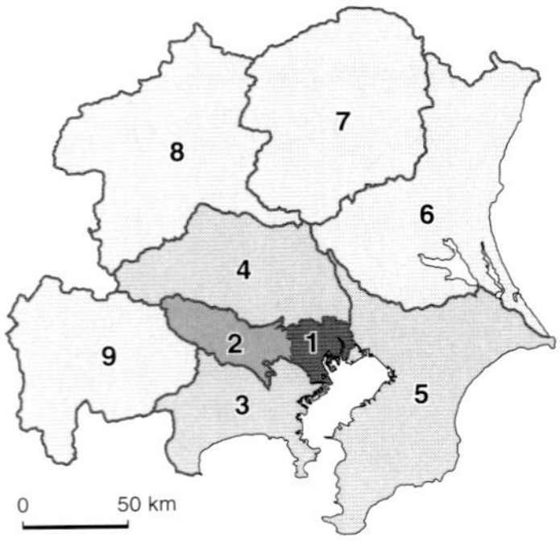

1 Tôkyô-ku (23 Stadtbezirke)	*8,0 Mio. E.* 12 828 E/km²	Präfektur Tôkyô (Tôkyô-to)	*11,8 Mio. E.* 5418 E/km²	
2 Tôkyô, Westregion Santama	*3,8 Mio. E.* 2430 E/km²			
3 Kanagawa-ken	3417 E/km²	Metropolregion Tôkyô	*32,6 Mio. E.* 2404 E/km²	
4 Saitama-ken	1780 E/km²			
5 Chiba-ken	1124 E/km²			
6 Ibaraki-ken	485 E/km²	Hauptstadtregion Tôkyô	*40,4 Mio. E.* 1095 E/km²	
7 Tochigi-ken	310 E/km²			
8 Gunma-ken	315 E/km²			
9 Yamanashi-ken	198 E/km²			

Quellen: Kokudochô Daitoshi-ken Seibi-kyoku 1994, S. II-12, -13; 1995, S. 151; eigene Berechnungen
Bearbeitung: W. Flüchter, T. Feldhoff
Kartographie: H. Krähe

M 2: Metropolregion Tokyo: Bevölkerungswandel und Bevölkerungsprognosen 1960-2015

(Quelle: *Flüchter, Winfried* (1997): a.a.O., S. 31)

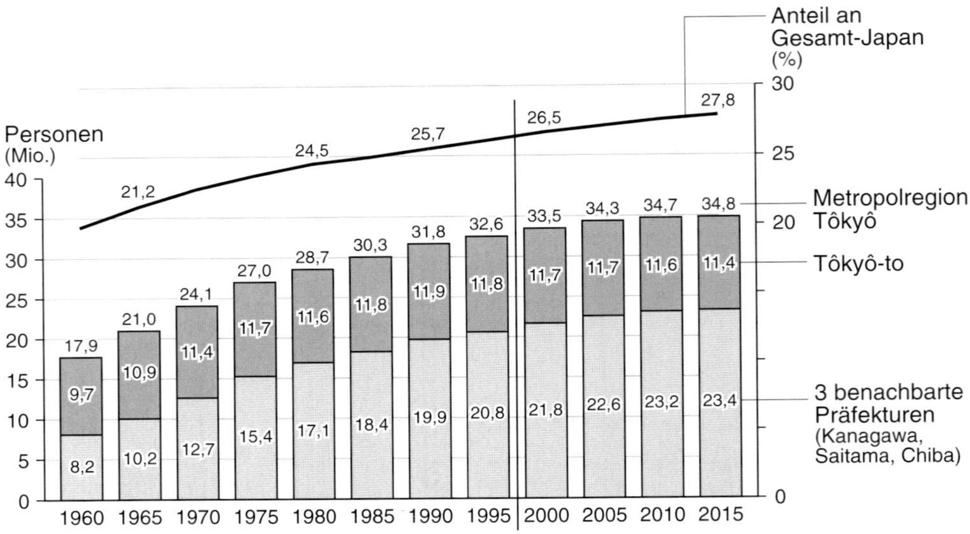

Quelle: Sômuchô: Kokusei chôsa 1995. Prognose: Kikaku shingi-shitsu
Bearbeitung: W. Flüchter

D 7	Tokyo – Wachstum ohne Grenzen?	Städte in außereuropäischen Räumen

Arbeitsmaterial (Fortsetzung):

M 3: Großregion Tokyo: Wandel der Bevölkerungsbilanz 1920-1995 im Umkreis von 50 km um Tokyo (gegliedert nach 10 km-Raumradien)

(Quelle: *Flüchter, Winfried* (1997): a.a.O., S. 33)

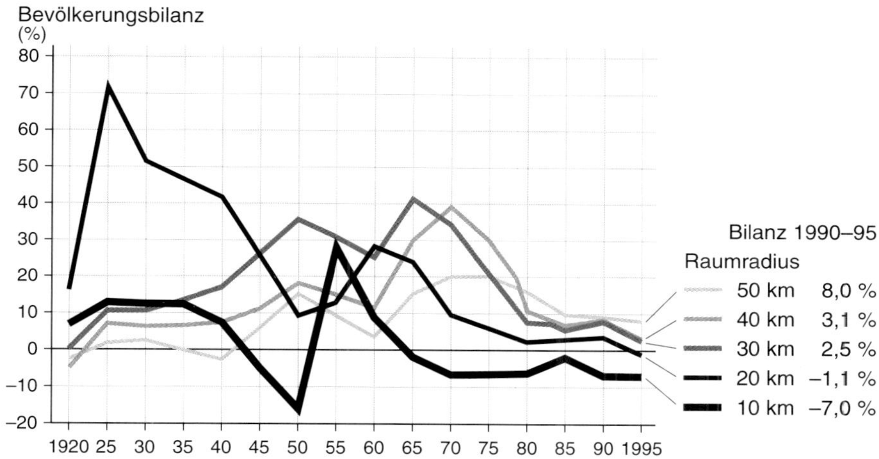

Quelle: W. Flüchter 1985, S. 7;
ergänzt nach: Statistics Bureau, Management and Coordination Agency (Hg.): Major Aspects of Population of Japan, 1990 and 1995 Population Census of Japan, Abridged Report Series No. 1

M 6: Die „Unipolare Konzentration auf Tokyo" am Beispiel a) der Hauptverwaltungen großer Unternehmen (Eigenkapital über 1 Mrd. Yen), b) der Summe der verrechneten Wechsel, c) der Zahl der ausländischen Unternehmen

(Quelle: *Flüchter, Winfried* (1997): a.a.O., S. 31)

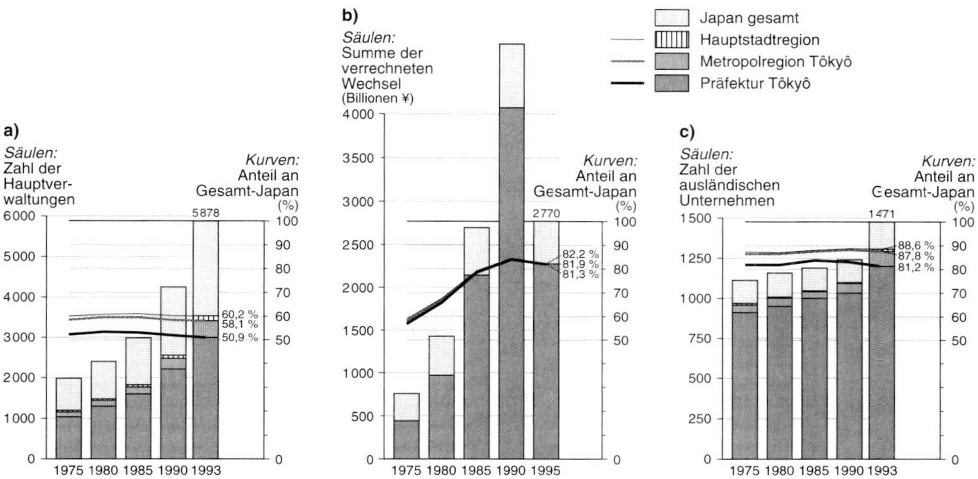

Quelle: Kokudochô (Hg.): Shuto-ken hakusho, 1996, S. 56 ff. – Bearbeitung: W. Flüchter

Arbeitsmaterial (Fortsetzung):

M 4: Wandel der Tages- und Wohnbevölkerung in der Präfektur Tokyo 1955-2000
(Quelle: *Flüchter, Winfried* (1997): a.a.O., S. 33)

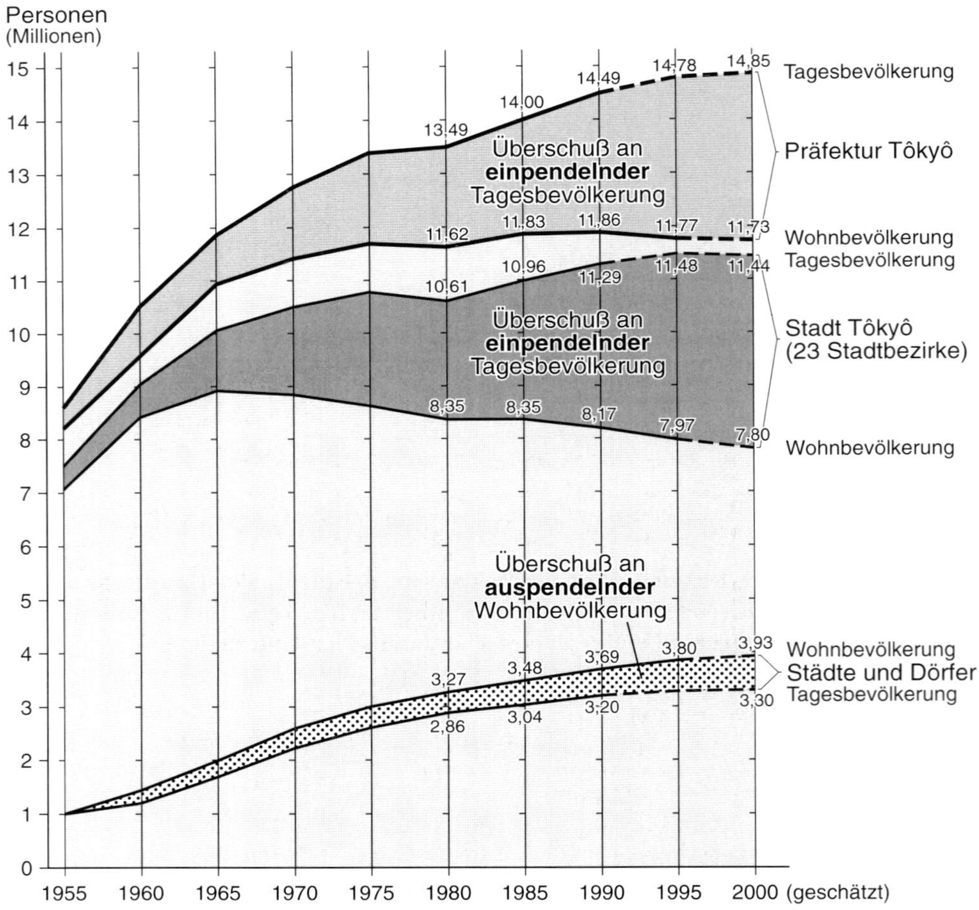

Quelle: Tôkyô Metropolitan Government: Planning of Tôkyô 1996, S. 1
Bearbeitung: W. Flüchter

Arbeitsmaterial (Fortsetzung):

M 5: Wachstum der größten metropolitanen Agglomerationen im 20. Jahrhundert (in 1.000)

(Quelle: *Bronger, Dirk:* Suburbanisierungsprozesse in Megastädten: „Erste“ Welt – „Dritte“ Welt. Unveröffentlichtes Manuskript. Erscheint in Geographie und Schule, Heft 129, Februar 2001, geändert)

Rang ♦ Fläche Jahr	1 Tokyo 13.138[1]	2 Seoul 3.505[2]	3 Bombay 4.355[3]	4 Mexico City 4.661[4]	5 Sao Paulo 4.556[5]	6 New York 11.368[6]	16 Paris 2.576[7]	25 London 1.579[8]
1900	5.248	280•	1.260•	590•	281	4.936	4.187	6.510
1910	6.587	360•	1.510•	800•	450•	6.929	—	7.162
1920	7.678	440•	1.750•	1.010•	665	8.280	5.124	7.387
1930	9.958	550•	1.800•	1.405	950•	10.582	—	8.110
1940	12.740	1.331•	2.280•	1.970	1.510	11.369	6.205	8.615
1950	13.051	2.293•	3.800•	3.348	2.592	12.376	6.684	8.197
1960	17.864	3.670	5.281	5.471	4.654	14.182	—	7.992
1970	24.113	7.234	7.778	9.014	8.004	15.382	8.807	7.452
1980	28.697	11.689	11.078	14.053	12.352	14.617	8.852	6.713
1990	31.797	16.871	14.530	15.048	15.075	14.837	9.232	6.379
1995	32.577	19.054	16.516⁺⁺	16.387	16.118⁺⁺	15.068⁺⁺	—	—

• Schätzung; ++ Fortschreibung; — keine Angabe; [1]Tokyo: Tokyo-to, Kanagawa-, Saitama-, Chiba-ken; [2]City of Seoul & Umland (Inch'on & 37 Städte und Gemeinden), [3]BMR (Bombay Metropolitan Region); [4]ZMCM (Zona Metropolitana de la Ciudad de México); [5]Sao Paulo & 25 municipios; [6]New York & Newark & Jersey City & Nassau – Suffolk & Bergen – Passaic PMSA's [7]Agglomeration de Paris, [8]Greater London.

Arbeitsmaterial (Fortsetzung):

M 7: Ursachen für die Dominanz Tokyos

(Quelle: *Flüchter, Winfried* (1997): a.a.O., S. 31)

Dass heute Tôkyô mit weitem Abstand vor Osaka die in jeder Hinsicht dominierende Metropole Japans ist, hat vor allem vier Ursachen: Erstens leitete ab 1937 die kriegsbedingte Plan- oder „Zwangswirtschaft", auf der Basis verstärkter Zentralisierung der Regierungskontrolle über die privaten Konzerne, den Trend zur Verlagerung des Hauptsitzes führender Unternehmen nach Tôkyô ein. Daran knüpfte in der Nachkriegszeit zweitens der Supreme Commander of Allied Powers (SCAP) als Kommandozentrale der Besatzungsmacht USA an. Drittens setzten die Olympischen Spiele in Tôkyô 1964, in der Phase extrem hohen Wirtschaftswachstums, durch die Prioritäten des Ausbaus wichtiger Infrastruktureinrichtungen zugunsten der Hauptstadt starke Schubkräfte frei. Nicht zuletzt sorgte viertens die Globalisierung der japanischen Wirtschaft seit 1985 für den bisher letzten und international stärksten Anreiz weiterer Konzentration höchster zentraler Funktionen in der „Global City" Tôkyô.

Aufgaben:

1. Beschreiben Sie die in den Materialien M 1 bis M 4 dargestellte Bevölkerungsentwicklung in der Großregion Tokyo.
2. Vergleichen Sie die Bevölkerungsentwicklung Tokyos mit der anderer Metropolregionen. (M 5)
3. Erklären und erläutern Sie den in M 6 verwendeten Begriff „Unipolare Konzentration Tokyos".
4. Erörtern und bewerten Sie die Folgewirkungen des Agglomerationsprozesses im Großraum Tokyo.

Vorbemerkungen:

Das Ungleichgewicht der Verteilung von Bevölkerung und Wirtschaft mit Schwerpunkt auf der pazifischen Küstenseite Mittel-Honshus, insbesondere der Hauptstadtregion Tokyo, ist ein markantes raum-strukturelles Merkmal des heutigen Japan. Noch in der zweiten Hälfte des 19. Jahrhunderts war das Städtesystem Japans in seiner räumlichen Verteilung relativ ausgeglichen. Die meisten Städte lagen an der Japanmeer-Seite, die heute als die wirtschaftlich unterentwickelte „Hinterseite" Japans gilt, sowie an der pazifischen Küste, der sogenannten „Vorderseite" oder „Fensterseite", die allerdings schon damals die größten Städte stellte. Erst seit der Industrialisierung, vor allem aber parallel mit den großen Wirtschaftserfolgen des Landes in der Nachkriegszeit verstärkten sich die regionalen Disparitäten zugunsten der Metropolregion Tokyo und auf Kosten der Peripherie. So ist es innerhalb der japanischen Städtehierarchie zu einer bedenklich einseitigen Konzentration von Bevölkerung und Wirtschaft auf die Hauptstadtregion Tokyo gekommen, ein Prozess, der sich nach Ansicht der Fachleute auch in Zukunft weiter fortsetzen wird – trotz zahlreicher Pläne zur Dezentralisierung.

Ziel des Materialbeispiels ist es, den Prozess der „Unipolaren Konzentration Tokyos" zu beschreiben und zu erklären sowie unter ökologischen, wirtschaftlichen und regionalpolitischen Aspekten zu bewerten. Um den SchülerInnen ein offenes Statement zu ermöglichen, wird für die im 4. Arbeitsauftrag geforderte Bewertung bewusst kein Arbeitsmaterial vorgegeben – zumal der Megapolisierungsprozess bis heute in Japan äußerst kontrovers diskutiert wird.

Das Materialbeispiel eignet sich sowohl für den Einsatz im laufenden Unterricht oder – ergänzt durch wertere Materialien, u.a. Atlaskarten – als Klausur.

Literatur:

Flüchter, W. (1985): Die Bucht von Tokyo. Schriften des Instituts für Asienkunde in Ham-burg, Bd. 46. Wiesbaden, Harrassowitz

Flüchter, W. (1997): Megastadt Tokyo. „Monster" oder „Modell"? In: Geographie und Schule, Heft 110, Dezember 1997, S. 30-38. Aulis Verlag, Köln

Flüchter, W. und *N. von der Ruhren* (1994): Japan. Stuttgart: Klett-Perthes

Lösungsvorschlag:

Aufgabe 1

Zur Angabe der Einwohnerzahl von Tokyo stehen drei verschiedene flächenmäßige Bezugseinheiten zur Auswahl (M 1). Im engeren Sinne versteht man mit „Tokyo" lediglich die drei Stadtbezirke (-ku), die 1995 8,0 Mio. Einwohner zählten. Weiter reicht die Präfektur Tokyo (-to), die zusätzlich zu den eigentlichen Stadtbezirken zahlreiche weitere Städte und Gemeinden umfasst. Sie zählte 1995 11,8 Mio. Einwohner. Da die Stadt längst über ihre Verwaltungsgrenze hinausgewachsen und mit dem Umland in mehrfacher Hinsicht eng verflochten ist (z.B. Pendlerbewegungen, Versorgungs- und

Entsorgungseinrichtungen), versteht man unter „Tokyo" sinnvollerweise die „Metropolregion Tokyo". Sie ist identisch mit der Region Süd-Kanto und findet als Raumgröße vor allem Verwendung bei regionalstatistischen Angaben, so auch in den folgenden Materialien. Hier wohnten 1995 32,6 Mio. Menschen. Das sind 26 % der Gesamtbevölkerung Japans. In noch weiterem Sinne, aber weniger häufig, spricht man von der „Hauptstadtregion" (National Capital Region), die sich mit der gesamten Großregion Kanto deckt und ein Gebiet mit einem Gesamtradius von über 100 km um den Kern Tokyos einschließt.

Beeindruckend ist das Bevölkerungswachstum der Metropolregion (M 2). Die Zunahme von 17,9 Mio. (1960) über 27,0 Mio. (1975) auf 32,6 Mio. im Jahre 1995 bedeutet einen Anstieg um 82 % bzw. 420.000 pro Jahr. Besonders stark waren die Wachstumsraten in den wirtschaftlichen Boomjahren von 1960 bis 1975: 9,1 Mio. (= 607.000 pro Jahr) oder 51 %. Die letzten zwanzig Jahre (1975-1995) verliefen mit einem Wachstum von „nur" 5,6 Mio. (280.000 pro Jahr) oder 21 % weniger hektisch. Die Prognosen bis zum Jahr 2015 sehen für die Metropolregion ein weiteres, allerdings deutlich verlangsamtes Anwachsen der Bevölkerung auf 34,8 Mio. Einwohner vor. Das entspricht 27,8 % der Gesamtbevölkerung Japans.

Wie M 2 zu entnehmen ist, resultiert der Bevölkerungsanstieg in der Metropolregion vor allem aus dem Wachstum der drei benachbarten Präfekturen Kanagawa, Saitama und Chiba, während die Einwohnerzahl in Tokyo-to, dem eigentlichen Stadtbezirk, relativ gleich bleibt, seit 1990 sogar rückläufig ist. Dies ist eindeutig mit dem in allen urbanen Räumen festzustellenden Phänomen der Suburbanisierung zu erklären. Das Bevölkerungswachstum der Kernstädte stagniert oder ist rückläufig, während die städtischen Randgebiete an Einwohner zunehmen. Hier überlagern sich zwei Bevölkerungsbewegungen: zum einen die Kern-Rand-Wanderung und zum anderen die Land-Stadt-Wanderung.

M 3 ermöglicht es, diesen Suburbanisierungsprozess regional weiter aufzuschlüsseln. Innerhalb der Großregion Tokyo verlagert sich der Schwerpunkt des Bevölkerungswachstums zentrifugal vom Ballungskern in die Außengebiete. Lag in den 20er Jahren das Maximum des Bevölkerungsanstiegs noch im Ballungskern (0-10 km-Raumradius), so verschob es sich in den folgenden Jahren immer weiter in die Außenzonen. Seit 1980 liegt es in dem 40-50 km-Außenbereich. Es wäre jedoch falsch, in diesem Zusammenhang von einer „Entleerung der Innenstadt" zu sprechen, denn immerhin beherbergte Tokyo-to 1995 noch 11,8 Mio. Menschen oder 36 % der Gesamteinwohnerzahl der Metropolregion.

Der Suburbanisierungsprozess beinhaltet nicht nur eine bevölkerungs- und siedlungsmäßige Auffüllung der Außenzonen, sondern auch eine Verlagerung von Einrichtungen des sekundären und tertiären Sektors. Daraus ergeben sich vielfältige Sekundäreffekte, von denen einer in M 4 angesprochen wird: äußerst zeitaufwendige Pendlerströme. Ziel dieser Pendlerströme sind sowohl die inneren 23 Stadtbezirke (Tokyo-ku) als auch die Präfektur (Tokyo-to). Der Überschuss an einpendelnder Tagesbevölkerung liegt in beiden Gebietseinheit bei über drei Millionen täglich.

Aufgabe 2

Anfang dieses Jahrhunderts war London die größte Metropole der Erde, gefolgt von Tokyo, New York und Paris. Bereits 1920 überholte New York London, wurde 20 Jahre später allerdings durch Tokyo vom ersten Platz verdrängt, das seitdem unangefochten die Nummer Eins unter den metropolitanen Agglomerationen der Erde ist.

Aufschlussreich sind die unterschiedlichen Wachstumsraten, die sich aus den Zahlenwerten der Tabelle M 5 ermitteln lassen. Während im Zeitraum 1900 bis 1995 Tokyo um das 6fache, New York um das 3fache sowie Paris um das 2,2fache anwuchsen und London als einzige Metropole heute weniger Einwohner zählt als zu Beginn des Jahrhunderts, explodierte Seoul als die am schnellsten wachsende Metropole des 20. Jahrhunderts um fast das 70fache, Sao Paulo um das 57fache und Mexico City um das 20fache. Diese gegensätzliche Entwicklung zwischen „Erster" und „Dritter" Welt wird auch in den absoluten Zahlen deutlich: Während New York von 1900 bis 1995, also in knapp hundert Jahren, um über 10 Mio. Einwohner wuchs, benötigte Seoul dafür nicht einmal 20 Jahre. Was allerdings das absolute Wachstum anbelangt, so rangiert Tokyo mit 27,3 Mio. (1900-1995) einsam an der Spitze, gefolgt von Seoul (18.8 Mio.), Sao Paulo sowie Mexico City (je 15,8 Mio.) und Bombay (15,3 Mio.).

Aufgabe 3

Unter „Unipolarer Konzentration auf Tokyo" versteht man die einseitige Konzentration von Menschen, Geld, Wirtschafts-, Infrastruktureinrichtungen etc. auf die Hauptstadt Tokyo – zu Lasten der peripheren ländlichen Regionen und anderer Städte des Landes. Der Begriff ist synonym zu verwenden mit dem der „demographischen" und „funktionalen primacy" (vgl. das Materialbeispiel Lima D 1). M 6 zeigt die einseitigen Ballungs- und Hierarchisierungsprozesse zugunsten Tokyos. Ausschlaggebend für die Dominanz der Metropole ist vor allem die Konzentration höchstrangiger zentraler Dienstleistungen. Neben den höchsten staatlichen Organen (Regierung, Parlament, nationale Behörden etc.) ist eine Ballung der wirtschaftlichen Macht, insbesondere von Entscheidungsfunktionen, für die Primatstellung Tokyos unter allen anderen japanischen Städten charakteristisch.

M 7 nennt die wichtigsten vier Ursachen für die einseitige Entwicklung zugunsten Tokyos:

- die kriegsbedingte Planwirtschaft des japanischen Staates nach 1937, die zu einer Verlagerung des Hauptsitzes führender Unternehmen nach Tokyo führte
- die Fortsetzung dieser Wirtschaftspolitik unter der Besatzungsmacht USA in der Nachkriegszeit
- die Wahl Tokyos zum Austragungsort der Olympischen Spiele 1964, die zu einem forcierten Ausbau von Infrastruktureinrichtungen in Tokyo führte und somit starke wirtschaftliche Schubkräfte freisetzte
- die Globalisierung der japanischen Wirtschaft, die aufgrund der vehementen Konkurrenz unter den Weltmetropolen landesintern zu einer zunehmenden Zentralisierung von höheren produktionsorientierten Dienstleistungen in der „Global City" Tokyo führt.

Ergänzend könnten die Schüler hier weitere Gründe anführen, z.B.:

- Lagegunst Tokyos (Lage an der pazifischen Küste (Fensterseite), Hafengunst in der Bucht von Tokyo, vergleichsweise große ebene Siedlungsflächen)
- der ausgeprägte Zentralismus des japanischen Staatswesens, der die hoch- und höchstrangigen politischen, wirtschaftlichen und kulturellen Einrichtungen an die Hauptstadt bindet
- Selbstverstärkungsmechnismen durch die Nutzung von Agglomerationsvorteilen, die die Megastadt Tokyo bietet
- das Standortprestige Tokyos.

Aufgabe 4

Die auf der Welt einmalige Verdichtung von Bevölkerung, wirtschaftlichen, administrativen, kulturellen Einrichtungen etc. bewirkt natürlich eine Vielzahl negativer Effekte, denen man aber auch eine Fülle von Ballungsvorteilen entgegensetzen kann. Unter den negativen Ballungseffekten sind zu nennen:

- Raumknappheit und Raumenge sowie hohe Flächennutzungskonkurrenz als Folge
- hohe Boden-, Immobilien- und Mietpreise, besonders in der Kernstadt, die aber auch in Richtung Peripherie nur langsam abfallen
- hohes Pendleraufkommen mit extrem langen Pendelzeiten
- Verkehrsprobleme – trotz eines leistungsfähigen ÖPNV
- extreme Siedlungsverdichtung und Mangel an Frei- und Grünflächen
- hohe Umweltbelastungen durch Lärm, Luft-, Wasserverunreinigungen, Bodenversiegelungen, Grundwasserabsenkungen
- Verstärkung der regionalen Disparitäten, d.h. weiteres Zurückfallen der ländlichen Gebiete durch brain-drain, infrastrukturelle Unterversorgung, Verfestigung der Abhängigkeit von der Metropole.

Auch wenn der Konzentrationsprozess unter ökologischen und regionalpolitischen Aspekten als äußerst problematisch zu bewerten ist, hat er sich in ökonomischer Hinsicht als äußerst erfolgreich erwiesen. Dies gilt insbesondere gegenwärtig „im Zeitalter der Globalisierung der Wirtschaft". Wenn Japan bzw. Tokyo sich im Wettbewerb der Weltmetropolen auch künftig behaupten will, liegt der weitere Ausbau der „Global City" als Zentrum und Schaltstelle weltwirtschaftlich wichtiger Funktionen nahe. Dies gilt für die Gegenwart umso mehr, da sich seit Ende der 90er Jahre deutliche wirtschaftliche Probleme zeigen.

E 1	Gemeinsame Landesplanung Berlin-Brandenburg	Raumplanung in Verdichtungsräumen

Arbeitsmaterial:

M 1a: Planungsräume in Berlin und Brandenburg

(Quelle: Ministerium für Umwelt, Naturschutz und Raumordnung des Landes Brandenburg und Senatsverwaltung für Stadtentwicklung, Umweltschutz und Technologie (Hrsg., 1998): Gemeinsam planen für Berlin und Brandenburg, S. 13; verändert)

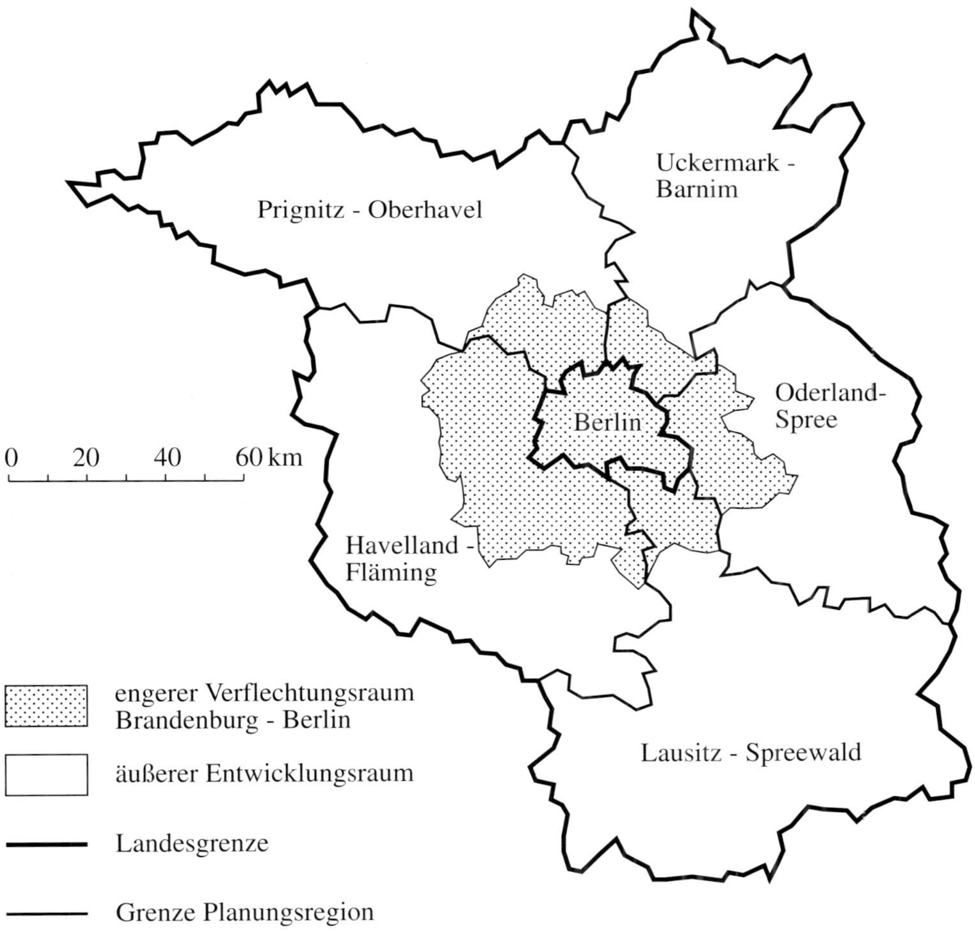

Arbeitsmaterial (Fortsetzung):

M 1b: Strukturdaten zu den Planungsräumen in Berlin und Brandenburg (Stand: Dezember 1998)

(Quelle: Ministerium für Umwelt, Naturschutz und Raumordnung des Landes Brandenburg und Senatsverwaltung für Stadtentwicklung, Umweltschutz und Technologie (Hrsg., 1998): Gemeinsam planen für Berlin und Brandenburg, S. 99; verändert)

Teilräume	Einwohner[1] (Anteil am Gesamtraum)	Fläche (km^2)[1] (Anteil am Gesamtraum)	Bevölkerungsdichte[1] (EW/km^2)	Gewerbliche Bauflächen (ha)[2,3]
Engerer Verflechtungsraum Berlin-Brandenburg	4.286.255 (71,6)	5.368,8 (17,7)	798	4.482
Land Berlin	3.398.822 (56,8)	891,7 (3,0)	3.812	31
Land Brandenburg	2.590.375 (43,2)	29.475,9 (97,0)	88	10.244
davon im engeren Verflechtungsraum	887.433 (14,8)	4.477,1 (14,7)	198	4.451
im äußeren Entwicklungsraum	1.702.942 (28,4)	24.998,8 (82,3)	68	5.793

Quellen:
1 LDS Brandenburg, Stala Berlin, Berechnungen Landesumweltamt Brandenburg, Referat Raumbeobachtung
2 Fachbeiträge des Landesumweltamtes Brandenburg – Berichte aus der laufenden Raumbeobachtung (1/99) – Raumordnungsverfahren-Bauleitplanung Stand 31.12.1998
3 genehmigte Flächen in BPlVEP

M 3: Hauptfunktionen der Teilräume des gemeinsamen Planungsraumes Berlin-Brandenburg

(Zusammengestellt nach Ministerium für Umwelt, Naturschutz und Raumordnung des Landes Brandenburg und Senatsverwaltung für Stadtentwicklung, Umweltschutz und Technologie (Hrsg., 1998): Gemeinsam planen für Berlin und Brandenburg, S. 18)

Teilraum	Funktionen	planerische Schwerpunktaufgabe
Äußerer Entwicklungsraum	Entwicklungsfunktion für Brandenburg	Entwicklung
engerer Verflechtungsraum		
Hauptstadt Berlin	Metropolenfunktion für den Gesamtraum	Ordnung, Sicherung und Ergänzung
Brandenburger Teil	Ergänzung und Entlastung für Berlin, temporär Entwicklung für Brandenburg	Ordnung und Sicherung

Arbeitsmaterial (Fortsetzung):

M 2: Entwicklungspolitische Rahmenbedingungen für den Planungsraum Berlin-Brandenburg

(Quelle: Ministerium für Umwelt, Naturschutz und Raumordnung des Landes Brandenburg und Senatsverwaltung für Stadtentwicklung, Umweltschutz und Technologie (Hrsg., 1998): Gemeinsam planen für Berlin und Brandenburg, S. 7)

Berlin und Brandenburg wurden im Prozess der deutschen Einheit gemeinsam ins kalte Wasser geworfen. Sie müssen

- sich den Herausforderungen der Globalisierung der Wirtschaft, der Erweiterung des europäischen Binnenmarktes sowie der Öffnung der Staaten in Mittel- und Osteuropa stellen,
- die Raumstruktur entsprechend den neuen marktwirtschaftlichen Anforderungen organisieren und
- ein neues Verhältnis der zuvor getrennten Stadthälften Berlins zum neu gegründeten Land Brandenburg entwickeln.

Die erstgenannte Rahmenbedingung gilt für alle Regionen in Deutschland. Von der zweiten sind nur die neuen Länder betroffen. Das Zusammenwachsen von Teilräumen, die zuvor eigenständige Entwicklungen in zwei unterschiedlichen wirtschaftlichen Systemen durchlaufen haben, bringt Probleme mit sich, die historisch ohne Vergleich sind. Wirtschaftliche Globalisierungsprozesse und die Erweiterung des europäischen Marktes führen zu einer Veränderung der internationalen Wettbewerbssituation. Nicht mehr einzelne Städte, sondern Regionen konkurrieren miteinander.

Aus internationalem Blickwinkel sind die Länder Berlin und Brandenburg ungeachtet ihrer politischen Eigenständigkeit bereits heute eine gemeinsame Region. Dabei resultiert aus der geopolitischen Lage zu den neuen Märkten in Mittel- und Osteuropa im internationalen Maßstab ein besonderer Standortvorteil.

Innerhalb der Region Berlin-Brandenburg führt die neue Bewertung von Standorten und räumlichen Lagebeziehungen zu neuen Präferenzen. Die aktuelle Raumordnungspolitik muss sich mit der durch planwirtschaftliche Steuerung und politische Trennung geprägten räumlichen Struktur auseinandersetzen und zugleich die ihr innewohnenden Chancen für die Zukunftsgestaltung im Interesse beider Länder nutzen.

Die zuvor politisch gebremste Entwicklung wird rasant nachgeholt. Wanderungsbewegungen von Einwohnern und Betrieben, neue Aktionsräume der unterschiedlichsten Nutzer – vom Großinvestor bis zum Erholungssuchenden – verändern die Raumstruktur in einer Geschwindigkeit, wie sie von anderen Metropolenregionen bisher nicht bekannt ist.

Arbeitsmaterial (Fortsetzung):

M 4: Der Landesentwicklungsplan im engeren Verflechtungsraum Berlin-Brandenburg

(Quelle: Ministerium für Umwelt. Naturschutz und Raumordnung des Landes Brandenburg und Senatsverwaltung für Stadtentwicklung, Umweltschutz und Technologie (Hrsg. 1998): Gemeinsam planen für Berlin und Brandenburg, S. 9 f.; verändert)

In Berlin und seinem Umland setzte nach dem Mauerfall und dem Fortfall der zentralstaatlichen Steuerung die zuvor gebremste Stadt-Umland-Entwicklung ein – insbesondere die Suburbanisierung von Gewerbebetrieben und Wohnstandorten.

Die siedlungsstrukturelle Ausgangssituation der 90er Jahre ist aufgrund der seit dem 2. Weltkrieg stagnierenden Stadt-Umland-Entwicklung ausgesprochen günstig. Der Stadtinnenbereich ist gekennzeichnet durch eine gute Mischung aus verdichteter Bebauung, großen innerstädtischen Grünzonen und für den Stadtumbau geeigneten ungenutzten Siedlungsflächen. Viele Stadtrandgemeinden sind aufgrund der historischen Entwicklung entlang der Bahnstrecken gut von S- und Regionalbahnen erschlossen und bieten zahlreiche Flächen für Nachverdichtungen an. Zwischen diesen Siedlungsachsen liegen keilartige, bis in das zentrale Stadtgebiet reichende Freiräume, die wertvolle Frischluftschneisen und entwicklungsfähige Naherholungsgebiete sind.

Die vorteilhafte Siedlungsstruktur trifft ihrerseits auf große und möglichst schnell zu befriedigende Entwicklungsbedürfnisse: Gewerbebetriebe in Berlin drängen an den Stadtrand. Zahlreiche Berliner wollen ihren Traum vom eigenen Häuschen im Grünen bei relativ geringen Bodenpreisen erfüllen. Der Handel benötigt immense Verkaufsflächen zur Deckung der neuen Konsumwünsche.

Berlin und die Brandenburger Umlandkommunen versuchen, durch neue Flächenangebote diesen Bedürfnissen entgegenzukommen. Dabei besteht – wie auch erste Erfahrungen unterstreichen – die Gefahr, dass neue Projekte an ungünstigen Standorten entwickelt werden oder die vorhandene Infrastruktur überfordern. Die Suche nach möglichst kostengünstigen Flächen führt vielfach dazu, dass Standorte abseits der Schienenerschließung in den Freiraumachsen oder auf der „grünen Wiese“ gesucht werden.

Disperse, auf viele kleine Orte verteilte Siedlungsentwicklungen führen zu hohen Kosten der öffentlichen Infrastruktur und zersiedeln die Landschaft. Ausschließlich über Straßen erschlossene Wohn- und Gewerbegebiete führen zur Überlastung des Straßensystems. Große Einzelhandelszentren am Stadtrand entziehen den Innenstädten und Dorfkernen die Kaufkraft und erzeugen neue Verkehrsströme. Eine unkoordinierte Entwicklung von Standorten droht das bisherige Raumgefüge in seiner Qualität zu zerstören. Für Berlin und das Umland steht daher weniger der Anstoß von Entwicklungen im Vordergrund als vielmehr deren räumliche Ordnung und Bündelung, um notwendige öffentliche Infrastrukturinvestitionen zu ermöglichen und den Freiraum nachhaltig zu schützen.

Arbeitsmaterial (Fortsetzung):

M 5: Der Landesentwicklungsplan für den engeren Verflechtungsraum sieht eine polyzentrale Entwicklung vor

(Nach: Ministerium für Umwelt, Naturschutz und Raumordnung des Landes Brandenburg: Brandenburger Umwelt Journal Nr. 26, Mai 1998, S. 11)

Ausgehend vom Leitbild der dezentralen Konzentration gibt der LEPeV eine polyzentrale Entwicklung innerhalb und außerhalb Berlins vor. Der Plan legt 26 potentielle Siedlungsbereiche fest *(Typ 1)*, wovon 2 innerhalb Berlins liegen. In ihnen soll die Entwicklung räumlich gebündelt werden. Weitere Siedlungsschwerpunkte *(Typ 2)* in Brandenburg werden nach vorgegebenen Kriterien von der Regionalplanung festgelegt. Alle sonstigen Gemeinden *(Typ 3)* sollen sich vorrangig auf die Innenentwicklung konzentrieren.

	Typ 1-Gemeinden	Typ 2-Gemeinden	Typ 3-Gemeinden
Entwicklungsmöglichkeiten bis 2010	〈 50 % Zuwachs (gemessen an Einwohnerzahl von 1990); potentieller Siedlungsbereich 〈 bei Beschränkung auf Innenbereich unbegrenzt	〈 25 % Zuwachs (gemessen an Einwohnerzahl von 1990) 〈 bei Beschränkung auf Innenbereich unbegrenzt	〈 10 % Zuwachs (gemessen an Einwohnerzahl von 1990) 〈 bei Beschränkung auf Innenbereich unbegrenzt
Kriterien	〈 i.d.R. Zentraler Ort und Zentrum der Dezentralen Konzentration bzw. sonstiger Siedlungsschwerpunkt 〈 Arbeitsplatzschwerpunkt 〈 Schienenanschluss 〈 gute Einbindung ins Straßennetz	〈 überörtliche Versorgungs- oder Selbstversorgungsfunktion 〈 gesicherte zentrale Ver- und Entsorgung 〈 Verknüpfungspunkt im Schienennetz oder Schienenanschluss	〈 i.d.R. keine Zentrums- bzw. Versorgungsfunktion 〈 i.d.R. geringe bis mittlere Einwohnerzahl; dörfliche Siedlungsform

Aufgaben:

1. Setzen Sie sich mit der folgenden These auseinander: „Die Länder Berlin und Brandenburg sind eine Region der Gegensätze und Gemeinsamkeiten".
2. Überprüfen Sie, inwieweit die für die verschiedenen planerischen Kategorien im engeren Verflechtungsraum Berlin-Brandenburg festgelegten Schwerpunktaufgaben der besonderen Situation dieser Region gerecht werden.

L	E 1	Gemeinsame Landesplanung Berlin-Brandenburg	Raumplanung in Verdichtungsräumen

Vorbemerkungen:

Am 1. März 1998 trat der Staatsvertrag zum gemeinsamen Landesentwicklungsprogramm (LEPro) der Länder Berlin und Brandenburg in Kraft. Erstmals in der Geschichte der Bundesrepublik Deutschland gibt es damit für den Gesamtraum zweier Länder eine verbindliche Grundlage für die Landesplanung und darauf aufbauende Regionalpläne, Strukturkonzepte usw. Bereits aus dieser Sicht ist es gerechtfertigt, das Beispiel Berlin-Brandenburg aufzugreifen, wenn im Geographieunterricht Fragen der Raumplanung thematisiert werden. Dabei ist es durchaus legitim, den Schwerpunkt der Behandlung auf den Metropolenraum Berlin zu legen, denn hier gibt es für die Landesentwicklung besondere Herausforderungen. Die aufgeführten Beispiele beziehen sich deshalb auf die spezifischen planerischen Fragen und Probleme in Berlin und seinem brandenburgischen Umland, wie sie im gemeinsamen Landesentwicklungsplan für den engeren Verflechtungsraum Berlin-Brandenburg (LEPeV) dargestellt sind. Die Materialien können genutzt werden, wenn unterschiedlich strukturierte Räume vorgestellt werden sollen. Sie dienen zugleich auch dazu, für das „traditionelle“ Unterrichtsthema der Stadt-Umland-Problematik Informationen bereitzustellen.

Die Aufgaben sind sehr komplex und anspruchsvoll. Sie eignen sich während der Erstvermittlung für die Partnerarbeit, lassen sich aber auch für Klausuren verwenden.

Literatur:

Landesamt für Statistik und Datenverarbeitung (Hrsg., 1997): Statistisches Jahrbuch 1997

Landesumweltamt Brandenburg (Hrsg., 1996); Berlin-Brandenburg regional ‘96. Potsdam: UNZE-Verlagsgesellschaft

Ministerium für Umwelt, Naturschutz und Raumordnung des Landes Brandenburg (Hrsg., 1998): Brandenburger UmweltJoumal Nr. 26

Ministerium für Umwelt, Naturschutz und Raumordnung des Landes Brandenburg und Senatsverwaltung für Stadtentwicklung, Umweltschutz und Technologie (Hrsg., 1998): Gemeinsam planen für Berlin und Brandenburg. Golm: Brandenburgische Universitätsdruckerei und Verlagsgesellschaft Potsdam

Saupe, G. (1995): Raumplanung in Brandenburg/Berlin. In: *Scherf, K.* und *Viehrig, H.* (Hrsg., 1995): Berlin und Brandenburg auf dem Weg in die gemeinsame Zukunft. Gotha: Justus Perthes Verlag

Lösungsvorschlag:

Aufgabe 1

Der vorgelegten These kann grundsätzlich zugestimmt werden. Berlin und Brandenburg sind durch zahlreiche Gemeinsamkeiten gekennzeichnet. Exemplarisch lässt sich dazu folgendes aufführen.

Beide Länder
- sind durch Beziehungen gekennzeichnet, die auf die mehrere Jahrhunderte umfassende gemeinsame Geschichte zurückgeführt werden können,
- müssen sich den gegenwärtigen und künftigen Herausforderungen der Globalisierung und der Neuordnung politischer und wirtschaftlicher Strukturen in Europa stellen,
- sind damit dem Konkurrenzdruck anderer europäischer Regionen ausgesetzt,
- müssen mit negativen Konsequenzen rechnen, wenn die räumliche Entwicklung, insbesondere die Stadt-Umland-Beziehungen, unkontrolliert verläuft,
- stehen vor der Aufgabe, strukturelle Gegensätze abzubauen (in Berlin zwischen dem Ost- und Westteil der Stadt, in Brandenburg zwischen dem Umland von Berlin, dem sog. „Speckgürtel", und den peripheren Räumen).

Zu den auffälligen Merkmalen, mit denen sich das Bundesland Brandenburg raumstrukturell vom Stadtstaat Berlin unterscheidet, gehören:
- die aus Flächengröße und Einwohnerzahl resultierende geringere Bevölkerungsdichte,
- das geringere Wirtschaftspotential,
- der geringere infrastrukturelle Ausbau,
- der größere Beschäftigtenanteil im produzierenden Gewerbe,
- die größere natur- und kulturräumliche Differenzierung,
- das höhere Freizeit- und Erholungspotential.

Aufgabe 2

Die raumplanerischeren Schwerpunktaufgaben der verschiedenen Planungskategorien berücksichtigen deren besondere räumlich-strukturelle Situation, sie orientieren sich an ihren unterschiedlichen Funktionen, die die Hauptstadt Berlin und das brandenburgische Umland haben. Berlin ist Kern des gemeinsamen Planungsraumes von Berlin-Brandenburg und hat Metropolenfunktion. Neben den im Zusammenhang mit dem Ausbau zur Hauptstadt notwendigen quantitativen Erweiterungen liegt das Hauptaugenmerk auf der Verbesserung qualitativer Strukturmerkmale. Es dominieren also raumplanerische Ordnungs- und Sicherungsaufgaben. Das Umland hat eine Doppelaufgabe zu erfüllen. Es übernimmt Entlastungs- und Ergänzungsfunktionen für Berlin (z.B. Naherholung, Ansiedlung flächenextensiver Gewerbe, Wohnen) sowie Entwicklungsfunktionen für die äußeren Regionen Brandenburgs.

Arbeitsmaterial:

M 1: S-Bahnstreckennetz Berlin und Umgebung: Bestand und Planung

(Quelle: Senator für Bauen, Wohnen und Verkehr (1996): Grunderneuerung und Wiederherstellung des S-Bahn-Netzes. In: Abgeordnetenhaus von Berlin (Hrsg., 20.12.1996): Drucksache 13/1200 – Mitteilungen – zur Kenntnisnahme –. Kulturbuch-Verlag, Berlin; Entwurf: *Michael Zaretzki*)

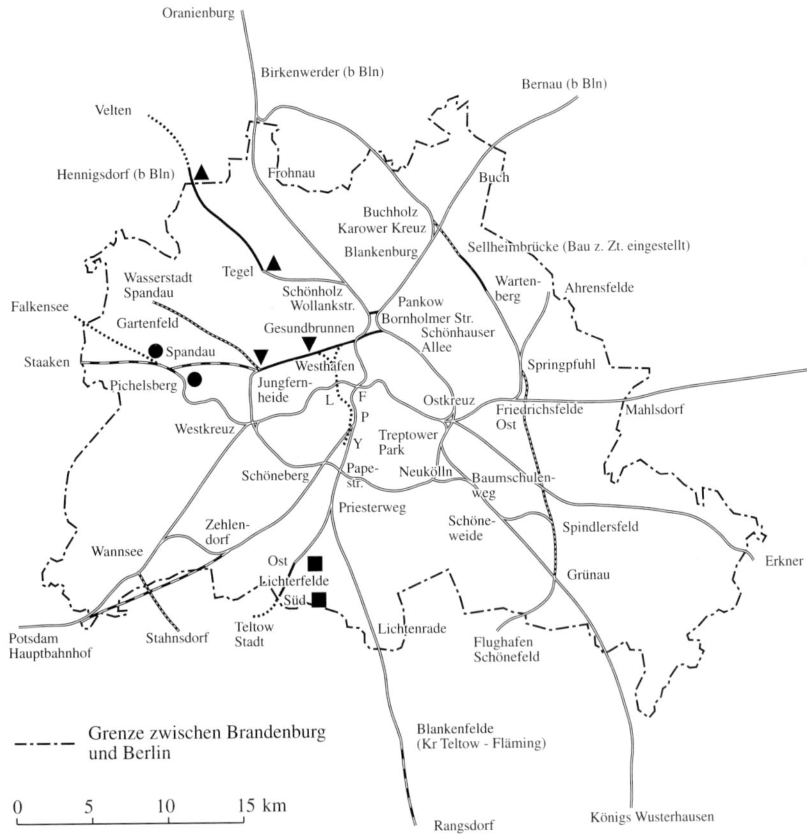

momentan betriebene S-Bahnstrecke

in Wiederaufbau befindliche S-Bahnstrecke

geplante S-Bahnstrecke

S-Bahnstreckenerweiterung in Abhängigkeit von der räuml. Entwicklung

einstige S-Bahnstrecke, künftig höchstens Regionalverkehr

Strecken, auf denen Reisezugfern-, Regional- und / oder Güterverkehr abgewickelt wird bzw. im Zeithorizont bis 2010 abgewickelt werden soll, sind nicht dargestellt.

■ Betriebsaufnahme für Fahrgäste am 27.09.1998 erfolgt

▲ Betriebsaufnahme für Fahrgäste am 15.12.1998 erfolgt

● Betriebsaufnahme für Fahrgäste am 30.12.1998 erfolgt

▼ Betriebsaufnahme für Fahrgäste am 19.12.1999 erfolgt

F = Friedrichstraße
L = Lehrter Bahnhof
P = Potsdamer Platz
Y = Yorckstraße

Arbeitsmaterial (Fortsetzung):

M 2: Land Brandenburg – Raumordnerisches Leitbild der dezentralen Konzentration

(Aus: Ministerium für Naturschutz, Umwelt und Raumordnung (1995): Landesentwicklungsplan Brandenburg. LEP I, Beikarte, Entwurf: Stand 30.1.1995)

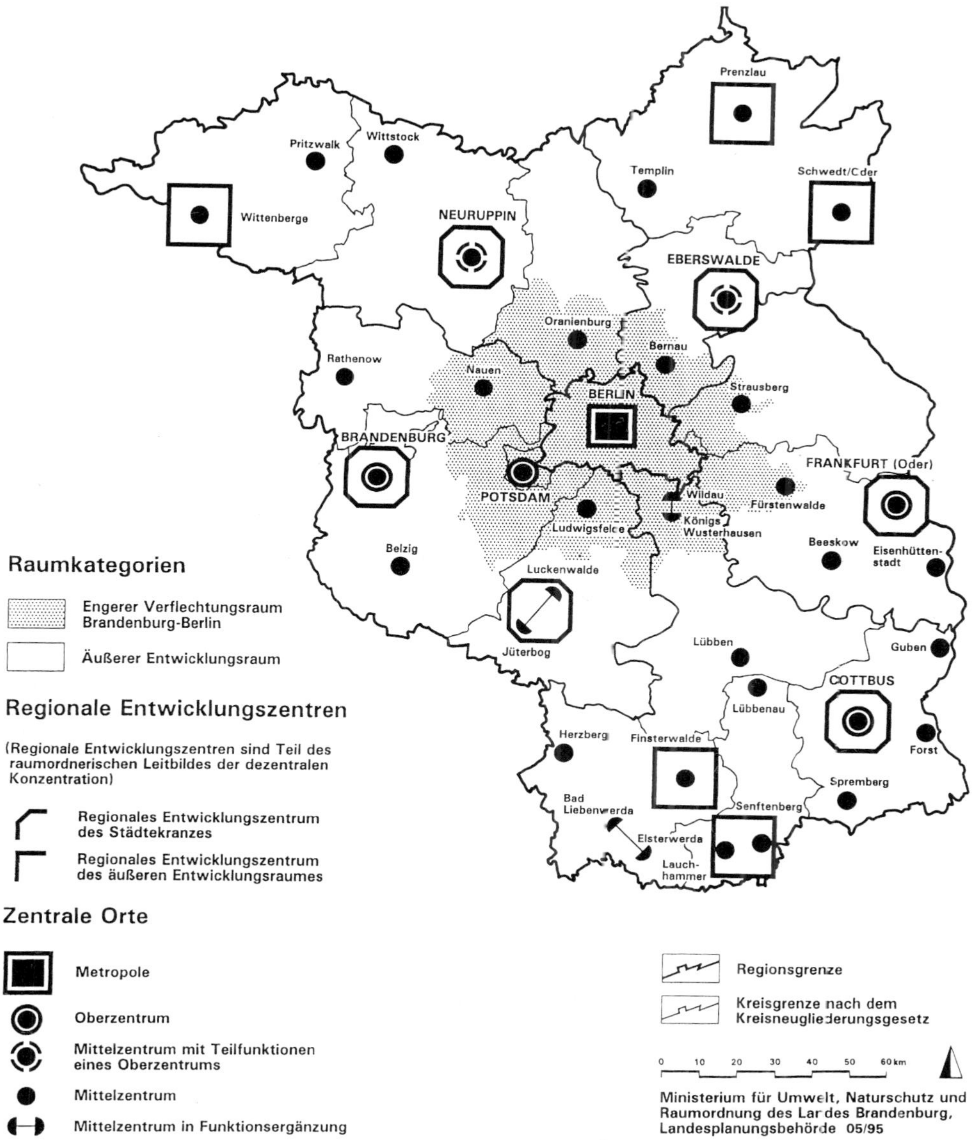

E 2	Im Speckgürtel von Berlin – Zersiedelung oder Gestaltung?	Raumplanung in Verdichtungsräumen

Arbeitsmaterial (Fortsetzung):

M 3: Lieber ins Ausland als nach Brandenburg. Umfrage: Ein Viertel der Berliner denkt an Wegzug

(Aus: Der Tagesspiegel vom 22.3.1998, Nr. 16286, S. 9. Berlin)

Lieber ins Ausland als nach Brandenburg

Umfrage: Ein Viertel der Berliner denkt an Wegzug

Von Lorenz Maroldt

BERLIN. Das Umland der Stadt ist für die Berliner offenbar weit weniger attraktiv als von Planungsexperten vermutet und vom Senat befürchtet. Das lässt sich aus einer repräsentativen Umfrage schließen, die das Meinungsforschungsinstitut Infratest dimap für den Tagesspiegel und den SFB erstellt hat. Ein weiteres überraschendes Ergebnis, das bisherigen Prognosen widerspricht: Trotz des Ärgers und der Klagen vieler Berliner über Lärm, Schmutz und Gewalt, über Staus und steigende Preise hat nur eine kleine Minderheit feste Pläne, die Stadt zu verlassen.

Für weit mehr als zwei Drittel der Befragten steht fest: Sie werden aller Voraussicht nach in Berlin wohnen bleiben. Doch immerhin ein gutes Viertel der Berliner zieht in Erwägung, sich anderswo niederzulassen.

.....

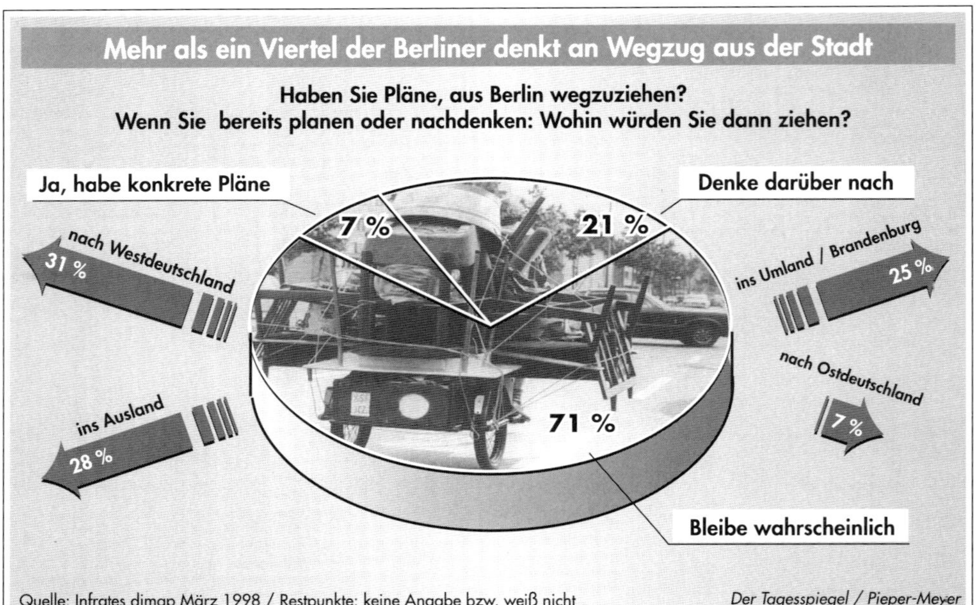

E 2	Im Speckgürtel von Berlin – Zersiedelung oder Gestaltung?	Raumplanung in Verdichtungs-räumen

Aufgaben:

1. Überprüfen Sie, ob und inwiefern Bestand und Planung des S-Bahn-Streckennetzes von Berlin und Umgebung und das raumordnerische Leitbild der dezentralen Konzentration sich entsprechen.
2. Werten Sie den Zeitungsartikel M 3 aus und nennen Sie die Beweggründe für die geschilderten Umzüge.

L	E 2	Im Speckgürtel von Berlin – Zersiedelung oder Gestaltung?	Raumplanung in Verdichtungsräumen

Vorbemerkungen:

Lernvoraussetzungen: Grundkenntnisse zur Stadtgeographie von Berlin, insbesondere zur City, zum Wilhelminischen Ring, zu den Subzentren, den Villenvororten und den ehemalig ländlichen Siedlungskernen sowie zu Standorten der Industrie und des sozialen Wohnungsbaus. Das Aufgabenbeispiel eignet sich besonders zur Überprüfung von im Unterricht behandelten Sachverhalten zur Thematik „Raumplanung in monozentrischen Verdichtungsräumen" sowie als Übungsmaterial für das schriftliche und mündliche Abitur.

Literatur:

Berliner Verkehrs-Consulting GmbH (Hrsg., 1994): Bauvorhaben S-Bahn Lückenschluss Schönholz – Hennigsdorf. Berlin

Bley, P. (1988): 150 Jahre Eisenbahn Berlin – Potsdam. Düsseldorf.

Fußgängerschutzverein FUSS e.V. – Landesgruppe Brandenburg u.a. (Hrsg., 1998): Dannenwalder Jahrbuch 1997/98. Im Umweltverbund unterwegs. Tourismusförderung von unten. Berlin und Dannenwalde

Handke, S. (1988): Die Eisenbahn Berlin – Potsdam. Die Wannseebahn. Berlin.

Interessengemeinschaft Eisenbahn, Nahverkehr und Fahrgastbelange Berlin e.V. (IGEB) (Hrsg., 1988): 150 Jahre Eisenbahnstadt Berlin 1938 – 1988. Vergangenheit – Gegenwart – Perspektiven. Berlin

Kossack, K.-H. (Hrsg., 1989): Schienenwege nach Berlin – Versäumnisse und Chancen. Joachim Seyferth-Verlag, Wiesbaden

Ministerium für Umwelt, Naturschutz und Raumordnung des Landes Brandenburg u.a. (Hrsg., 1996): Gemeinsame Landesplanung Berlin – Brandenburg. Potsdam und Berlin

Zaretzki, M. (1997): Berlin – Randwanderung der Industrie in drei Epochen. In: *U. Brameier, N. von der Ruhren* (Hrsg., 1997): Materialien-Handbuch Geographie Band 3; Energiewirtschaft, Bergbau/Industrie, Verkehr, S. 198-205. Aulis Verlag, Köln

Lösungsvorschlag:

Aufgabe 1

Um das Bundesland Brandenburg nicht zu einem reinen Ergänzungsraum für (West-)Berlin werden zu lassen, sondern ihm eigene Entwicklungsmöglichkeiten einzuräumen, wurde das raumordnerische Leitbild der dezentralen Konzentration entworfen. Es sieht im Bundeslande Brandenburg einen Städtekranz von sechs regionalen Entwicklungszentren um die Metropole Berlin in der Kategorie wenigstens eines Mittelzentrums vor. Im äußeren Entwicklungsraum des Bundeslandes sollen fünf regionale Entwicklungszentren in der Qualität von Mittelzentren entstehen können. Schließlich sind 21 weitere Mittel-Zentren in den Landkreisen, darunter sieben im engeren Verflechtungsraum Brandenburg – Berlin, vorgesehen.

Das „S-Bahnstreckennetz Berlin und Umgebung" reicht heute z. T. bis zu 25 Kilometer in das Bundesland Brandenburg hinein. Es dient sinnvollerweise auch der Naherholung von Berlinern oder der Versorgung mit Gütern der höchsten Bedarfsstufe von Brandenburgern. Darin aber liegt auch die Gefahr für die Realisierung des Leitbildes der dezentralen Konzentration. Die Mittelzentren (wenigstens) im engeren Verflechtungsraum Brandenburg-Berlin, z.B. Strausberg, drohen Kaufkraft auch auf dem Niveau des täglichen und dem des mittelfristigen Bedarfs und (hoch-)qualifizierte Arbeitskräfte an die Metropole zu verlieren.

Aufgabe 2:

Nur sieben Prozent der Berliner haben konkret vor, die Stadt auf Dauer zu verlassen, knapp über zwanzig Prozent geben an, einen Wegzug gelegentlich zu bedenken. Aus diesem ohnehin kleinen Kreis der sicheren oder möglichen Wegzügler würde allenfalls ein Viertel nach Brandenburg ziehen, das sind weniger, als ins Ausland wollen. Unter denjenigen, die Berlin aufzugeben planen oder zumindest mit dem Gedanken spielen, zieht es die meisten in die alten Bundesländer. Schlussfolgerung: Wer aus Berlin weg will, der will in der Regel weiter weg. Den Anteil derjenigen, die am liebsten ins Ausland umsiedeln wollen oder dies sogar schon fest planen, bezeichnet Infratest als sehr hoch: Er liegt bei knapp dreißig Prozent. Erwartungsgemäß sinkt die Bereitschaft zum Umzug mit dem Lebensalter. Besonders junge Leute fühlen sich nicht besonders an Berlin gebunden. Nahezu die Hälfte der unter Dreißigjährigen zieht einen Weggang in Erwägung. Als relativ stark verbreitet sieht Infratest die Umzugsbereitschaft auch noch bei den Berlinern zwischen dreißig und fünfzig Jahren. Konkrete Pläne haben sieben Prozent, fast dreißig Prozent denken darüber nach.

Folgende Beweggründe sind anzunehmen: In Berlin sind die Lebenshaltungskosten, v.a. für Güter des täglichen Bedarfs, die Benutzung von Verkehrsmitteln, für Wohnraum relativ hoch. Lärm, Schmutz und Gewalttätigkeiten mindern die Lebensqualität. „**In Berlin arbeiten**, im Speckgürtel (dem engeren Verflechtungsraum Brandenburg-Berlin) **um Berlin wohnen**". Aus der direkten Umgebung von Berlin ist man gleichermaßen im motorisierten Individualverkehr (MIV) wie mit Mitteln des Öffentlichen Personennahverkehrs (ÖPNV) schnell in der Metropole (sowohl in der City wie in städtischen Subzentren). Miet- und Eigenheimpreise sind vergleichsweise niedrig. Erholungs- und Versorgungsmöglichkeiten („Märkte") sind ubiquitär. Bildungs- und Kulturangebote können in der Hauptstadt Deutschlands jederzeit wahrgenommen werden.

E 3	Der Knoten Berlin im Schienenverkehr – Erhaltung der polyzentrischen Struktur oder Schaffung einer monozentralen?	Raumplanung in Verdichtungs-räumen

Arbeitsmaterial:

M 1: „Baustelle Nordkreuz"

(Aus: DBProjekt GmbH Knoten Berlin, Unternehmensgruppe Deutsche Bahn (Hrsg., 1996): Drehscheibe Berlin. Berliner Innenring-Nördlicher Abschnitt, 1. Umschlagseite. Berlin)

Arbeitsmaterial (Fortsetzung):

M 2: Eisenbahnkonzept für Berlin, Reisezugverkehr (Fern- und Regionalverkehr): Zielnetz für den Planungshorizont 2010

(*Zaretzki, Michael* (1992): Chancen und Risiken des Zusammenfügens beider Teile Berlins und seines Umlandes am Beispiel des Verkehrssektors. In: Geographie und Schule, Heft 77, Juni 1992, S. 35, Aulis Verlag, Köln)

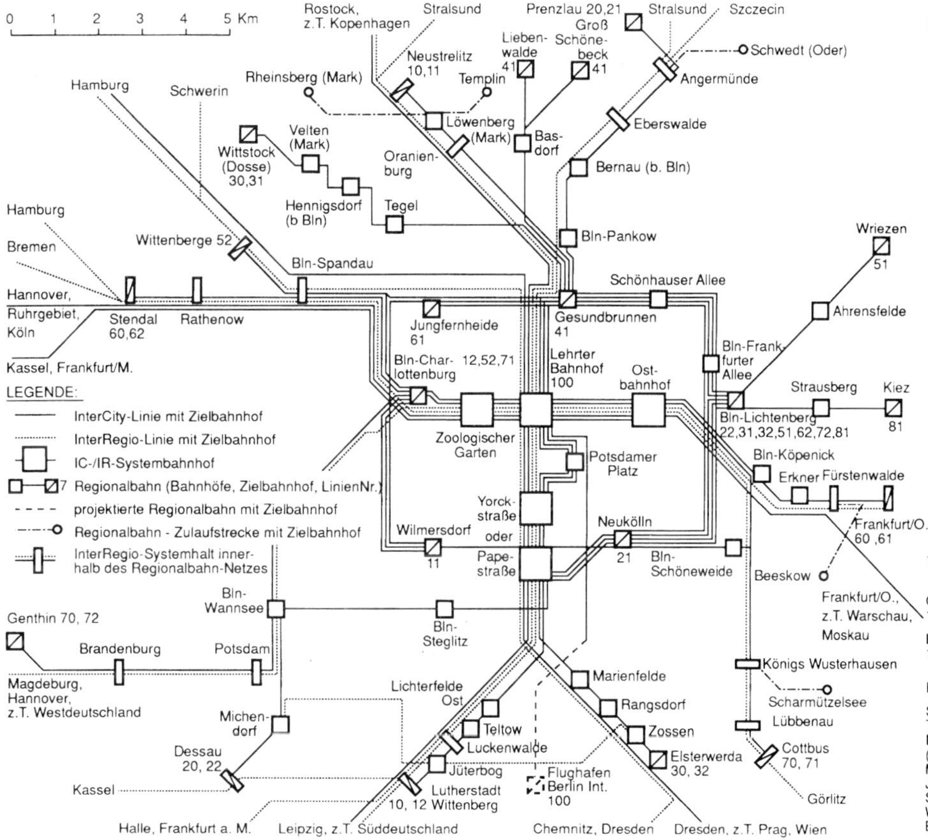

REGIONALBAHN - LINIEN

10 Neustrelitz - Nord-Süd-Tunnel - Wittenberg
11 Neustrelitz - Gesundbrunnen - Wilmersdorf
12 Wittenberg - Wilmersdorf - Bln Charlottenburg
20 Prenzlau - Nord-Süd-Tunnel - Dessau
21 Prenzlau - Schönhauser Allee - Neukölln
22 Dessau - Neukölln - Bln Lichtenberg
30 Wittstock - Nord-Süd-Tunnel - Elsterwerda
31 Wittstock - Schönhauser Allee - Bln Lichtenberg
32 Elsterwerda - Neukölln - Bln Lichtenberg
41 Liebenwalde/Groß Schönebeck - Gesundbrunnen
51 Wriezen - Bln Lichtenberg
52 Wittenberge - Bln Charlottenburg
60 Frankfurt/O. - Stadtbahn - Stendal
61 Frankfurt/O. - Frankfurter Allee - Jungfernheide
62 Stendal - Jungfernheide - Bln Lichtenberg
70 Cottbus - Stadtbahn - Genthin
71 Cottbus - Bln Schöneweide - Bln Charlottenburg
72 Genthin - Bln Steglitz - Bln Lichtenberg
81 Kiez - Bln Lichtenberg
100 (projektiert) Lehrter Bahnhof - Flughafen Berlin Int.

Grundnetz - Linien:
10,20,30,41,51,52,60,70,81,100

Ergänzungsnetz - Linien:
11,12,21,22,31,32,61,62,71,72

Regionalbahn - Zulaufstrecken

Schwedt (Oder) - Angermünde
Templin - Löwenberg (Mark)
Rheinsberg (Mark) - Löwenberg (Mark)
Michendorf - Jüterbog
Jüterbog - Zossen
Scharmützelsee - Königs Wusterhausen
Beeskow - Fürstenwalde

E 3	Der Knoten Berlin im Schienenverkehr – Erhaltung der polyzentrischen Struktur oder Schaffung einer monozentralen?	Raumplanung in Verdichtungsräumen

Arbeitsmaterial (Fortsetzung):

M 3: Reisezug-Fernverkehrs-"Ypsilon-Modell" (*Zaretzki, Michael* (1992): a.a.O., S. 36)

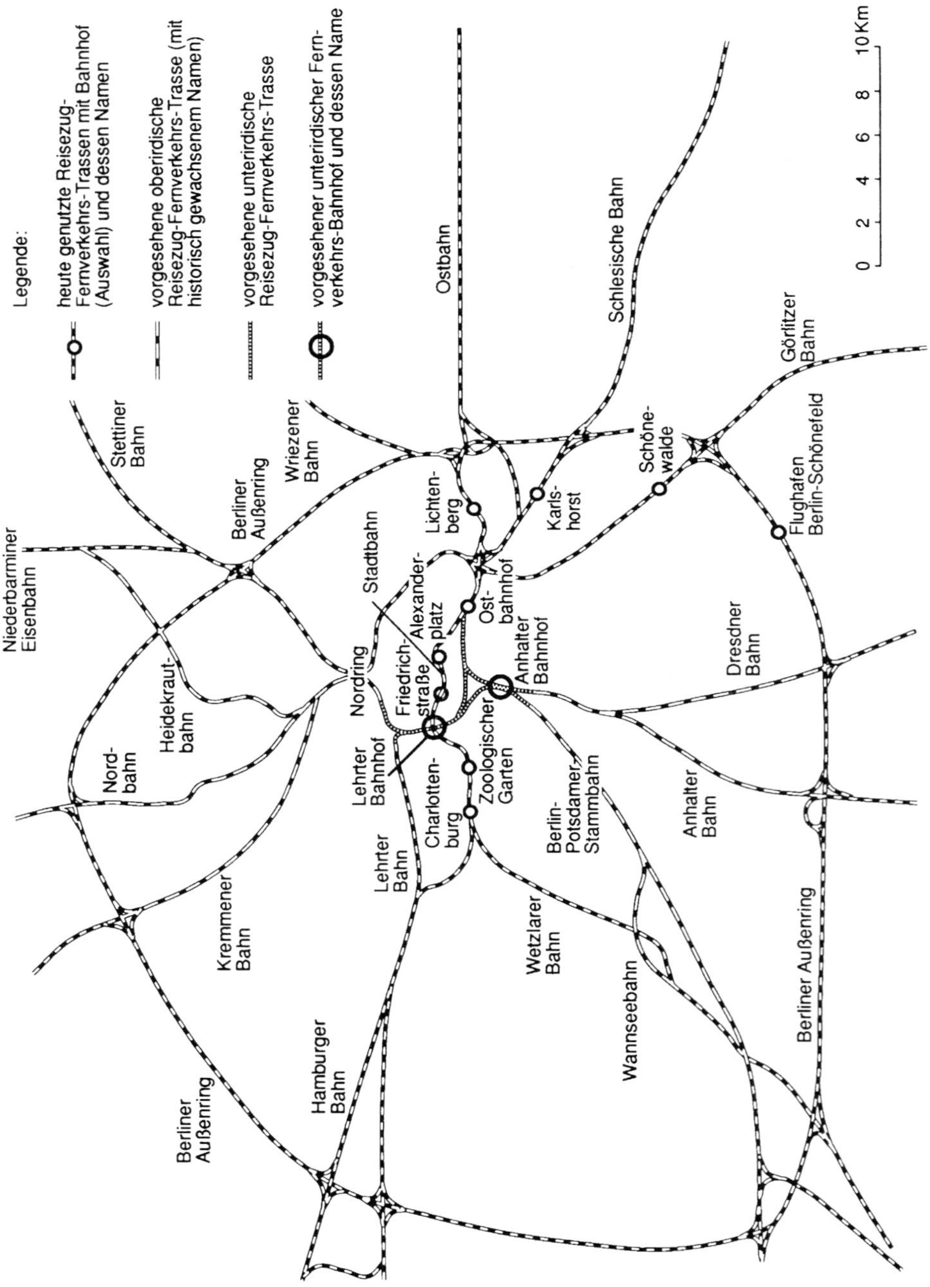

E 3	Der Knoten Berlin im Schienenverkehr – Erhaltung der polyzentrischen Struktur oder Schaffung einer monozentralen?	Raumplanung in Verdichtungsräumen

Arbeitsmaterial (Fortsetzung):

M 5: Eisenbahn-Ring-Konzept-720, hier: InterCity (IC)- und InterRegio (IR)-Linienplan (schematisch)

(*Zaretzki, Michael* (1992): a.a.O., S. 36)

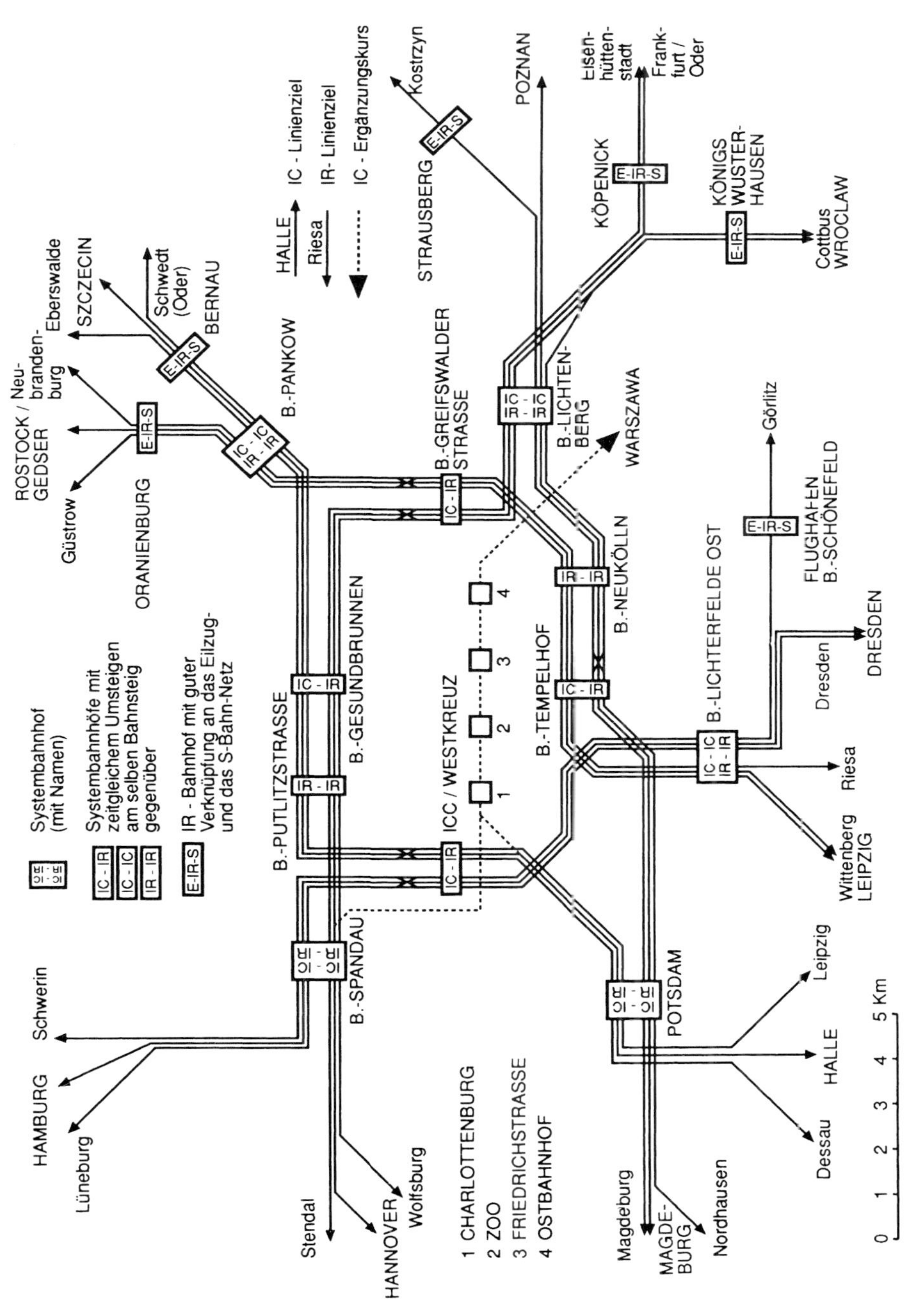

E 3	Der Knoten Berlin im Schienenverkehr – Erhaltung der polyzentrischen Struktur oder Schaffung einer monozentralen?	Raumplanung in Verdichtungsräumen

Arbeitsmaterial (Fortsetzung):

M 6: Eisenbahnkonzeption für Berlin

(Nach: Deutsche Eisenbahn (DE) – Consult GmbH (Hrsg., 1992): Eisenbahnkonzeption für Berlin, Seite 7. Entwurf: Michael Zaretzki)

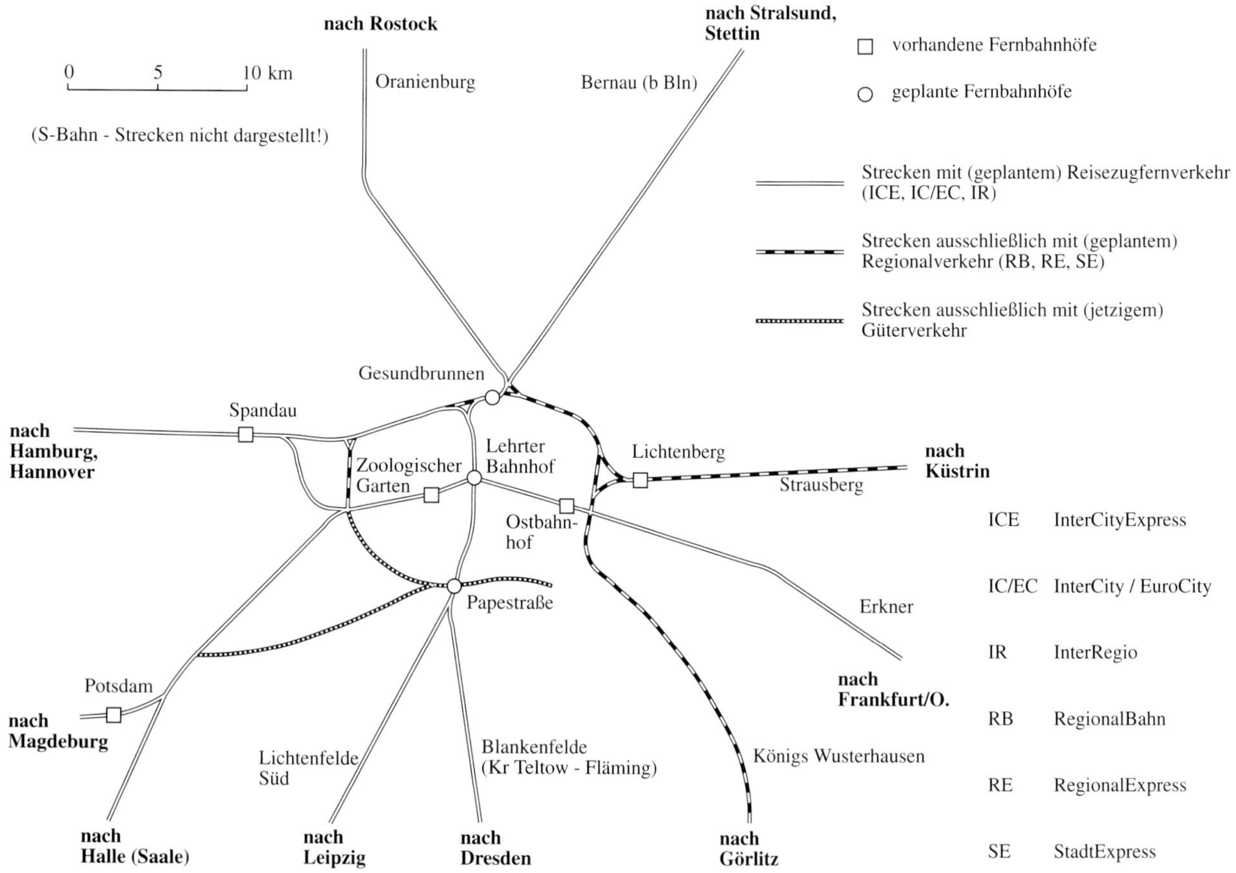

Arbeitsmaterial (Fortsetzung):

M 4: Reisezug-Fernverkehr-Stadtbahn-Spange

(*Zaretzki, Michael* (1992): a.a.O., S. 31)

Im Zentrum der Reisezug-Fernverkehr-Stadtbahn-Spange des Büros Koschinski/Verhoolen vom August 1991 steht die Teilung der Stadtbahn: Der West-Ost-Verkehr soll von Spandau aus entweder über den Nordring, eine neue Verbindungstunnelkurve und den östlichen Teil der Stadtbahn (z.B. die IC-Linie 3 von Hamburg nach Dresden) oder über die gesamte Stadtbahn (so die IR-Linie 2 von Bremen über Stendal nach Görlitz über Cottbus) geführt werden. Für die Abwicklung des ab Gesundbrunnen gebündelten und über den Nordring und eine Verbindungskurve in südliche Richtung gelenkten Nord-Süd-Verkehrs stehen auch zwei Möglichkeiten offen: Entweder die Züge gelangen über oben benannte neue Verbindungstunnelkurve auf den östlichen Teil der Stadtbahn (z.B. die IR-Linie 6 von Rostock nach Dresden), oder sie benutzen eine weitere neue Verbindungskurve und verlassen Berlin über die westliche Hälfte der Stadtbahn (z.B.die IC-Linie 4 von Rostock nach München über Leipzig). Sowohl auf der Trasse der Stadtbahn als auch auf der der Ringbahn und denen der Radialstrecken ist Regionalverkehr zusätzlich abzuwickeln (nicht aber S-Bahn-Verkehr, da dieser aus spannungstechnischen Gründen vom Fernverkehr getrennt durchgeführt werden müsse).

M 7: Leitsätze

(Senatsverwaltung für Stadtentwicklung, Umweltschutz und Technologie. Referat für Öffentlichkeitsarbeit (Hrsg., 1994): Flächennutzungsplan Berlin FNP 94. Erläuterungsbericht, Seite 132. Berlin, gekürzt)

1. Die historisch gewachsene polyzentrale Struktur Berlins soll erhalten und ausgebaut werden. Vorhandene Zentren sollen gestärkt, Lücken im Zentrengefüge, insbesondere im Ostteil der Stadt, geschlossen werden. Dabei wird eine wohnungsnahe Versorgung angestrebt, die bestehenden Unterschiede im Versorgungsstandard sollen abgebaut werden.
2. Der erhebliche Bedarf an zusätzlichen Einzelhandelsflächen soll als Kern zentrenbildender Funktionen gezielt zur Revitalisierung bzw. Neuschaffung zentraler Lagen genutzt werden. Die Einzelhandelsnutzung ist dabei durch Dienstleistungen und Angebote für Kultur, Freizeit und Erholung zu ergänzen.
3. Die Berliner City mit ihren beiden Kernbereichen soll entsprechend den neuen regionalen, nationalen und internationalen Aufgaben quantitativ und qualitativ ausgebaut werden. Ihre Entwicklung soll dazu beitragen, dass Berlin seinen Platz unter den europäischen Metropolen wiederfindet. Ihr Anteil an der Einzelhandelsfläche der Stadt wird dabei zunehmen.
4. Zur Sicherung einer wohnungsnahen Versorgung, besonders für die weniger mobilen Bevölkerungsgruppen, sollen auch die Mittel- und Unterzentren in ihrer Funktion gestärkt und städtebaulich entwickelt werden.

E 3	Der Knoten Berlin im Schienenverkehr – Erhaltung der polyzentrischen Struktur oder Schaffung einer monozentralen?	Raumplanung in Verdichtungsräumen

Arbeitsmaterial (Fortsetzung):

5. Neue Zentren sollen in Abhängigkeit von der Bevölkerungsentwicklung in den jeweiligen Einzugsbereichen, insbesondere in den großen Stadterweiterungsgebieten, ausgebaut, städtebaulich in das Siedlungsgefüge integriert und an leistungsfähige Linien des öffentlichen Verkehrs angebunden werden.
6. Zur Vermeidung von Verzerrungen im künftigen Zentrengefüge soll der Ausbau der Versorgungszentren in Abhängigkeit von der Entwicklung der Siedlungsstrukturen unter Berücksichtigung der angestrebten Zentrenhierarchie und einer ausgewogenen Versorgungsqualität in allen Teilräumen der Stadt etwa gleichzeitig erfolgen.
7. Bei der Bestimmung der Einzugsbereiche wird vom Territorialprinzip ausgegangen: es ist – abgesehen von wenigen spezialisierten Angeboten – nicht das Ziel, Kaufkraft aus dem Land Brandenburg in den Berliner Zentren zu binden.
8. Der Anteil großflächiger Einzelhandelsstandorte am Zuwachs der Verkaufsflächen ist auf ein Maß zu begrenzen, das die wohnungsnahe Versorgung der Bevölkerung und die geplante Zentrenstruktur nicht gefährdet. Dabei ist auf stadtstrukturelle Verträglichkeit und städtebauliche und landschaftliche Einbindung hinzuwirken.

Aufgaben:

1. Beschreiben Sie die vier Entwürfe für die Gestaltung des Reisezugverkehrs in Berlin (M 2-M 5).
2. Erörtern Sie die Entwürfe unter folgender Fragestellung: Wird durch ihre Realisierung der Zentralitätsgrad der Berliner City aufgewertet oder die bestehende dezentrale Struktur beibehalten oder gar gefördert?
3. Von den verschiedenen Konzepten konnte sich der in M 6 dargestellte durchsetzen. Nennen Sie seine besonderen Vorzüge.

Ziehen Sie zur Bearbeitung der Aufgaben einen Atlas heran.

L	E 3	Der Knoten Berlin im Schienenverkehr – Erhaltung der polyzentrischen Struktur oder Schaffung einer monozentralen?	Raumplanung in Verdichtungsräumen

Vorbemerkungen:

Das Aufgabenbeispiel eignet sich besonders zur Behandlung verkehrsgeographischer Leitbilder und Planungsprozesse in städtischen Räumen. Es lässt sich als Klausur sowie (in Teilen) für das mündliche und schriftliche Abitur einsetzen.

Unterrichtliche Voraussetzungen: Grundlegende Kenntnisse aus der allgemeinen Siedlungs- und Verkehrsgeographie, Grundsätze von Stadtplanung und Raumordnung. Sinnvoll ist es, wenn vorab im Unterricht die geographische Entwicklung Berlins sowie (zum Vergleich) monozentrale und polyzentrale Verdichtungsräume (z.B. Hamburg, München, Paris, London bzw. Ruhrgebiet, Rhein-Main-Raum) behandelt wurden.

Literatur:

Arbeitsgruppe 12 (Verkehr) des Provisorischen Regionalausschusses (1990): Verkehrsentwicklungsplanung für die Region Berlin. 1. Zwischenbericht – 10/90, Berlin

Gympel, J. u.a. (1996): „Tunnelmania". Licht & Schatten im Untergrund. Köln und Berlin

Interessengemeinschaft Eisenbahn und Nahverkehr Berlin (IGEB) e.V.. (1992 f.): Das Pilzkonzept: Pfifferling oder Fliegenpilz? (Teil 1-9). In SIGNAL. Unabhängige Zeitschrift für Fahrgastbelange und Verkehrspolitik in Berlin und Umgebung, ab Heft 6 1992. Verlag GVE, Berlin

Kuhlmann, B. (1996): Eisenbahn-Größenwahn in Berlin. Die Planungen von 1933 bis 1945 und deren Realisierung. Verlag GVE, Berlin

Kuhlmann, B. (Hrsg., 1993): Verkehrsentwicklungsplanung für die Region Berlin. 2. Zwischenbericht. Berlin und Potsdam

Senatsverwaltung für Bauen, Wohnen und Verkehr (Hrsg., 1999): Verkehrskonzept für Berlin. Berlin

Senatsverwaltung für Stadtentwicklung und Umweltschutz Berlin (Hrsg., 1990): 1. Bericht des Provisorischen Regionalausschusses Planungsgruppe Potsdam über Grundlagen und Zielvorstellungen für die Entwicklung der Region Berlin. Berlin

Senatsverwaltung für Verkehr und Betriebe Berlin (Hrsg., 1995): Verkehrsplanung für Berlin. Materialien zum Stadtentwicklungsplan Verkehr. Berlin

Werner, F. (1990): Ballungsraum Berlin. Raumstrukturen und Planungsvorstellungen. Berlin

Zimm, A. (1990): Berlin (Ost) und sein Umland. Perthes, Gotha

Lösungsvorschlag:

Aufgabe 1

Das von der Deutschen Eisenbahn-Consulting im Auftrag des Senats von Berlin 1990 entwickelte „Eisenbahnkonzept für Berlin" (M 2) stellt fest, dass das Schienennetz im Moment des Falls der Mauer den heutigen Anforderungen nicht entspricht. Der Reisezugfernverkehr müsse InterCity (IC)- bzw. InterRegio (IR)-Standard tragen und bis in die Citys geführt werden, um den Systemvorteil der Schiene im Gegensatz zu Straße und Flugplatz, die geringe (System-)Zugangszeit, zu garantieren. Linien des Ost-West-Angebots sollen dafür die ausgebaute Stadtbahntrasse nutzen; der Nord-Süd-Verkehr benötige eine neue Verbindung durch die Innenstadt, die nur in Tunnellage verlaufen könne und am Lehrter Bahnhof per Turmbahnhof mit der Stadtbahntrasse zu verbinden sei. Auch der Regionalverkehr müsse diese Strecke nutzen können, um Verknüpfungen mit dem Reisezugfernverkehr herstellen zu können.

Das „Ypsilon-Modell“ (M 3) ist vom Förderverein Anhalter Bahnhof und Lehrter Bahnhof Berlin 1990 entworfen worden und sieht den Bau eines Nord-Süd-Tunnels durch die Innenstadt vor. Unterirdisch seien die Bahnhöfe Reichstag/Lehrter Bahnhof und Anhalter Bahnhof nötig und über einen unterirdischen Abzweig an den Ostbahnhof auf der Stadtbahntrasse heranzuführen. Fernverkehrszüge aus Norden und Westen sollen diesen „Ypsilon-Tunnel“ über den Nordring erreichen und auf der Trasse der Berlin-Potsdamer Stammbahn verlassen. Von dort kommende ICE-Kurse sollten auf einer der drei zu reaktivierenden Fernverkehrstrassen nach Süden durchgebunden werden.

Die vom Büro Koschinski/Verhoolen 1991 initiierte „Reisezug-Fernverkehr-Stadtbahn-Spange“ (M 4) möchte die Stadtbahn teilen: Der West-Ost-Verkehr solle von Berlin-Spandau aus entweder den Nordring oder die gesamte Stadtbahn nutzen. Sinngemäß Gleiches ist für den Nord-Süd-Verkehr gedacht. Zusätzlich müsse Regionalverkehr zwecks Verknüpfung mit dem Reisezugfernverkehr stattfinden.

Das „Eisenbahn-Ring-Konzept 720“ von 1990 (M 5) stammt von der Bürgerinitiative Westtangente und möchte allein auf dem zu modernisierenden (S-Bahn-)Ring täglich 720 Zugpaare verkehren lassen. Im Fernverkehr ist an ICs und IRs gedacht. Immer zwei der Berlin durchmessenden IC-Linien würden vor Erreichen dieses Rings gebündelt (1. Halt), dann getrennt. Einer solle die Ringbahntrasse nach links, der andere nach rechts zu jeweils ca. 40 % von ihrer Gesamtlänge mit jeweils einem oder zwei Systemhalten befahren. Alle ICs verließen Berlin auf einer der anderen Radialen. Auf der Stadtbahntrasse solle ergänzender, endender Linienverkehr angeboten werden. IRs halten zusätzlich auf einem wichtigen S-Bahnhof und (z.T.) einem weiteren Ringbahn-Bahnhof.

Aufgabe 2

Das „Eisenbahnkonzept für Berlin“ erhöht den Zentralitätsgrad der City massiv und verlangt z.B. eine Vielzahl von KFZ-Stellplätzen für seine Erreichbarkeit, zumal es durch den Lehrter Bahnhof am Bundesregierungsviertel seine Achse hat. Mit Yorck- bzw. Papestraße bleiben höchstens zwei wohnquartiernahe Fernverkehrsbahnhöfe übrig. Das Tunnelprojekt ist teuer und schafft relativ wenige Arbeitsplätze im Tiefbau.

„Ypsilon-Modell“ und „Reisezug-Fernverkehr-Stadtbahn-Spange“ machen Zugeständnisse an die gewachsene polyzentrale Stadtstruktur von Berlin, indem sie an weitere Fernverkehrsbahnhöfe denken, verzichten aber nicht auf den teuren, arbeitsplatzextensiven Tunnelbau in der Innenstadt.

Das „Eisenbahn-Ring“-Konzept 720“ fördert die Subzentren in Berlin sowie in den benachbarten Kreisen des Landes Brandenburg am ehesten durch Initiierung von zahlreichen Fernverkehrssystemhalten am historischen (S-Bahn-)Ring und in Kreisstädten. Der Ausbau der Infrastruktur wäre im Hochbau durch kleine und mittlere Betriebe mit hoher Arbeits- und relativ niedriger Kapital- und Maschinenintensität erfolgt.

Aufgabe 3

Die „Eisenbahnkonzeption für Berlin“ (M 6), beschlossen am 21.04.1992, stellt eine aus finanziellen Gründen vorerst abgespeckte Version des einstigen „Eisenbahnkonzepts für Berlin“ von 1990 dar. Dieses „Pilzkonzept“ wird zunächst mit einem zentralen Nord-Süd-Tunnel für ca. 10 Mrd. DM vom Nordring über den neu zu schaffenden Lehrter Bahnhof bis zum Bahnhof Papestraße errichtet (Stiel des Pilzes). Zusätzlich erfolgen der Ausbau des Nordrings zwischen Berlin-Gesundbrunnen und Berlin-Spandau (Hutrand des Pilzes) und der der Stadtbahn (Krempe des Pilzhutes). Modernisiert werden einige Zulaufstrecken, nicht aber z.B. die von Rostock über Oranienburg (Nordbahn). Der gesamte Südring bleibt (vorerst) außen vor.

Die Vergrößerung des Zentralitätsgrads der City und eine Schwächung der Subzentren (Ausnahmen: Berlin-Spandau und Berlin-Gesundbrunnen) sind induziert.

E 4	Entwicklungskonzepte für die Metropolregion Hamburg	Raumplanung in Verdichtungs-räumen

Arbeitsmaterial:

M 1: Metropolregion Hamburg – eine Positionsbestimmung

(Karte nach: Handelskammer Hamburg (Hrsg., 1997): Die Zeitenwende schaffen. Hamburg, S. 32. Text nach: Stadtentwicklungsbehörde (Hrsg., 1996) Stadtentwicklungskonzept. Hamburg, S. 11-17)

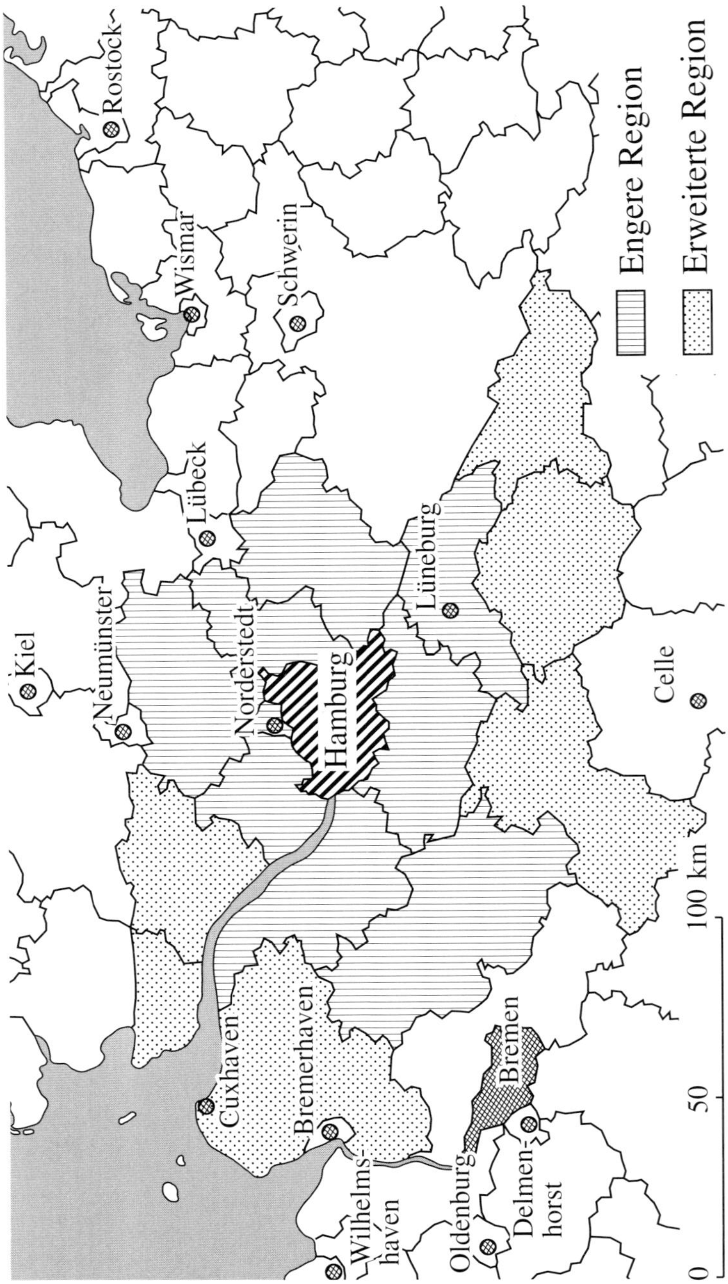

Arbeitsmaterial (Fortsetzung):

In den letzten fünfzehn Jahren hat sich die Wirtschaftsstruktur der Stadt Hamburg stark verändert. Während Ende der 70er Jahre Hamburg noch dominant als Industrie- und Hafenstadt gelten konnte, liegen heute über 80 Prozent der Wortschöpfung und nahezu 80 Prozent der Arbeitsplätze im tertiären Sektor. Hamburg ist zur Dienstleistungs- und Medienmetropole geworden. Aufgrund seiner zentralen Funktionen als Dienstleistungs- und Medienstandort, aber auch als Handels- und Distributionszentrum sowie aufgrund seiner guten verkehrsgeographischen Lage und Anbindung wie auch wegen seiner starken internationalen Einbindung, z.B. durch Konsulate und den internationalen Seegerichtshof, hat die Metropolregion Hamburg nicht nur gute Chancen für komplementäre Beziehungen mit der Regierungshauptstadt Berlin, sondern auch für Netzwerke mit anderen europäischen und internationalen Metropolregionen. Sichtbarster Ausdruck des Hamburger Dienstleistungs- und Medienbooms ist der Zuwachs an Büroflächen, mit dem Hamburg an den Bürobestand in vergleichbaren Dienstleistungszentren wie Düsseldorf, Frankfurt/Main und München aufgeschlossen hat. Es stellt sich heute schon die Frage, welche effektiven Auswirkungen die gestärkte Zentralität Hamburgs auf seinen langfristigen Rang im europäischen Metropolensystem hat.

Für den wirtschaftlichen Strukturwandel der Stadt sind internationale und globale Entwicklungen sowie die politischen Veränderungen in Europa nach dem Zusammenbruch des Ostblocks und der deutschen Vereinigung ausschlaggebend. Die wirtschaftliche und verkehrspolitische Bedeutung Hamburgs hat sich infolge dieser Entwicklungen sowie der Vollendung des Europäischen Binnenmarktes und der Erweiterung der Europäischen Union um Schweden und Finnland erheblich erhöht. Die Stadt befindet sich heute wieder in einer zentralen Lage, an einem Knotenpunkt der europäischen Nord-Süd- und West-Ost-Achsen. Hamburg erhielt sein altes Hinterland über Magdeburg und Dresden bis nach Tschechien und der Slowakei zurück. Gleichzeitig hat es als Tor in den Ostseeraum und nach Skandinavien an neuer Bedeutung gewonnen. Die Metropolregion Hamburg wird zukünftig eine bedeutende Vermittlerfunktion zwischen Nord- und Ostseeregion einnehmen und ein Wachstumsmotor für den gesamten nordeuropäischen Raum sein. Im Vergleich zu großen europäischen Nordseehäfen konnte der Hamburger Hafen gerade im zukunftsträchtigen Container-Umschlag die höchsten Steigerungsraten erzielen und seinen Marktanteil von 1988 bis 1993 von 21,6 % bis 25,1 % ausbauen.

E 4	Entwicklungskonzepte für die Metropolregion Hamburg	Raumplanung in Verdichtungs- räumen

Arbeitsmaterial (Fortsetzung):

M 2a: Entwicklungskonzept für die Metropolregion Hamburg 1968

(Quelle: Ministerpräsident des Landes Schleswig-Holstein. Freie und Hansestadt Hamburg. Niedersachsisches Ministerium des Innern (Hrsg., 1968): Raumordnung an der Niederelbe – Methoden und Ziele. Kiel, Hamburg, Hannover. S. 27)

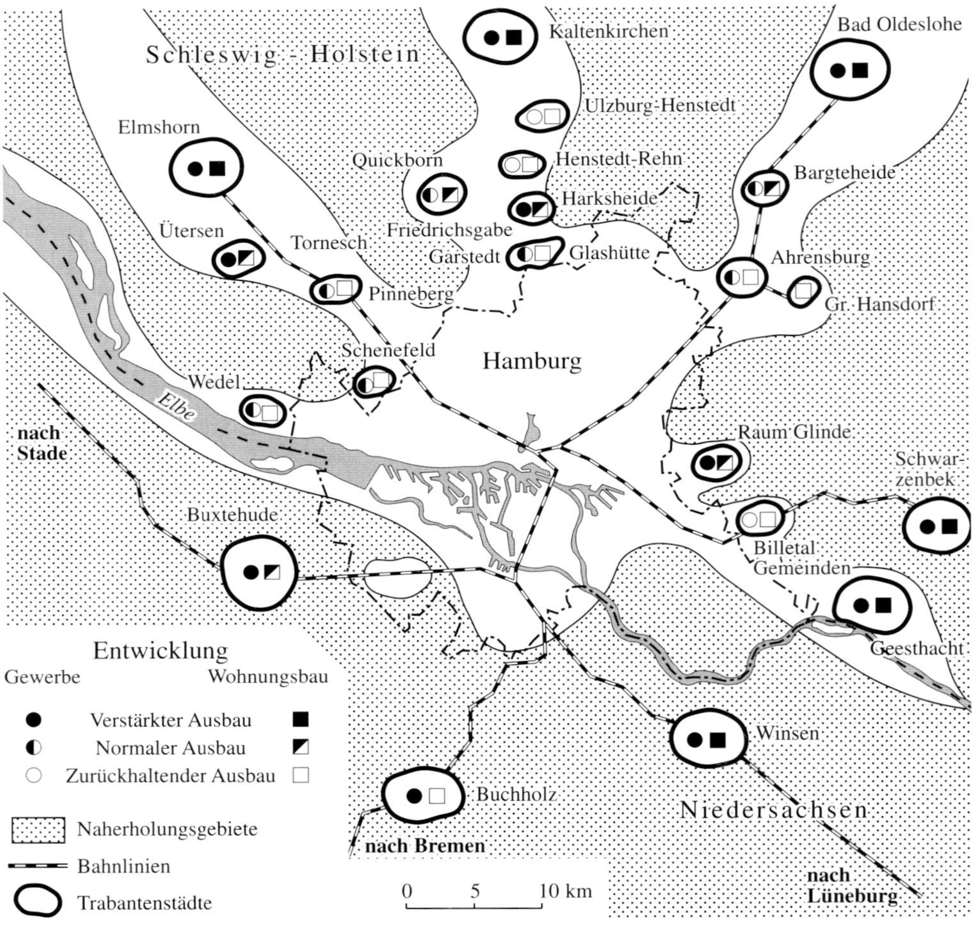

Arbeitsmaterial (Fortsetzung):

M 2b: Entwicklungskonzept für die Metropolregion Hamburg 1995

(Quelle: Stadtentwicklungsbehörde (Hrsg., 1996): a.a.O., S. 19/20)

Dezentrale Konzentration, Siedlungsachsen und Innerregionale Vernetzung

Das Leitbild der dezentralen Konzentration: Der Raum Hamburg zählt zu den hoch belasteten Stadtregionen im Bundesgebiet, die zunehmend in ihrer Funktionsfähigkeit beeinträchtigt sind und die deshalb neben dem differenzierten Ausbau und der Stärkung hervorgehobener oberzentraler Funktionen in den Kernen auch des Abbaus der Überlastungstendenzen bedürfen. Dies ist regionalplanerisch und raumordnerisch nicht durch einfache Verlagerung von Aktivitäten aus der Kernstadt in das Umland, sondern nur durch eine Bündelung regional abgestimmter Maßnahmen zu erreichen. Dabei muss darauf geachtet werden, dass in allen Teilräumen eine angemessene Entwicklung und ausreichende Infrastrukturausstattung gewährleistet bleiben.

Das Prinzip der innerregionalen Vernetzung: Die vielen attraktiven Zentren der Region mit hohem Versorgungsstandard, begehrten Wohnstandorten und gut erschlossenen Gewerbestandorten haben große Bedeutung für die regionale Entwicklung. Dem Gedanken einer städtisch-funktionalen Vernetzung mit dem Ziel einer besseren Nutzung der vorhandenen und geplanten großräumigen Infrastruktur, der gegenseitigen Verstärkung ökonomischer Effekte (Synergieeffekt) und der Weitergabe zusätzlicher Entwicklungsimpulse über die Grenzen des Ordnungsraums hinaus soll in der Metropolregion Hamburg durch eine Stärkung der innerregionalen Vernetzung der Zentren gefolgt werden. Ein wesentliches Element dieser Vernetzung ist die Kooperation zwischen den Städten und Gemeinden. Dabei soll neben der Vernetzung mit dem Oberzentrum Hamburg auch eine verstärkte Vernetzung der Zentren des Umlandes untereinander angestrebt werden.

Das Prinzip axialer Strukturen der Siedlungsentwicklung: Das bauliche und wirtschaftliche Geschehen im Ordnungsraum soll vorrangig auf die Siedlungsachsen ausgerichtet werden. Diese sind durch eine dichte Folge von Siedlungen im Verlauf leistungsfähiger Einrichtungen des öffentlichen Nahverkehrs gekennzeichnet. Die von und nach Hamburg führenden Verkehrswege (insbesondere die Schienenverbindungen) bilden das Rückgrat dieser Achsen. Darüber hinaus haben Standorte entlang der überregionalen Straßenverbindungen, insbesondere für die Gewerbeansiedlung, eine herausragende Bedeutung; die gewerbliche Entwicklung soll dort auch in Zukunft nicht ausgeschlossen sein. Ziel ist, den starken Siedlungsdruck durch lenkende und fördernde Maßnahmen von der Randzone der Kernstadt auf die Achsen in Richtung der äußeren Achsenschwerpunkte zu lenken. Durch die kleinräumige Zuordnung von Wohn- und Arbeitsstätten und mit einem ausreichenden Flächenangebot für öffentliche und private Dienstleistungen sowie für Industrie- und Gewerbeflächen auf den Achsen wird Fehlentwicklungen im Sinne einer großräumigen Funktionsteilung von Wohnen und Arbeiten und damit einer Zunahme des Verkehrs entgegengewirkt.

Arbeitsmaterial (Fortsetzung):

M 3: Daten zur Bevölkerungsentwicklung in der Metropolregion Hamburg 1970-2010

(Nach: Lenkungsgruppe Regionales Entwicklungskonzept (REK) (Hrsg., 1996): Regionales Entwicklungskonzept für die Metropolregion Hamburg, Handlungsrahmen. Hamburg, Hannover, Kiel)

M3a: Bevölkerungsveränderung in der Metropolregion Hamburg 1970-1995 (Angaben gerundet)

Zeitpunkt/Zeitraum	Region	Hamburg	Umland
Stand 27.5.1970	3.029.500	1.793.800	1.235.700
1970-1987	+ 2.100	– 201.000	+ 203.100
Stand 25.5.1987	3.031.600	1.592.800	1.438.800
1987-1995	+ 283.100	+ 115.100	+ 168.000
Stand 31.12.1995	3.314.700	1.707.900	1.606.800

M 3b: Wanderungssalden der Metropolregion Hamburg 1987-1995 (jeweils per 31.12.)

Merkmal	Region	Hamburg	Umland
Wanderungssaldo insgesamt	+ 311.000	+ 151.718	+ 159.282
– Deutsche	+ 166.369	+ 44.070	+ 122.299
– Ausländer	+ 144.631	+ 107.648	+ 36.983
darunter:			
Fernwanderungssaldo	+ 311.000	+ 203.597	+ 107.403
– Deutsche	+ 166.369	+ 95.458	+ 70.911
– Ausländer	+ 144.631	+ 108.139	+ 36.492
Umwanderungssaldo		– 51.879	+ 51.879
– Deutsche		– 51.388	+ 51.388
– Ausländer		– 491	+ 491

Arbeitsmaterial (Fortsetzung):

M 3c: Komponenten der Bevölkerungsvorausschätzung für Hamburg 1993-2010 (Angaben gerundet)

Stand/Merkmal	Bevölkerung insgesamt	Deutsche	Ausländer
Stand 31.12.1993	1.706.300	1.456.200	250.000
Veränderung 1993-2010	+ 5.000	– 182.500	+ 187.500
davon:			
natürlicher Saldo	– 78.200	– 139.600	+ 61.400
Wanderungssaldo	+ 83.200	– 42.900	+ 126.100
darunter:			
Außenwanderungssaldo	+ 156.000	+ 29.000	+ 126.100
Binnenfernwanderungssaldo	+ 14.200	+ 14.200	–
Umlandwanderungssaldo	– 87.000	– 87.000	–
Einbürgerungen	–	+ 37.500	– 37.500
Stand 31.12.2010	1.711.300	1.311.300	400.000

M 3d: Prognose der Entwicklung von Bevölkerung, Erwerbspersonenpotenzial und Privathaushalten in der Metropolregion Hamburg 1993-2010 (Angaben in 1.000)

Gebiet	Bevölkerung		Erwerbspersonen		Haushalte	
	insgesamt	weiblich	insgesamt	weiblich	insgesamt	weiblich*
Stand 31.12.1993:						
Region	3.724,0	1.683,4	1.644,6	672,2	1.550,7	644,3
davon:						
Hamburg	1.706,3	885,4	850,8	349,7	895,0	482,1
Umland	1.567,8	798,0	794,1	322,5	655,8	162,2
Veränderung 1993-2010:						
Region	+ 149,1	+ 46,2	+ 41,2	+ 21,4	+ 72,9	– 0,2
davon:						
Hamburg	+ 5,0	– 17,5	+ 9,1	– 4,9	– 21,3	– 24,4
Umland	+ 144,1	+ 63,7	+ 31,8	+ 26,3	+ 94,2	+ 24,2
Stand 31.12.2010:						
Region	3.423,2	1.719,6	1.685,8	693,6	1.623,7	644,1
davon:						
Hamburg	1.711,3	867,9	859,9	344,8	873,7	457,7
Umland	1.711,9	861,7	825,9	348,8	750,0	186,4

* Bezugspersonen

Arbeitsmaterial (Fortsetzung):

M 4: Daten zur Entwicklung der Hamburger Wirtschaftsstruktur 1980-1995

(Nach: Stadtentwicklungsbehörde (Hrsg., 1996): a.a.O., S. 13-22 und Handelskammer Hamburg (Hrsg., 1997): a.a.O., S. 18)

M 4a: Erwerbstätige nach Wirtschaftsbereichen in Hamburg 1980-1995

Jahr	Erwerbstätige insgesamt	Land- und Forstwirtschaft	Produzierendes Gewerbe	Handel und Verkehr	Dienst-leistung	Staat, priv. Haushalte und Organisationen
1981	910.000	10.000	257.000	262.000	223.000	159.000
1983	876.000	9.000	236.000	255.000	216.000	160.000
1985	860.000	9.000	220.000	247.000	223.000	161.000
1987	865.000	9.000	216.000	246.000	231.000	164.000
1989	887.000	8.000	214.000	250.000	247.000	168.000
1991	933.000	7.700	217.500	254.300	277.000	176.500
1993	936.300	7.500	208.200	249.000	295.600	176.100
1995	910.000	6.900	197.900	231.500	303.200	170.800

M 4b: Erwerbstätige nach Wirtschaftsbereichen in Hamburg 1995

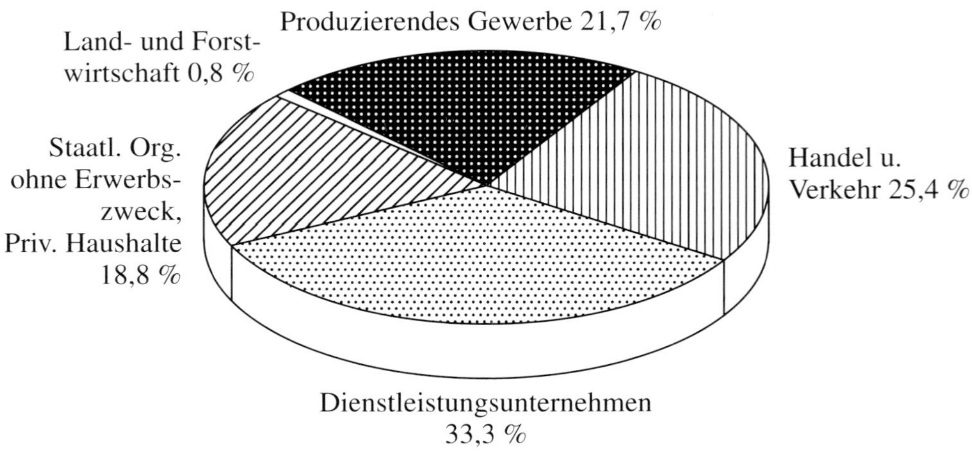

E 4	Entwicklungskonzepte für die Metropolregion Hamburg	Raumplanung in Verdichtungsräumen

Aufgaben:

1. Erarbeiten Sie anhand von M 1 die Funktionen /Bereiche, in denen Hamburg als Metropole großräumig dominiert.
2. Erläutern Sie anhand von M 2 die Entwicklungskonzeption für die Metropolregion unter den Gesichtspunkten der Siedlungsachsen, der dezentralen Konzentration und der innerregionalen Vernetzung.
3. Beschreiben Sie anhand von M 3 die entscheidenden Merkmale der Bevölkerungsentwicklung der Metropolregion.
4. Stellen Sie aus M 4 die Entwicklung der Hamburger Wirtschaftsstruktur dar.

L	E 4	Entwicklungskonzepte für die Metropolregion Hamburg	Raumplanung in Verdichtungs- räumen

Vorbemerkungen:

Hamburg war im Jahre 1996 mit gut 1,7 Millionen Einwohnern der Bevölkerungszahl nach hinter Berlin (fast 3,5 Millionen) und vor München (gut 1,2 Millionen) die zweitgrößte Metropole der Bundesrepublik Deutschland. Die Metropolregion Hamburg ist vor allem gekennzeichnet durch dominante Funktionen im Logistik-, Distributions-, Medien- und sonstigen Dienstleistungsbereich. Die in diesem Beitrag vorgelegten Materialien gehören in eine Unterrichtssequenz, in der mono- und polyzentrische Verdichtungsräume der Bundesrepublik Deutschland besprochen werden. Wir unterscheiden zwischen der monozentrischen Großstadt, z.B. Münster (265.000), der Doppelstadt, z.B. Mannheim-Ludwigshafen (479.000), dem Städtedreieck, z.B. Nürnberg-Fürth-Erlangen (701.000) und dem polyzentrischen Verdichtungsraum, z.B. dem Ruhrgebiet.

Das hier zur Metropolregion Hamburg vorliegende Material ermöglicht im Anschluss an die Positionsbestimmung M 1 die Erarbeitung der Entwicklungskonzeption unter den Gesichtspunkten der Siedlungsachsen, der dezentralen Konzentration und der innerregionalen Vernetzung (M 2). Anhand von M 3 ist zusätzlich die Bevölkerungsentwicklung der Metropolregion zu erarbeiten, anhand von M 4 die wirtschaftsstrukturelle Veränderung.

Im Zusammenhang mit der metropolitanen Aufwertung Berlins durch dessen wiedergewonnene Funktion als politisches Zentrum Deutschlands und durch dessen zentrale Verkehrsfunktion als Kreuz im West-Ost- und Nord-Süd-Verkehr bzw. als Vermittler nach Osteuropa, nach Nordeuropa und in den Balkan kann anschließend auch der Frage nachgegangen werden, ob Hamburgs dominante Funktionen im Medienbereich und Verkehrsbereich davon geschwächt werden können bzw. was die Stadt tun kann, um „gegenzusteuern“. Beide Metropolen liegen schließlich in der Luftliniendistanz nur gut 200 Kilometer voneinander entfernt. Möglich ist ein Auffangen von Berliner Standortvorteilen z.B. durch den Bau einer ICE-Linie Hamburg-Berlin anstelle der ursprünglich vorgesehenen Transrapidtrasse.

Literatur:

Freie und Hansestadt Hamburg, Baubehörde (Hrsg., 1970): Die Baujahre. Heft 50 der Hamburger Schriften zum Bau-, Wohnungs- und Siedlungswesen. Hamburg. Hier: S. 5-6:

Das Entwicklungsmodell für Hamburg und sein Umland

Freie und Hansestadt Hamburg, Stadtentwicklungsbehörde (Hrsg., 1996): Stadtentwicklungskonzept. Leitbild, Orientierungsrahmen und räumliche Schwerpunkte. Hamburg, S. 11-22

Handelskammer Hamburg, Sachbereich Öffentlichkeitsarbeit (Hrsg., 1997): Die Zeitenwende schaffen. Standpunkte. Hamburg

Hinrichs, B. (1994): Schriftliche Arbeiten im Geographieunterricht, Bd. 3. Aulis Verlag Köln; hier: Stadt und Umland, S. 115-116

Möller, I. (1985): Hamburg. Länderprofile. Stuttgart

Lenkungsgruppe Regionales Entwicklungskonzept (REK) (Hrsg., 1996): Regionales Entwicklungskonzept für die Metropolregion Hamburg, Handlungsrahmen. Hamburg, Hannover, Kiel

Patten, H.-P. (1988): Das Hamburger Achsenkonzept als Planungsinstrument für die Entwicklung der Hamburger Stadtregion. In: *Börsch, D., Brameier, U.* (Hrsg., 1988): Materialien zum Kursunterricht Geographie, Bd. 2. Aulis Verlag, Köln

Lösungsvorschlag:

Aufgabe 1

Unter Metropolen versteht man Großstädte oder Millionenagglomerationen, die großräumig, das heißt über ihren Distrikt hinaus landesweit dominieren. Solche Dominanz kann polyfunktional sein, wie exemplarisch an Paris gezeigt werden kann, das politisches, industriewirtschaftliches, Verwaltungs-, Verkehrs-, Logistik-, Distributions- und Medienzentrum ganz Frankreichs ist („Paris c'est la France"), oder auch nur einige Funktionen umfassen. So weist M 1 Hamburg als Hafen-, Logistik-, Dienstleistungs- und Medienmetropole aus. Die tertiärfunktionale Dominanz mit einem 80-Prozent-Anteil an allen Hamburger Arbeitsplätzen ist begleitet von einem Zuwachs an Büroflächen. Die metropolitanen Funktionen Hamburgs sind durch die politischen Veränderungen in Mittel- und Osteuropa (die deutsche Wiedervereinigung und die Auflösung des Ostblocks) gestärkt worden, aber auch eine Folge der Europäischen Einigung und der Globalisierung der Wirtschaft.

Aufgabe 2

M 2a zeigt das Schumachersche Achsenkonzept für die Metropolregion Hamburg nach dem Stand von 1968, das bandförmige Verdichtungen längs der Bahnlinien vorsieht, in den zwischenliegenden Zwickeln Naherholungsgebiete. Damit sind optische Gliederung der Stadt, zwischenliegende Luftfilter und Möglichkeiten für die Daseinsgrundfunktion Sich-Erholen beabsichtigt. Die Hamburger Achsen sind bis nach Schleswig-Holstein (Elmshorn, Kaltenkirchen, Bad Oldesloe, Geesthacht) und Niedersachsen (Winsen/Luhe, Buchholz/Nordheide und Buxtehude) geführt. Am Ende der Achsen liegen Trabantenstädte, die im Regionalen Entwicklungskonzept der Lenkungsgruppe von 1995 als Entlastungsorte bezeichnet werden. Der Begriff Trabantenstadt ist gegenüber dem Begriff Satellitenstadt abzugrenzen. (Die Trabantenstadt liegt im Gravitationsfeld Hamburgs, ist vom Zentrum abhängig. Die Satellitenstadt hätte eine größere Selbstständigkeit.) Auf die Verwendung des Achsenkonzeptes in anderen Metropolregionen, z.B. der Metropolregion München, kann hingewiesen werden bzw. von dort aus oder nach dorthin eine Transferleistung stattfinden. Im Regionalen Entwicklungskonzept der Lenkungsgruppe REK, Stand Dezember 1995, ist das Achsenkonzept ausgeweitet. Die leitenden Gesichtspunkte Axialstruktur, dezentrale Konzentration und innerregionale Vernetzung können aus dem Text M 2b entnommen und erläutert werden.

Aufgabe 3

Die Bevölkerung der Metropolregion Hamburg ist nach M 3a von 1970 bis 1995 um 9,4 Prozent gewachsen. Dabei ist sie in Hamburg selbst um 4,8 Prozent rückläufig gewesen, hat im Umland aber um 29,8 Prozent zugenommen. Aus M 3b ist abzulesen, dass diese Entwicklung nicht auf einen unterschiedlichen Altersaufbau und ein unterschiedliches generatives Verhalten von Stadt und Umland zurückzuführen ist, sondern eher Ergebnis einer erheblichen Mobilität ist. Das Umland hat nämlich 51,2 Prozent aller Zuwanderer zu verbuchen, an seinem Zuwanderungssaldo sind Fernwanderungen mit 67,4 v.H. beteiligt und 32,6 v.H. gehen auf das Konto von Migration aus dem Umland. Nach M 3c wird der Ausländeranteil an der Hamburger Bevölkerung am 31. Dezember 2010 bei 23,4 Prozent liegen; am 31. Dezember 1993 lag er noch bei 14,7 v.H. Der Ausländeranteil an der Gesamtbevölkerung ist also tendenziell steigend. Der Frauenanteil lag am 31.12.1993 bei 51,4 Prozent der Hamburger Bevölkerung, er wird bis zum 31.12.2010 nur anteilsmäßig geringfügig zurückgehen, nämlich auf 50,5 Prozent. Die Frauenquote an der Erwerbsbevölkerung liegt in der Metropolregion Hamburg bei über 40 Prozent (am 31.12.1993: 40,9, am 31.12.2010: voraussichtlich 41,1). Die Tertiärisierung, d.h. Dienstleistungsentwicklung der Hamburger Wirtschaft kommt dieser Entwicklung entgegen bzw. zieht sie nach sich, sind doch Frauen in den White Collar Jobs der Dienstleistungsbereiche leichter vermittelbar als in körperlich schweren Hafen- und Industriearbeiterfunktionen.

Aufgabe 4

Aus den hier vorgelegten Materialien ist ersichtlich, dass sich die Hamburger Wirtschaftsstruktur zwischen 1980 und 1995 erheblich verändert hat. Die Gesamtzahl der Erwerbstätigen im gewerblich produzierenden (sekundären) Sektor ist in diesen 15 Jahren um fast ein Viertel, genau 23,3 Prozent gegenüber dem 1980er Wert zurückgegangen. Rückläufig war auch die Zahl der in Handel und Verkehr Beschäftigten, und zwar um 11,6 Prozent. Demgegenüber hat der Dienstleistungssektor expandiert, und zwar um 39,1 v.H. Nach M 3b arbeiteten 1995 nur noch gut ein Fünftel (21,7 %) der Hamburger Erwerbstätigen im sekundären Sektor , ein Viertel in Handel und Verkehr, aber gut ein Drittel im speziellen Dienstleistungssegment des Tertiären Sektors.

E 5	City Süd – Hamburgs neues Kontorhausviertel	Raumplanung in Verdichtungs- räumen

Arbeitsmaterial:

M 1: Die Lage der City Süd

(Quellen: Lageskizze unten: Interessengemeinschaft City Süd (Hrsg., 1996): City Süd – Hamburgs neues Kontorhausviertel. Hamburg, S. 6;
Karte nächste Seite: Basis dieser Darstellung: Deutsche Grundkarte 1 : 5 000. Vervielfältigt mit Erlaubnis der Freien und Hansestadt Hamburg, Baubehörde. Amt für Geoinformation und Vermessung. GV431-131/99 In: Interessengemeinschaft City Süd (Hrsg., 1996): a.a.O., S. 20/21.)

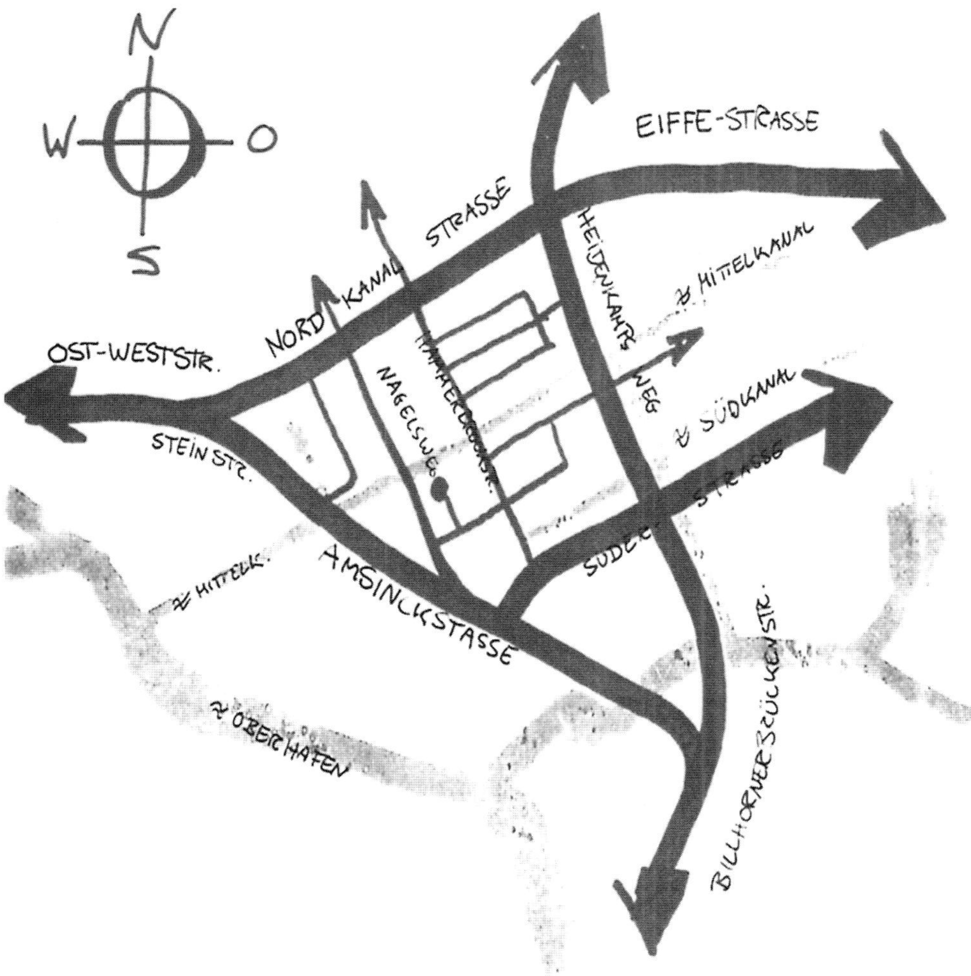

Arbeitsmaterial (Fortsetzung):

Arbeitsmaterial (Fortsetzung):

M 2: Die City Süd im Luftbil (Quelle: © Landesmedienzentrum Hamburg. Medienarchiv Bild)

Arbeitsmaterial (Fortsetzung):

M 3: Repräsentanzen großer Unternehmen in der City Süd

(Quelle: Interessengemeinschatt City Süd (Hrsg., 1996): a.a.O., S. 21)

1. Heidenkampsweg 34
Bauherr: Leder Schüler
Architekt: Fritz Kröger
Gebaut: 1928

2. Heidenkampsweg 40
Bauherr: Bull und Liedtke
Architekt: J. Böge + Lindner-Böge, Hamburg
Gebaut: 1996

3. Heidenkampsweg 41
Bauherr: Gretschus
Architekt Steffen + Darboven
Gebaut: 1987

4. Heidenkampsweg 45
Bauherr: Gretschus
Architekt: Steffen + Darboven
Gebaut: 1989

5. Heidenkampsweg 51
Bauherr: Lukas
Architekt: Darboven,
Bremer + Partner
Gebaut 1993

6. Heidenkampsweg 56 /
Wendenstraße
Bauherr: Becken
Architekt: Bothe, Richter, Teherani
Gebaut: 1996

7. Heidenkampsweg 73-79
Bauherr: Selmi
Architekt: Sievers, Piatschek + Partner
Böge-Lindner (Fassade)
Gebaut: 1992

8. Heidenkampsweg 81
Bauherr: Volksfürsorge Rechtsschutz
Architekt: Winkelmann Wischhusen (Fassade)
Gebaut: 1992

9. Heidenkampsweg 91-99/City Tor-Hamburg
Bauherr: Selmi
Architekt: Safainia
Gebaut: 1988

10. Heidenkampsweg 102/
Grüner Deich
Bauherr: Kravag
Architekt: Markovic-Ronai, Lütjen
Gebaut: 1985

11. Süderstraße 79
Bauherr: Hans K. Röder
Architekt: J. Schild
Gebaut 1992

12. Süderstraße 24:
Bauherr: Nordstern
Lebensversicherung AG
Architekt: V. Krautwedel
Gebaut 1994

13. Hammerbrookstraße 93
(Geschäftshaus)
Bauherr: Industriehof
Architekt; Alben Lindhorst
Gebaut: 1996

14. Amsinckstraße/Süderstraße
Bauherr: Köllmann
Architekt: Schweger + Partner
Gebaut: 1995

15. Nagelsweg 49-53
Bauherr: VEBA. HOCHTIEF
Architekt: Hentrich,
Petschnigg + Partner KG
Gebaut: 1993

16. Sachsenfeld 7
Bauherr: Europa-Center
Grundstücks Ges. (GBR)
Architekt: H.J. Friedrich, Ahrensburg
Gebaut: 1996

17. Nagelsweg 47
Bauherr:
Aachener + Münchener Versicherung AG
Architekt: HPP Hentrich,
Petschnigg +Partner KG, Hamburg
Gebaut: 1988

18. Nagelsweg
Bauherr: Becken
Architekt: Leon und Wohlhage
Gebaut: 1996

19. Amsinckstraße 57
Bauherr: Becken
Architekt: Leon und Wohlhage
Gebaut: 1996

Arbeitsmaterial (Fortsetzung):

20. Großmarkthalle
Bauherr: FHH Amsinckstraße 66
Architekt: Heimkes und Becker
Gebaut: 1982/84
(Erweiterung 1994/95)

21. Amsinckstraße 55
Bauherr: Evergreen International
Architekt: Schweger + Partner
Gebaut: 1990

22. Amsinckstraße 53
Bauherr: Novotel GmbH
Grundstücksverwaltung
Architekt: B. Kiwitter
Rogalla (Fassade)

23. Nagelsweg/Mittelkanal
Bauherr: Telenorma
Architekt: H.J. Kahle
Gebaut: 1994

24. Sonninstraße 3a/Mittelkanal
Bauherr: Sharp Electronics GmbH
Architekt: Shimizu Constructions
Gebaut: 1979

25. Sonninstraße 20-24/Mittelkanal
Bauherr: Ehem. Schokoladenfabrik
(Versorgungsanstalt)
Architekt: Bau-Ingenieurbüro GEG
Gebaut: 1914

26. Amsinckstraße 34
Bauherr: Trilsbach und Wöhler
Architekt: Kleffel, Könholdt,Gründermann
Gebaut: 1993.

27. Woltmannstraße 15
Bauherr: Mungold B.V.
Rotterdam/Niederlande
Architekt: Kleffel, Köhnholdt,
Gründermann
Gebaut: 1993

28. Nordkanalbrücke 2/
Amsinckstraße 39
Bauherr: ADAC
Archtekt: Fischer, v. Bassewitz
Gebaut: 1987

29. Nagelsweg 27
Bauherr: DAK
Archtekt:Pysall, Stahrenberg + Partner
Gebaut: 1992

30. Nagelsweg 33-35
Bauherr: Deutscher Grundbesitz
Investmentgesellschaft mbH Frankfurt
Architekt: Krautwedel
Gebaut: 1989

31. Nagelsweg 39
Bauherr: Delta Lloyd, Amsterdam
Archtekt: Schramm, v. Bassewitz
Gebaut: 1988

32. Nagelsweg 41-45
Bauherr: HUK-Coburg Außenseite HH
Architekt: Meyer, Vogt, Nürnberg
Gebaut: 1987

33. Sachsenkamp 5
Bauherr:
Immobilien BV. MEPC–Germany GmbH
Architekt: WT–Partner, Frankfurt
Gebaut: 1988

34. Heinrich Grone Stieg 1
Bauherr: Stiftung Grone Schule
Archtekt: V. Krautwedel
Gebaut: 1989

35. S-Bahn, Hammerbrook
Bauherr: Deutsche Bundesbahn
Archtekt: Schramm, Pempelfort,
v. Bassewitz, Hupertz
Gebaut: 1978-83

36. Hammerbrook 63
Bauherr: Hamburger Elektrizitätswerke
Architekt: Dierks + Partner
Gebaut: 1993

37. Frankenstraße 21
Bauherr: Becken
Architekt: Paetzold
Gebaut: 1995

38. Hammerbrookstraße 69
Bauherr: Philipps
Architekt: Paul Jeckel
Gebaut: 1965

1. Mittelkanal
Denkmal (Obelisk)
H. Chr. Meyer 1854 gestiftet
1985 hier aufgestellt

2. Mittelkanal
Gedenktafel an den Hamburger
Feuersturm 1943
1993 hier enthüllt

Arbeitsmaterial (Fortsetzung):

M 4: Vom alten Hammerbrook zur neuen City Süd

(Quelle: Interessengemeinschaft City Süd (Hrsg., 1996): a.a.O., S. 20-21)

In der City Süd erinnern nur noch wenige Gebäude an das alte Hammerbrook, das ab 1840 erschlossen, entwässert und in spekulativer Hinsicht entwickelt wurde.

In Hammerbrook wohnten ab 1880 ca. 60.000 Menschen bis zur völligen Zerstörung des Stadtteils im Juli 1943. Das Wohnquartier – „Jammerbrook" genannt – galt wegen seiner Dichte und störenden Mischung von Gewerbe- und Wohnnutzung als gründerzeitliches Elendsquartier. In den 70er Jahren entstanden Visionen für Hammerbrook unter dem Motto „Urbanität durch Dichte". Ein erster Entwurf sah 16 Hochhäuser mit bis zu dreißig Geschossen für ein Industrie- und Handelszentrum vor, gemischt mit Wohnhochhäusern, entwickelt als Gegenposition zur Büro-City Nord. Die neue City Süd mit sechs- bis achtgeschossiger Bebauung will keine Neuauflage der City Nord sein, denn Wohnungen werden inselartig die City Süd durchmischen und Versorgungseinrichtungen wie Wochenmarkt, Einzelhandelsläden, Arztpraxen und Kinderbetreuungseinrichtungen nach sich ziehen. Blockrandbebauung, Freiräume und überwiegende Ziegelbauweise machen den Raum erlebbar. Die Bruttogeschossfläche des Büroraumes – ohne Wohnungen – liegt bei ca. 450.000 qm.

M 5: City Süd – die citynahe Alternative

(Nach: Interessengemeinschaft City Süd (Hrsg., 1996): a.a.O. S. 14-21)

Die City Süd ist ein Prototyp für die Stadtentwicklung in der Dienstleistungs- und Informationsgesellschaft der Zukunft. Während fast alle Wirtschaftszentren aus den Nähten platzen und ihr Heil im Ausweichen auf Trabantenstädte suchen, entstehen in der City Süd in unmittelbarer Nachbarschaft zur Hamburger Innenstadt Tausende neuer, modernster Arbeitsplätze – nur wenige Minuten vom Hauptbahnhof, den zentralen Einkaufsstraßen und den Passagen (z.B. Bleichenpassage und Hanseviertel) entfernt. Hier im Südosten der Innenstadt ist als natürliche Erweiterung der überlasteten City Hamburgs neues Kontorhausviertel entstanden.

Die Stadt hat aus der Geschichte gelernt. Die geplante Entlastung der Hamburger Innenstadt in den sechziger und frühen siebziger Jahren durch die Auslagerung von Bürohäusern und Arbeitsplätzen in cityferne Randlagen erwies sich als problematisch. Denn die so entstandenen modernen Bürostädte wie die City Nord entwickelten sich zu unwirtlichen Arbeitsmaschinen. Am Abend, ja selbst tagsüber bleiben die Straßen verwaist. Es fehlt ein lebendiges Arbeitsumfeld.

Die City Süd ist eine Bürostadt mit attraktiven Grünflächen zwischen Elbe und Bille , aufgelockert mit vielen kleinen Kanälen (Fleets), der rote Backstein fördert die Identität, die Einheitlichkeit des Stadtbildes. War noch in der „Charta von Athen" die Trennung von Wohnen und Arbeiten festgeschrieben, so entstehen jetzt neue attraktive Wohnviertel; benachbart sind die hochverdichtete „Hafencity" im Westen und ausgedehnte Wohngebiete im Osten an den

Arbeitsmaterial (Fortsetzung):

Ufern der Bille (> Wohnen, Leben und Arbeiten am Wasser). Gut sind die Infrastrukturen für den ruhenden und fließenden Verkehr: Tiefgaragen mit zahlreichen Stellflächen, breite Ausfallstraßen zu zeitlich verkürztem Autobahnanschluss und zu guter Erreichbarkeit des Flughafens, eigene S-Bahn-Station, Nähe zum Hauptbahnhof, mit dem ICE nach Berlin. In solcher Bestlage liegen die Büromieten der City Süd mit DM 10 bis 20 unter den Top-Lagen der alten City. Die Büros sind flexibel nutzbar. Gerade diese hohe Flächenökonomie und Anpassungsfähigkeit der Flächen an wechselnde Dienstleistungsbedürfnisse ist wichtig. Bessere Kommunikationsmittel, zunehmende Kundenorientiertheit der Dienstleistungsgesellschaft, steigende Mobilität und nachlassende Bindung zwischen Unternehmen und Mitarbeitern prägen das Büro der postindustriellen Dienstleistungsgesellschaft.

Aufgaben:

1. Erarbeiten Sie aus M 1 und M 2 Lage und Verkehrsanbindung der Hamburger City Süd.
2. Weisen Sie anhand von M 3 die tertiärsektorale Nutzung nach. Ordnen Sie die in M 3 ausgewiesenen Repräsentanzen ein unter den Gesichtspunkten Versicherungen, Versorger, Industrieunternehmen, Immobilienfirmen, Logistikunternehmen.
3. Erarbeiten Sie anhand von M 4 und M 5 Planungsabsichten für die City-Süd.

Vorbemerkungen:

In der Hamburger Stadtentwicklungsplanung haben seit Anfang der 60er Jahre City-Entlastungszentren eine besondere Bedeutung. Im Zentren-Modell der Hamburger Stadtentwicklung wurde zunächst die City Nord, eine Bürostadt im Grünen konzipiert. Ihr Grundgedanke: Wie kann man Dienstleistungsfunktionen mit wenig Publikumsverkehr aus der Hamburger City in Entlastungsstandorte verlagern bei gleichzeitig dort vorhandenen Expansionsmöglichkeiten und Funktionenintegrierungen, begünstigt durch dort moderatere Grundstückspreise > Vermeidung von Hochhausbebauung? Die Zusammenlegung von Abteilungen brachte Konzernen in der Bürostadt Nord große innerbetriebliche Vorteile. In der Hamburger Innenstadt wurden Geschossflächen frei für citygebundene publikumsintensive Funktionen, das heißt: Es konnten innerstädtische Strukturen verknüpft werden und gleichzeitig die Stadtsilhouette vor Störungen durch überdimensionale Hochhausbauten bewahrt werden (Negativbeispiel: Frankfurt = Bankfurt = Mainhattan). In jüngster Zeit ist in der Nähe der Hamburger City im Bereich Heidenkampsweg-Almsieckstraße ein neues „Kontorhausviertel" entstanden, die „City Süd", die aber im Gegensatz zur Bürostadt Nord, einem ursprünglich weitestgehend monofunktionalen Verwaltungsbereich, diversifizierte Nutzungen, also nicht ausschließlich Verwaltungsfunktionen, vorsieht, mit neuen attraktiven Wohnvierteln durchmischt ist. Dieses Konzept einer Abkehr von einer zentrumsnahen Monofunktionalität soll anhand der hier vorgelegten Materialien und Aufgaben erarbeitbar sein.

Literatur:

Möller, I. (1985): Hamburg. Länderprofil. Stuttgart. Hier S. 154-156: die City Nord als Entlastungszentrum für die City

Interessengemeinschaft City Süd (Hrsg., 1996): City Süd – Hamburgs neues Kontorhausviertel. Hamburg. (1998) 2. neu bearb. Aufl.

Technische Universität Hamburg, Arbeitsbereich Stadtentwicklung (1997): Kontorhausviertel City Süd – Im Widerstreit zwischen Kontinuität und Fehlplanung. (Manuskript) Hamburg

Hinrichs, B. (1999): Hamburgs City Süd – Bürostadt oder Lebensraum mit Stadtteilsidentität? In: Praxis Geographie, Heft 10 (Themenheft zum Dt. Geographentag in Hamburg). Braunschweig

Lösungsvorschlag:

Aufgabe 1

Die City Süd, das ehemalige Hammerbrook, ist von dreispurigen Schnellstraßen umgeben: der Ost-West-Straße und ihrer Verlängerung in der Nordkanalstraße, der Amsinckstraße, der Süderstraße und dem Heidenkampsweg. Sie hat also eine gute äußere Anbindung an das Hamburger Schnellstraßennetz und auch eine gute innere Erschließung, zu der eine Reihe günstiger Parkplätze für den ruhenden Verkehr gehören. Sie ist gut über die S-Bahn erreichbar, die sie zentral durchquert mit einer eigenen Station, nur einen Haltepunkt vom Hamburger Hauptbahnhof entfernt. Das Luftbild weist sie als gleichermaßen auto- wie schnellbahnfreundlich aus. Die Verkehrserreichbarkeit ist als sehr günstig zu bewerten, weil sie sich weniger durch km- als aus Zeitdistanzen bestimmt.

Aufgabe 2

Aus M 3 sind für die City Süd ablesbar Repräsentanzen zu entnehmen:
- bedeutender Versicherungen (HUK, Aachen-Münchener, Nordstern, Kravag, Volksfürsorge, DAK)
- Hamburger Versorger (HEW)
- großer Industrieunternehmen (SHARP, VEBA, HOCHTIEF, PHILIPPS)
- einflussreicher Immobilienfirmen (DT. GRUNDBESITZ, IMMOBILIEN BV)
- weit operierender Logistikuntemehmen (DELTA LLOYD)

Aufgabe 3

Folgende Planungsabsichten für die City-Süd lassen sich den Materialien entnehmen:
- Sanierung eines gründerzeitlichen, heruntergekommenen Wohnquartiers mit funktionaler Umwidmung zu einem Industrie- und Handelszentrum
- Vermeidung einer Trennung von Arbeiten und Wohnen, daher Vermischung von Büro-, Versorgungs- und Wohnfunktionen
- Vermeidung der in der Bürostadt Nord erreichten bürofunktionalen Einseitigkeit und deren Konsequenz einer zeitweilig toten Stadt
- Einrichtung eines Dienstleistungs- und Informationszentrums in unmittelbarer Nachbarschaft zur Hamburger Innenstadt, zentralem Einkaufsbereich und Hauptbahnhof zum Zeitpunkt einer wirtschaftlichen Strukturveränderung Hamburgs vom Hafen- und Industriezentrum zur Dienstleistungszentrum (u.a. zur Verwaltungs- und Medienmetropole)
- Nutzung der Hafennähe; Reaktivierung von Fleets (z.B. Mittelkanal und Südkanal); Idee des Arbeitens und Wohnens am Wasser.

Man sucht in der City-Süd flächenintensive Bebauung und gute Verkehrsinfrastrukturen mit angenehmen Versorgungseinrichtungen und Landschaftselementen, wie Wasserläufen und Abstandsgrün, zu verbinden.

E 6	Allermöhe – Wohnen am Wasser in Hamburg	Raumplanung in Verdichtungs- räumen

Arbeitsmaterial:

M 4: Übersichtsplan von Neuallermöhe-West
(Quelle: Freie und Hansestadt Hamburg, Stadtentwicklungsbehörde (Hrsg., 1997): Neuallermöhe-West. Hamburg)

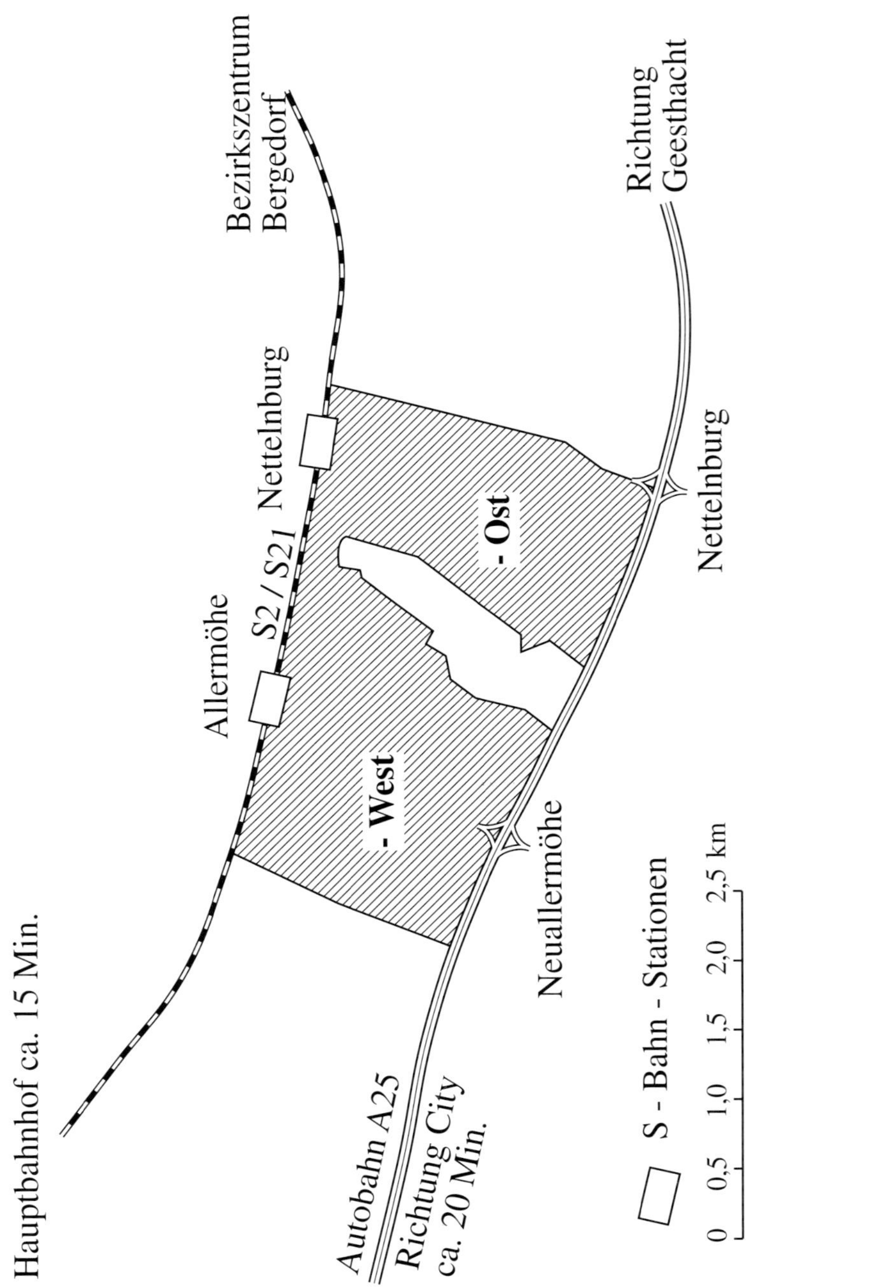

Arbeitsmaterial (Fortsetzung):

M 2: Daten zu den neuen Stadtteilen Neuallermöhe-Ost (fertiggestellt) und Neuallermöhe-West (Endausbau)

(Nach: Freie und Hansestadt Hamburg, Stadtentwicklungsbehörde, Manuskript)

	Neuallermöhe-Ost	**Neuallermöhe-West**
Bevölkerung und Bebauung		
Bevölkerung	10.000	15.000
Hauseinheiten	3.750	5.600
– Etagenwohnungen	2.500	4.750
– Einfamilienhäuser/Reihenhäauser	1.250	850
Größe des unbebauten Areals ohne Parks in ha	123	163
Dichte (Hauseinheiten pro ha Arealgröße)	30	34
Wohnareal in ha inklusive kleinere Straßen	74	68
Durchschnittlicher Bebauungsindex	0,5	0,8
Infrastruktur		
Grundschulen	1	3
Gesamtschulen		2
Realschulen		1
Gymnasien		1
Jugendzentren	1	2
Kindertagesheime	2	5
Kirchen/kirchliche Gemeindehäuser	4	2
Bürgerhäuser/Gemeinschaftshäuser	1	1
Supermärkte	2	3
Bezug der ersten Wohnung	*1985*	*1995*

Aufgaben

1. Erarbeiten Sie anhand einer geeigneten Atlaskarte und von M 1 Lage und Verkehrsanbindung von Allermöhe.
2. Beschreiben Sie anhand von M 2 bis M 4 die Struktur von Neuallermöhe-Ost und Neuallermöhe-West.
3. Familienfreundliches Wohnen, Wohnen am Wasser, Wohnen im Grünen. Erläutern Sie anhand von M 5 bis M 8, wie diese Planungsabsichten umgesetzt wurden.

Arbeitsmaterial (Fortsetzung):

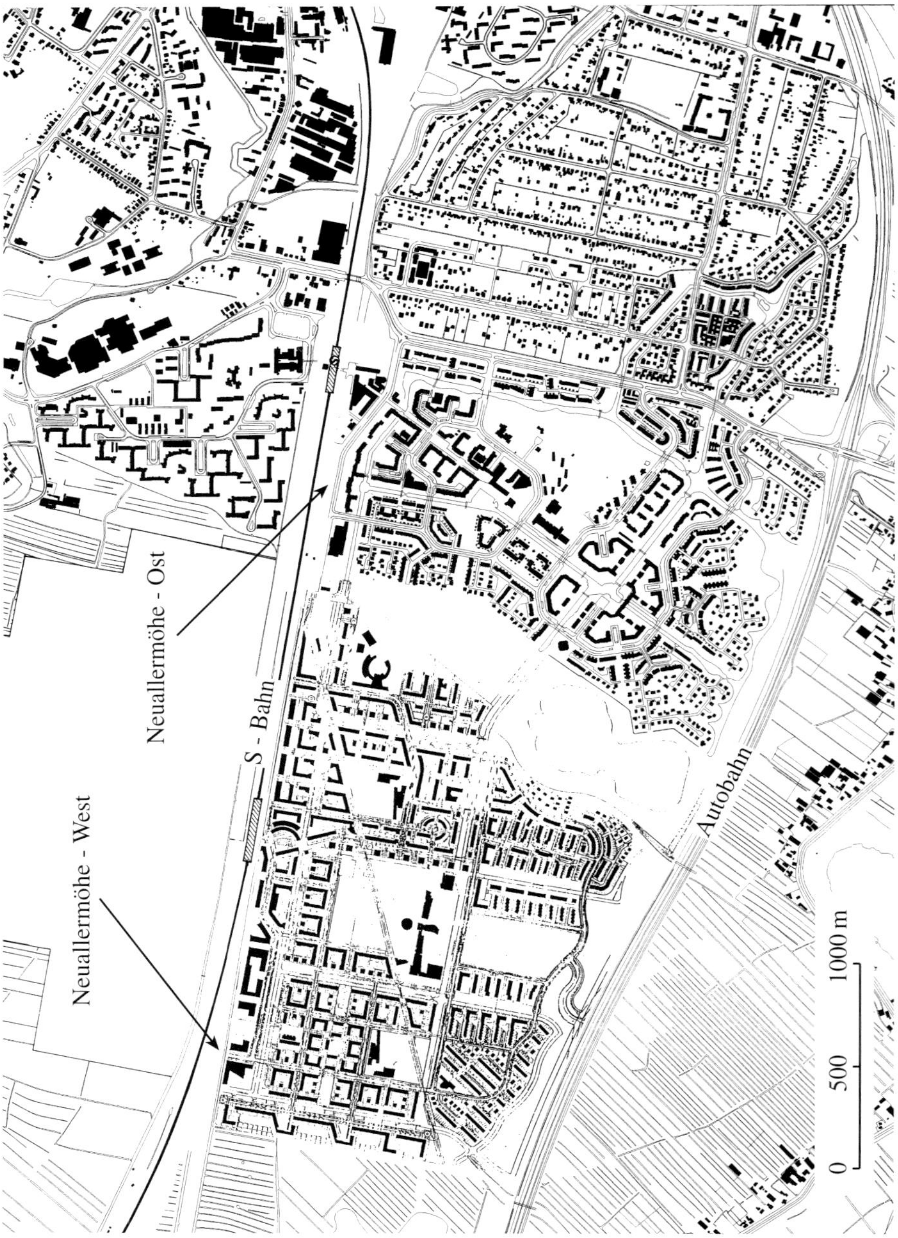

M 3: Übersichtsplan von Neuallermöhe-Ost und Neuallermöhe-West
(Quelle: Freie und Hansestadt Hamburg, Stadtentwicklungsbehörde)

Arbeitsmaterial (Fortsetzung):

M 4: Übersichtsplan von Neuallermöhe-West
(Quelle: Freie und Hansestadt Hamburg, Stadtentwicklungsbehörde (Hrsg., 1997): Neuallermöhe-West. Hamburg)

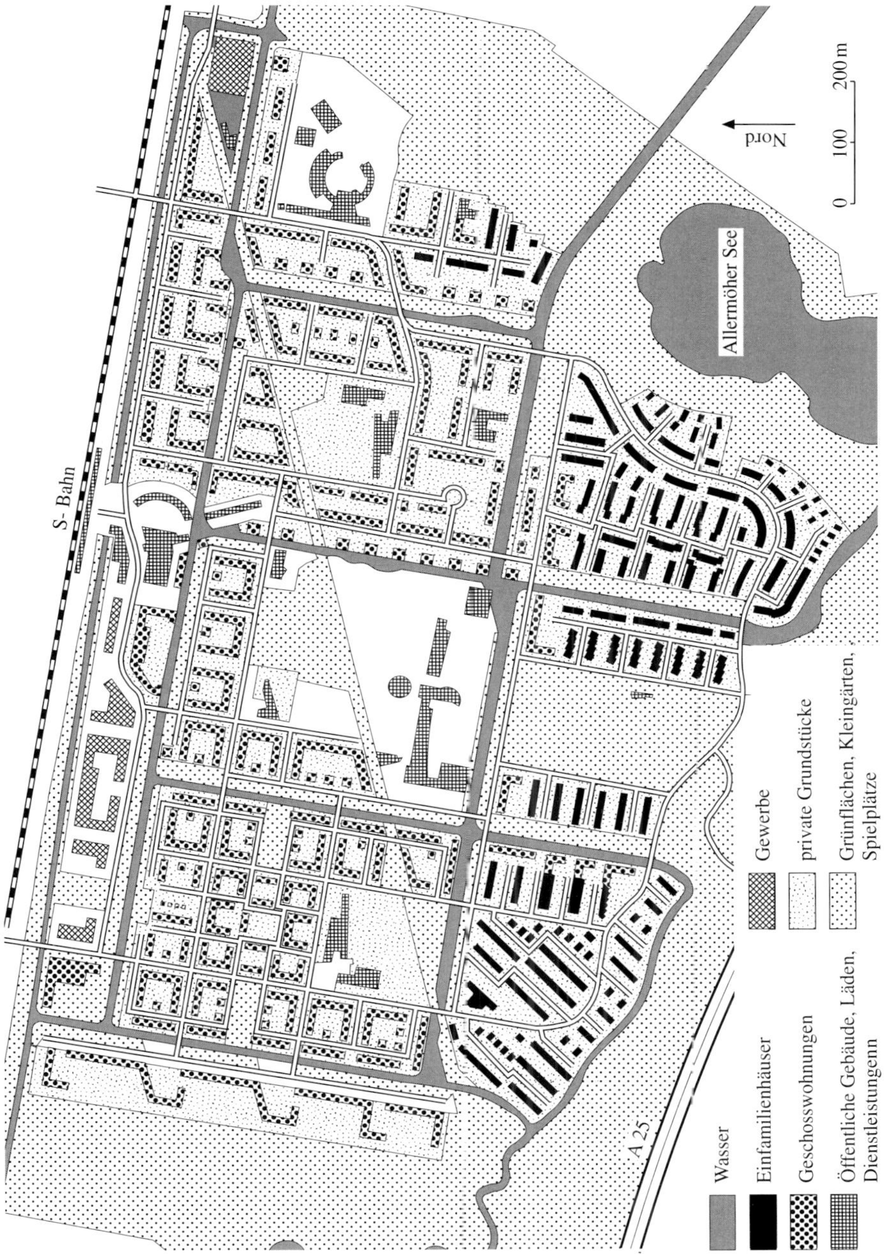

Arbeitsmaterial (Fortsetzung):

M 5: Neuallermöhe-Ost: Luftbild

(Quelle: Freie und Hansestadt Hamburg, Stadtentwicklungsbehörde)

M 6: Neuallermöhe-Ost: Reihenhäuser mit Garten am Fleet

(Quelle: Freie und Hansestadt Hamburg, Baubehörde (Hrsg., 1989): Allermöhe – Wohnen am Wasser. Hamburg, S.7)

Arbeitsmaterial (Fortsetzung):

M 7: Blick auf Neuallermöhe-West

(Quelle: Freie und Hansestadt Hamburg, Stadtentwicklungsbehörde (Hrsg., 1997): Neuallermöhe-West. Stadtteil im Bau. Hamburg.)

M 8: Neuallermöhe-West: Geschosswohnungen mit Terrassen oder Balkonen am Fleet

(Quelle: *Schröter T.*, Hamburg 1998)

L	E 6	Allermöhe – Wohnen am Wasser in Hamburg	Raumplanung in Verdichtungs-räumen

Vorbemerkungen:

Die Einwohnerzahl der Freien und Hansestadt Hamburg ist von 1970 bis 1996 um etwa 5 Prozent zurückgegangen, die Bevölkerungszahl der acht Hamburger Umlandkreise aber um circa 28 Prozent gewachsen. Darin ist schon unschwer eine Stadtrandwanderung der Bevölkerung zu erkennen, wie sie auch in unterschiedlichen Ausmaßen in anderen deutschen Großstädten und Ballungsräumen zu erkennen ist. Aus solcher Mobilität ergeben sich für die Stadtentwicklung besondere Herausforderungen hinsichtlich der Entwicklung und verschiedenartiger Konzeptionen neuer Wohnsiedlungen. Das Neue an den hier zusammengestellten und aufbereiteten Materialien ist das Konzept „Wohnen am Wasser“, das in naher Zukunft auch im Projekt der Hamburger Hafen-City, einem Bereich stillgelegter Hafenbecken, realisiert werden soll. Früher galt in Hamburg das Wort: Auf der Geest wohnt man, in der Elbmarsch arbeitet man, denn hier liegt der Hafen, hier liegen die Vier- und Marschlande als sonderkulturell landwirtschaftlich genutzter Bereich (Gemüse- und Blumenanbau). Im Falle Allermöhe geht man mit der neuen Wohnsiedlung in eben dieses Marschengebiet hinein, nutzt die reizvolle Nähe von Fleeten für ein familienfreundliches Wohnen am Wasser und im Grünen in der Nähe städtischen Lebens im angrenzenden Bezirkszentrum Bergedorf und mit gutem Autobahn- und S-Bahn-Anschluss zur Hamburger City. Der hier vorgelegte Beitrag „Allermöhe“ kann seinen Platz in einer Unterrichtssequenz finden, die sich mit Konzeptionen von Wohnsiedlungsbereichen in urbanen Räumen der Bundesrepublik beschäftigt, zum Beispiel Neuperlach in München, der Nordweststadt in Frankfurt, der Gropiusstadt in Berlin, Steilshoop, Lohbrügge-Nord und Mümmelmannsberg in Hamburg.

Literatur:

Freie und Hansestadt Hamburg, Baubehörde (Hrsg., 1989): Allermöhe – Wohnen am Wasser. Hamburg.

Hinrichs, B. (1994): Neue Städte. Die Gropiusstadt in Berlin. In: Schriftliche Arbeiten im Geographieunterricht, Teil 3, S. 125-128. Aulis Verlag, Köln

Patten, H.-P. (1997): Lohbrügge Nord und Mümmelmannsweg – Zwei verschiedene Wohnsiedlungstypen in Hamburg. In: *Brameier, U./von der Ruhren, N.* (1997): Materialien-Handbuch Geographie, Bd. 6: Deutschland, S. 248-256. Aulis Verlag, Köln

Lösungsvorschlag:

Aufgabe 1

Die Lage und Verkehrsanbindung von Allermöhe lassen sich wie folgt charakterisieren:

- Lage in der Südost-Achse „Neue Stadtquartiere am Wasser“ im Abschnitt Bergedorf, nördlich der Kulturlandschaft der Vier- und Marschlande, der Elbtalaue
- Verkehrsanbindung zur Hamburger Innenstadt und zum Bezirkszentrum Bergedorf über öffentliche Verkehrsmittel (zwei S-Bahn-Linien, Fahrzeit bis Hauptbahnhof ca. 15 Minuten) und Individual-/Pkw-Verkehr (Erreichbarkeit der City über die A 25 in etwa 20 Minuten)

Aufgabe 2

Die Schüler können den Materialien folgende Strukturmerkmale entnehmen:

- Gedanke des Wohnens am Wasser: Neuanlage von Fleeten anstelle der alten Wasserabzugsgräben der Elbmarsch
- Bau von Reihenhäusern mit Garten und Bootsanlegeplatz am Fleet (M 6), von Mehrfamilienhäusern für Geschosswohnungen mit wasserseitiger Terrasse oder wasserseitigem Balkon (M 8)
- Jedes Wohneigentum soll eine ruhige private und eine öffentliche Seite haben, ein Stück Grün und ein Stück Straße
- Entlang der Fleete gibt es einseitig private Gartenflächen, die jeweils andere Fleetseite steht als Fußweg zur Verfügung
- Fußgängige Erreichbarkeit der Fleete, Führung von Wander- und Radwegen längs der Fleete oder mit kleinen Brücken über die Fleete; in Allermöhe-Ost Abtrennung vom motorisierten Verkehr
- Neuallermöhe-West: flächensparenderes Bauen mit weniger Abstandsgrün, höherer Bebauungsindex durch einen höheren Anteil von Geschosswohnungen gegenüber Einfamilienhäusern; gute Ausstattung mit infrastrukturellen Einrichtungen (M 4), aber doch sehr anorganisch versiegelt, Problem einer Stadtrandsiedlung mit relativ wenig Leben, z.B. geringe Akzeptanz der zentralen Fußgängerachse, die bis zur S-Bahn-Station reicht.

Aufgabe 3

Die Intention „familienfreundliches Wohnen“ ist am besten im Beispiel M 6 umgesetzt. Hier werden auch die Planungsabsichten „Wohnen am Wasser“ und „Wohnen im Grünen“ optimal erfüllt. Die ansprechenden Reihenhäuser, die ein angenehmes und individuelles Wohnen ermöglichen, öffnen sich mit ihrem Garten zum Fleet, haben hier Gartenhäuser und Bootsanleger. Die Fleete sind gleichzeitig Biotop für Wasserpflanzen und Wassertiere, haben für die Anwohner Entspannungs- und vielleicht auch Erlebnispotential, sind mikroklimatisch günstig. Die in M 5 teilweise kompakte Blockrandbebauung lässt demgegenüber Grün wenig sichtbar werden. Die Geschosswohnungen sind im geförderten Wohnungsbau errichtet. Das Zusammenleben der Bewohner soll unter anderem über einige Plätze gefördert werden, auf denen man sich wohl auch zu einigen Aktivitäten und Festen trifft. Das Beispiel M 7 zeigt eine sehr flächenintensive, sehr verdichtete Bebauung für eine nach M 2 in Neuallermöhe-West eineinhalbmal so große Bevölkerungszahl mit fast doppelt so vielen Etagenwohnungen und einem deswegen mehr als eineinhalbmal so hohen Bebauungsindex. Die Durchsetzung mit privatem Wohngrün ist immer noch überdurchschnittlich, öffentliche Grünflächen sind entlang den Wasserläufen axial angeordnet oder in zusammenhängenden Großflächen an der Peripherie bzw. zur Abtrennung von Neuallermöhe-Ost angelegt. Allerdings ist für die in Neuallermöhe-West wohnenden Familien die Ausstattung mit sozialen Einrichtungen wie Kindergärten, Schulen und Gemeinschaftshäusern sehr günstig.

E 7	Szenario für ein Leitbild der Hannover-Region	Raumplanung in Verdichtungs-räumen

Arbeitsmaterial:

M 1: Veränderungen der Bevölkerung und Arbeitsplätze in den Siedlungsstrukturzonen des Großraumes Hannover

(Quelle: Diercke Handbuch 1996. © Westermann Schulbuchverlag, Braunschweig, S. 24)

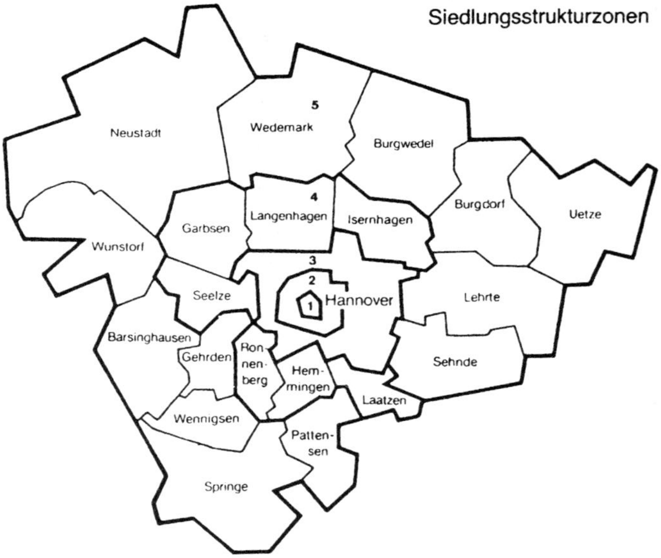

Veränderung der Bevölkerung und Arbeitsplätze im Großraum Hannover

Siedlungsstrukturzone	Zeitraum	Veränderungen in %	
		Bevölkerung	Arbeitsplätze*
1-3	1970/80	– 8,0	– 12,2
	1980/87	– 5,3	– 5,2
	1987/94	+ 1,4	+ 2,7
4	1970/80	+ 16,3	+ 8,4
	1980/87	+ 2,2	+ 10,4
	1987/94	+ 6,6	+ 27,3
5	1970/80	+ 9,2	+ 1,6
	1980/87	– 0,5	+ 7,9
	1987/94	+ 6,3	+ 12,0
Großraum Hannover	1970/80	+ 1,5	– 8,2
	1980/87	– 0,2	– 1,4
	1987/94	+ 4,0	+ 7,3

* Sozialversicherungspflichtig Beschäftigte am Arbeitsort

Aufgaben:

1. Beschreiben Sie die Veränderung der Bevölkerung und Arbeitsplätze im Großraum Hannover und nennen Sie mögliche Ursachen dieser Entwicklung (M 1).
2. Stellen Sie Vor- und Nachteile des Szenario (M 2) heraus und ziehen Sie ein Fazit.

Arbeitsmaterial (Fortsetzung):

M 2: Szenario: Die Hannover-Region entwickelt teilräumliche Spezialisierungen (Folienbild 10)

(Quelle: FORUM-Forschungsinstitut Region und Umwelt an der Carl von Ossietzky Universität Oldenburg GmbH, o.J.)

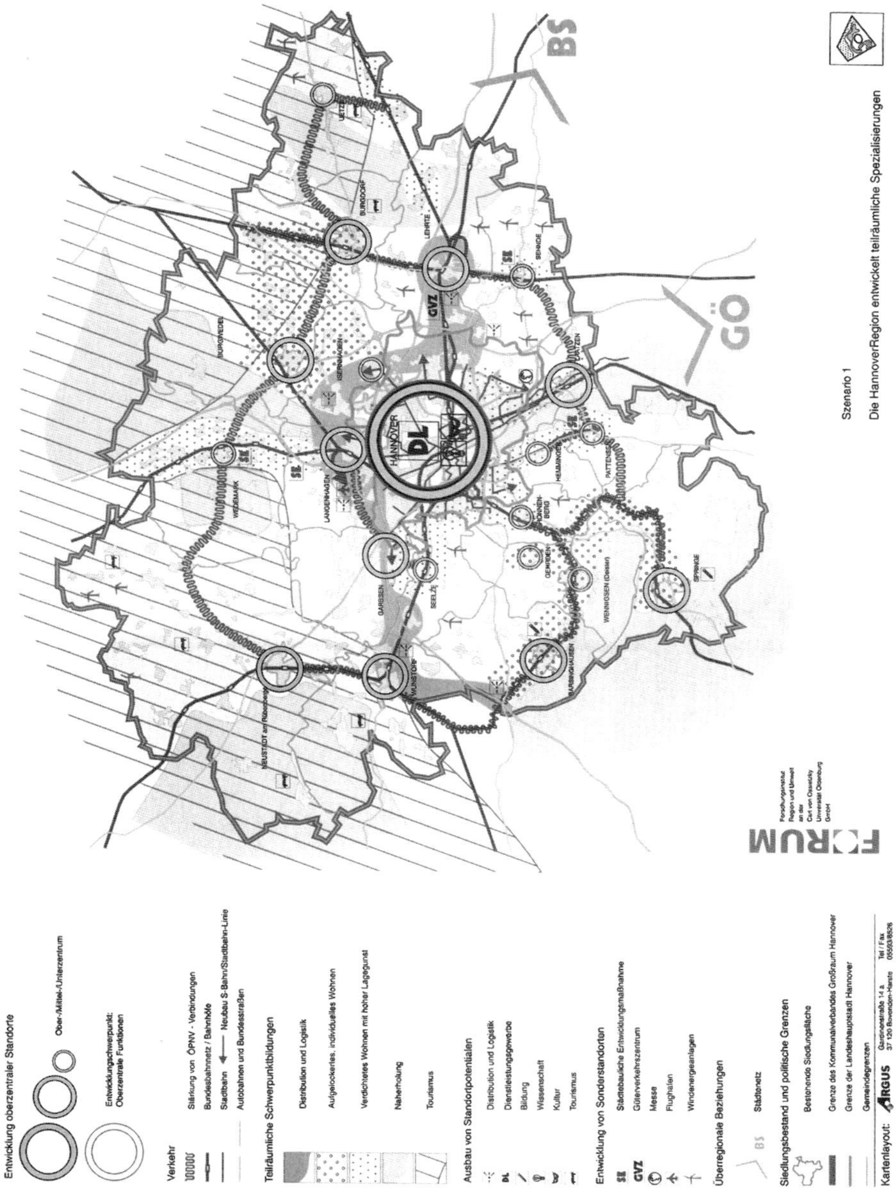

L	E 7	Szenario für ein Leitbild der Hannover-Region	Raumplanung in Verdichtungs-räumen

Vorbemerkungen:

Die Materialien waren Bestandteil einer Klausur, die im Rahmen des Semesterthemas „Großraum Hannover" geschrieben wurde. Es existieren drei Szenarien, die sich mit der Entwicklung der Hannover-Region befassen. Ein Szenario wurde in Gruppenarbeit ausgewertet, so dass die Schüler geübt waren, die wesentlichen Strukturen zu erfassen, dabei die Legende einzubeziehen und letztlich Schlussfolgerungen in einem Tafelbild zu fixieren.

Literatur:

Anheim, F. E. (Hrsg., 1996); Die Zukunft der Hannover Region – ein gesamträumliches Leitbild. Loccumer Protokolle 1/96. Loccum

Lösungsvorschlag:

Aufgabe 1

Abwanderungen ins Umland ergeben sich aus den teuren Mieten im Stadtzentrum und aus erhöhtem Flächenbedarf. Das Bauen in Randgebieten wird durch eine konzentrierte schwerpunktmäßige Siedlungsentwicklung sowie vielfältige Einrichtungen der Daseinsvorsorge (Einkauf, Schule, Kultur, Medizin) und ein leistungsfähiges ÖPNV-Angebot (Stadtbahn, DB-Nahverkehr) begünstigt (s. Zone 5).

In der Innenstadt erhöhen Gebäudesanierungen und verkehrsberuhigte Zonen den Wohnwert; allerdings werden zu wenig preisgünstige Wohnungen im Oberzentrum bereitgestellt. Vermehrte Spielplätze und ein weniger immissionsbelastetes Stadtklima stärken den Zuzug in den Großraum – nicht zuletzt dank der Umsetzung der Prinzipien der Agenda 21. Regionalisierung und wirtschaftliche Umstrukturierung führen zum Abbau von Arbeitsplätzen in der Industrie, gleichzeitig nimmt der Anteil der im tertiären Sektor Beschäftigten zu (Zone 4).

Das Naherholungsangebot wird vor allem an Wochenenden – und hier speziell im Sommer – angenommen. Die Bevölkerungsentwicklung wird durch negative Geburtenraten mit beeinflusst.

In den Zonen 1-3 war die Zahl der Arbeitsplätze und der Bevölkerung bis Mitte der 80er Jahre rückläufig. Hohe Grundstückspreise sorgten dann teilweise für eine Umwidmung von Wohn- in Gewerberäume, und die Bewohner bezogen Eigenheime im Umland. So waren die Zuzüge in Zone 5 mehr siedlungs- als arbeitsplatzbedingt.

Noch als Folge hoher Kriegsschäden zeigte sich ein hoher Sanierungsbedarf. Im Zeitraum 1987-1994 wurde der Eigenheimbedarf allmählich gesättigt; die Attraktivität Hannovers nahm zu.

Aufgabe 2

Die Entwicklung teilräumlicher Spezialisierungen ist für das Umland günstig. Sie ist eine Folge der Suburbanisierung bzw. des Wohnungszuwachses. Das führt jedoch zu einem hohen Auspendleranteil mit der Gefahr eines steigenden motorisierten Individualverkehrs. Der Trend zu kleinbetrieblichen (Zuliefer-)Firmen u.a. im Zuge der Just-in-Time-Produktion verbessert das Arbeitsplatzangebot im Umland, begünstigt durch preisgünstigeres Bauland. Die teilräumliche Spezialisierung erfordert den Aufbau eines Verkehrsnetzes und eines angemessenen Nahverkehrsangebotes, um den Anteil des Individualverkehrs zu reduzieren, zumal ein ständig steigendes Verkehrsaufkommen zu einer Überlastung führte. Eine Spezialisierung regt an, das eigene regionale Potential zu nutzen und verhindert damit, dass Wohnquartiere zu Schlafstätten degradiert werden. Spezialisierung fördert die Ausformung einer eigenräumlichen Identität. Andererseits steigt mit der Spezialisierung der Flächenbedarf. Spezialisierung ist erfolgreich, wenn kooperiert wird; das ist eine zunehmende Erfordernis unserer Zeit. Kooperation stärkt die Gesamtentwicklung des Großraumes (z.B. Dienstleistungsangebot der Landeshauptstadt, Logistik entlang der Verkehrswege und Naherholung am Steinhuder Meer und im Höhenzug Deister). Messestandort und Flughafen führen zu einer eigenen Raumprägung, eingebunden in das Verkehrsnetz, das mit Blick auf die Expo 2000 teilweise ausgebaut wurde (DB-und Autobahnanschluss, kreuzungsfreie Querung u.a.). Windparks entstehen in siedlungsschwachen Teilräumen. Die Stromeinspeisung ist ein weiteres Beispiel für das Kooperieren innerhalb des Großraumes Hannover.

E 8	Anspruch und Wirklichkeit der Regionalplanung in der Region Rostock	Raumplanung in Verdichtungsräumen

Arbeitsmaterial:

M 1: Regionales Raumordnungsprogramm Mittleres Mecklenburg/Rostock. Der Ordnungsraum Rostock

(Quelle: Regionaler Planungsverband Mittleres Mecklenburg/ Rostock (Hrsg., 1994): Regionales Raumordnungsprogramm Mittleres Mecklenburg/Rostock, Rostock, S. 20)

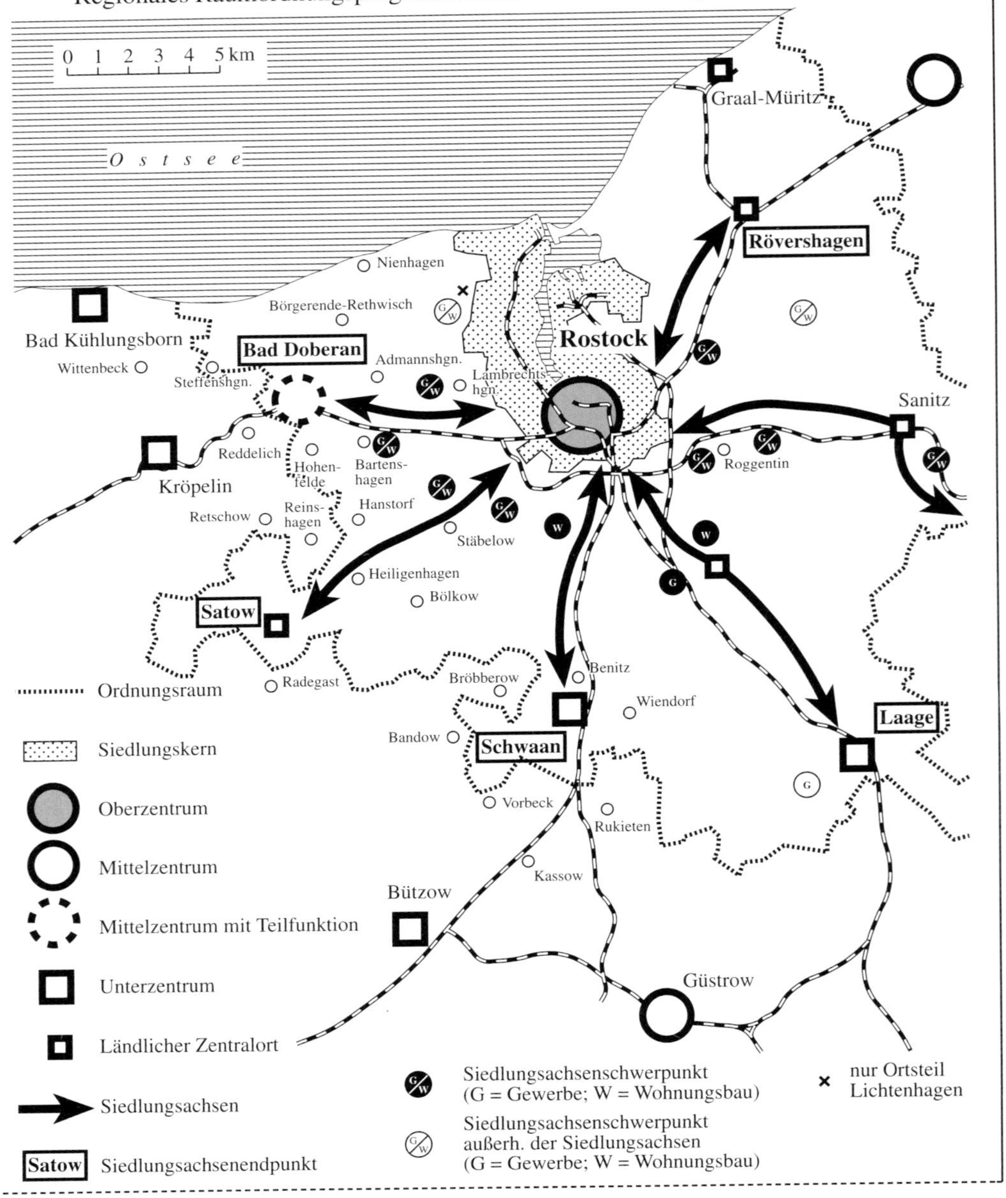

Arbeitsmaterial (Fortsetzung):

M 2: Bevölkerungsentwicklung nach Ämtern und Gemeinden in den Jahren 1993-1996

(Quelle: *Dolk, B., Krasemann, P., Martens, R., Schultz, K.-P. , Strauch, W.* (1997): Die Entwicklung des Arbeitsmarktes im Landkreis Bad Doberan von 1994-1997, Analysen und Perspektiven. Hrsg.: REWAS, Rostock 11/1997, S. 106-107)

Amt/Gemeinden	**1/1993**	**12/1993**	**12/1994**	**12/1995**	**12/1996**
	Personen				
Amt Bad Doberan – Land					
Admannshagen – Bargeshagen	814	903	1.225	1.597	1.969
Bartenshagen – Parkentin	845	873	927	944	965
Börgerende – Rethwisch	890	909	1.004	1.045	1.095
Hohenfelde	420	433	485	512	544
Nienhagen	658	668	696	721	1.008
Reddelich	517	514	520	557	597
Retschow	558	656	758	784	840
Steffenshagen	341	372	409	425	434
Wittenbeck	395	410	473	503	565
Amt gesamt	5.438	5.738	6.497	7.088	8.017
Amt Satow					
Bölkow	1.118	1.110	1.119	1.152	1.140
Hanstorf	661	694	889	946	996
Heiligenhagen	409	456	558	591	642
Radegast	504	503	504	501	498
Reinshagen	290	304	356	384	401
Satow	1.981	1.984	1.976	1.974	2.007
Amt gesamt	4.963	5.051	5.402	5.548	5.684
Amt Schwaan					
Bandow	190	183	191	192	191
Benitz	198	215	225	258	287
Bröbberow	311	321	349	398	435
Kassow	447	448	455	454	437
Rukieten	265	277	264	305	316
Schwaan, Stadt	5.281	5.188	5.130	5.174	5.195
Vorbeck	316	313	309	308	307
Wiendorf	592	586	599	607	638
Amt gesamt	7.600	7.531	7.522	7.696	7.806

E 8	Anspruch und Wirklichkeit der Regionalplanung in der Region Rostock	Raumplanung in Verdichtungsräumen

Arbeitsmaterial (Fortsetzung):

M 3: Arbeitsorte (Anteil der befragten Beschäftigten in %)

(Quelle: *Breitzmann, Heike* und *Zuber-Seifert, Franz* (1995): Zum Verkehrsverhalten der Bewohner neuer Wohnsiedlungen im Rostocker Raum. Aus: Rostocker Beiträge zur Verkehrswissenschaft und Logistik: Suburbanisierung und Verkehr, S. 38. Hrsg.: *Breitzmann, Karl-Heinz.* Universität Rostock, Presse- und Informationsstelle. Rostock)

Wohnsiedlung	Rostock	eigene Gemeinde	Bad Doberan	Andere Orte
Admannshagen	64			36
Lambrechtshagen	84	3	2	11
Roggentin	94	6		
Sanitz	67			33
Stäbelow	83	3		14
Andere Orte	84		3	13
Wohnsiedlungen gesamt	83	2	1	14

M 4: Verkehrsmittelnutzung auf dem Arbeitsweg (Anteil der befragten Beschäftigten in %)

(Quelle: *Breitzmann, Heike* und *Zuber-Seifert, Franz* (1995): a.a.O., S. 39)

Wohnsiedlung	Fahrrad	eigener Pkw	eigener Pkw als Mitfahrer	Fahrgemeinschaft	Betriebsauto	Bus	Straßenbahn	Bahn	zu Fuß
Admannshagen		92			8				
Lambrechtshagen	8	76	3		11	2			
Roggentin	2	61	2		3	12	7	10	3
Sanitz		46			20	7		20	7
Stäbelow	5	66	9		9	9	2		
Andere Orte	8	66			18	8			
Wohnsiedlungen gesamt	5	68	3	0	11	7	2	3	1

Aufgaben:

1. Beschreiben und erläutern Sie Leitlinien der Regionalplanung von 1994 für die Region Rostock.
2. Beurteilen Sie diese Leitlinien im Hinblick auf ihre Wirksamkeit in der Realität.

E 8	Anspruch und Wirklichkeit der Regionalplanung in der Region Rostock	Raumplanung in Verdichtungsräumen

Vorbemerkungen:

In den neuen Bundesländern Deutschlands vollzieht sich mit dem wirtschafts-, währungs- und sozialpolitischen Transformationsprozess ein gesellschaftlicher Umbruch, der auf dem Arbeitsmarkt dramatisch, der Verkehrsstruktur bedenklich, der Siedlungs- und Bevölkerungsstruktur raumprägend wird und der im Bereich der großflächigen Einzelhandelseinrichtungen z.T. bereits unumkehrbar erscheint.

So vollziehen sich jetzt, drei Jahrzehnte später als in den alten Bundesländern, Veränderungen von Raumstrukturen, die in Form der Gewerbe-, Siedlungs- und Bevölkerungssuburbanisierung inklusive des damit verbundenen Verkehrsverhaltens Entwicklungen und Probleme hervorrufen, die der Steuerung mittels der Raumordnungspolitik bedürfen. In diesem Beispiel sollen jedoch nur bestimmte Problematiken hervorgehoben werden, da sonst die Vorgabe der Themenstellung gesprengt würde. Zum besseren Verständnis dieser Planungsmaßnahmen ist eine vorherige Bearbeitung der Transformationsprozesse in der Region Rostock vor und nach der Wende zu empfehlen.

Literatur:

Regionaler Planungsverband Mittleres Mecklenburg/Rostock (Hrsg., 1994): Regionales Raumordnungsprogramm Mittleres Mecklenburg/Rostock. Rostock

Dolk, B., Krasemann, P., Martens, R., Schultz, K.-P., Strauch, W. (1997): Die Entwicklung des Arbeitsmarktes im Landkreis Bad Doberan von 1994-1997, Analysen und Perspektiven. Hrsg.: REWAS Rostock, Rostock 11/1997

Breitzmann, H. und *Zuber-Seifert, F.* (1995): Zum Verkehrsverhalten der Bewohner neuer Wohnsiedlungen im Rostocker Raum. Aus: Rostocker Beiträge zur Verkehrswissenschaft und Logistik: Suburbanisierung und Verkehr. Hrsg.: *Breitzmann, Karl-Heinz.* Universität Rostock. Presse und Informationsstelle. Rostock

Lösungsvorschlag:

Aufgabe 1

In der Planungsregion Mittleres Mecklenburg/Rostock wird dem Oberzentrum Rostock ein Ordnungsraum zugewiesen (M 1). Rostock selber soll als Schwerpunkt des wirtschaftlichen, sozialen und kulturellen Lebens oberzentrale Funktionen wahrnehmen, gleichzeitig soll es Konzentrationspunkt der überörtlichen Siedlungstätigkeit sein. Die zentralen Orte sollen ihrem unterschiedlichen Ausstattungsgrad entsprechend zudem Versorgungsaufgaben auch für die Bevölkerung ihres Verflechtungsbereiches übernehmen. Dabei ist eine Stärkung der ländlichen Zentralorte und Unterzentren anzustreben. Das flächendeckende punktaxiale System der zentralen Orte und Achsen soll Bedingung für die Herbeiführung gleichwertiger Lebensbedingungen in allen Teilräumen der Region sein. Eine ringförmige Entwicklung von Siedlungsflächen um das Oberzentrum ist zu vermeiden (Gefahr der Zersiedelung, Freiflächenschutz). Auf folgende Siedlungsachsen soll sich die Siedlungsentwicklung im Ordnungsraum Rostock ausrichten: Rostock – Bad Doberan, Rostock – Satow, Rostock – Schwaan, Rostock – Laage, Rostock – Tessin, Rostock – Rövershagen, die durch eine Siedlungsabfolge im Verbund leistungsfähiger Verkehrstrassen des ÖPNV gekennzeichnet sind. Die Siedlungsachsen sollen sternförmig vom Oberzentrum zu den Randgebieten des Ordnungsraumes und darüber hinaus ausstreichen. Gleichzeitig soll durch die Entwicklungsachsen eine höchstmögliche Wirtschaftlichkeit im ÖPNV erreicht werden. Die Entwicklung in den Siedlungsachsen soll der Konzentration der Siedlungsentwicklung, der Raumerschließung und Versorgung der Bevölkerung dienen, Infrastruktureinrichtungen bündeln und durch Ausweisung von Vorranggebieten landschaftlich geprägte Freiräume sichern und schonen helfen. Kleine Gemeinden sind unter Berücksichtigung der Maßnahmen der Dorferneuerung in ihrem überlieferten Erscheinungsbild zu tradieren. Die Verbindung von Siedlungstätigkeit und leistungsfähiger Verkehrswege im Verlauf von Achsen verbessert die Standortbedingungen der Siedlungen, erhöht die Rentabilität der Infrastruktureinrichtungen und eröffnet aufgrund der Bündelung des Verkehrs den Ausbau der Verkehrsinfrastruktur. Gleichzeitig schont ein solch gelagertes Verkehrswesen Natur und Landschaft. Leitlinien des Regionalen RO-Programmes formen raumordnerische und landesplanerische Grundlagen in Abstimmung mit regionalen Planungszielen aus.

Aufgabe 2

Unter Berücksichtigung dessen, dass Leitlinien der Regionalplanung die Siedlungsentwicklung auf Zentrale Orte und auf die Erweiterung im Zuge von Achsen konzentrieren soll, muss gesagt werden, dass dies nur zum Teil (Raumbeispiel Satow, Heiligenhagen) erreicht wird.

Perlschnurartige Aufreihungen wie auf der Siedlungsachse Rostock – Bad Doberan (Beispiel: Bartenshagen – Parkentin) belegen eine typische Lokalisationsform der Suburbanisierung. Das Raumbeispiel Nienhagen im unmittelbaren Randbereich zur Kernstadt dokumentiert, dass – wider die Planungsvorgaben – doch die flächige Verdichtung im stadtnahen Umland gegeben ist, damit die ringförmige Ausbreitung der Bebauung um das Oberzentrum nicht gestoppt werden kann.

Im Gegensatz dazu erfährt das Unterzentrum Schwaan als Siedlungsachsenendpunkt in den Grenzen des Ordnungsraumes Rostock sogar leichte Bevölkerungsverluste, was nicht den Leitlinien der Siedlungsentwicklung entspricht. Auch disperse Standorte zwischen den Siedlungsachsen (Beispiel: Hanstorf, Bröbberow) entsprechen als Splittersiedlungen nicht den Vorgaben der Regionalplanung, also der Lokalisation an raumordnerisch gewollten Siedlungsachsen.

Mit diesen nicht den Raumordnungsprognosen entsprechenden Suburbanisierungsvorgängen sind raumbildende Prozesse verbunden, die Folgen und Probleme mit sich bringen. Neue Baugebiete, Überformung des ursprünglichen Charakters der Siedlungen, Ausdehnung von Ausstattung und Kapazität in Gewerbe und Dienstleistungen, zunehmendes Auseinanderfallen von Wohn- und Arbeitsstandorten, noch mehr Großmärkte, sich selbst verstärkende Prozesse durch zusätzliche Infrastrukturbauten mittels

Investitionen der Kommunen, Zentralitätsgewinne peripherer und nicht integrierter Standorte gehen zu Lasten derjenigen zentralen Orte, die übergeordneten und vielfältigen Nutzungsanforderungen nachkommen sollen. Anspruch und Wirklichkeit der Regionalplanung klaffen aber nicht nur im Bereich der Suburbanisierung der Wohnbevölkerung z.T. auseinander. Der Zusammenhang zwischen Bevölkerungsentwicklung und Verkehrsentwicklung im Rostocker Umland dokumentiert die Notwendigkeit der Einflussnahme durch raumordnerische Maßnahmen. Ein großer Teil der räumlichen Veränderungen der Bewohner bezieht sich auf die täglichen Arbeitswege. Überwiegend (83 %, M 3) sind die Beschäftigten aus den neuen Wohnsiedlungen in der Stadt Rostock tätig, nur 2 % haben ihren Arbeitsstandort in der Wohngemeinde. Morgendliches Pendeln stadteinwärts, abendliches Pendeln stadtauswärts ist die Folge. Hinsichtlich der Verkehrsmittelnutzung wird auf dem Weg zur Arbeit – laut Befragung (M 4) – zu 82 % das Automobil gewählt. Nur 12 % entscheiden sich für den ÖPNV. Dort, wo Bahnanschlüsse – wie in Sanitz u.a. – gegeben sind, fahren 20 % der Beschäftigten mit der Bahn zum Arbeitsplatz. Die Nicht-Erwähnung von Fahrgemeinschaften lässt auf evtl. Abstimmungsprobleme unter den Anwohnern der Siedlungen schließen. Die klare Entscheidung für den eigenen PKW bei der Verkehrsmittelwahl auf dem Weg zur Arbeit zwischen der Region Rostock und der Kernstadt führt bei steigendem PKW-Besatz zu einem weiter ansteigendem Verkehr, der bei dem vorfindlichen Straßennetz den MIV letztendlich blockiert. Nicht nur zur Rush-hour, sondern auch aufgrund der Entscheidung für das Auto für nichtberufliche Zwecke (Freizeit u.a.) sind negativ zu bedenkende Folgeprobleme (Staus, Energievergeudung, Umweltbelastungen, Flächenverbrauch, externe Kosten u.a.) nicht im Sinne der Ziele der Regionalplanung. Im Gegenteil: veränderte Vorgehensweisen auf verschiedenen Ebenen (Qualität der Verkehrsbedienung, ÖPNV-freundliche Standortausweisung von neuen Wohnsiedlungen (vgl. M 4), räumliche Konzentration von Wohn- und Arbeitsfunktionen im Ordnungsraum, verstärkte Sensibilisierung der Bewohner für die Folgeprobleme durch den MIV, stärkere finanzielle Inpflichtnahme der Verursacher von Verkehrsströmen sind erforderlich, um einer ungeregelten Raumentwicklung entgegenzutreten.

E 9	Stadt-Umland-Beziehungen und zentralörtliche Verflechtungen in der Region Münster	Raumplanung in Verdichtungsräumen

Arbeitsmaterial:

M 1: Beschäftigte im Stadtbezirk Mitte und Beschäftigte in den Außenbezirken 1993 und 2010

(Quelle: Stadtplanungsamt, Abt. Verkehrplanung Münster (Hrsg., 1997): Erster Nahverkehrsplan Stadt Münster. Münster 7/1997, S. 46 und 176)

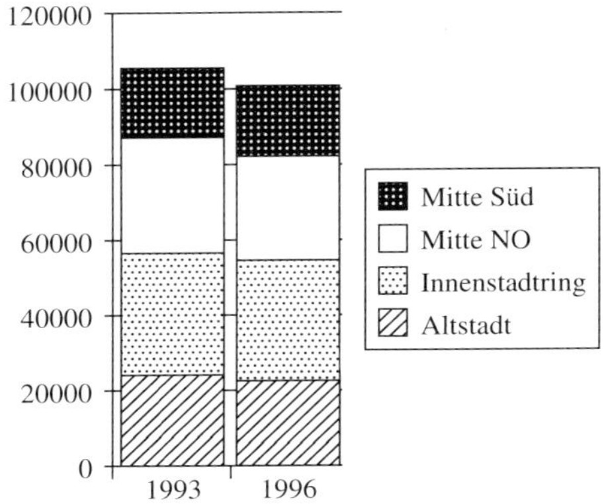

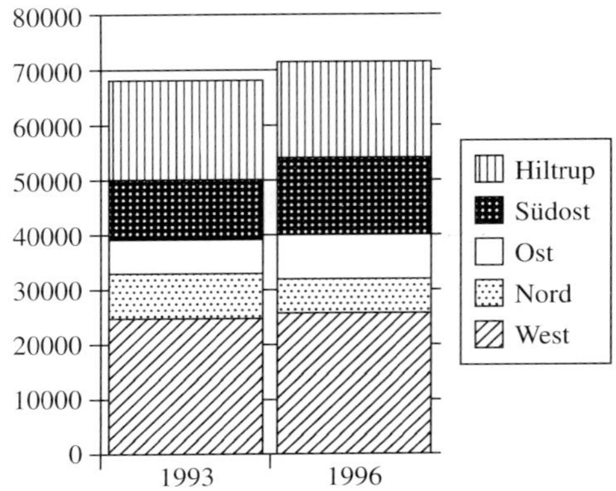

M 2: Beschäftigte in der Stadt Münster

(Quelle: Bezirksplanungsbehörde der Bezirksregierung Münster, Dezernat 61 (Hrsg.,1997): Zahlenspiegel, Stand: 24.09.1997. Münster, S. 21. Aus: Landesdatenbank NRW. Landesamt für Datenverarbeitung und Statistik NRW)

	30.06.1980	**30.06.1995**
gesamt	**130.758**	**152.491**
pro 100 Einwohner	**48,5**	**57,5**
	Anteil an gesamt	**Anteil an gesamt**
Land- und Forstwirtschaft	1,4	1,2
Energie, Bergbau und Wasserversorgung	1,2	0,9
Verarbeitendes Gewerbe	11,0	11,1
Baugewerbe	6,4	4,8
Produzierender Bereich insgesamt	18,6	16,8
Handel	15,4	13,8
Verkehr und Nachrichten	7,3	6,2
Kreditinstitute und Versicherungsgewerbe	8,7	7,2
Dienstleistungen von Unternehmen und freien Berufen	13,2	22,5
Organisationen ohne Erwerbszweck	7,5	4,8
Gebietskörperschaften und Sozialversicherungen	27,9	27,6
Dienstleistungsbereich insgesamt	80,0	82,0

Arbeitsmaterial (Fortsetzung):

M 3: Einkäufe befragter Kunden in Münster und ausgesuchten Mittelzentren

(Quelle: *Fritsch, Carola* und *Christoph Neubauer* (1996): Einkauf in Mittel- oder Oberzentren? In: Praxis Geographie 5/1996. Westermann Schulbuchverlag, Braunschweig, S. 25)

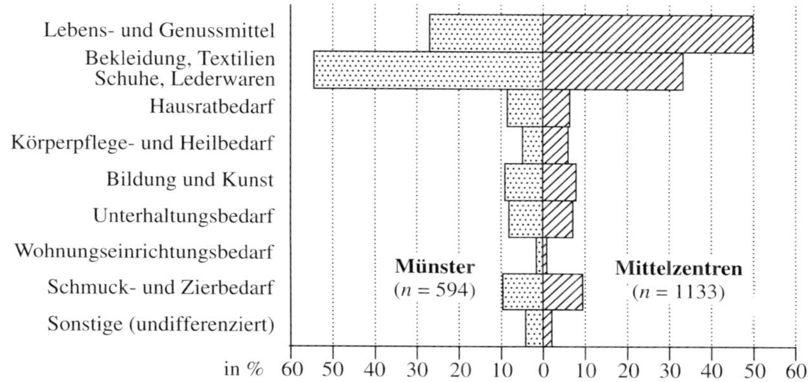

M 5: Zentralörtliche Gliederung des Münsterlandes und Entwicklungsachsen

(Quelle: Stadtplanungsamt, Abt. Verkehrsplanung Münster (Hrsg., 1997) a.a.O., S. 42)

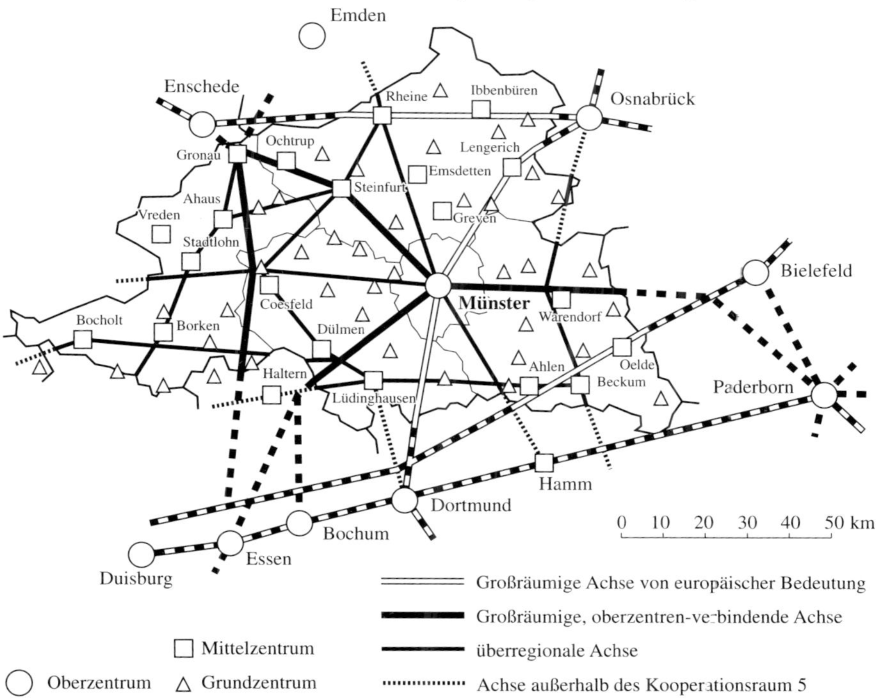

E 9	Stadt-Umland-Beziehungen und zentralörtliche Verflechtungen in der Region Münster	Raumplanung in Verdichtungsräumen

Arbeitsmaterial (Fortsetzung):

M 4: Bevölkerungsveränderungen 1977-1995

(Quelle: Landesdatenbank NRW (Hrsg., 1997): Fortschreibung des Bevölkerungsstandes, Regierungsbezirk Münster (Hrsg., 1997): Strukturdaten, S. 7)

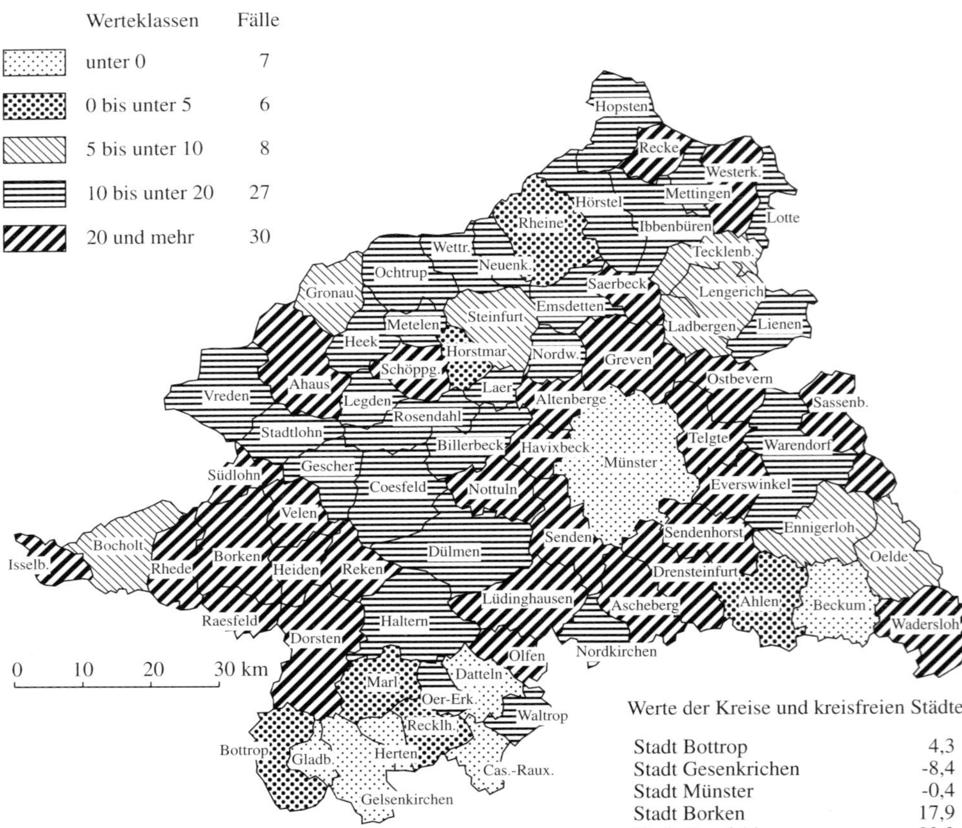

Werte der Kreise und kreisfreien Städte

Stadt Bottrop	4,3
Stadt Gesenkrichen	-8,4
Stadt Münster	-0,4
Stadt Borken	17,9
Stadt Coesfeld	23,3
Stadt Recklinghausen	4,7
Stadt Steinfurt	11,6
Stadt Warendorf	12,4

Dargestellt ist die prozentuale Veränderung des Bevölkerungsstandes zwischen dem 31.12.1976 und dem 31.12.1995.

Aufgaben:

1. Kennzeichnen Sie Stadt-Umland-Beziehungen und zentralörtliche Verflechtungen in der Region Münster.
2. Leiten Sie anhand der aufgezeigten Entwicklungstrends und der damit verbundenen Probleme Ziele des Landesentwicklungsplanes NRW ab.

E 9	Stadt-Umland-Beziehungen und zentralörtliche Verflechtungen in der Region Münster	Raumplanung in Verdichtungsräumen

Vorbemerkungen:

Münster als solitäres Oberzentrum besitzt als vielfältige Magnetstadt herausragende Attraktivität für die Region, die zur Unterstützung der positiven Beschäftigungsimpulse erhalten und verbessert werden muss. Gleichzeitig ist die je eigene und dynamische Entwicklung der Gebiete mit überwiegend ländlicher Raumstruktur zu beobachten und fortzuentwickeln.

Die Auseinandersetzung mit Stadt-Umland-Verflechtungen bedarf also neben dem Aufzeigen der vorhandenen Strukturen und räumlichen Prozesse der Einlassung auf landes- und regionalplanerische Konzepte, gerade um den individuellen und räumlich unterschiedlich gebundenen Leistungs-, Wohn-, Versorgungs- und Umweltangeboten auch in der Zukunft Rechnung zu tragen.

Literatur:

Bezirksplanungsbehörde der Bezirksregierung Münster, Dezernat 61 (Hrsg., 1997): Zahlenspiegel, Stand: 24.09.1997. Münster, S. 21

Ministerium für Umwelt, Raumordnung und Landwirtschaft des Landes Nordrhein-Westfalen (Hrsg., 1995): Landesentwicklungsplan (LEP) Nordrhein-Westfalen. Düsseldorf

Praxis Geographie H. 5/1996, Themenheft ›Einzelhandel in Deutschland‹. Braunschweig: Westermann

Schrand, H. (1993): Münster als regionales Oberzentrum. Geographie konkret am Beispiel der Stadt Münster, Lehrerheft 3. Münster

Stadtplanungsamt, Abt. Verkehrsplanung Münster (Hrsg., 1997): Erster Nahverkehrsplan Münster. Münster 7/1997

Lösungsvorschlag:

Aufgabe 1

Das Oberzentrum nimmt laut Landesentwicklungsplan NRW eine herausragende Bedeutung in Westfalen ein. Die oberzentrale Stellung Münsters zeigt sich zum einen im zahlenmäßigen Beschäftigtenanstieg (16 %, M 2) und einem hohen Beschäftigtenbesatz allgemein, zum anderen belegt der zunehmende Anteil im tertiären Sektor an allen Beschäftigten den ökonomischen Konzentrationsprozess innerhalb der Dienstleistungsmetropole. Insbesondere im Bereich der von Unternehmen und freien Berufen erbrachten Dienstleistungen ergaben sich anteilsmäßig neue Beschäftigungsmöglichkeiten, die manche Auswirkungen des Strukturwandels in der Region (Landwirtschaft, Textilsektor) abgefedert haben, so dass 1995 nur noch knapp 17 % aller Erwerbstätigen in Münster im produzierenden Sektor tätig sind. Räumlich betrachtet bleibt – laut Prognose – der Stadtbezirk Mitte der entscheidende Standort für oberzentrale Einrichtungen. Dennoch werden insgesamt die Außenbezirke an Beschäftigtenzahlen gewinnen. Die in den 70er und 80er Jahren zu verzeichnende Suburbanisierung tertiärer

Arbeitsplätze findet in stark abgeschwächtem Maße auch um die Jahrtausendwende statt. Der Beschäftigtenmagnet Münster mit seinem vielfältigem Angebot an Arbeitsstätten verweist aber auch auf die solitäre Situation innerhalb der Region. Zwischen 1977 und 1995 zeigt die Stadt Münster nur einen geringfügigen Bevölkerungsrückgang. Gleichzeitig finden sich ringförmig angelegte Bevölkerungsgewinne – wenn der grobe Indikator der Gesamtbevölkerung zugrunde gelegt wird – im unmittelbaren Umland des Oberzentrums. Das zentral-periphere Bevölkerungsgefälle wird u.a. im WSW im Kreis Borken durch die natürliche Bevölkerungsentwicklung aufgeweicht. Die Verlagerung von Wohnstandorten u.a. aus der Kernstadt in den Stadtrandbereich bzw. ins Umland der Region bzw. die Ausdehnung des suburbanen Raumes als Wanderungsziel aus der Region lassen ein fortschreitendes Auseinanderfallen von Wohn- und Arbeitsstandorten erwarten, die gleichzeitig einen Anstieg des Pendlerverkehrs bedingen. Münster als Pendlermagnet zeigt sich jedoch nicht nur auf dem Arbeitsmarkt, sondern verweist auch auf den Versorgungsstandort Münster. So belegen die Konsumprioritäten die herausragende Stellung des Oberzentrums im Bereich Textil- und Bekleidung, aber auch die gestiegene Bedeutung der Mittelzentren nicht nur im Non-Food-Bereich.

Aufgabe 2

Die Dynamik des oberzentralen Arbeits- und Dienstleistungsangebots Münsters, die Verlagerung von Wohnstandorten in das Umland, der Ausbau zentrumsprägender Einzelhandelsstrukturen in Ober- und Mittelzentren sind u.a. mit weitgehenden Veränderungen der Verkehrsstruktur verbunden. So sind bei steigendem PKW-Besatz und gewandelter Anspruchshaltung verstärkt Verkehrsströme zu erwarten, die dem PKW-Anteil an den Verkehrsmitteln erhöhen und die Bedeutung des ÖPNV weiter zurückdrängen. Kreuzartige Ausweitungen bebauter Flächen um die Kernstädte maximieren den Flächenverbrauch, bedingen – potentiell – die räumliche Desorganisation, leisten der Zersiedlung der Landschaft Vorschub, so dass die dringend notwendigen Freiräume mit vielfältigen Umweltschutzfunktionen tatsächlich nicht frei bleiben, falls nicht raumordnerisch gegengesteuert wird.

So soll im Rahmen der zentralörtlichen Gliederung unter Berücksichtigung von Bedarfsgrad und Bereichsdeckung die siedlungsräumliche Schwerpunktbildung von Wohnungen und Arbeitsstätten angestrebt werden.

Gleichzeitig soll auf der Grundlage der zentralörtlichen Gliederung die Entwicklung der Region auf ein System von Entwicklungsachsen ausgerichtet sein, wobei das solitäre Verdichtungsgebiet Münster in seiner Leistungsfähigkeit als Bevölkerungs-, Wirtschafts- und Dienstleistungszentrum fortgeschrieben und die Region Münsterland in seiner Verflechtung von ländlicher Struktur, mittelständischer Wirtschaft, hoher Bevölkerungsdichte als dynamischer Aktionsraum fortentwickelt werden sollen.

In Abhängigkeit von der Einstufung der Achsen soll sich die Verbindung und Erschließung der Raum- und Siedlungsstruktur bevorzugt an ihnen abspielen, wobei die Verkehrsinfrastruktur als Grundlage der Entwicklungsachsen fungiert. Die in der Karte ausgewiesene verkehrsinfrastrukturelle Ausstattung soll dem grenzüberschreitenden Verkehr Rechnung tragen, den Mobilitätsbedürfnissen aller Schichten Genüge tun und dem Ausbau vorhandener Wege (Schiene, Wasser, Straße) Vorrang vor dem Neubau geben. Gleichzeitig soll sie das Angebot an öffentlichen Verkehrsmitteln, insbesondere in den Verdichtungsgebieten, in den Mittelpunkt stellen sowie durch die Bündelung von Verkehrs- und Wegeflächen mehr Freiraum für weitere konkurrierende Raumordnungsansprüche sichern und schützen helfen (Land-, Forstwirtschaft, Sport- und Freizeitnutzung, Natur und Landschaft, Wasserdargebot, Waldgebiete).

Regionale- und städtebauliche Planung sollten durch umwelt-, siedlungs- und gemeindeverträgliche Mischung von Arbeiten und Wohnen einen raumordnerischen Beitrag zur Verkehrsminderung leisten, um das Spannungsverhältnis von Verkehrsbelastung und Verkehrsnotwendigkeit zugunsten anderer Raum- und Nutzungsansprüche zu mildern.

E 10	Versinkt Münster im Strudel des Individualverkehrs?	Raumplanung in Verdichtungs-räumen

Arbeitsmaterial:

M 1: Staugefährdete Streckenabschnitte für den Busverkehr im Stadtgebiet Münster 1996

(Quelle: Stadtplanungsamt, Abt. Verkehrsplanung Münster (Hrsg., 1997): Erster Nahverkehrsplan Stadt Münster. Münster 7/1997, S. 50)

Staugefährdete Streckenabschnitte für den Busverkehr im Stadtgebiet Münster (1996)

E 10	Versinkt Münster im Strudel des Individualverkehrs?	Raumplanung in Verdichtungsräumen

Arbeitsmaterial (Fortsetzung):

M 2: Pendlerströme pro Tag, differenziert nach Reisezweck und Verkehrsmittelwahl 1994

(Quelle: Stadtplanungsamt, Abt. Verkehrsplanung Münster (Hrsg., 1997): a.a.O., S. 53)

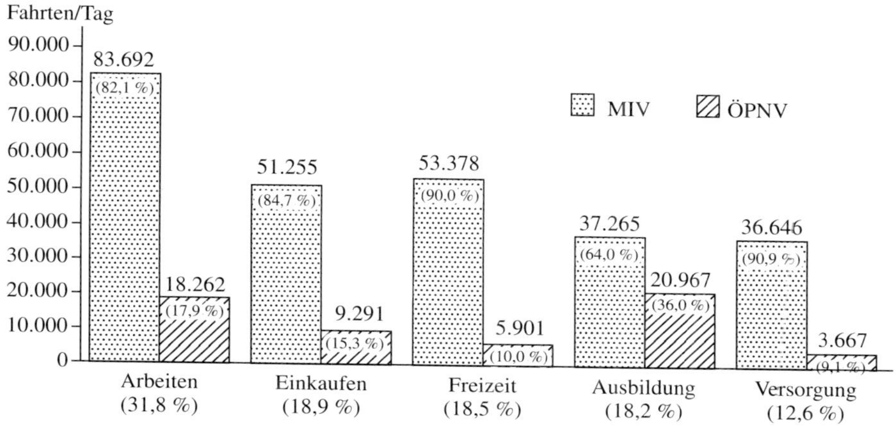

M 3: Prozentuale Verteilung des Kraftfahrzeugverkehrs in Münster über den Tag (1994)

(Quelle: Stadtplanungsamt, Abt. Verkehrsplanung Münster (Hrsg., 1997): a.a.O., S. 51)

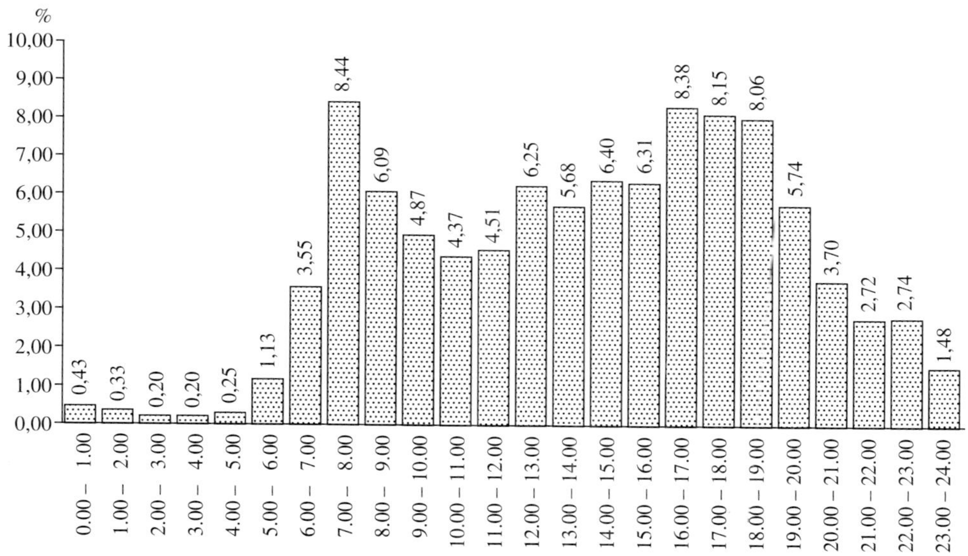

Arbeitsmaterial (Fortsetzung):

M 4: Pendlerentwicklung: Kraftfahrzeugfahrten/Tag (1982-1994, 1982 = 100 %)

(Quelle: Stadtplanungsamt, Abt. Verkehrsplanung Münster (Hrsg., 1997): a.a.O., S. 52)

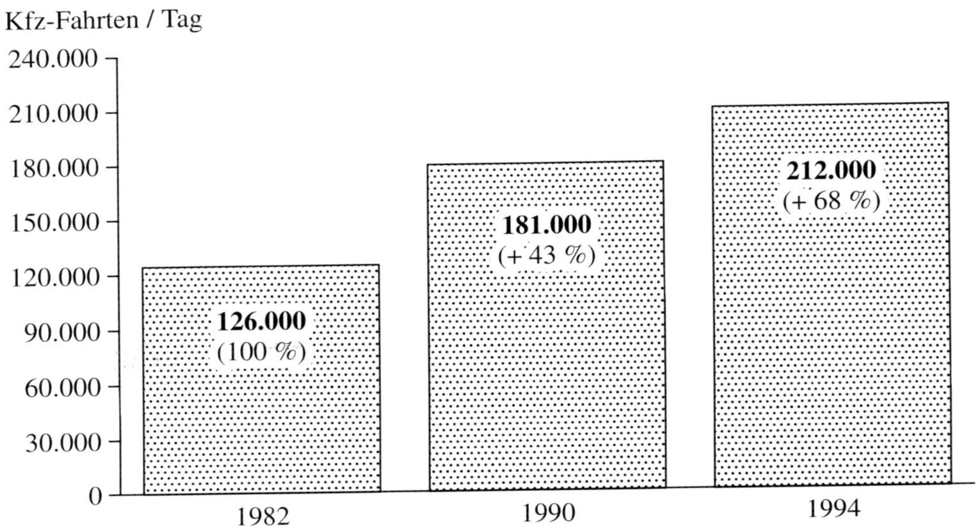

Aufgaben:

1. Kennzeichnen Sie die Verkehrssituation in Münster und leiten Sie die daraus resultierenden Probleme ab.
2. Erklären Sie mit Hilfe der Materialien und Ihres Vorwissens die Ursachen für die gegebene Verkehrssituation. Wie kann verhindert werden, dass „Münster im Strudel des Individualverkehrs versinkt"?

L	E 10	Versinkt Münster im Strudel des Individualverkehrs?	Raumplanung in Verdichtungsräumen

Vorbemerkungen:

Die Überbelastung durch den Individualverkehr ist eines der zentralsten Probleme der Stadt Münster. Die Verkehrsprobleme resultieren vorrangig aus dem Bedeutungsüberschuss der Solitärstadt Münster und gleichzeitig aus den noch immer anhaltenden Suburbanisierungsprozessen in der Region Münster.

Ein Zusammenhang zwischen diesen obengenannten Thematiken und der hier präsentierten Unterrichtsstunde kann durch einen motivierenden Einstieg mit Hilfe der Karikatur hergestellt (Darstellung eines Verkehrsstrudels über Münster) und durch eine Leitfrage für die Unterrichtsstunde (vgl. Titel) abgeleitet werden.

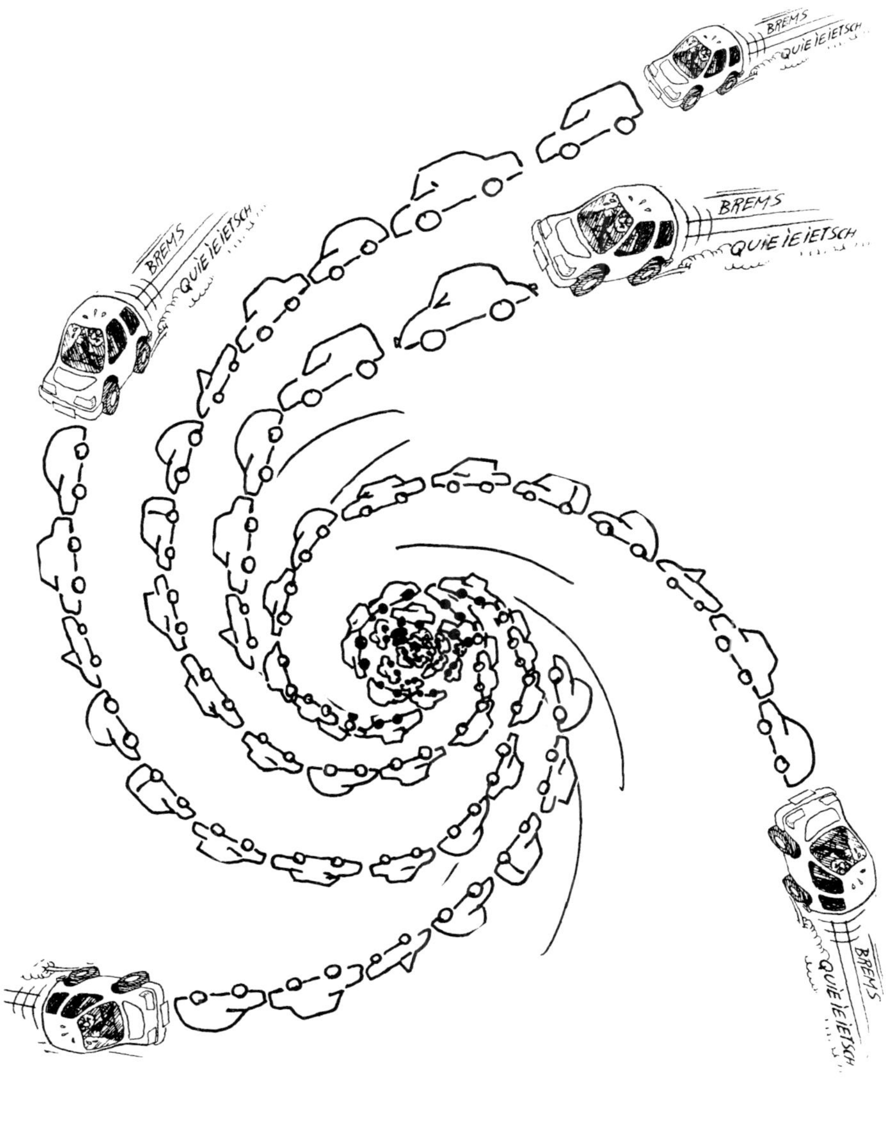

L	E 10	Versinkt Münster im Strudel des Individualverkehrs?	Raumplanung in Verdichtungsräumen

Die Behandlung von Lösungsmöglichkeifen für die Verkehrsprobleme, die in Münster neben der Förderung des OPNV – was spezifisch für Münster ist – besonders in einer Stärkung des Fahrradverkehrs besteht, könnte im Anschluss an diese Unterrichtsstunde behandelt werden.

Literatur:

Stadtplanungsamt/Abt. Verkehrsplanung Münster. Münster (Hrsg., 1997): Erster Nahverkehrsplan Stadt Münster, Münster 7/1997

Lösungsvorschlag:

Aufgabe 1

Als solitäres Oberzentrum und multifunktionale Großstadt des Münsterlandes hat die Stadt Münster einen Einzugsbereich, in dem derzeit etwa 1,5 Mio. Einwohner leben. Mit diesem Einzugsbereich ist Münster durch ein gut ausgebautes Straßennetz (Bundesautobahnen A1 und A43, Bundes-, Landes- und Kreisstraßen), welches radial auf Münster zuläuft, verbunden.

Trotz dieses Verkehrsnetzes ist insbesondere an einigen Knotenpunkten die Grenze der Leistungsfähigkeit für den motorisierten Individualverkehr erreicht. Dieses hat zur Folge, dass zu den Spitzenstunden der Verkehr nicht mehr störungsfrei abgewickelt werden kann und es zur Staubildung kommt, von der notwendigerweise auch der förderungswürdige ÖPNV betroffen ist. Staugefährdete Streckenabschnitte befinden sich im Prinzip an fast allen Haupteinfallstraßen und an den Ringstraßen, wobei diese Streckenabschnitte im Südwesten und Südosten leicht dominieren (vgl. M 1).

Dabei ist es typisch, dass die Verkehrsstauungen nicht über einen längeren Zeitraum, sondern zu bestimmten Verkehrsspitzen auftreten. Wie aus dem Material 3 deutlich wird, kommt es zwischen 7.00 und 8.00 Uhr zu einer Verkehrsspitze, welche vor allem aus der Überlagerung des Berufs- und Ausbildungsverkehrs resultiert (vgl. M 2) und einer geringfügigeren Verkehrsspitze zwischen 16.00 und 19.00 Uhr. Letztere Verkehrsspitze ist für die Gesamtverkehrssituation jedoch von größerer Bedeutung, da die Verkehrsstörungen hier über einen längeren Zeitraum anhalten.

Insgesamt lässt sich beobachten, dass das Verkehrsaufkommen zwischen 7.00 und 20.00 Uhr beständig hoch ist, so dass es ganztägig zu Verdichtungen und Staubildungen kommen kann. Diese chronischen Verkehrsprobleme stehen im engen Zusammenhang mit der Entwicklung des Pendleraufkommens. So ist das Pendleraufkommen von täglich ca. 126.000 Kraftfahrzeugen 1982 um 68 % auf 212.000 Kraftfahrzeugfahrten 1994 gestiegen (vgl. M 4). Bei der Betrachtung der Pendlerströme pro Tag, differenziert nach Reisezwecken (vgl. M 2), wird deutlich, dass der Reisezweck Arbeiten fast ein Drittel aller Pendlerfahrten ausmacht, hier jedoch nur 17,9 % der Verkehrsteilnehmer den ÖPNV nutzen. Anders sieht es im Bereich Ausbildung aus. Die Ausbildungspendler machen einen Anteil von 18,2 % der Gesamtpendler aus, benutzen aber mit einem Anteil von 36,0 % am häufigsten den ÖPNV. Dieses kann zum einen mit der spezifischen Alters- und Sozialstruktur begründet werden, zum anderen sicherlich auch mit Förderungsmaßnahmen des ÖPNV wie z.B. der Einführung des Semestertickets. Augenfällig ist noch die sehr geringe Benutzung des ÖPNV zum Reisezweck Freizeit von nur 10,0 % dieser Pendler, wobei dieser Reisezweck immerhin 18,5 % aller Pendlerströme ausmacht.

Damit ergeben sich aus der Verkehrssituation in Münster mannigfaltige Probleme, wobei hier die wesentlichsten aufgezeigt werden sollen. Durch Verkehrsstaus wird die Erreichbarkeit des Oberzentrums gefährdet und somit dessen Attraktivität und Versorgungsfunktion mit all seinen Folgekonsequenzen, z.B. für den Einzelhandel und andere Dienstleistungssektoren. Des weiteren kommt es vor allem durch die hohen Einpendlerzahlen zu Lärm- und Abgasbelästigungen, insbesondere für die Anwohner, sowie zur Gefährdung der Verkehrssicherheit. Auch das Problem der Dauerparker ist aufgrund des Attraktivitätsverlustes und der Flächennutzungskonkurrenz für die Stadt ein durchaus ernst zu nehmendes Problem. Die Erhöhung des Verkehrsaufkommens findet in den Außenbezirken natürlich seine Fortsetzung, und es kommt hier zu ähnlichen Problemen wie in der City.

Aufgabe 2

Der Anstieg des Pendleraufkommens steht im Zusammenhang mit dem Bedeutungsüberschuss des Oberzentrums Münster in den Bereichen Arbeit, Ausbildung, Einkaufen, Freizeit und Versorgung gegenüber den umliegenden Mittel- und Grundzentren. Die zunehmende Konzentration dieser Versorgungsfunktionen auf das Oberzentrum macht eine umfassende Bedürfnisbefriedigung der Einwohner von Mittel- und Grundzentren nur durch eine gewisse Mobilität möglich. Bisher geht der Trend zur Mobilitätssteigerung noch immer mit dem Anstieg des Motorisierungsgrades einher. Zu erklären ist dieser enorme Anstieg des Motorisierungsgrades im gesamten Bundesgebiet nur durch die Wohlstandssteigerung der Bevölkerung, welche den Besitz eines bzw. mehrerer PKW innerhalb einer Familie überhaupt erst möglich macht.

Eine wesentliche Ursache für die steigenden Pendlerzahlen sind die Suburbanisierungsprozesse ins Umland. Diese Suburbanisierungsprozesse sind u.a. mit Verdrängungsprozessen der Wohnbevölkerung aus der City infolge erhöhter Miet- und Bodenpreise sowie veränderter Wohn- und Lebensansprüche („Wohnen im Grünen") der Einwohner zu erklären.

Da aus oben genannten Gründen auch eine Dekonzentration der Wohnbevölkerung von der Innenstadt in die Außenbezirke Münsters stattgefunden hat, potenzieren sich die Verkehrsengpässe aus der Überlagerung der Pendlerströme aus dem Umland und den Außenbezirken Münsters.

Sollten sich die aufgeführten Entwicklungstrends fortsetzen, dann muss die Frage – Versinkt Münster im Strudel des Individualverkehrs? – wohl mit einem eindeutigen „Ja" beantwortet werden.

Es gilt also Entwicklungskonzepte zu entwickeln, die diesem Trend entgegentreten. In den Verkehrsberichten und -plänen der Stadt Münster sind verschiedene Maßnahmen aufgeführt, die im Prinzip darauf abzielen, den ÖPNV, SPNV und Fahrradverkehr zu fördern. Darüber hinaus sollen die Pendlerzahlen durch den Ausbau von Freizeit-, Einkaufs-, Versorgungs- und Arbeitsmöglichkeiten in den Stadtteilzentren und der Weiterentwicklung des Konzeptes der „Stadt der kurzen Wege" zunehmend gesenkt werden.

Ein Gelingen dieser Konzepte setzt jedoch voraus, dass auch eine Verhaltensänderung bei der Bevölkerung stattfindet.

E 11	Raumordnung in der Randstad – Strukturen und Entwicklungen	Raumplanung in Verdichtungsräumen

Arbeitsmaterial:

M 1: Karte der Randstad Holland

(Quelle: Informations- und Dokumentationszentrum für die Geografie der Niederlande – IDG (Hrsg., 1979): Kleine Geographie der Niederlande. Utrecht, S. 23))

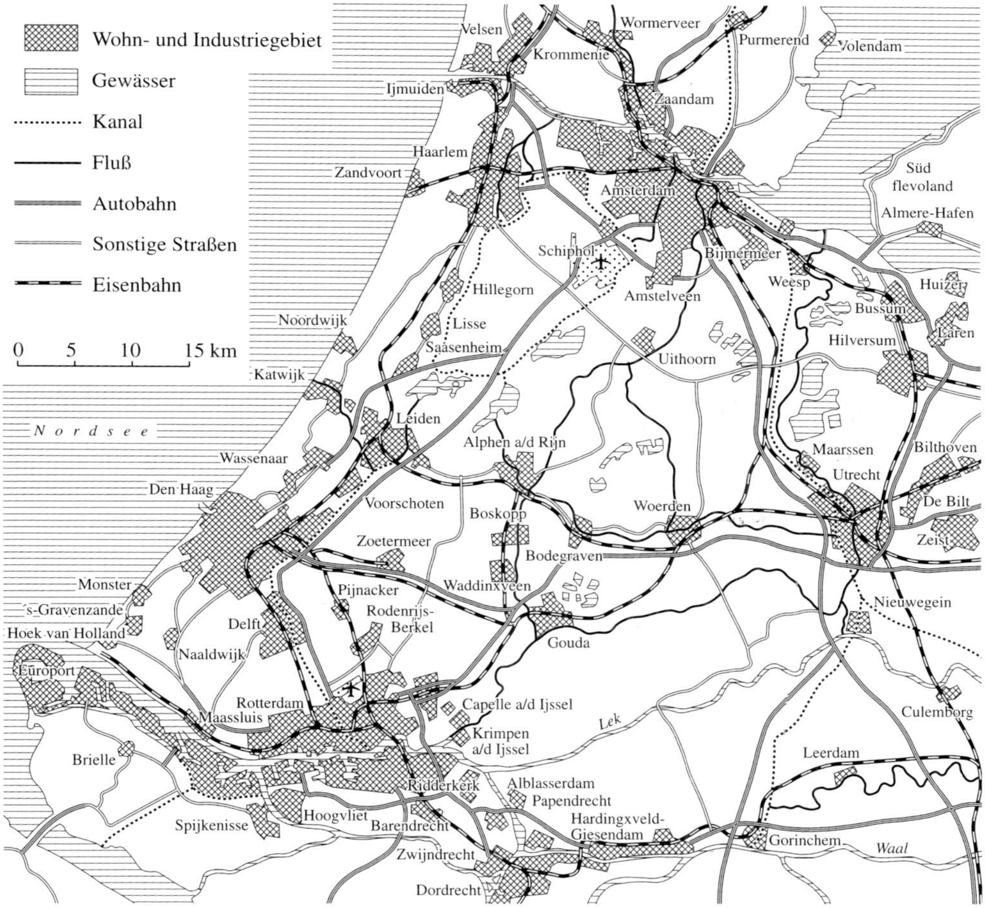

E 11	Raumordnung in der Randstad – Strukturen und Entwicklungen	Raumplanung in Verdichtungsräumen

Arbeitsmaterial (Fortsetzung):

M 4: Raumordnung in der Randstad Holland

(Quelle: *Petrus, P. W.*: Entwicklungsperspektive der Hauptstadtregion Randstad Holland als wirtschaftliches und kulturelles Städtenetz. A.a.O., S.171, s. Quellenangabe zu M 3)

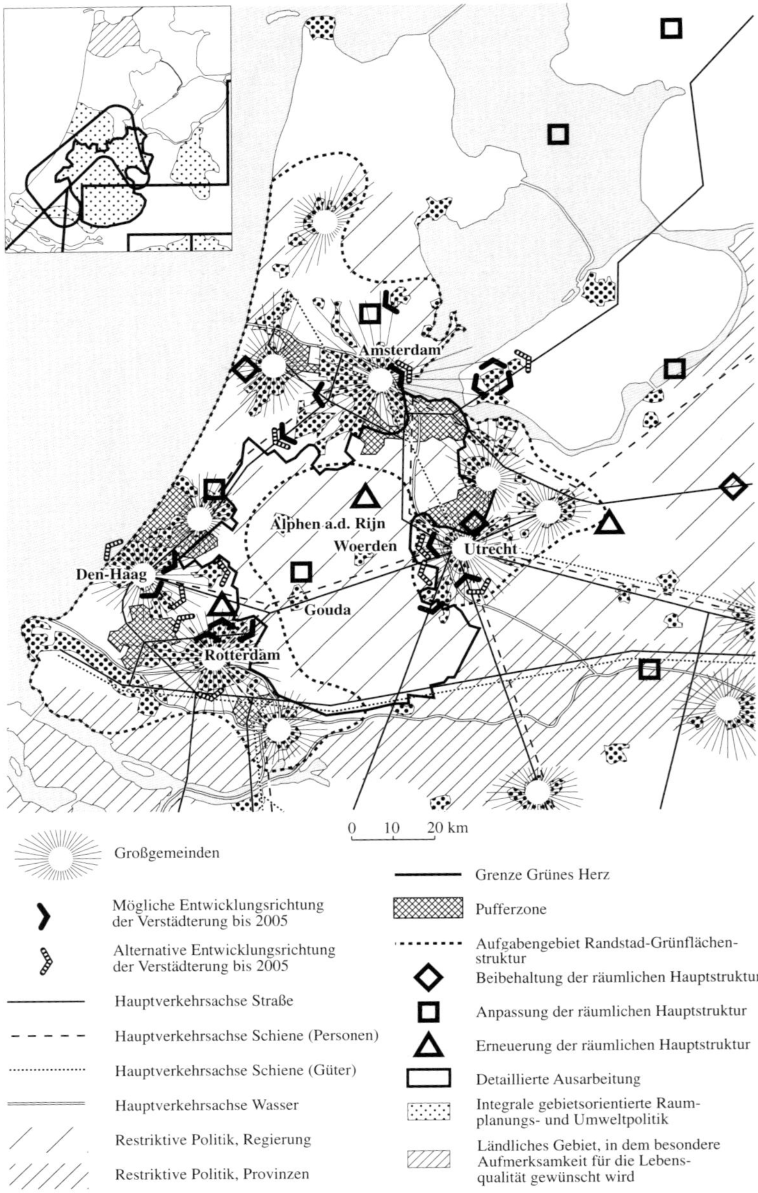

Arbeitsmaterial (Fortsetzung):

M 2: Bevölkerungsentwicklung in den Großstädten der Randstad Holland 1969-1997 (Angaben in 100.000)

(Quelle: Informations- und Dokumentationszentrum für die Geographie der Niederlande (Hrsg.): idg-bulletin. Utrecht/Den Haag, verschiedene Jahrgänge und Fischer Weltalmanach 2000)

	1969	1997	Prozentuale Zu- oder Abnahme
Amsterdam	845,8	715,1	– 15,4
Rotterdam	699,2	590,0	– 15,6
Den Haag	563,6	422,2	– 25,1
Utrecht	276,3	233,9	– 15,3
Haarlem	172,9	147,4	– 14,7
Dordrecht	97,0	117,3	+ 20,9
Leiden	102,5	117,0	+ 14,1

M 3: Die Randstad Holland

(Nach: *Hambloch, H.* (1977): Die Beneluxstaaten. Darmstadt, S. 174 ff sowie Informations- und Dokumentationszentrum für die Geographie der Niederlande – i.d.g (1980): Randstad Holland sowie *Petrus, P. W.* (1995): Entwicklungsperspektive der Hauptstadtregion Randstad Holland als wirtschaftliches und kulturelles Städtenetz. In: Informationen zur Raumentwicklung der Bundesforschungsanstalt für Landeskunde und Raumordnung, Bonn, Heft 2/3 aus Jg. 1995, S. 169-175)

Die Randstad Holland ist eine der größten Agglomerationen Europas. Bei einem Vergleich mit anderen städtischen Ballungsräumen wie London, Paris und Rhein-Ruhr kommt man zu dem Ergebnis, dass die Struktur der Randstad mit ihren auflockernden Pufferzonen zwischen den neun hufeisenförmig angeordneten Großstädten und einem zwischenliegenden offenen Freiraum Modell für eine funktionsgerechte Bewältigung von Bevölkerungsverdichtung sein kann. Zu dem Städtering gehört das politische Zentrum Den Haag. Amsterdam ist de facto nur wegen seiner kulturellen und wirtschaftlichen Bedeutung Hauptstadt der Niederlande. Es ist die nach Rotterdam bedeutendste Hafenstadt. In Utrecht und Leiden gibt es bedeutende Universitäten, Hilversum und Dordrecht sind bedeutende Industriestandorte. Haarlem zentriert die verglaste Gartenbaulandschaft. Das raumordnerische Konzept Randstad zielt darauf, die Verstädterung am Rande einer zwischenliegenden verhältnismäßig dünn besiedelten ländlichen Region, dem „Grünen Herzen", nach dem richtungsweisenden Konzept einer bandförmigen bzw. gebündelten Konzentration zu entwickeln. Im zwischenliegenden Freiraum, der von vielen Flüssen, Kanälen und Seen geprägt ist, wird

Arbeitsmaterial (Fortsetzung):

Bauen schwierig und teuer. Man baut daher auf den festeren Böden rund um das „Grüne Herz". In diesem gibt es eine attraktive Landschaft mit Landwirtschaft, Naturraum und Wasser. Es gilt, diesen Freiraum zu erhalten und auch im Städtering selbst das Zusammenwachsen der Städte durch Pufferzonen zu verhindern, damit Stadtgrenzen optisch erfahrbar bleiben und dadurch die Identität des Bürgers mit seiner Stadt unterstützt wird. Freiraum und Pufferzonen haben auch eine Funktion in der Naherholung.

In der Randstad leben heute etwa 7 Millionen Menschen auf etwa 7.000 Quadratkilometern Fläche. Amsterdam, Den Haag, Rotterdam und Utrecht sind nur jeweils etwa 30 bis 50 Kilometer voneinander entfernt, und das ermöglicht den Aufbau einer wirtschaftlich verflochtenen Region mit internationaler Bedeutung. Die Randstad nimmt unter den urbanisierten Teilräumen der Niederlande eine Sonderstellung ein wegen des großen Anteils an internationalen Dienstleistungen in Amsterdam, Rotterdam und Den Haag. Hier liegen europaweit operierende Verwaltungs-, Informations-, Finanz-, Logistik- und Distributionszentren mit innovativen Strukturen. Es ist jedoch sehr wichtig, dass dieses großstädtische metropolitane Umfeld bei aller grundsätzlichen Offenheit für Zuzugsmobilität nicht überlastet wird, die zunehmende Verkehrsüberlastung zurückgefahren und die Umwelt- und Freizeitqualität des Grünen Herzens gesichert wird. Die Prognose, dass bis zum Jahr 2.015 in der Randstad etwa eine halbe Million Wohnungen, mehr als 4.000 ha Industriegelände und 10 Millionen Quadratmeter Bürofläche hinzukommen werden, erzeugt Handlungsbedarf, Zuzugsmobilität aufzufangen oder umzuleiten durch Aufbau neuer oder Ausbau vorhandener großstädtischer Zentren in den östlichen Landesteilen.

Aufgaben:

1. Erläutern Sie anhand von M 1 bis M 3 Lage, Größe, Siedlungs- und Verkehrsstrukturen der niederländischen Randstad.
2. Bestimmen Sie aus M 4 vorrangige Ziele und Wege der Raumordnung.

L	E 11	Raumordnung in der Randstad – Strukturen und Entwicklungen	Raumplanung in Verdichtungsräumen

Vorbemerkungen:

Die niederländische Randstad ist ein polyzentrischer Verdichtungsraum mit etwa 7 Millionen Einwohnern. In ihm liegen in einem hufeisenförmigen, von acht Pufferzonen aufgelockerten Band allein sieben Großstädte mit insgesamt über 2,3 Millionen Menschen. Es verbinden sich darin Polyzentrik und Polyfunktionalität. Die Raumordnung steht hier vor der Frage der Präferierung von Konzentration oder Dekonzentration, hier gelöst im Konzept der gebündelten Dekonzentration. Bedeutsam ist das Bemühen um die Sicherung eines zwischenliegenden Freiraumes, des sogenannten Grünen Herzens, zur Vermeidung von Landschaftszersiedelung. Die Randstad hat eine exzellente Lage im entwicklungszonalen Gefüge Europas, in der sogenannten Blauen Banane. Die Raumordnung sucht die auf diesen bedeutenden europäischen Agglomerationsraum gerichtete Zuwanderungsmobilität aufzufangen bzw. umzuleiten auf großstädtische Zentren in den Ostniederlanden. Die Randstad ist ein signifikantes Beispiel für das Zusammenwirken wichtiger unterschiedlicher Funktionen in einem großen Ballungsraum sowie für Ziele und Strategien von Raumordnung. Angesichts der Komplexität des Themas ist eine Auswahl der hier vorgelegten Aufgaben bzw. Materialien angezeigt.

Literatur:

Hambloch, H. (1977): Die Beneluxstaaten. Eine geographische Landeskunde. Darmstadt, S. 174 ff

Informations- und Dokumentationszentrum für die Geographie der Niederlande – i.d.g. (1980): Randstad Holland

Ders.: i.d.g.-Bulletin 1989, S. 13 ff; 1990, S. 28 ff, 1991, S. 31 ff

Ders.: i.d.g. (1987): Geographie der Niederlande in Bildern. Utrecht. Hier Dia Nr. 25: Die Randstad im Kontext europäischer Industriegebiete; Dia Nr. 26: Zur Raumordnung der Niederlande

Ministerium für Auswärtige Angelegenheiten (Hrsg., 1979): Kleine Geographie der Niederlande. Utrecht/Den Haag, S. 22/23 und S. 40/41

Petrus, P. W. (1995): Entwicklungsperspektive der Hauptstadtregion Randstad Holland als wirtschaftliches und kulturelles Städtenetz. In: Informationen zur Raumentwicklung. Bundesforschungsanstalt für Landeskunde und Raumordnung Bonn, Heft 2/3 von Jg. 1995, S. 165-175

Lösungsvorschläge:

Aufgabe 1

Meeresexponierte Lage der Randstad im Westen der Niederlande. Größe der Randstad insgesamt etwa 7.000 qkm. Siedlungsstruktur nach M 1: Hufeisenförmige Anordnung von insgesamt 7 Großstädten mit einer aus M 2 errechenbaren Bevölkerung von etwa

2,3 Millionen Einwohnern. Das Innere des Hufeisens (mit einem Durchmesser von bis zu 60 km) ist im nördlichen Teil bis zu einer Linie Gouda – Woerden signifikant weniger und mit überschaubareren Orten besiedelt, südlich dieser Linie im Lek-Bereich fast siedlungsfrei. Es ist als Freiraum, als sog. Grünes Herz, der Randstad gedacht.

Unter den sieben Großstädten haben 1969 die vier bedeutendsten, nämlich Amsterdam, Rotterdam, Den Haag und Utrecht nach M 2 mehr als vier Fünftel der Großstadtbevölkerung auf sich gezogen. Die Bevölkerungszahl dieser vier Zentren ist allerdings nach M 2 in den 28 Jahren von 1969 bis 1997 von insgesamt etwa 2,38 Millionen auf 1,96 Millionen, also um fast 18 Prozent zurückgegangen. Andererseits hat nach M 2 eine signifikante Zuwanderung auf Leiden und Dordrecht, eingesetzt.

Die Karte M 1 weist eine sehr gute Verkehrserschließung der Randstad aus. Die Bahn verbindet Utrecht, Amsterdam, Haarlem, Den Haag und Rotterdam ringförmig miteinander, es gibt aber auch direkte Verbindungen von Utrecht nach Leiden, Den Haag und Rotterdam. Sehr gut sind die Wasserstraßenverbindungen, nicht zuletzt im Anschluss an die bedeutenden Häfen Amsterdam (erreichbar über den Nordseekanal) und Rotterdam mit Europoort und Nieuwe Waterweg. Ein gutes Netz von Schnellstraßen ist vorhanden, und in einer Luftliniendistanz von nicht mehr als 60 km gibt es zwei bedeutende Flughäfen: Rotterdam und Amsterdam-Schiphol, Heimatflughafen der KLM und einer der bedeutendsten Internationalen Flughäfen Europas.

Aufgabe 2:

Die Karte M 4 (1995) weist die Ballungsräume der Randstad aus, die es zu erhalten gilt. Dabei ist eine mögliche Erweiterung bis 2005 nur für die großen vier (s.o.) ins Auge gefasst. M 4 ordnet Rotterdam, Den Haag und Amsterdam eine internationale Entwicklungsperspektive zu (internationales städtisches Ansiedlungsumfeld). Hier ist – für den Fall eines entsprechenden Vorwissens der Schüler – auch eine Verknüpfung zur Lage der Randstad in der sog. Blauen Banane, einem Schwerpunktbereich europäischer Innovationen, möglich. Nach M 3 gibt es in Amsterdam, Den Haag und Rotterdam bereits jetzt europaweit operierende Verwaltungs-, Informations-, Finanz-, Logistik- und Distributionsunternehmen (zum Beispiel AMRO-BANK und NEDLOYD). Im Verkehrssektor ist dem Ausbau von Schnellstraßen bei gleichzeitiger Sicherung ländlicher Gebiete (von Grünem Herz und Pufferzonen) Relevanz einzuräumen. Gebiete mit den Hauptfunktionen Landwirtschaft und Natur, also Grünflächenstrukturen, sind zu erhalten.

Zusammenfassend ist von der Raumordnung

- vor allem die Position der niederländischen Mainports Rotterdam und Schiphol zu festigen
- das niederländische Straßen-, Schienen- und Wasserwegenetz stärker europäisch zu integrieren
- bei der Erhaltung der ländlichen Raumes neben nationalen Belangen der Landwirtschaft die internationale Arbeitsteilung der Agrarwirtschaft und die traditionelle Vielfalt von Landschaften zu berücksichtigen.

F 1	Ländliche Räume in Brandenburg: Raumplanerische Potentiale und Probleme im Landkreis Uckermark	Raumplanung in ländlichen Räumen

Arbeitsmaterial:

M 1: Typisierung ländlicher Räume Deutschlands

(Nach: Bundesministerium für Raumordnung, Bauwesen und Städtebau (1996), Bonn, S. 23)

Typ 1	Räume in günstiger Lage zu den Verdichtungsgebieten und Zentren sowie zu überregionalen und großräumigen Verkehrsachsen
Typ 2	Attraktive Räume für den überregionalen Fremdenverkehr
Typ 3	Räume mit relativ günstigen Produktionsbedingungen für die Landwirtschaft
Typ 4	Gering verdichtete Räume mit industriellenWachstumstendenzen
Typ 5	Struksturschwache ländliche Räume

M 2a: Landkreis Uckermark: Statistische Grunddaten

(Quelle: Landesumweltamt Brandenburg (Hrsg., 1996): Berlin-Brandenburg regional '96; Landesamt für Statistik und Datenverarbeitung (Hrsg.): Statistische Jahrbücher; versch. Jg.; Landesarbeitsamt Berlin-Brandenburg (Hrsg., 1998): Arbeitsmarktdaten nach Dienststellen und Kreisen im Landesarbeitsamtsbezirk Berlin-Brandenburg)

Kennwert	Landkreis Uckermark	Land Brandenburg (zum Vergleich)
Fläche (km^2)	3.058	29.476
Einwohner	159.029	2.554.441
Bevölkerungsdichte (E/km^2)	52	87
Saldo der Bevölkerungswanderung		
1993	– 572	+ 11.796
1994	– 705	+ 15.133
1995	– 958	+ 19.202
1996	– 605	+ 24.881
Anteil der Gemeinden (%)		
unter 500 Einwohner	21	11,9
500 bis unter 5.000	20	26,4
5.000 bis unter 20.000	15	11,9
über 20.000	44	49,8
Dichte des übergeordneten Straßennetzes (km/100 km^2)	22	33
Anteil der Bevölkerung mit direktem Zugang zum Schienenpersonennahverkehr (%)	64	72,2
Arbeitslosenquote Januar 1998 (%)	28,1	22,0

Arbeitsmaterial (Fortsetzung):

M 2b: Landkreis Uckermark: Bevölkerungsentwicklung 1964 bis 1999 (jeweils zum 31.12.)

(Quelle: Landesamt für Statistik und Datenverarbeitung (Hrsg., 1999): Statistisches Jahrbuch 1997)

Jahr	Bevölkerungszahl	
	Landkreis Uckermark	**Land Brandenburg (zum Vergleich)**
1964	160.730	2.619.983
1971	172.176	2.666.966
1981	175.927	2.667.052
1990	170.409	2.602.404
1999	155.723	2.590.375

M 2c: Bevölkerungsentwicklung der größten Städte des Kreises Uckermark 1964-1996

(Quelle: Landesamt für Statistik und Datenverarbeitung (Hrsg., 1997): Statistisches Jahrbuch 1997)

Stadt	1964	1981	1990	1996
Angermünde	12.678	11.870	11.347	10.379
Prenzlau	20.670	23.492	23.661	21.440
Schwedt/Oder	20.765	52.859	51.689	45.931
Templin	11.595	13.560	14.737	13.905

M 2d: Landkreis Uckermark: Flächennutzung

(Quelle: Landesumweltamt Brandenburg (Hrsg., 1996): Berlin-Brandenburg regional '96)

Flächenart	Flächenanteile (%)	
	Landkreis Uckermark	**Land Brandenburg (zum Vergleich)**
Landwirtschaftliche Nutzfläche	63,4	50,3
Waldfläche	22,0	34,7
Wasserfläche	5,0	3,4
Siedlungsfläche	2,9	4,1
Verkehrsfläche	2,4	3,3
übrige Flächen	4,3	4,2

Arbeitsmaterial (Fortsetzung):

M 3a: Landkreis Uckermark: Landschaftspotenzial

Der pleistozän geprägte Formenschatz lässt sich zwei Großlandschaften zuordnen. Die Wald-Hügel-Gebiete werden meist von Podsol-Bodengesellschaften eingenommen. Sie sind weiträumig durch intakte Naturhaushaltsfunktionen gekennzeichnet, so dass auf größeren Flächen eine naturnahe Fauna und Flora auftritt. Diese Gebiete verfügen über beachtliche Grundwasserpotenziale. Die lehmigen Grundmoränenplatten mit Braunerde-Bodengesellschaften besitzen ein hohes agrarisches sowie forstwirtschaftliches Ertragspotenzial. Die eingelagerten Seen und kleinräumigen Geländeformen (z.B. Sölle, Drumlins) erhöhen den Landschaftswert. Im Landkreis Uckermark gibt es viele Bodendenkmäler. Auffällig sind auch traditionelle Siedlungsstrukturen, z.B. Angerdörfer, Stadtbefestigungen, Klöster.

M 3b: Das Biosphärenreservat Schorfheide-Chorin

(Nach: Ministerium für Umwelt, Naturschutz und Raumordnung des Landes Brandenburg und Biosphärenreservatsverwaltung Schorfheide-Chorin (Hrsg., o.J.): Biosphärenreservat Schorfheide-Chorin

Das Biosphärenreservat Schorfheide-Chorin ist mit 1291 km^2 eines der größten Schutzgebiete Deutschlands. Das Gebiet umschließt wesentliche Teile der Uckermark, eine Landschaft zwischen der oberen Havel und der unteren Oder im nordöstlichen Bereich Brandenburgs, etwa 50 Kilometer von Berlin entfernt. Den größten Flächenanteil nimmt der Wald mit 50 Prozent ein, es folgen Ackerflächen (32 Prozent), Wasserflächen (7 Prozent), Grünlandflächen (6 Prozent), Verkehrswege (4 Prozent) und Siedlungen (1 Prozent). Im Biosphärenreservat liegen 75 Gemeinden und die drei Kleinstädte Joachimsthal, Greiffenberg und Oderberg. Das Reservatsgebiet, in seiner Ausdehnung etwas größer als Berlin, ist eine der am dünnsten besiedelten Landschaften in Deutschland; hier leben nur etwa 35.000 Einwohner. Im Gebiet liegen etwa 230 über einen Hektar große Seen, 335 größere Moore sowie mindestens 4.000 Sölle und Kleinstmoore.

M 3c: Naturpark Uckermärkische Seen

(Nach Ministerium für Umwelt, Naturschutz und Raumordnung des Landes Brandenburg (Hrsg., 1997 und 1998): Brandenburger Umwelt Journal, Nr. 22 und 26)

Der Naturschutzpark liegt zwischen Prenzlau, Fürstenberg, Zehdenick und Templin in den Landkreisen Uckermark (640 km^2) und Oberhavel (255 km^2). Das Gebiet ist durch eine abwechslungsreiche, hügelige Landschaft mit zahlreichen Seen geprägt. Rund 1.000 Pflanzenarten, von denen 200 auf der Roten Liste der bedrohten Pflanzen Deutschlands stehen, sind hier nachgewiesen. Fischotter und Biber sind weit verbreitet und der Fischadler hat hier sein europäisches Hauptbrutgebiet. Insgesamt 44 Prozent des Naturparks sind waldbedeckt. Für den Naturpark werden vier Wasserwanderrouten empfohlen:

- Feldberg-Küstriner Bach-Lychen (29 km)
- Lychen-Fürstenberg (15 km)
- Templin-Zehdenick/Templiner Seenkreuz (49 km)
- Fürstenberg-Zehdenick (42 km).

Arbeitsmaterial (Fortsetzung):

Alle Routen sind mit der Bahn erreichbar und können in ein bis zwei Tagen bewältigt werden. An den Strecken liegen Pensionen, Hotels, Campingplätze und Bootsverleihe. Floßfahrten auf dem Oberpfuhlseee (Anlegestelle Lychen), eine traditionelle Transportweise in dieser Region, sind eine ideale Ergänzung zum Boots- und Kanuwandern. Flößen ist eine umwelt- und naturverträgliche Variante des Fremdenverkehrs.

M 4: Auszug aus dem Gemeinsamen Landesentwicklungsprogramm der Länder Berlin und Brandenburg

(Quelle: Ministerium für Umwelt, Naturschutz und Raumordnung des Landes Brandenburg und Senatsverwaltung für Stadtentwicklung, Umweltschutz und Technologie (Hrsg., 1998): Gemeinsam planen für Berlin und Brandenburg, S. 13)

§ 13 Ländliche Räume

(1) Die ländlichen Räume sind Wirtschaftsraum für Land- und Forstwirtschaft sowie für Handwerk, Gewerbe und Dienstleistungen. Als Freiraum sind sie unabdingbar zur Aufrechterhaltung des Naturhaushaltes sowie als Ausgleichsraum für Mensch, Fauna und Flora. Die ländlichen Räume prägen maßgeblich die Kulturlandschaft des Gesamtraumes.

(2) Die ländlichen Räume sind in ihren Funktionen als Wirtschaft-, Natur- und Sozialraum dauerhaft zu sichern und zu entwickeln. Dazu ist eine integrierte ländliche Entwicklung zu betreiben, in deren Mittelpunkt die Schaffung dauerhafter Erwerbsgrundlagen für die ländliche Bevölkerung steht und durch die die Erhaltung der Kulturlandschaft gewährleistet ist.

Aufgaben:

1. Erfassen Sie wesentliche Strukturmerkmale des Landkreises Uckermark und ordnen Sie damit diesen Kreis in die Typisierung ländlicher Räume in Deutschland ein.
2. Stellen Sie Möglichkeiten der weiteren raumstrukturellen Entwicklung des Landkreises Uckermark dar.

L	F 1	Ländliche Räume in Brandenburg: Raumplanerische Potentiale und Probleme im Landkreis Uckermark	Raumplanung in ländlichen Räumen

Vorbemerkungen:

Der Landkreis Uckermark gehört zum äußeren Entwicklungsraum Brandenburgs. Trotz der relativen Nähe zum hauptstädtischen Ballungsgebiet zählt dieser Teil Brandenburgs zu den strukturschwachen Gebieten in Deutschland. Statistische Grunddaten (z.B. Bevölkerungsbewegungen, Altersstruktur) lassen erkennen, dass sich hier der wirtschaftliche Strukturwandel seit 1990 besonders negativ bemerkbar macht. Die raumplanerische Problematik bzw. Brisanz besteht darin, den Gegensatz zwischen dem engeren Verflechtungsraum Berlin-Brandenburg und dem äußeren Entwicklungsraum zu reduzieren und dabei solche Impulse zu geben, die der Spezifik der ländlichen Räume gerecht werden. Daraus resultiert auch der fachdidaktische Ansatz des vorliegenden Unterrichtsbeispieles. Mit Hilfe der Materialien soll deutlich werden, dass im Landkreis Uckermark der Erhalt der Kulturlandschaft das Fundament der künftigen Entwicklung darstellt. Dabei wird die Bewahrung des Landschaftsbildes nur dann gelingen, wenn die erforderlichen wirtschaftlichen Aktivitäten (Landwirtschaft, Tourismus, Handwerk, Gewerbe, Dienstleistungen) dem Prinzip der Nachhaltigkeit folgen.

Die vorgelegten Materialien reichen aus, um im Unterricht einen ersten Überblick über die Problematik zu geben. Großmaßstäbige Wander- oder Reisekarten können dabei die Arbeit unterstützen. Wird das Thema für eine Klausur genutzt, empfiehlt es sich, weitere statistische Daten zur Verfügung zu stellen, die die Strukturschwäche des Landkreises Uckermark dokumentieren.

Literatur:

Landesamt für Statistik und Datenverarbeitung (Hrsg., 1997): Statistisches Jahrbuch 1997

Landesumweltamt Brandenburg (Hrsg., 1996): Berlin-Brandenburg regional '96. Potsdam: UNZE-Verlagsgesellschaft

Ministerium für Umwelt, Naturschutz und Raumordnung des Landes Brandenburg (Hrsg., 1997); Brandenburger UmweltJournal Nr. 22

Ministerium für Umwelt, Naturschutz und Raumordnung des Landes Brandenburg und Senatsverwaltung für Stadtentwicklung, Umweltschutz und Technologie (Hrsg., 1998): Gemeinsam planen für Berlin und Brandenburg. Golm: Brandenburgische Universitätsdruckerei und Verlagsgesellschaft Potsdam

Ministerium für Umwelt, Naturschutz und Raumordnung des Landes Brandenburg und Biosphärenreservatsverwaltung Schorfheide-Chorin (Hrsg., o.J.): Biosphärenreservat Schorfheide-Chorin

Lösungsvorschlag:

Aufgabe 1

Der Landkreis Uckermark liegt im Nordosten Brandenburgs. Er gehört zu den flächengrößten Kreisen dieses Bundeslandes und Deutschlands überhaupt. Die Bevölkerung ist ungleichmäßig verteilt; mehr als 50 Prozent der Einwohner leben in den vier größten Städten. Hinsichtlich der Bevölkerungsdichte zählt der Kreis zu den dünnbesiedelsten in der Bundesrepublik. Aufgrund der natürlichen Bedingungen wird die Flächennutzung von der Landwirtschaft bestimmt. Die Angaben zur Siedlungs- und Verkehrsfläche bestätigen den ländlichen Charakter des Kreises Uckermark.

Nicht zuletzt aus der hohen Arbeitslosenquote ist abzuleiten, dass die negativen Konsequenzen des gesellschaftlichen und wirtschaftlichen Strukturwandels seit 1990 noch nicht überwunden werden konnten. Daraus resultiert auch der überdurchschnittlich hohe Bevölkerungsrückgang der zurückliegenden Jahre. Ausdruck der Strukturschwäche ist auch die geringe Netzdichte des Straßen- und Eisenbahnverkehrs.

Wegen der weiträumigen und wenig zersiedelten Landschaften hat der Kreis Uckermark eine herausragende Bedeutung für den Naturschutz. Das betrifft insbesondere das Biosphärenreservat Schorfheide-Chorin, den Nationalpark Unteres Odertal und den Naturpark Uckermärkische Seen.

Trotz der relativen Nähe zum Ballungsraum Berlin und des bedeutenden touristischen Potenzials erscheint es zum gegenwärtigen Zeitpunkt gerechtfertigt, den Landkreis Uckermark den strukturschwachen ländlichen Räumen zuzuordnen.

Aufgabe 2

Überlegungen zur weiteren Entwicklung des Landkreises Uckermark müssen die raumstrukturellen Besonderheiten des Bundeslandes Brandenburg berücksichtigen. Sie bestehen in den großen Disproportionen zwischen den berlinnahen Gebieten und denjenigen im sog. äußeren Entwicklungsraum, zu dem auch das gewählte Raumbeispiel gehört. Seit 1990 haben sich diese Ungleichgewichte verschärft, denn wirtschaftlicher Strukturwandel und Arbeitskräfteabbau haben gerade die Wirtschaftszweige getroffen, die für die berlinfernen Räume typisch waren; im Kreis Uckermark betrifft das die Landwirtschaft und die chemische Industrie (Schwedt).

Da infrastrukturelle Nachteile keinesfalls kurzfristig ausgeglichen werden können, erscheint es sinnvoll, neue Wirtschaftsfelder zu erschließen. Eine Möglichkeit besteht darin, ökologische Formen der landwirtschaftlichen Nutzung zu forcieren. Ein wesentlicher Entwicklungsschwerpunkt – vor allem auch im Sinne der Landesplanung in Berlin und Brandenburg – ergibt sich aus der Notwendigkeit, vorhandene Freiräume zu schützen. Im Landkreis Uckermark sind ausgezeichnete Bedingungen gegeben, das hohe Naturraumpotenzial zu nutzen. Nachhaltige Landwirtschaft und „sanfter" Tourismus stellen Chancen dar, sowohl Erwerbsmöglichkeiten zu schaffen als auch Natur- und Kulturlandschaften zu pflegen und zu erhalten.

F 2	Planungsregion Westmittelfranken – das „Neue Fränkische Seenland“	Raumplanung in ländlichen Räumen

Arbeitsmaterial:

M 1: Das ›Neue Fränkische Seenland‹
(Entwurf: *Michael Zaretzki*)

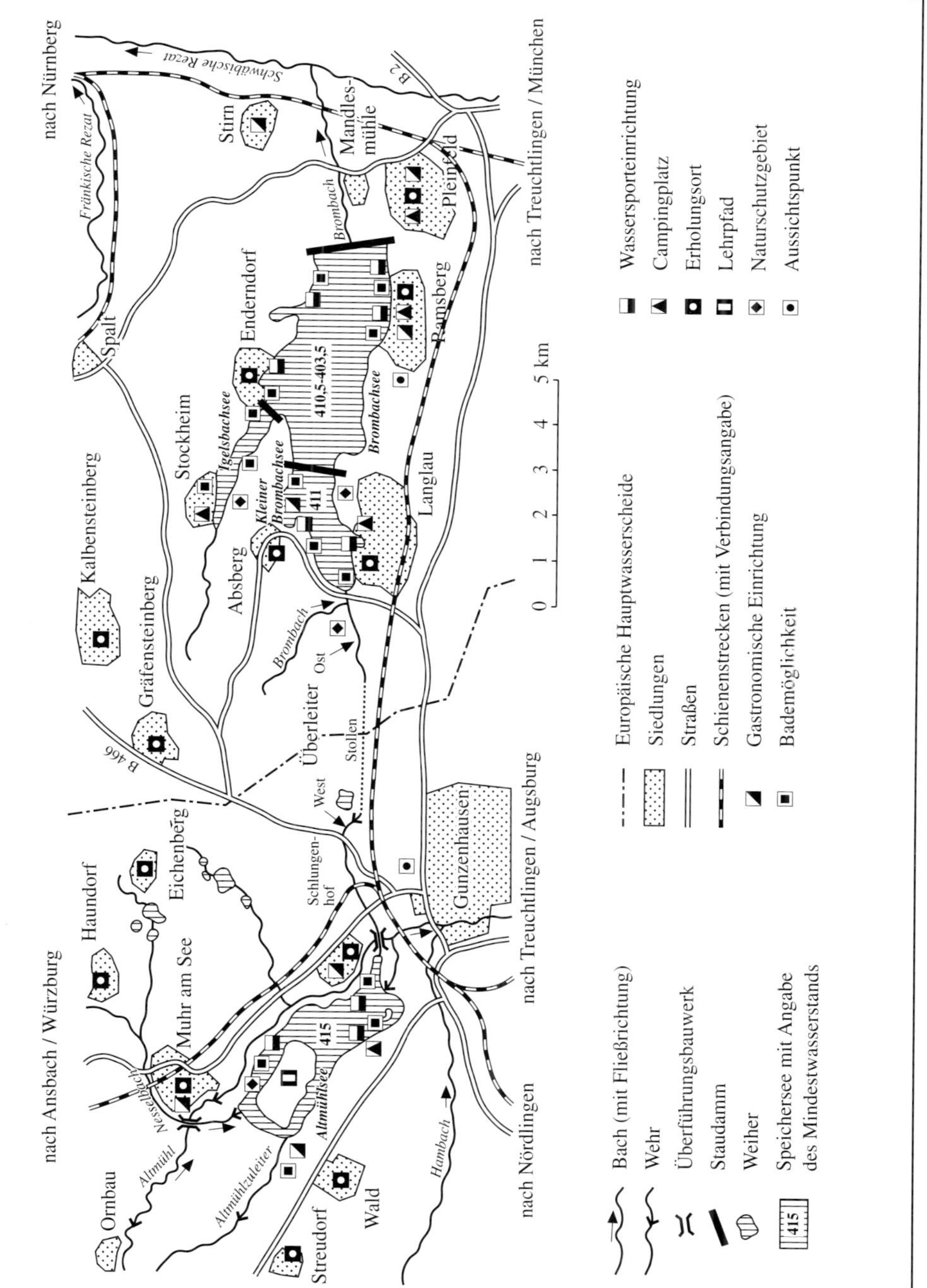

F 2	Planungsregion Westmittelfranken – das „Neue Fränkische Seenland“	Raumplanung in ländlichen Räumen

Arbeitsmaterial (Fortsetzung):

M 2: Großräumige Lage des „Neuen Fränkischen Seenlandes“ (Entwurf: *Michael Zaretzki*)

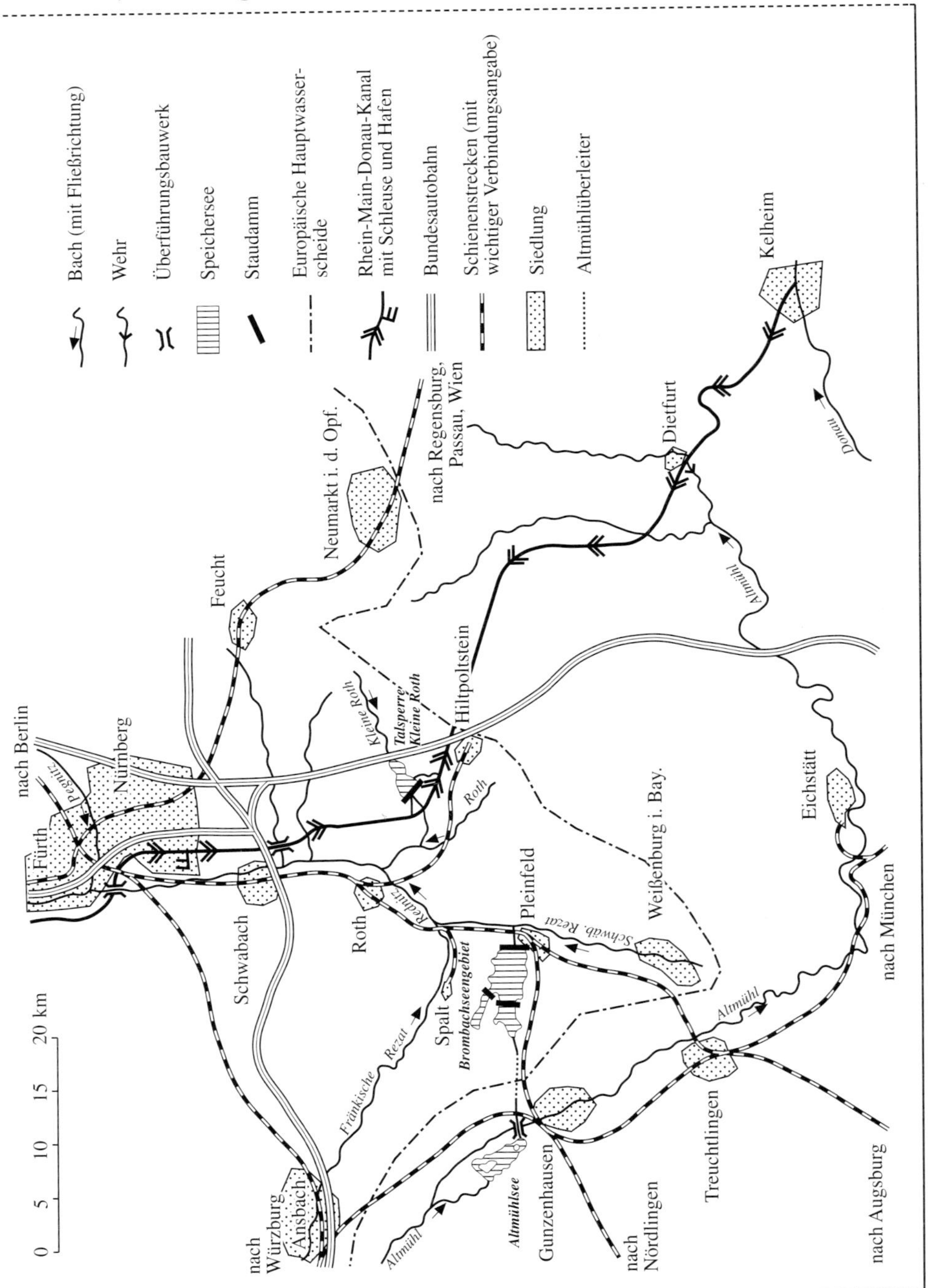

Arbeitsmaterial (Fortsetzung):

M 3a: Planungsstand des Ausgleichsbeckens Altmühltal 1969/70

(*Meyer, Günter* (1986): Das Brombachspeichersystem. Ein Projekt für wasserwirtschaftliche und freizeitbezogene Zwecke. In: *Hopfinger, Hans* (Hrsg., 1986): Franken. Planung für eine bessere Zukunft ? Verlag Hans Carl, Nürnberg, S. 44)

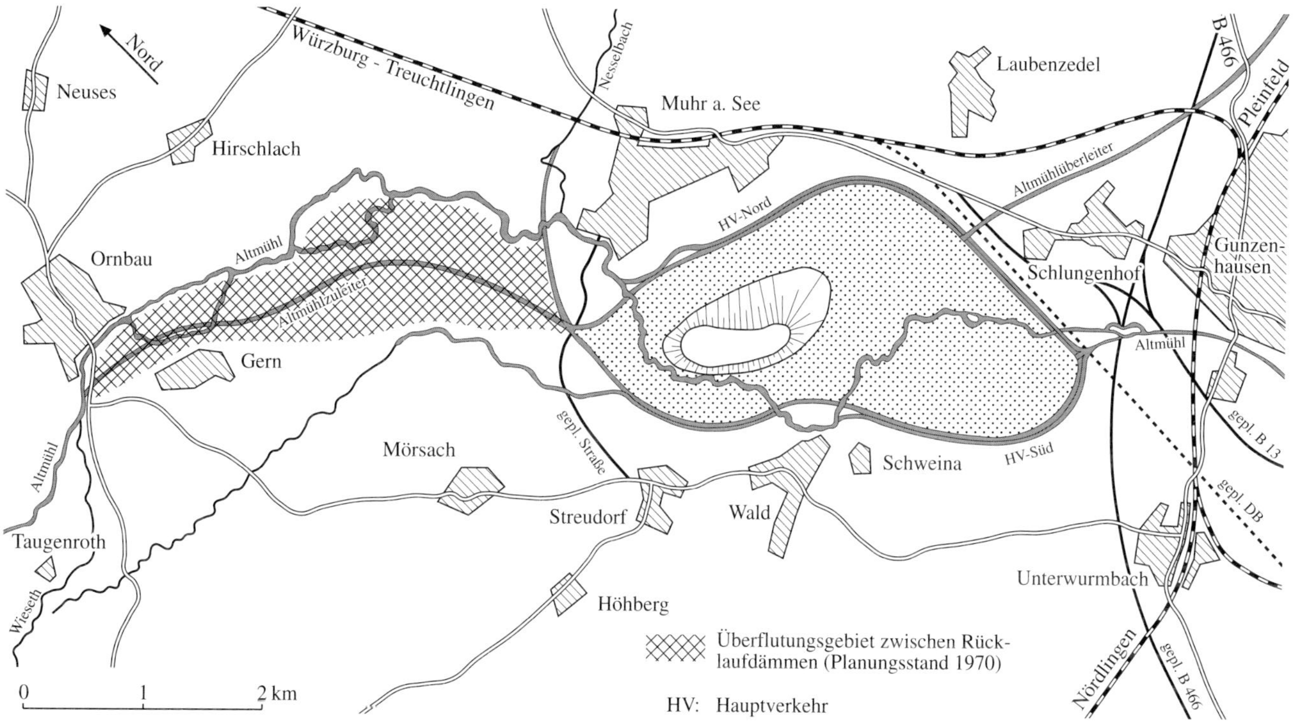

Arbeitsmaterial (Fortsetzung):

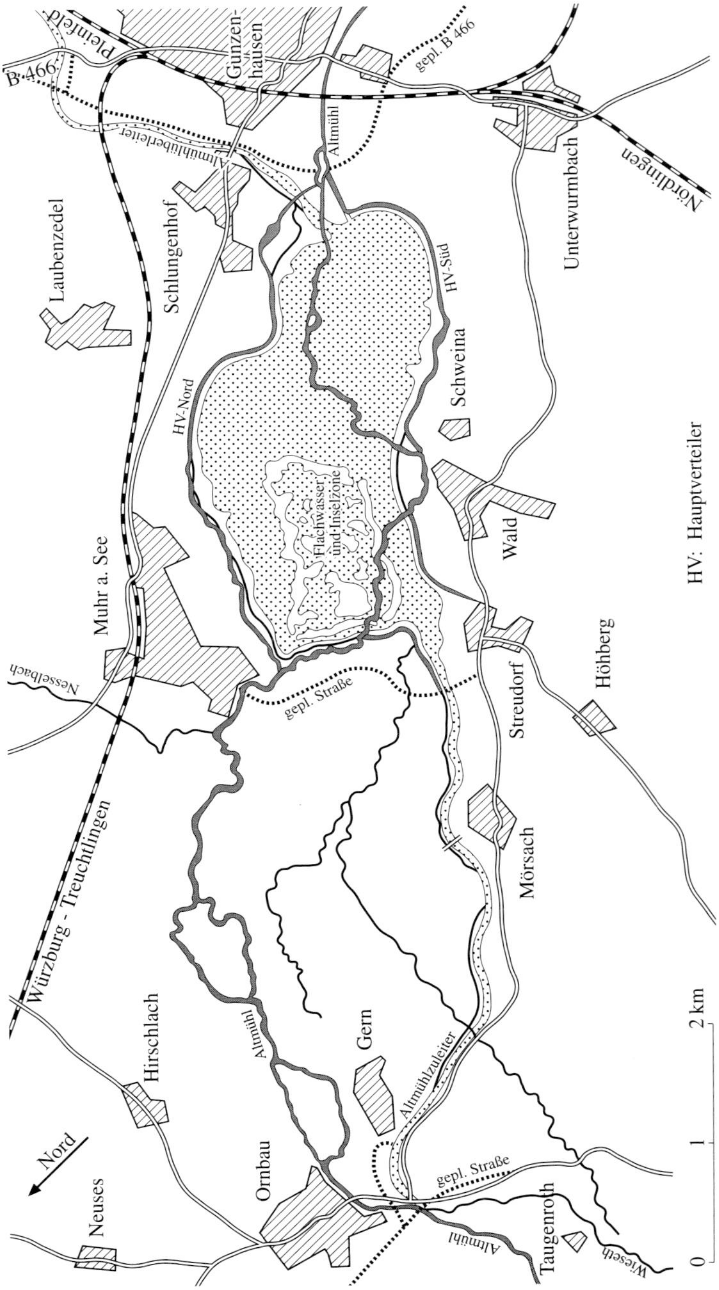

M 3b: Planungsstand des Ausgleichsbeckens Altmühltal 1978

(*Meyer, Günther* (1986): a.a.O., S. 46)

F 2	Planungsregion Westmittelfranken – das „Neue Fränkische Seenland“	Raumplanung in ländlichen Räumen

Aufgaben:

1. Erörtern Sie die Zielsetzungen des Planungsvorhabens „Neues Fränkisches Seenland” und untersuchen Sie die klimatischen und hydrologischen Voraussetzungen..
2. Vergleichen Sie die Planung des Ausgleichsbeckens Altmühltal 1969/70 mit der realisierten Fassung von 1978 (M 3a und 3b) und begründen Sie, inwieweit diverse Interessen (Bauernverband, Tourismus) dabei Berücksichtigung fanden.
3. Stellen Sie abschließend dar, welchen Niederschlag die Belange von Natur- und Umweltschutz bei der Planung und Realisierung fanden.

Vorbemerkungen:

Der folgende Text kann als Einstieg in die Unterrichtseinheit eingesetzt werden:

„Keine andere staatliche Planungsmaßnahme hat ab Mitte der 80er Jahre zu einer ähnlich tiefgreifenden Veränderung der Freizeitlandschaft sowie zu einer so massiven Umlenkung der Naherholer- und Touristenströme in Nordbayern geführt wie das Brombachspeicherprojekt, das gleichzeitig zu den bedeutendsten wasserwirtschaftlichen Bauvorhaben innerhalb der Bundesrepublik Deutschland zählte.“

(aus: *Meyer, Günter* (1986): a.a.O., Seite 59).

Vorab sollten im Unterricht grundlegende Elemente der Flussmorphologie, v.a. solche der gemäßigten Breiten besprochen werden. Die Niederschlagsverhältnisse und das Abflussregime müssen den Schülerinnen/Schülern ebenfalls bekannt sein.

Die Prinzipien von Raumordnung, Landes- und Regionalplanung sollen anhand wenigstens eines Beispieles, eventuell der „Verkehrsprojekte Deutsche Einheit“ erörtert werden. Die Aufgaben können für Klausuren und das mündliche sowie das schriftliche Abitur herangezogen werden.

Literatur:

Bayerisches Staatsministerium für Landesentwicklung und Umweltfragen (Hrsg., 1991): Inselgutachten der Landesplanung in Bayern. Großraum Nürnberg. München

Bayerisches Staatsministerium für Landesentwicklung und Umweltfragen (Hrsg., 1994): Landesentwicklungsprogramm Bayern. München

Glas, C. (1996): Wirtschaftsgeographische Neubewertung des Main-Donau-Kanals. Münchener Studien zur Sozial- und Wirtschaftsgeographie Band 40. Kallmünz/Regensburg

Meyer, G. (1986): Das Brombachspeichersystem. Ein Projekt für wasserwirtschaftliche und freizeitbezogene Zwecke. In: *Hopfinger, Hans* (Hrsg., 1986): Franken. Planung für eine bessere Zukunft? Nürnberg: Verlag Hans Carl, S. 38-62

Regionaler Planungsverband Westmittelfranken (Hrsg., 1997): Regionalplan (8), vierte Änderung, Kapitel A IV, Entwicklungsachsen. Ansbach

Rhein-Main-Donau AG (Hrsg., 2000): Geschäftsbericht 1999

Lösungsvorschlag:

Aufgabe 1

Altmühlwasser soll in den Großen Verdichtungsraum Nürnberg-Fürth-Erlangen-Schwabach, das Regnitz-Main-Gebiet, übergeleitet werden. Gleiches bezweckt u.a. der Rhein-Main-Donau-Kanal.

Das Einzugsgebiet der Altmühl, v.a. aber das der Donau ist deutlich niederschlagsreicher als das der mittelfränkischen Flüsse Pegnitz und Rednitz (Regnitz) (Atlas). Das Wasserdargebot im Einzugsbereich von Altmühl und Donau ist damit auch deutlich höher. Warum eigentlich – so Projektbetreiber und Behörden – soll dieses Potential nicht dem viel mehr Nachfrage aufweisenden Mittelfranken, das eben von Natur aus geringere Ressourcen in diesem Bereich besitzt, zur Verfügung gestellt werden?

Prinzipiell verursacht jede Verkünstlichung/Begradigung eines Fließgewässers
- eine Zunahme des Anteils des zur Verfügung stehenden Wassers, der oberflächlich abfließt und nicht versickert oder verdunstet,
- eine Beschleunigung dieses nun erhöhten Anteils oberflächlich abfließenden Wassers.

Dadurch wird die Hochwassergefahr erhöht. Betrachtet man die Anlage des Altmühlzuleiters auch im Planungsstand 1978 (M 3b), so erkennt man, dass er zwischen Ornbau und Streudorf z.B. viel geradliniger und kürzer verläuft als die Altmühl zwischen Ornbau und Muhr am See. Der Einwand, Teile dieses Wassers würden im Ausgleichsbecken Altmühltal gesammelt und großenteils über den Altmühlüberleiter und den Brombachsee aus dem Einzugsbereich der Altmühl herausgenommen, trifft die Aufgabenstellung nicht. Die Hochwasserführung der Altmühl in ihrem Mittel- und Unterlauf wird durch die relativ höheren Niederschläge im Bereich der Fränkischen Alb (Atlas) bewirkt, worauf das Gebiet Altmühlsee/Brombachsee keinen Einfluss hat.

Eine Erweiterungsmöglichkeit besteht bei Bearbeitung dieser Aufgabe: Die Betreibergesellschaft sowohl dieser Neuen Fränkischen Seenplatte als auch des Rhein-Main-Donau-Kanals, die Rhein-Main-Donau AG, behauptet u.a., dass der Rhein-Main-Donau-Kanal deshalb habe fertiggestellt werden müssen, weil Teile des hohen Wasserdargebots von Donau und Altmühl auf diesem Wege ins niederschlagsärmere Mittelfranken transportiert werden müssten (siehe das Altmühlwehr ca. 2 km südwestlich von Dietfurt in M 2): Woher soll das abzutransportierende Altmühlwasser hier genommen werden, wenn nicht aus Hochwasserspitzen? Das bei Mittelwasserstand zur Verfügung stehende Wasser wird ja schließlich im Altmühl- (und im Donau)tal selbst beansprucht.

Aufgabe 2

Die Planung von 1969/70 sah ein Überflutungsgebiet zwischen Ornbau und dem Ausgleichsbecken vor. Das widerspricht den Interessen des Bayerischen Bauernverbandes, da er Flächenverluste befürchtet. Eine ausdrückliche Berücksichtigung der Interessen des Arbeitskreises bäuerliche Landwirtschaft geht aus den Planungsphasen nicht hervor.

Der konventionelle Tourismus würde 1969/70 durch geplante Straßen westlich von Gunzenhausen, durch die große, flache Insel im Ausgleichsbecken und die geradlinigen Ufer gefördert. 1978 ist die Straße südlich von Ornbau erweitert, zwischen Schlungenhof und Gunzenhausen taucht die B 466 wieder auf. Die zwischen Muhr am See und Streudorf vorgesehene Straße fördert den konventionellen Tourismus. Die Beschleunigungstrasse der Bahn Würzburg-Treuchtlingen westlich von Gunzenhausen beeinflusste wie auch immer den Tourismus nicht, da sie nur dem Fernverkehr diente. Die Interessen des umwelt-, natur- und menschengerechten Tourismus werden in genau umgekehrtem Verhältnis wie die des konventionellen aufgenommen. Den Interessen des Bayerischen Bauernverbandes wird insofern in beiden Planungsphasen entsprochen, als eine so beschaffene Planung wie für das Gebiet Altmühl-/Brombachsee stets auch eine Flurbereinigung vorsieht.

Aufgabe 3

1978 soll eine Umgestaltung des Ostufers, eine Änderung der Führung des Altmühlzuleiters und somit eine Einschließung von Schlungenhof durch mehrere Dämme vermieden werden, was die bessere Einbindung in die Umgebung bedeutete. Die nun auf ca. 360 ha ausgelegte Wasserfläche soll u.a. ca. 110 ha Flachwasser und Inselzone beinhalten. Das 1969/70 vorgesehene Überflutungsgebiet ermöglicht allerdings die Bewirtschaftung als Grünland, wenn auch nicht im Frühjahr und Frühsommer, der Brutzeit vieler inzwischen seltener Vogelarten. Der 1978 als erhaltenswert ausgewiesene naturnahe Lauf der Altmühl zwischen Ornbau und Muhr am See liefert das gleiche Angebot. Die ökologische Qualität der Flachwiesen- und Inselzone ist 1978 im Vergleich zu 1969/70 gesteigert worden; die Auflockerung der Uferlinie des Ausgleichsbeckens Altmühltal widerspricht auch den Interessen des konventionellen Tourismus.

F 3	Der Standort Wackersdorf	Raumplanung in ländlichen Räumen

Arbeitsmaterial:

M 1: Das Industriegebiet „Westlicher Taxölderner Forst (WTF)“ in der Gemeinde Wackersdorf

(Entwurf: *Michael Zaretzki*)

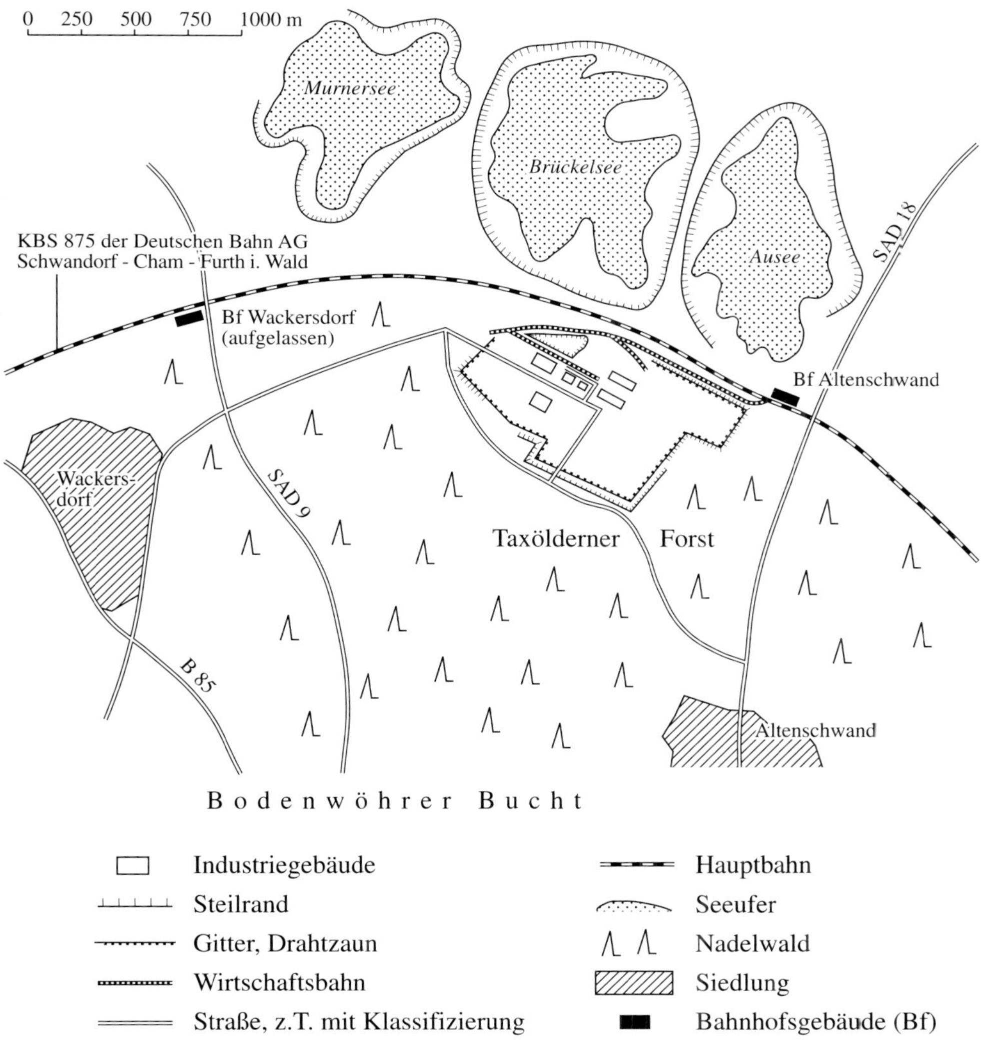

Arbeitsmaterial (Fortsetzung):

M 2: Steckbrief zum Industriegebiet „Westlicher Taxölderner Forst (WTF)“

(Quellen: zusammengestellt nach Berichten aus: DIE ZEIT, Donau Kurier, Stuttgarter Zeitung, jeweils verschiedene Jahrgänge)

31.5.1989: Die Deutsche Gesellschaft für Wiederaufarbeitung von Kernbrennstoffen (DWK), Tochtergesellschaft Wackersdorf (DWW) teilt mit, dass sie die Wiederaufarbeitungsanlage für abgebrannte Brennelemente (WAA) nicht benötige, da das Geschäft in Frankreich billiger zu erledigen sei: 1.600 Arbeitsplätze (AP) bleiben unbesetzt, das 110 ha umfassende Gelände ist für 3 Mrd. DM teilerschlossen – selbstverständlich auf Kosten der Steuerzahler.

18.07.1989: Die BMW AG/München möchte auf dem WAA-Gelände ein weiteres PKW-Werk (1.600 AP) errichten, die Fläche erhält sie für 2 DM/qm.

In den folgenden Jahren siedeln sich auf dem Gelände WTF an:

- BMW (600 AP): Automobilteilefabrik
- BMW-Zulieferer (975 AP)
- Wilden KG/Pfreimd (300 AP): Kleinküchenmaschinen
- Sennebogen AG/Straubing (140 AP): Bau- und Industriemaschinen
- Comline Electronic GmbH (20 AP): High-Tech
- Reinhold Stahl/Pentling bei Regensburg (50 AP): Präzisionswerkzeug- und Maschinenbau
- Ingenieurbüro Bottek-Krakau-Reischl GmbH (BKR) (20 AP): Vermessung und Planung
- Ingenieurgesellschaft Wackersdorf mbH (IGW) (6 AP): Erschließungsplanung.

Das Bayerische Staatsministerium für Wirtschaft und Verkehr verspricht bis 1999 5.500 AP mit krisensicherem „Branchenmix“. Die Bundesrepublik Deutschland werde für die Verkehrserschließung der Oberpfalz 225 Mio. DM (u.a. 85 Mio. DM für die Anschaffung von NeigeTechnik-Zügen auf den Strecken Nürnberg-Weiden/O. und Nürnberg-Schwandorf-Furth i. W. sowie Streckenausrüstung), der Freistaat Bayern weitere 225 Mio. DM für „arbeitsplatzschaffende Maßnahmen“ in der Oberpfalz bereitstellen. Die deutsche Energiewirtschaft stellt 1 Mrd. DM gewerblicher Investitionen in Aussicht.

M 3: Diercke Weltatlas. Ausgabe 1996, Seite 22/23, 24/25 oder Alexander Weltatlas, Ausgabe 1995, S. 18/19, 20/21 oder Seydlitz Weltatlas, Ausgabe 1992, S. 18/19, 24/25

Aufgaben:

1. Beschreiben Sie die Lage des Industriegebietes „Westlicher Taxölderner Forst (WTF)“ und untersuchen Sie die Standortgegebenheiten.
2. Erklären Sie den Widerstand der Bevölkerung der Gemeinde Wackersdorf und des Landkreises Schwandorf gegen den Bau der Wiederaufbereitungsanlage für abgebrannte Brennelemente (WAA).
3. Nennen Sie mögliche Vorteile, die sich die Region und die Arbeitskräfte von der Ausweisung des Industriegebietes und der Niederlassung der in M 2 genannten Unternehmen erhoffen.

L	F 3	Der Standort Wackersdorf	Raumplanung in ländlichen Räumen

Vorbemerkungen:

In den vorausgegangenen Unterrichtsstunden sollte ein vergleichbares Beispiel behandelt worden sein, z.B. der schnelle Brüter in Kalkar, der Rhein-Main-Donau-Kanal (vgl. Materialien-Handbuch Deutschland, Bd. 6, Beispiel T4), die Neubau-/Ausbaustrecke der Deutschen Bahn AG Nürnberg-Ingolstadt-München, die Transrapidstrecke Hamburg-Berlin oder der Tiergartentunnel in Berlin. Vorausgesetzt werden bei den Schülern ferner Kenntnisse über die Standortfaktorenlehre sowie über Prinzipien, Maßnahmen und Instrumente der Raumordnung und Landesplanung in Deutschland im allgemeinen und im Freistaat Bayern im besonderen.

Die Aufgabe lässt sich in Klausuren sowie in das schriftliche oder mündliche Abitur integrieren.

Literatur:

Bayerisches Staatsministerium für Landesentwicklung und Umweltfragen (Hrsg:, 1996): 13. Raumordnungsbericht. Bericht über die Verwirklichung des Landesraumordnungsprogramms und über räumliche Entwicklungstendenzen in Bayern 1993/94. München

Fuchs, G. u.a. (1992): Deutschland (Reihe: *Bender, Hans-Ulrich, Ruhren, Norbert von der* (Hrsg.), S II Länder und Regionen), Klett, Stuttgart, Düsseldorf, Berlin, Leipzig

Kuhl, H.-P., Müller, W. (1998): Neigezu(g)kunft. In: *J. Seyferth* (Hrsg.): SCHIENE. Eisenbahn, Verkehrspolitik, Reisekultur 17, S. 15-29. Wiesbaden

Regionaler Planungsverband Oberpfalz-Nord. (Hrsg., 1989): Regionalplan Oberpfalz-Nord (6), Amberg

Zisler, H. (1998): Die Wackersdorfer Braunkohlenbahn. In: Arbeitsgemeinschaft SCHIENE-aktuell (Hrsg.): SCHIENE-aktuell aus Nord-/Ostbayern Heft 1, S. 10-16. Coburg

Zweck, E. (1991): Vom WAA-Projekt zum vielseitigen Industriestandort. Sonderdruck aus dem Jahresbericht 1990/91 Carl-Friedrich-Gauß-Gymnasiums, Schwandorf.

Lösungsvorschlag:

Aufgabe 1

Das Industriegebiet „Westlicher Taxölderner Forst (WTF)“ liegt innerhalb des bayerischen Regierungsbezirkes Oberpfalz (M 1) ausgesprochen zentral: Der Sitz der Bezirksregierung (Regensburg) und der des zuständigen Regionalen Planungsverbandes Oberpfalz-Nord (Amberg) sind 20 bzw. 15 km entfernt und über die B 85 leicht erreichbar (M 1, M 3). Differenziert ist seine Lage im Hinblick auf Deutschland wie auf Europa zu betrachten:

Die gesamte Oberpfalz lag 1945 bis 1990 peripher in Deutschland bzw. der Europäischen Union und galt als Durchgangsgebiet in Nord-Süd-Richtung, z.B. von West-Berlin nach München. Sie erhielt deshalb jahrzehntelang in den meisten kreisfreien

Städten und den Landkreisen Zonenrandförderung. Seit 1990 können traditionelle Beziehungen, die jahrhundertelang gewachsen und 1945 abrupt zerstört worden waren, reaktiviert werden, z.B. in Richtung Prag oder Pilsen (M 3). Eine wichtige Voraussetzung dafür ist seit dem 23. Mai 1995 erfüllt, denn seitdem verkehren zwischen Nürnberg Hauptbahnhof und Furth im Wald Neigetechnikzüge mit Geschwindigkeiten von bis zu 160 km/h und Systemhalten in Schwandorf.

Das Industriegebiet „Westlicher Taxölderner Forst (WTF)“ bietet reichhaltige Reserveflächen für Betriebsausdehnungen. Die Gemeinde Wackersdorf und der Landkreis Schwandorf stellen billige (strukturschwaches Gebiet in Deutschland und der Europäischen Gemeinschaft) und auch (teil-)qualifizierte, z.T. bereits im BMW-Werk Regensburg-Harting beschäftigte Arbeitskräfte zur Verfügung.

Das Gelände des Industriegebietes „Westlicher Taxölderner Forst (WTF)“ war durch die öffentliche Hand teilerschlossen worden, so dass viele Infrastrukturkosten wegfallen. Der Preis von zwei DM pro m^2 gilt zurecht als niedrig. Die Verkehrsverbindungen zu den übrigen BMW-Werken, z.B. in München-Milbertshofen oder in Regensburg-Harting, sind sehr gut, v.a. über die B 85.

Aufgabe 2

Zunächst gilt festzustellen, dass die Nutzung der Kernenergie bis heute nicht einhundertprozentig technologisch beherrscht wird und „Störfälle“ Katastrophen gigantischen Umfangs bewirken können. Die Bevölkerung der Gemeinde Wackersdorf und die des Landkreises Schwandorf empfand es als kränkend, als „Müllplatz“ der Bundesrepublik Deutschland für abgebrannte Brennelemente aus Kernkraftwerken herhalten zu sollen. Die Wiederaufarbeitungsanlage für abgebrannte Brennelemente (WAA) verlangt(e) hochspezialisierte Arbeitskräfte, die in der Gemeinde Wackersdorf und im gesamten Landkreis Schwandorf nicht zu gewinnen waren.

Summa summarum hätte die WAA der Bevölkerung keine Vorteile gebracht; im Gegenteil. Die z.B. durch hohe Nettolöhne herangezogenen Arbeitskräfte aus anderen Regionen Deutschlands bzw. Europas hätten u.a. Bauplätze für Wohneigentum leichter als Einheimische erwerben können, ihr übriges Geld aber in Städten wie Regensburg, Nürnberg oder München ausgegeben.

Aufgabe 3

Ein Wandel der Wirtschaftsstruktur im allgemeinen und der Industriestruktur im besonderen ist für die Gemeinde Wackersdorf, den Landkreis Schwandorf und den Regierungsbezirk Oberpfalz im Freistaate Bayern geboten. Bis Mitte der achtziger Jahre dominierten Branchen der Industriegruppe I (Energie- und Grundstoffe), z.B. Braunkohlenabbau und -verstromung, Eisenerzförderung und -verhüttung, die inzwischen großenteils aufgegeben worden sind (Wackersdorf, Auerbach/Oberpfalz).

Generell gilt, dass eine diversifizierte Wirtschafts- bzw. Industriestruktur – mit der Tendenz zu den Industriegruppen II (Investitionsgüter) und III (Konsumgüter) – weniger krisenanfällig ist als eine monostrukturierte (s.o.). Dafür sollen nicht Low-Tech-, sondern High-Tech-Industriebranchen gewonnen werden.

Die Gemeinde Wackersdorf selbst hofft(e) auf höhere Gewerbesteuereinnahmen. Eine diversifizierte Wirtschafts- bzw. Industriestruktur bietet der Gemeinde, dem Landkreis und dem gesamten Regierungsbezirk (Dauer-)Arbeitsplätze in allen Qualifikations- und Lohnstufen.

Für die Arbeitskräfte bietet der Raum vor allem folgende Vorteile:

- (High-Tech-)Arbeitskräfte können in strukturschwachen Gebieten generell mit sehr hohen Löhnen rechnen, drohten sie doch sonst abzuwandern bzw. nicht herzuziehen.
- Die Produkte des täglichen Bedarfs sind in strukturschwachen Gebieten sehr billig.
- Bauland für Eigenheime bzw. Eigentumswohnungen ist vergleichsweise billig zu haben.
- Die Gemeinde Wackersdorf bzw. der Landkreis Schwandorf bieten attraktive Möglichkeiten zur Naherholung, z.B. Wälder zum Wandern, Reiten, Radfahren oder Seen (aufgelassene Braunkohletagebaue) zum Baden, Surfen, Segeln, Wasserskilaufen usw.
- Kulturelle Zentren sind relativ nahe (Regensburg, Nürnberg, München) und dank Bundesstraßen/Bundesautobahnen und auch der Neigetechnikzüge auf der Schiene recht schnell zu erreichen.

F 4	Vergleich von Euroregionen	Raumplanung in ländlichen Räumen

Arbeitsmaterial:

M 1: Das Leitbild für die Entwicklung der Euroregion Neiße

(Quelle: *Roche, Isolde* (1994): Vortrag auf dem Deutschen Schulgeographentag Dresden)

Das Leitbild für die Entwicklung der Euroregion strebt die Stabilisierung der Siedlungsstruktur an, die Überwindung der Verkehrsferne, die Entwicklung einer Branchenvielfalt in der Wirtschaft sowie die Entwicklung eines naturnahen Landschaftsraumes bei Minimierung der Emissionen und Sanierung der Landschaftsschäden.

M 2: Entwicklungsprobleme an der deutschen Ostgrenze am Beispiele der deutsch-polnisch-tschechischen Grenzregion

(Quelle: *Grimm, F.D.* (1993): Entwicklungsprobleme an der deutschen Ostgrenze am Beispiel der deutsch-polnisch-tschechischen Grenzregion. In: Bundesforschungsanstalt für Landeskunde und Raumordnung (Hrsg., 1993): Raumforschung und Raumordnung, 51. Jg., H. l, S. 52. Carl Heymanns Verlag, Köln (Auszug)

Im äußersten Osten Sachsens wie auch Deutschlands und in den angrenzenden Regionen des polnischen Niederschlesien und des tschechischen Nordböhmen hat man nach westdeutschem und westeuropäischem Vorbild mit der Schaffung einer Euroregion begonnen und dieses Vorhaben mit hohen Erwartungen begleitet. Dabei wurde zunächst wenig bedacht, welche der im Westen bewährten Erfahrungen auf die deutsche Ostgrenze übertragbar und welche Spezifika zu berücksichtigen sind. …

Die Neißegrenze zu Polen und die Grenze im Lausitzer Gebirge sind nach der Wiedervereinigung zur Staatsgrenze Deutschlands und zur Außengrenze der Europäischen Gemeinschaft geworden. Der daran anschließende Grenzvertrag zwischen Deutschland und Polen und die Assoziierungsverträge Polens und der CSFR (ab 1993: CR und SR) mit der EG bilden nunmehr den rechtlichen Rahmen für die Zusammenarbeit im deutsch-polnisch-tschechischen Grenzraum. Davon ausgehend hat sich am 21.12.1991 die Euroregion Neiße konstituiert. Nationale Träger sind der Regionalkongress der Republik Polen, der Regionalkongress der Tschechischen Republik und die Kommunalgemeinschaft EUROREGION Neiße, Sektion Deutschland e.V. Die Euroregion Neiße hat ein gemeinsames Büro in Zittau, das sich aus den Sekretariaten der drei regionalen Teilgruppierungen zusammensetzt. …

In letzter Zeit verstärkten sich Tendenzen, die Euroregion nicht als ein einheitliches Ganzes, sondern als den Verbund dreier eigenständiger Partner zu gestalten. …

Die deutschen, polnischen und tschechischen Initiatoren der Euroregion Neiße haben die dringlichsten Probleme der grenzüberschreitenden Zusammenarbeit aufgelistet:

Schaffung neuer Grenzübergänge,
Verbesserung der Verkehrsinfrastruktur,
Bewältigung der Umweltsituation,
Kooperation im Hochschul- und Wissenschaftsbereich,
Verbesserung des Tourismusangebots,
Abbau von Sprachbarrieren. …

Arbeitsmaterial (Fortsetzung):

Die Aufzählung vermittelt zunächst den Eindruck, dass es um Probleme geht, die aus den westeuropäischen Grenzregionen wohlbekannt sind und deren Lösung dort erfolgreich praktiziert worden ist. Doch der Schein trügt: Die Unterschiede, Notwendigkeiten und Zwänge sind im Osten viel elementarer und schroffer, als sie je an den deutschen Westgrenzen gewesen sind. Die Andersartigkeit der Situation an der Ostgrenze im Vergleich zur Westgrenze wurde bei den bisherigen Euroregionsbemühungen im Osten noch kaum beachtet und trat gegenüber den aktuellen Aktivitäten der vielen Besprechungen, Analysen und Tagungen zurück. Grundsätzlichere Erwägungen zur Andersartigkeit unserer Ost- im Vergleich zur Westgrenze kamen bisher kaum zum Tragen. Es ist an der Zeit, sich dieser Verschiedenheit bewusst zu werden, da eine weitere Vernachlässigung den Erfolg des gesamten Anliegens in Frage stellen könnte. …

M 3: Grenzüberschreitende Zusammenarbeit in der EUREGIO
(Quelle: EUREGIO (Hrsg., o.J.): EUREGIO. Gronau

EUREGIO

lautet der Name dieses Zusammenschlusses

EUREGIO erfüllt eine Beratungsfunktion für Grenzbewohner, die grenzüberschreitende Probleme haben.

EUREGIO arbeitet mit den Industrie-, Handwerks- und Handelskammern zusammen, um grenzüberschreitende Daten und Informationen auszutauschen sowie die Wirtschaft in Kontakt zu bringen.

EUREGIO setzt sich im Auftrage der Gemeinden, Städte und Kreise mit Erfolg bei der Bundesregierung, den Landesregierungen, den Regierungspräsidenten, dem Landschaftsverband Westfalen-Lippe und den Landesstraßenbauämtern für frühzeitige Planung, den Bau und die Finanzierung guter Autostraßen ein. Dem Ausbau der Flughäfen, der Wasserstraßen und dem Erhalt des Schienennetzes gilt ebenfalls große Aufmerksamkeit.

Arbeitsmaterial (Fortsetzung):

EUREGIO	erstellte gemeinsam mit der Bezirksregierung Weser-Ems und Münster sowie mit den Provinzen Gelderland und Overijssel ein grenzüberschreitendes Aktionsprogramm mit 150 Maßnahmen und Empfehlungen zur Entwicklung des Gebietes. Mit Hilfe des Programms sollen die eigenen Entwicklungskräfte der Region genutzt, die Arbeitslosigkeit bekämpft und Gelder von den Regierungen und der Europäischen Gemeinschaft für die Region eingesetzt werden.
EUREGIO	bringt die Arbeitsämter in Kontakt, um sich über Fragen des Arbeitsmarktes abzustimmen.
EUREGIO	bringt die Verantwortlichen zusammen, um gemeinsam Fragen des Katastrophenschutzes abzustimmen.
EUREGIO	setzt sich für eine Angleichung der statistischen Daten beiderseits der Grenze ein.
EUREGIO	sorgt für grenzüberschreitend abgestimmte Fahrpläne des öffentlichen Personennahverkehrs, bessere Buszubringerdienste zu den Bahnhöfen und Erfahrungsaustausch bei Modellprojekten (Bürgerbus).
EUREGIO	sorgt für eine Abstimmung bei den Erholungseinrichtungen im Grenzgebiet.
EUREGIO	bringt Naturschutzorganisationen zusammen.
EUREGIO	hat erreicht, dass Pendler in den Niederlanden und in Deutschland den gleichen Steuertarif bezahlen wie ihre Arbeitskollegen.
EUREGIO	sorgt dafür, dass zahllose Jugendbegegnungen stattfinden.
EUREGIO	organisiert Treffen jugendlicher Arbeitsloser beiderseits der Grenze.
EUREGIO	hat für deutsche und niederländische Schulaufsichtsbehörden eine Gesprächsplattform geschaffen.
EUREGIO	hat einen Arbeitskreis gebildet, der sich ausschließlich mit Problemen der Textilindustrie beschäftigt.
EUREGIO	bringt Krankenhäuser an einen Tisch, um Möglichkeiten der Zusammenarbeit zu finden.
EUREGIO	hat eine ständige Zusammenarbeit zwischen deutschen und niederländischen Musikschulen begründet.
EUREGIO	sorgte dafür, dass bisher 30 grenzüberschreitende Rad- und Wanderwege über die „grüne Grenze“ eingerichtet wurden.
EUREGIO	entwickelte einen Euregio-Pad als Wanderweg mit über 200 km, der mehrmals über die Grenze wechselt.
EUREGIO	arbeitet daran mit, dass die Pläne für Raumordnung beiderseits der Grenze abgestimmt werden.
EUREGIO	sorgt für niederländische Sprachkurse für Deutsche.
EUREGIO	organisiert jährlich ein Sportfest, an dem mehr als 4.000 deutsche und niederländische Sportler teilnehmen.

Arbeitsmaterial (Fortsetzung):

M 4: Lage der EUREGIO und des Städtedreiecks Enschede/Hengelo-Münster-Osnabrück

(Quelle: *Hauff, Thomas* und *Kraft-Kettermann, Helga* (1996): Zusammenarbeit im deutsch-niederländischen Grenzraum. In: Geographische Rundschau, H. 7-8/1996, S. 412)

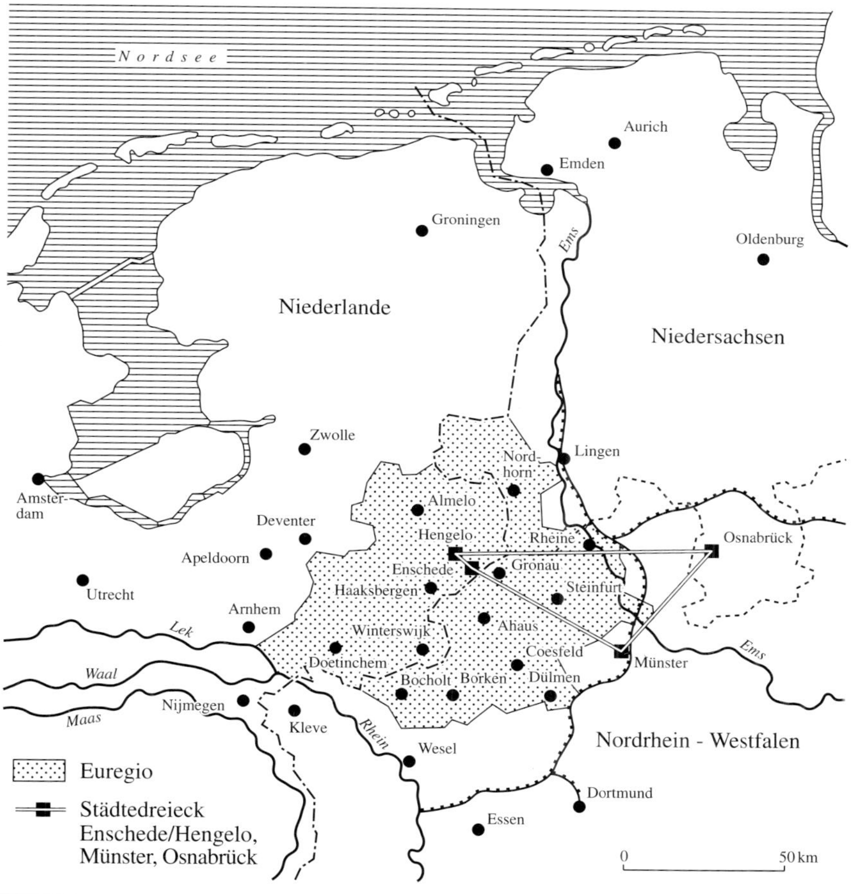

Aufgaben:

1. Beschreiben Sie geographisch das Bild, das die Autorin zur Formulierung ihres Leitbildes „Entwicklung der Euregion Neiße" veranlasst haben dürfte (M 1).
2. Stellen Sie begründend Aspekte heraus, die die EUREGIO im Westen Deutschlands grundlegend von der Euroregion Neiße unterscheidet (M 2 – M 4).

Zur Bearbeitung der Aufgaben ist ein Atlas heranzuziehen.

Vorbemerkungen:

Selbstverständlich setzt eine angemessene Bearbeitung der Aufgaben ein Vorwissen voraus, das über die Informationen in den Materialien hinausgeht. Materialien können grundsätzlich nur anregen und Hinweise geben. So ist es Ziel des Beispiels, Vorwissen mit Hilfe von Formulierungen zu aktivieren, die in den Materialien enthalten sind. Um das Leitbild geographisch auszufüllen, ist die vorherige Raumanalyse vorauszusetzen. Der Aufgabenschwerpunkt liegt auf dem Vergleich von Euroregionen, die an der Westgrenze Deutschlands liegen, mit jenen an der Ostgrenze Deutschlands. Die Unterschiede sind vor allem historisch und wirtschaftlich begründet. Beide Aufgaben bauen aufeinander auf, denn die Geographie Sachsens, Westpolens und Böhmens unterscheidet sich weitgehend durch die o.a. Kriterien, während die Unterschiede beispielsweise im deutsch-niederländischen Grenzraum weit geringer sind.

Literatur:

EUREGIO: EUREGIO – eine europäische Region (Anschrift: Gronau, Enscheder Str. 362)

Schöpke H. (1997): Euroregion Neiße – Kooperation über Grenzen hinweg. 15. Ergänzungslieferung. Heidelberg, RAAGits Geographie

Lösungsvorschlag:

Aufgabe 1

a) Die Siedlungsstruktur ist durch die Entwicklung von Oberzentren, bessere Verbindungen im Grenz- und Gebirgsraum, verbesserte Wohnverhältnisse (Sanierung, Neubau), Schaffung von Arbeitsplätzen und ein gutes kulturelles Angebot zu stabilisieren. Zu beachten ist die gesunkene Geburtenrate, die neben den Abwanderungen zur Bevölkerungsabnahme führt(e).

b) Die Verkehrsferne ist durch vermehrte Grenzübergänge (mitunter wenigstens für Fußgänger und Radfahrer) und durch günstige Anbindungen an Tagebaugebiete zu überwinden. Das Bahnnetz ist (mehrgleisig) auszubauen, Autobahnanschlüsse sind grenzüberschreitend fortzuführen, Grenzabfertigungen sind zu beschleunigen.

c) Eine Branchenvielfalt verringert die Abhängigkeit von einer monostrukturellen Industrielandschaft. Gefragt sind innovative Industrien wie High Tech, Automobil- und (moderner) Waggonbau. Auszubauen ist das Angebot alternativer Energieträger (vor allem Windkraft), zu verbessern ist die Umwelttechnik. Die Landwirtschaft ist marktorientiert und effektiv zu strukturieren. Der Tourismus ist zu fördern.

d) Der Landschaftsraum ist naturnah zu gestalten, z.B. durch gesunde Wälder, saubere Neiße, Klärwerke, Rekultivierung der Tagebaurestlöcher, Renaturierung von Flussläufen, Stillegung von Kraftwerken bzw. deren Umrüstung.

Aufgabe 2

An der deutschen Westgrenze gibt es keine beengenden sprachlichen Barrieren, denn Holländer und Deutsche verstehen das Platt. Der Krieg hat hier keine nennenswerten Ressentiments erzeugt. Es kam zu keiner Zwangsumsiedlung wie in Westpolen. Die Wirtschaftssysteme sind ähnlich, ebenso die Sozial- und Einkommensstruktur. Die Westgrenze ist keine Außengrenze der EU. Grenzfragen sind nur zwischen zwei Staaten zu regeln. Es gibt zwar ein grenzüberschreitendes und belastendes Drogenproblem (von Amsterdam ausstrahlend), aber Diebstahldelikte und Zollvergehen haben an der Westgrenze im Unterschied zur deutsch-polnischen Grenze nur nachrangige Bedeutung. Kriminalität und Arbeitsplatzprobleme gefährden das Leben im Grenzraum nach der Grenzbeseitigung kaum. Mit der Schaffung eines EG-Binnenmarktes wurde die Grenze zu einer „grünen Grenze“. – Grenzüberschreitend verlaufen wichtige Bahnverbindungen (z.B. Osnabrück-Amsterdam). Ein Vergleich der Umweltprobleme zeigt keine Diskrepanz. Seit jeher bestehen touristische Angebote, allerdings ohne herausragende Besonderheiten. Der Entwicklungsstand der Technik ist ähnlich, z.B. bezüglich der Nutzung von Windenergie. Die Euregio umfasst ein kleines Territorium, was die Zusammenarbeit erleichtert. Die Euregio ist die älteste grenzüberschreitende Kommunalgemeinschaft in Europa, bereits 1958 gegründet. Sie weist entsprechend gefestigte Strukturen auf. Arbeitsämter arbeiten zusammen; es gibt binationale Raumordnungsprogramme. Die Euregio stellt sich als einheitliches Ganzes dar, weitgehend nur noch durch Verwaltungsgrenzen getrennt. Da sowohl die Niederlande als auch Deutschland der EU angehören, sind EU-Fördermittel leichter zu erhalten (z.B. Interreg).

F 5	Modelltyp Euroregion Neisse (ERN)	Raumplanung in ländlichen Räumen

Arbeitsmaterial:

M 1: Projektideen
(Quelle: Die Marktwirtschaft, Heft 8/91, S. 60, Auszug)

Lebensqualität und Lebensperspektive

Was erwarten die Kommunen im Dreiländereck vom Status einer Euroregion? Welche Probleme wollen sie zuerst anpacken und gemeinsam lösen?

Es geht darum, den Menschen der Region mit einer neuen Lebensqualität wieder eine Lebensperspektive zu bieten. Die zukünftige enge Kooperation in den Grenzgebieten der Oberlausitz, Niederschlesiens und Nordböhmens soll dazu beitragen, leistungsfähige Strukturen für die Zukunft dieses Dreiländerecks zu gestalten.

Zum Beispiel auf dem Sektor des Umweltschutzes. Die hohe Schadstoffbelastung der Luft im Dreiländereck führte nicht nur zu stark geschädigten Waldflächen, vor allem in den oberen Lagen des Zittauer und des Isergebirges. Sie verursachte auch gesundheitliche Schäden, besonders im böhmischen Grenzgebiet. Die auf deutscher Seite gemessenen Emissionswerte überschreiten die nach dem Bundes-Immissionsschutzgesetz zulässigen Grenzwerte um das Mehrfache. Verursacher finden sich in allen drei Ländern, eine besondere Aktie besitzen aber die Kraftwerke Turow (Polen) und Hagenwerder. Sie sollen deshalb in den nächsten Jahren rekonstruiert bzw. stillgelegt werden. Das heißt, für dieses Gebiet muss eine völlig neue Perspektive der Energiewirtschaft erarbeitet werden – dazu wird eine internationale Expertenkommission beitragen.

Nicht minder wichtig ist die Sanierung der stark verschmutzten Flüsse Lausitzer Neiße, Mandau und Smeda. Allein für die Anlagen zur Klärung der in diese Flüsse fließenden kommunalen und Industrieabwässer werden Ausgaben von 805 Millionen DM erforderlich sein.

Ein weites Feld für Investoren

Für den wirtschaftlichen und sozialen Aufschwung der Region ist vor allem die Wiederherstellung und Ergänzung der vorhandenen und der in der Vergangenheit unterbrochenen Verkehrsverbindungen von entscheidender Bedeutung. Dringend erforderlich ist die über polnisches Gebiet führende Verbindung von Zittau mit dem nordböhmischen Verwaltungszentrum Liberec, ebenso eine leistungsfähige Anbindung an die künftig bis Görlitz führende Autobahn A 4 (inzwischen freigegeben). Die vorhandenen Eisenbahnstrecken sind auszubauen und zu modernisieren, die grenzüberschreitenden Strecken sollen durchlassfähiger werden und neue Nord-Süd-Verbindungen geschaffen werden. Die Wiederaufnahme der historischen Bahnverbindung Berlin-Görlitz-Zittau-Prag-Wien rückt in den Bereich des Möglichen. Zusammen mit dem modernisierungsbedürftigen Flughafen Liberec (im Gespräch sind auch die ehemaligen NVA-Flugplätze Bautzen und Rothenburg) ergäbe dies alles eine Verkehrsstruktur, die das Dreiländereck als Tor in den Osten und Südosten Europas für den internationalen Handel interessant machen und gleichzeitig Investoren auf vielen Gebieten der Industrie, des Handels und des Tourismus anlocken könnte. Außerdem müssen die Telefon- und Rechnernetze zwischen den Grenzregionen der drei Länder ausgebaut werden.

Arbeitsmaterial (Fortsetzung):

Strukturwandel rückt Tourismus in den Vordergrund

Nicht alle diese Aufgaben können von heute auf morgen gelöst werden, und die Kommunen im Dreiländereck sollten sich nicht der Illusion hingeben, mit der Bildung der Euroregion sei der Aufschwung automatisch garantiert.

Relativ schnell sollen hingegen die ersten Schritte auf dem Gebiet des grenzüberschreitenden Tourismus vollzogen werden. Das ist nicht nur eine Frage der Lebensqualität für die in der Region lebenden Menschen und ihre Gäste. Vielmehr erfordert der unausweichliche Strukturwandel in Industrie und Landwirtschaft mit allen seinen unerfreulichen Folgen, den Tourismus verstärkt als wirtschaftlichen Faktor zu nutzen. Das schließt die Erweiterung des Netzes der Grenzübergänge in den traditionellen Erholungsgebieten ein, vor allem für Fußgänger und Radfahrer, ebenso wie ein attraktives Angebot im grenzüberschreitenden öffentlichen Personennahverkehr oder touristische Programme über die Grenzen hinweg.

M 2: Grenzregionen: Vier Grundtypen

(Quelle: *Grimm, F.D.* (1995): Veränderte Grenzen und Grenzregionen, veränderte Grenzbewertungen in Deutschland und Europa. In: Regionen an deutschen Grenzen. Beiträge zur regionalen Geographie, Bd. 38, S. 6. Institut für Länderkunde, Leipzig)

Martinez unterscheidet vier Grundtypen (Modelle, Paradigmen), die in Grenzregionen existieren können:

1. entfremdete Grenzregionen (alienated borderlands),
2. koexistierende Grenzregionen (co-existent borderlands),
3. kooperierende Grenzregionen (interdependent borderlands),
4. integrierte Grenzregionen (integrated borderlands).

New approaches to border analysis

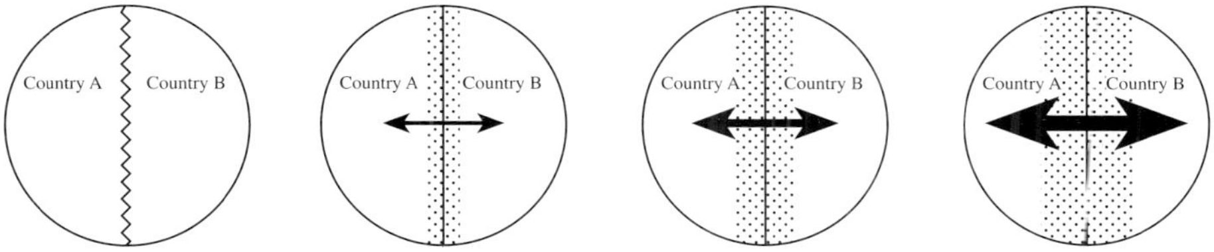

Figure 1.1
Alienated borderlands

Tension prevails. Border is functionally closed, and crossborder interaction is totally or nearly totally absent. Residents of each country act as strangers to each other.

Figure 1.2
Co-existent borderlands

Stability is an on and off proposition. Border remains slightly open, allowing for the development of limited binational interaction. Residents of each country deal with each other as causal acquaintances, but borderlanders develop closer relationships.

Figure 1.3
Interdependent borderlands

Stability prevails most of the time. Economic and social complementarity prompt increased cross-border interaction, leading to expansion of borderlands. Borderlanders carry on friendly and cooperative relationships.

Figure 1.4
Integrated borderlands

Stability is strong and permanent. Economies of both countries are functionally merged and there is unrestricted movement of the people and goods across the boundary. Borderlanders perceive themselves as members of one social system.

F 5	Modelltyp Euroregion Neisse (ERN)	Raumplanung in ländlichen Räumen

Aufgaben:

1. Führen Sie die in M 1 angesprochenen Projektideen aus – detailliert, raumbezogen und durch eigene Beispiele belegt.
2. Belegen Sie durch Analyse und Beispiele, mit welchem der vier Grundtypen (M 2) sich die ERN zukünftig am ehesten identifizieren wird.

Vorbemerkungen:

Grenzübergreifende Zusammenarbeit wird immer bedeutsamer und wird deshalb zunehmend von Lehrbuchautoren aufgegriffen. Die deutsche Grenze ist bald flächendeckend von Regionen überzogen, in denen länderübergreifend agiert wird. Zu den jüngsten Grenzregionen zählt die ERN, die sich durch eine Zusammenarbeit von drei Staaten (Deutschland, Polen, Tschechien) auszeichnet. Entlang der Oder wurden Euroregionen gegründet, welche die Kooperation von Deutschen und Polen forcieren. Mit Blick auf die Integration von Tschechien und Polen in die EU gewinnt die Euroregion zusätzliche Bedeutung.

Beide Aufgaben wurden in einer zweistündigen Klausur erprobt. Die in M 2 enthaltenen englischsprachigen Sätze sind bewusst im Original eingebracht, um dem Schüler den Sinn fachübergreifender Lerninhalte bewusst zu machen. Zudem ist der Kerngedanke der vier Grundtypen als deutschsprachige Übersetzung beigefügt.

Literatur:

Euroregion Neisse-Nisa-Nysa (Hrsg., 1995): Euroregion Neisse-Nisa-Nysa. Geschichte-Entwicklung-Vision 1991-1994. Liberec

Informationen der Kommunalgemeinschaft Euroregion Neisse. (Erscheint in unregelmäßigen Abständen. Anschrift: Bahnhofstr. 30, 02753 Zittau, Fax 03583/ 512517)

Schöpke, H. (1997): Euroregion Neiße – Kooperation über Grenzen hinweg. 15. Ergänzungslieferung RAAbits Geographie. Heidelberg

Lösungsvorschlag:

Aufgabe 1

Die Schadstoffbelastung ist zu reduzieren. Dieses Problem stellt sich beispielhaft in den Braunkohleregionen Turow (Polen), Hagenwerder und Weißwasser (Sachsen) sowie Böhmen (Tschechien). Erhebliche Waldschäden sind z.B. im Zittauer-, Iser- und Riesengebirge zu verzeichnen, wo mitunter ganze Hänge gerodet und neu aufgeforstet werden mussten. Nach dem Einbau von Filteranlagen werden Rekultivierungsmaßnahmen eingeleitet. Durch den Bergbau (Braunkohletagebau), Industrien (u.a. Kraftwerke, Textilien) und Abwässer verschmutzen Flüsse. Neu installierte Klärwerke, grenzübergreifend arbeitend, schaffen Abhilfe. Tagebaugruben werden renaturiert (Bsp. Berzdorf bei Görlitz).

Wichtig ist eine grenzübergreifende Verkehrsplanung. Es fehlt z.B. eine Verbindung Zittau-Liberec über polnisches Gebiet, um beide Zentren schneller zu verbinden. Görlitz wurde 1999 an die Autobahn angeschlossen, die durch Sachsen verläuft. Das Eisenbahnnetz ist auszubauen und darf sich nicht nur auf eine parallel zur Neiße verlaufende Trasse beschränken. Flugplätze wie jener in Liberec haben bisher nur nationale Bedeutung, sie sind auszubauen. Die Telekommunikation ist zu verbessern (Datenaustausch). Der Tourismus profitiert vom Umweltschutz. Grenzübergänge, mitunter speziell für Fußgänger, erleichtern den Grenzübertritt. Die Zahl der Hotels wird z.Zt. erhöht. Wirtschaftlicher Aufschwung setzt eine Diversifizierung und damit Abkehr von der bisher weitgehend einseitig ausgerichteten Maschinenbau- und Textilindustrie voraus. Landwirtschaftliche Betriebe sind zu rationalisieren, soweit das noch nicht geschehen ist. Einkaufspassagen entstehen u.a. in Görlitz und beleben den grenzüberschreitenden Verkehr.

Aufgabe 2

Figur 1 zeigt Entfremdung an, u.a. verursacht durch Vertreibung, Wohlstandsgefälle und räumlich unterschiedlich starke ökologische Belastung, Sprache und Kultur. Die ERN lockert die Entfremdung.

Figur 2 weist auf Koexistenz hin. Es gibt Grenzübergänge, um den Zugang zur Arbeit, zu Bildungsstätten und zum Einkauf zu erleichtern. Dieser Grenztyp wird z.Zt. realisiert.

Figur 3 erleichtert die Kooperation im kulturellen, sozialen und Umweltbereich. Eine gemeinsame Verwaltung wird angestrebt. Es kommt zum Facharbeiteraustausch und zu Jugendveranstaltungen. Gemeinsame Sport- und viele andere -veranstaltungen (s. Aufgabe 1) werden initiiert. Da die Interessenlage partiell divergiert, erscheint mitunter eine regional begrenzte Zusammenarbeit zweckmäßig.

Figur 4 demonstriert eine Einheit mit gemeinsamer Verwaltung und gemeinsam genutzten Fonds. Dieser Grundtyp ist wegen der weiter bestehenden Priorität der staatlichen Autonomie kaum zu realisieren.

DELIUS KLASING

Frankfurt, ab Seite 58